Springer-Lehrbuch

Günter Ludyk

Theoretische Regelungstechnik 2

Zustandsrekonstruktion,
optimale und nichtlineare Regelungssysteme

Mit 127 Abbildungen

Springer-Verlag

Berlin Heidelberg New York
London Paris Tokyo
Hong Kong Barcelona Budapest

Prof. Dr-Ing. Günter Ludyk
Universität Bremen, FB 1
Institut für Automatisierungstechnik
Kufsteiner Straße
28359 Bremen

ISBN-13:978-3-540-58675-3   e-ISBN-13:978-3-642-79391-2
DOI: 10.1007/978-3-642-79391-2

Die Deutsche Bibliothek - Cip-Einheitsaufnahme
Ludyk, Günter:
Theoretische Regelungstechnik 2: Zustandsrekonstruktion,
optimale und nichtlineare Regelungssysteme
Berlin; Heidelberg; New York; London; Paris; Tokyo;
Hong Kong; Barcelona; Budapest: Springer, 1995
  (Springer-Lehrbuch)
  ISBN-13:978-3-540-58675-3

Satz: Reproduktionsfertige Vorlage des Autors
SPIN: 10488640   68/3020 - 5 4 3 2 1 0 - Gedruckt auf säurefreiem Papier

Vorwort

Dieses Buch ist aus Lehrveranstaltungen hervorgegangen, die ich an der Universität Bremen über die Themen „Dynamische Systeme" und „Regelungstheorie" für Studenten der Studienrichtung Automatisierungstechnik seit mehr als zwanzig Jahren durchführe. Es ist deshalb unmöglich, sämtliche Quellen zu zitieren, die von mir im Laufe der Zeit herangezogen wurden. Soweit die Rekonstruktion der Quellen möglich war, sind diese im Literaturverzeichnis angegeben. Das führt aber auch dazu, daß nicht alle im Literaturverzeichnis aufgeführten Quellen im Text zitiert sind.

Das Buch befaßt sich mit den theoretischen Grundlagen der Regelungstechnik und den heute schon klassischen Verfahren im Frequenzbereich und Zustandsraum zur Synthese von Regelern, Zustandsbeobachtern und dem KALMAN-Filter sowohl für zeitkontinuierliche als auch für zeitdiskrete Einfach- und Mehrfachsysteme. Darüber hinaus werden Einführungen in die

- geometrische Theorie von Mehrfachregelungen,
- optimalen Regelungssysteme,
- robuste $\mathcal{H}_\infty$-Regelung,
- nichtlinearen Regelungssysteme und in die
- künstlichen Neuronalen Netze zur Regelung nichtlinearer Systeme

gegeben.

Wegen der angestrebten Klarheit der Aussagen war es notwendig, weitgehend von der mathematischen Notation Gebrauch zu machen, was häufig in der Folge *Definition-Satz-Beweis* zum Ausdruck kommt. Durch viele Beispiele wurde aber angestrebt, auch schwierige Aussagen anschaulich zu machen. Zur Selbstkontrolle des Lesers sind am Ende jedes Kapitels Übungsaufgaben und deren Ergebnisse, allerdings ohne den Lösungsweg, angegeben.

An mathematischen Grundlagen werden lineare Algebra, Differential- und Integralrechnung sowie LAPLACE- und $\mathcal{Z}$-Transformation vorausgesetzt. Die für das Verständnis des Inhalts dieses Buches benötigten Grundlagen über *Vektoren, Matrizen und Vektorräume* sowie LAPLACE- und *$\mathcal{Z}$-Transformation* sind im Anhang des ersten Bandes zusammengefaßt. Grundkenntnisse der Regelungstechnik, wie sie z.B. in [SCHMIDT] dargestellt sind, erleichtern das Einarbeiten in die behandelten Themen, werden aber nicht unbedingt vorausgesetzt.

Wegen des umfangreichen behandelten Stoffes mußte der Inhalt auf zwei Bände verteilt werden. Trotzdem ist und soll die *Theoretische Regelungstechnik* keine Enzyklopädie der Regelungstechnik sein, was z.B. schon daran zu erkennen ist, daß Gebiete wie die *Identifikation dynamischer Systeme* oder die *adaptiven Regelungssysteme* nicht behandelt werden.

Danksagungen

Zunächst möchte ich mich für die vielfältige Hilfe bei der Erstellung des Buches bei meinen Wissenschaftlichen Mitarbeitern Dipl.-Ing. P. HEIN, Dipl.-Ing. D. JÜRGENS, Dipl.-Ing. G.-J. MENKEN und Dr.-Ing. P. WALERIUS bedanken. Mein Dank gilt vor allem Herrn Dipl.-Ing. J. BUNKE, dem ein besonderes Lob für die Hilfe bei der Simulation verschiedener Regelungssysteme aus den Beispielen und die Erstellung verschiedener Bilder gebührt.

Meinen Kollegen Prof. HENK NIJMEIJER (Universität von Twente) und Prof. K. SCHLACHER (Universität Linz) möchte ich für die kritische Durchsicht des 11. Kapitels und viele Verbesserungsvorschläge herzlich danken.

Ich bedanke mich sehr herzlich bei meiner Frau *Renate* für die große Geduld mit dem auch an vielen Wochenenden fast drei Jahre arbeitenden Ehemann, insbesondere aber auch für das intensive Korrekturlesen. Schließlich danke ich Herrn Dipl.-Ing. T. LEHNERT vom Springer-Verlag für die stetige Förderung und vielfältige Unterstützung bei der Herausgabe des Buches.

Bremen, im Frühjahr 1995   **Günter Ludyk**

Inhaltsverzeichnis

Inhaltsübersicht Band 1

7 Beobachtbarkeit und Zustandsrekonstruktion

Für die Zustandsrückführung werden sämtliche Zustandsgrößen eines Systems benötigt. Mit dem Problem der Ermittlung der Zustandsgrößen aus den gemessenen Ein- und Ausgangsgrößen befaßt sich dieses Kapitel. Es wird der Begriff der Zustandsbeobachtbarkeit eingeführt und die Rekonstruktion der Zustandsgrößen von linearen Einfachsystemen mit Hilfe sogenannter Zustandsbeobachter diskutiert.

7.1 Beobachtbarkeit

7.1.1 Grundlagen und Definitionen

In Kapitel 6 wird bei der Synthese der Regler mit Zustandsrückführung stets davon ausgegangen, daß der gesamte Zustandsvektor $x(t)$ der Regelstrecke zur Verfügung steht. Dies kann bei Systemen niedriger Ordnung durchaus der Fall sein. Bei Systemen höherer Ordnung ist im allgemeinen jedoch der meßtechnische Aufwand, sämtliche Zustandsgrößen zu ermitteln, entweder ökonomisch nicht tragbar oder physikalisch überhaupt nicht durchführbar. Deshalb soll jetzt die Frage untersucht werden, ob aus der alleinigen Kenntnis der Ausgangsfunktion $y_{[t_0,t]}$ und der Eingangsfunktion $u_{[t_0,t]}$ der Anfangszustand $x(t_0)$ bzw. der Systemzustand $x(t)$ am Ende des Zeitintervalls eindeutig rekonstruiert werden kann.

Für zeitdiskrete lineare zeitinvariante Einfachsysteme mit der mathematischen Beschreibung

$$
\begin{aligned}
x_{k+1} &= A_d x_k + b_d u_k, \\
y_k &= c_d^T x_k
\end{aligned}
$$

ist die Rekonstruktion des Anfangszustands x_0 aus den Eingangs- und Ausgangsfolgen $\{u_k\}$ und $\{y_k\}$ relativ einfach durchzuführen, denn für y_i erhält man allgemein

$$
y_i = c_d^T x_i = c_d^T A_d^i x_0 + \sum_{j=0}^{i-1} c_d^T A_d^{i-1-j} b_d u_i, \tag{7.1}
$$

oder mit

$$y_i^* \overset{\text{def}}{=} y_i - \sum_{j=0}^{i-1} c_d^T A_d^{i-1-j} b_d u_i \qquad (7.2)$$

den Zusammenhang

$$y_i^* = c_d^T A_d^i x_0. \qquad (7.3)$$

Insbesondere gilt für $i = 0$ bis $n - 1$

$$
\begin{aligned}
y_0^* &= c_d^T x_0, \\
y_1^* &= c^T A_d x_0, \\
&\;\;\vdots \\
y_{n-1}^* &= c^T A_d^{n-1} x_0.
\end{aligned}
$$

Diese n Gleichungen können auch zu einer Gleichung

$$y^* = R x_0 \qquad (7.4)$$

zusammengefaßt werden, wobei

$$y^* \overset{\text{def}}{=} \begin{bmatrix} y_0^* \\ \vdots \\ y_{n-1}^* \end{bmatrix} \qquad (7.5)$$

und

$$R \overset{\text{def}}{=} \begin{bmatrix} c_d^T \\ c_d^T A_d \\ \vdots \\ c_d^T A_d^{n-1} \end{bmatrix} \qquad (7.6)$$

ist. Hat die $(n \times n)$-Matrix R den Rang n, kann der Anfangszustand x_0 aus dem linearen Gleichungssystem (7.4) eindeutig ermittelt werden, da in dem Vektor y^* nur die meßbaren Ein- und Ausgangsfolgen zusammengefaßt sind. In diesem Fall kann also der Anfangszustand x_0 rekonstruiert werden.

Wie das folgende Beispiel zeigt, kann aber auch durchaus der Fall eintreten, daß zwei ungleiche Anfangszustände für gleiche Eingangsfunktionen gleiche Ausgangsfunktionen erzeugen, also nicht durch deren Messung unterschieden werden können.

7.1 Beispiel: Existieren bei dem System mit der mathematischen Beschreibung

$$
\begin{aligned}
\dot{x}(t) &= \begin{bmatrix} 1 & 6 \\ -1 & -4 \end{bmatrix} x(t) + \begin{bmatrix} 3 \\ -1 \end{bmatrix} u(t), \\
y(t) &= \begin{bmatrix} 1 & 2 \end{bmatrix} x(t)
\end{aligned}
$$

nicht unterscheidbare Anfangszustände? Zwei Anfangszustände x_0' und x_0'' wären nicht unterscheidbar, wenn $y'(t) - y''(t) = 0$ für alle $t \geq t_0$ und alle zulässigen Eingangsfunktionen ist, wobei

$$y(t) = c^T \Phi(t) x_0 + c^T \int_0^t \Phi(t - \tau) b u(\tau) d\tau$$

ist. In diesem Fall ist

$$y'(t) - y''(t) = c^T \Phi(t)(x_0' - x_0'').$$

Mit

$$\Phi(t) = \left[\begin{array}{c|c} 3e^{-t} - 2e^{-2t} & 6(e^{-t} - e^{-2t}) \\ \hline e^{-2t} - e^{-t} & 3e^{-2t} - 2e^{-t} \end{array} \right]$$

erhält man

$$y'(t) - y''(t) = e^{-t} \left[\begin{array}{cc} 1 & 2 \end{array} \right] (x_0' - x_0'').$$

Diese Differenz ist genau dann identisch gleich null, wenn das Skalarprodukt null ist, d.h., wenn der Differenzvektor $(x_0' - x_0'')$ senkrecht zu dem Vektor $\left[\begin{array}{cc} 1 & 2 \end{array} \right]$ ist. Das ist für

$$x_0' - x_0'' = \alpha \left[\begin{array}{c} 2 \\ -1 \end{array} \right], \quad \alpha \in (-\infty, +\infty)$$

der Fall. Zum Beispiel sind die beiden Anfangszustände $x_0' = \left[\begin{array}{cc} 3 & 0 \end{array} \right]^T$ und $x_0'' = \left[\begin{array}{cc} 1 & 1 \end{array} \right]^T = x_0' - \left[\begin{array}{cc} 2 & -1 \end{array} \right]^T$ nicht unterscheidbar für alle $t \geq t_0$. Betrachtet man insbesondere die beiden Anfangszustände $x_0' = \alpha \left[\begin{array}{cc} 2 & -1 \end{array} \right]^T$ und $x_0'' = o$, dann ist für beide Anfangszustände $c^T \Phi(t)x_0 = o$, d.h., man erhält für jede Eingangsfunktion $u(t)$ die gleiche Ausgangsfunktion y(t).   □

Wie das Beispiel 7.1 zeigt, bilden die vom Nullvektor o nicht unterscheidbaren Anfangszustände x_0 einen *linearen Unterraum* des Zustandsraums und die vom Anfangszustand x_0' nicht unterscheidbaren Anfangszustände eine *lineare Mannigfaltigkeit*, siehe Bild 7.1.

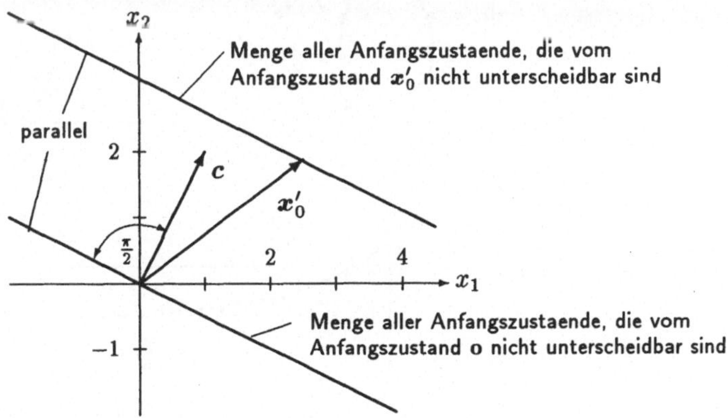

Bild 7.1: Mengen der ununterscheidbaren Anfangszustände des Systems aus Beispiel 7.1.

Allgemein wird die Menge der nicht unterscheidbaren Anfangs- bzw. Endzustände über einem Zeitintervall $[t_0, t_1]$ so definiert:

7.2 Definition: *Die Menge*

$$\mathcal{W}_{\boldsymbol{x}_0}(t_1, t_0, \boldsymbol{u}_{[t_0,t_1]}, \boldsymbol{y}_{[t_0,t_1]}) = \{\boldsymbol{x}_0 : \boldsymbol{y}(t; t_0, \boldsymbol{x}_0, \boldsymbol{u}_{[t_0,t]}), \ \forall t \in [t_0, t_1]\}$$
$$(7.7)$$

heißt **Menge aller mit den Funktionen** $\boldsymbol{u}_{[t_0,t_1]}$ **und** $\boldsymbol{y}_{[t_0,t_1]}$ **zu vereinbarenden Anfangszustände** $\boldsymbol{x}_0$*; das sind also alle die Anfangszustände* $\boldsymbol{x}_0$*, die für die zulässige Eingangsfunktion* $\boldsymbol{u}_{[t_0,t_1]}$ *die gleiche Ausgangsfunktion* $\boldsymbol{y}_{[t_0,t_1]}$ *erzeugen.*

7.3 Definition: *Die Menge*

$$\mathcal{W}_{\boldsymbol{x}_1}(t_1, t_0, \boldsymbol{u}_{[t_0,t_1]}, \boldsymbol{y}_{[t_0,t_1]}) =$$

$$\{\boldsymbol{x}_1 : \boldsymbol{x}_1 = \boldsymbol{x}(t_1; t_0, \boldsymbol{x}_0, \boldsymbol{u}_{[t_0,t]}), \boldsymbol{x}_0 \in \mathcal{W}_{\boldsymbol{x}_0}(t_1, t_0, \boldsymbol{u}_{[t_0,t_1]}, \boldsymbol{y}_{[t_0,t_1]})\}$$
$$(7.8)$$

heißt **Menge aller mit den Funktionen** $\boldsymbol{u}_{[t_0,t_1]}$ **und** $\boldsymbol{y}_{[t_0,t_1]}$ **zu vereinbarenden Zustände** $\boldsymbol{x}_1$*; das sind also alle Endzustände* $\boldsymbol{x}_1$*, die für jede zulässige Eingangsfunktion* $\boldsymbol{u}_{[t_0,t_1]}$ *und jeden Anfangszustand* $\boldsymbol{x}_0 \in \mathcal{W}_{\boldsymbol{x}_0}$ *die gleiche Ausgangsfunktion* $\boldsymbol{y}_{[t_0,t_1]}$ *erzeugen.*

In Bild 7.2 sind die in den Definitionen 7.2 und 7.3 definierten Mengen dargestellt. Tritt der Fall ein, daß zu einer gewählten Eingangsfunktion $\boldsymbol{u}_{[t_0,t_1]}$ und zu verschiedenen

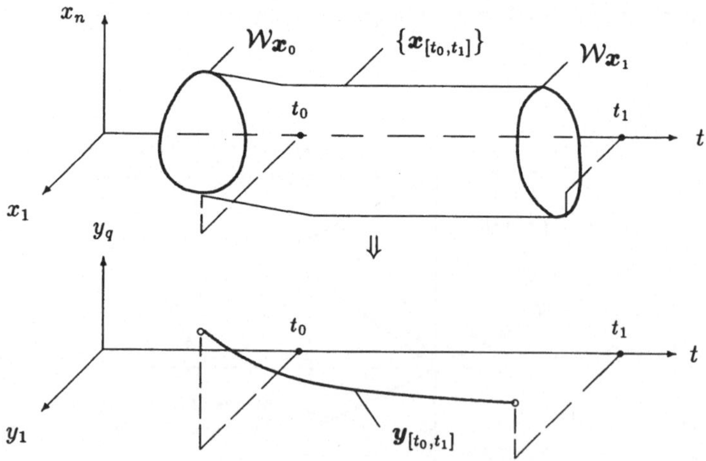

Bild 7.2: Die Menge $\{\boldsymbol{x}_{[t_0,t_1]}\}$ aller in $\mathcal{W}_{\boldsymbol{x}_0}$ startenden und in $\mathcal{W}_{\boldsymbol{x}_1}$ endenden und die gleiche Ausgangsfunktion $\boldsymbol{y}_{[t_0,t_1]}$ erzeugenden Trajektorien.

Anfangszuständen $\boldsymbol{x}_0$ das System die gleiche Ausgangsfunktion $\boldsymbol{y}_{[t_0,t_1]}$ erzeugt, kann der Anfangszustand durch dieses Experiment nicht eindeutig ermittelt werden. Das gleiche gilt, wenn zu dem Experiment verschiedene Endzustände $\boldsymbol{x}_1$ gehören.

7.4 Beispiel: Für das System aus Beispiel 7.1 ist die Menge der Anfangszustände

$$\alpha \begin{bmatrix} 2 \\ -1 \end{bmatrix}, \quad \alpha \in (-\infty, +\infty)$$

nicht unterscheidbar, d.h., in diesem Fall ist gemäß Definition 7.2 die Menge

$$\mathcal{W}_{\boldsymbol{x}_0} = \{\boldsymbol{x}_0 : \boldsymbol{x}_0 = \alpha \begin{bmatrix} 2 \\ -1 \end{bmatrix}, \quad \alpha \in (-\infty, +\infty)\}.$$

Zu jedem dieser Anfangszustände gehören die Trajektorie

$$
\begin{aligned}
\boldsymbol{x}(t) &= \boldsymbol{\Phi}(t)\boldsymbol{x}_0 + \int_0^t \boldsymbol{\Phi}(t-\tau)\boldsymbol{b}u(\tau)\mathrm{d}\tau \\[2mm]
&= \begin{bmatrix} 2 \\ -1 \end{bmatrix} \alpha e^{-2t} + \begin{bmatrix} 3 \\ -1 \end{bmatrix} e^{-t} \int_0^t e^{\tau} u(\tau)\mathrm{d}\tau \\[2mm]
&= \begin{bmatrix} 2 \\ -1 \end{bmatrix} \beta(t) + \begin{bmatrix} 3 \\ -1 \end{bmatrix} \gamma(t)
\end{aligned}
$$

und die Ausgangsfunktion

$$y(t) = \boldsymbol{c}^T \boldsymbol{x}(t) = \begin{bmatrix} 1 & 2 \end{bmatrix} \left(\begin{bmatrix} 2 \\ -1 \end{bmatrix} \beta(t) + \begin{bmatrix} 3 \\ -1 \end{bmatrix} \gamma(t) \right) = \gamma(t).$$

Insbesondere erhält man für die Eingangsfunktion $u(t) = \sigma(t)$ sowie den Anfangszeitpunkt $t_0 = 0$ und den Endzeitpunkt $t_1 = 3$ die Ausgangsfunktion $y(t) = \gamma(t) = 1 - e^{-t}$ und die Mengen

$$
\begin{aligned}
\mathcal{W}_{\boldsymbol{x}_0}(0, 3, \sigma(t), 1 - e^{-t}) &= \{\boldsymbol{x}_0 : \boldsymbol{x}_0 = \alpha \begin{bmatrix} 2 \\ -1 \end{bmatrix}; \alpha \in (-\infty, +\infty)\}, \\[2mm]
\mathcal{W}_{\boldsymbol{x}_1}(0, 3, \sigma(t), 1 - e^{-t}) &= \{\boldsymbol{x}_1 : \boldsymbol{x}_1 = \alpha e^{-6} \begin{bmatrix} 2 \\ -1 \end{bmatrix} + (1 - e^{-3}) \begin{bmatrix} 3 \\ -1 \end{bmatrix}; \alpha \in (-\infty, +\infty)\}.
\end{aligned}
$$

In Bild 7.3 sind die Mengen $\mathcal{W}_{\boldsymbol{x}_0}$ und $\mathcal{W}_{\boldsymbol{x}_1}$, die Zustandstrajektorie $\boldsymbol{x}_{[t_0, t_1]}$ und die zu diesen verschiedenen Trajektorien gehörende einzige Ausgangsfunktion $y_{[t_0, t_1]}$ dargestellt. $\quad\square$

Wenn sich ein System so wie im Beispiel 7.4 verhält, kann aufgrund der Ein- und Ausgangsfunktion weder auf den Anfangs- noch auf den Endzustand geschlossen werden. Auf den Anfangszustand $\boldsymbol{x}_0$ kann nur dann geschlossen werden, wenn die Menge $\mathcal{W}_{\boldsymbol{x}_0}$ nur aus einem einzigen Element besteht. Das gleiche gilt für den Endzustand $\boldsymbol{x}_1$, auf den nur geschlossen werden kann, wenn die Menge $\mathcal{W}_{\boldsymbol{x}_1}$ nur aus einem einzigen Element besteht. Deshalb wird wie folgt definiert:

7.5 Definition: *Der Anfangszustand $\boldsymbol{x}(t_0) = \boldsymbol{x}_0$ eines dynamischen Systems heißt* **beobachtbar** *in dem Zeitintervall $[t_0, t_1]$, wenn für alle zulässigen Eingangsfunktionen $\boldsymbol{u}_{[t_0, t_1]}$ und alle zugehörigen Ausgangsfunktionen $\boldsymbol{y}_{[t_0, t_1]}$ die Menge $\mathcal{W}_{\boldsymbol{x}_0}(t_0, t_1, \boldsymbol{u}_{[t_0, t_1]}, \boldsymbol{y}_{[t_0, t_1]})$ nur aus einem einzigen Element besteht. Ein System heißt* **vollständig beobachtbar,** *wenn jeder Anfangszustand beobachtbar ist.*

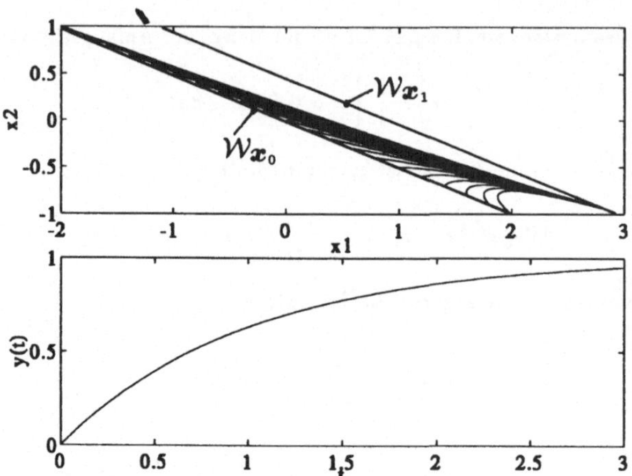

Bild 7.3: Die Mengen $\mathcal{W}_{x_0}$ und $\mathcal{W}_{x_1}$ des Systems aus Beispiel 7.4.

7.6 Definition: *Der Endzustand* $x(t_1) = x_1$ *eines dynamischen Systems heißt* **rekonstruierbar in dem Zeitintervall** $[t_0, t_1]$, *wenn für alle zulässigen Eingangsfunktionen* $u_{[t_0,t_1]}$ *und alle zugehörigen Ausgangsfunktionen* $y_{[t_0,t_1]}$ *die Menge* $\mathcal{W}_{x_1}(t_0, t_1, u_{[t_0,t_1]}, y_{[t_0,t_1]})$ *nur aus einem einzigen Element besteht. Ein System heißt* **vollständig rekonstruierbar**, *wenn jeder Anfangszustand rekonstruierbar ist.*

In den folgenden Abschnitten werden Kriterien für die Beobachtbarkeit und Rekonstruierbarkeit *linearer* Systeme hergeleitet. *Nichtlineare* Systeme werden in Kapitel 11 näher untersucht.

7.1.2 Beobachtbarkeit und Rekonstruierbarkeit linearer Systeme

7.1.2.1 Beobachtbarkeit und Rekonstruierbarkeit linearer zeitvarianter zeitkontinuierlicher Systeme

Lineare zeitkontinuierliche Systeme können durch die Zustands- und Ausgangsgleichung

$$\dot{x}(t) = A(t)x(t) + B(t)u(t), \tag{7.9}$$

$$y(t) = C(t)x(t) + D(t)u(t) \tag{7.10}$$

beschrieben werden. Die Zustandsgleichung hat nach Satz 2.22 die Lösung

$$x(t) = \Phi(t, t_0)x(t_0) + \int_{t_0}^{t} \Phi(t, \tau)B(\tau)u(\tau)d\tau, \tag{7.11}$$

mit der man gemäß (7.10) die Ausgangsgröße

$$y(t) = C(t)\boldsymbol{\Phi}(t,t_0)\boldsymbol{x}(t_0) + C(t)\int\limits_{t_0}^{t}\boldsymbol{\Phi}(t,\tau)\boldsymbol{B}(\tau)\boldsymbol{u}(\tau)\mathrm{d}\tau + \boldsymbol{D}(t)\boldsymbol{u}(t) \tag{7.12}$$

erhält. Das Beobachtungsproblem besteht darin, aus den gemessenen Ausgangsgrößen $\boldsymbol{y}(t)$ und den bekannten Eingangsgrößen $\boldsymbol{u}(t)$ den Anfangszustand $\boldsymbol{x}(t_0)$ zu ermitteln. In (7.12) sind die beiden letzten Summanden bekannt bzw. können berechnet werden, d.h., auch

$$\boldsymbol{y}^*(t) \stackrel{\text{def}}{=} \boldsymbol{y}(t) - C(t)\int\limits_{t_0}^{t}\boldsymbol{\Phi}(t,\tau)\boldsymbol{B}(\tau)\boldsymbol{u}(\tau)\mathrm{d}\tau - \boldsymbol{D}(t)\boldsymbol{u}(t) \tag{7.13}$$

ist für alle $t \in [t_0, t_1]$ bekannt. Mit (7.13) wird dann aus (7.12)

$$\boldsymbol{y}^*(t) = C(t)\boldsymbol{\Phi}(t,t_0)\boldsymbol{x}(t_0). \tag{7.14}$$

(7.14) repräsentiert das Verhalten eines linearen Systems ohne Eingangsfunktion. Deshalb ist es bei linearen Systemen keine Einschränkung der Allgemeinheit, wenn das Beobachtungsproblem nur anhand der mathematischen Beschreibung

$$\dot{\boldsymbol{x}}(t) = \boldsymbol{A}(t)\boldsymbol{x}(t), \tag{7.15}$$

$$\boldsymbol{y}^*(t) = C(t)\boldsymbol{x}(t) \tag{7.16}$$

diskutiert wird, da dann offensichtlich

$$\mathcal{W}_{\boldsymbol{x}_0}(t_0,t_1,\boldsymbol{u}_{[t_0,t_1]},\boldsymbol{y}_{[t_0,t_1]}) = \mathcal{W}_{\boldsymbol{x}_0}(t_0,t_1,\boldsymbol{o}_{[t_0,t_1]},\boldsymbol{y}^*_{[t_0,t_1]}) \tag{7.17}$$

ist. Führt man andererseits

$$\boldsymbol{x}(t_1;t_0,\boldsymbol{x}_0=\boldsymbol{o},\boldsymbol{u}_{[t_0,t_1]}) \stackrel{\text{def}}{=} \int\limits_{t_0}^{t_1}\boldsymbol{\Phi}(t_1,\tau)\boldsymbol{B}(\tau)\boldsymbol{u}(\tau)\mathrm{d}\tau + \boldsymbol{D}(t_1)\boldsymbol{u}(t_1) \tag{7.18}$$

ein, dann ist

$$\boldsymbol{x}_1 = \boldsymbol{x}(t_1) = \boldsymbol{\Phi}(t_1,t_0)\boldsymbol{x}(t_0) + \boldsymbol{x}(t_1;t_0,\boldsymbol{x}_0=\boldsymbol{o},\boldsymbol{u}_{[t_0,t_1]}). \tag{7.19}$$

Aus der Definition (7.8) der Menge $\mathcal{W}_{\boldsymbol{x}_1}$ folgt dann sofort

$$\mathcal{W}_{\boldsymbol{x}_1}(t_0,t_1,\boldsymbol{u}_{[t_0,t_1]},\boldsymbol{y}_{[t_0,t_1]}) = \boldsymbol{\Phi}(t_1,t_0)\mathcal{W}_{\boldsymbol{x}_0}(t_0,t_1,\boldsymbol{o},\boldsymbol{y}^*_{[t_0,t_1]}) + \{\boldsymbol{x}(t_1;t_0,\boldsymbol{x}_0=\boldsymbol{o},\boldsymbol{u}_{[t_0,t_1]})\}. \tag{7.20}$$

$\mathcal{W}_{\boldsymbol{x}_1}(t_0,t_1,\boldsymbol{u}_{[t_0,t_1]},\boldsymbol{y}_{[t_0,t_1]})$ ist für $\boldsymbol{u}[t_0,t_1] \not\equiv \boldsymbol{o}$ eine lineare Mannigfaltigkeit.

Ist ein lineares zeitkontinuierliches System nicht vollständig beobachtbar, existieren Mengen $\mathcal{W}_{\boldsymbol{x}_0}$ und $\mathcal{W}_{\boldsymbol{x}_1}$, die nicht nur aus einem Element bestehen. Betrachtet man besonders die Zustandsmenge, die durch die Eingangsfunktion $\boldsymbol{u}(t) \equiv \boldsymbol{o}$ die Ausgangsfunktion $\boldsymbol{y}(t) \equiv \boldsymbol{o}$ hervorruft, gilt der

7.7 Satz: *Bei linearen Systemen sind die Mengen* $\mathcal{W}_{\boldsymbol{x}_0}(t_0,t_1,\boldsymbol{o},\boldsymbol{o})$ *und* $\mathcal{W}_{\boldsymbol{x}_1}(t_0,t_1,\boldsymbol{o},\boldsymbol{o})$ *lineare Unterräume des Zustandsraums* $\mathcal{X}$.

Beweis: Für alle $t \in [t_0, t_1]$ erhält man bei linearen Systemen für $u(t) \equiv o$ die Ausgangsgröße $y(t) = C(t)\Phi(t, t_0)x(t_0)$. Wenn $x'(t_0)$ und $x''(t_0) \in \mathcal{W}_{x_0}(t_0, t_1, o, o)$ sind, dann ist

$$C(t)\Phi(t, t_0)x'(t_0) = C(t)\Phi(t, t_0)x''(t_0) = o,$$

also auch

$$C(t)\Phi(t, t_0)(\alpha'x'(t_0) + \alpha''x''(t_0)) = o,$$

d.h., es ist

$$(\alpha'x'(t_0) + \alpha''x''(t_0)) \in \mathcal{W}_{x_0}(t_0, t_1, o, o).$$

Damit wurde gezeigt, daß $\mathcal{W}_{x_0}(t_0, t_1, o, o)$ ein linearer Raum ist. Da diese Betrachtung auch für $t = t_1$ gilt, folgt das gleiche auch für $\mathcal{W}_{x_1}(t_0, t_1, o, o)$. $\qquad\square$

Da für jedes nichterregte lineare System $x(t_1) = \Phi(t_1, t_0)x(t_0)$ ist, besteht nach (7.20) der Zusammenhang

$$\mathcal{W}_{x_1}(t_0, t_1, o, o) = \Phi(t_1, t_0)\mathcal{W}_{x_0}(t_0, t_1, o, o). \tag{7.21}$$

Wie können die beiden linearen Räume $\mathcal{W}_{x_0}(t_0, t_1, o, o)$ und $\mathcal{W}_{x_1}(t_0, t_1, o, o)$ ermittelt werden? Hierüber gibt der folgende Satz Auskunft:

7.8 Satz: *Das lineare System mit der mathematischen Beschreibung (7.9), (7.10) hat die Menge aller mit der Eingangsfunktion $u_{[t_0,t_1]} = o$ und der Ausgangsfunktion $y_{[t_0,t_1]} = o$ zu vereinbarenden Anfangszustände x_0*

$$\mathcal{W}_{x_0}(t_0, t_1, o, o) = \mathrm{Kern}(M(t_0, t_1)) \tag{7.22}$$

und zu vereinbarenden Endzustände x_1

$$\mathcal{W}_{x_1}(t_0, t_1, o, o) = \Phi(t_1, t_0)\mathrm{Kern}(M(t_0, t_1)). \tag{7.23}$$

Hierbei ist

$$M(t_0, t_1) \stackrel{\mathrm{def}}{=} \int_{t_0}^{t_1} \Phi^T(t, t_0)C^T(t)C(t)\Phi(t, t_0)\mathrm{d}t. \tag{7.24}$$

Beweis: Nach Lemma 5.12 und dem zugehörigen Beweis ist $x \in \mathrm{Kern}(F^T(t))$ für alle $t \in [t_0, t_1]$ gleichbedeutend mit $x \in \mathrm{Kern}(M)$, wobei

$$M \stackrel{\mathrm{def}}{=} \int_{t_0}^{t_1} F(t)F^T(t)\mathrm{d}t.$$

Ist $C(t)\Phi(t, t_0)x_0 = o$, also $x_0 \in \mathrm{Kern}(C(t)\Phi(t, t_0))$ und $x_0 \in \mathcal{W}_{x_0}(t_0, t_1, o, o)$, dann ist auch

$$x_0 \in \mathrm{Kern}\left(\int_{t_0}^{t_1} \Phi^T(t, t_0)C^T(t)C(t)\Phi(t, t_0)\mathrm{d}t\right).$$

Andererseits kann mit der Herleitung im Beweis von Satz 5.13 gezeigt werden: Wenn $x_0 \in \mathrm{Bild}(M)$, dann existiert eine Matrix X so, daß

$$x_0 = \underbrace{MX(X^TM^TMX)^{-1}X^T}_{M^*} M^Tx_0 = M^*M^Tx_0$$

ist. Da die GRAMsche Matrix M symmetrisch ist, ist $x_0 = M^* M x_0$, d.h.,

$$x_0 \;=\; M^* \int\limits_{t_0}^{t_1} \boldsymbol{\Phi}^T(t,t_0) C^T(t) C(t) \boldsymbol{\Phi}(t,t_0) x_0 \mathrm{d}t$$

$$\;=\; M^* \int\limits_{t_0}^{t_1} \boldsymbol{\Phi}^T(t,t_0) C^T(t) y^*(t) \mathrm{d}t.$$

Ist der Anfangszustand $x_0 \in \mathrm{Bild}(M(t_0,t_1))$, kann er eindeutig aus $y_{[t_0,t_1]}$ bestimmt werden. Die Aussage (7.23) folgt direkt aus (7.21). $\qquad\square$

Hat die Matrix $M(t_0,t_1)$ den Rang n, ist $\mathrm{Kern}(M(t_0,t_1)) = \{o\}$ und für jeden Anfangszustand x_0 ist $x_0 \in \mathrm{Bild}(M(t_0,t_1))$. Deshalb gilt der

7.9 Satz: *Das lineare System $\{A(t), B(t), C(t)\}$ ist dann und nur dann vollständig beobachtbar und rekonstruierbar im Zeitintervall $[t_0,t_1]$, wenn die GRAMsche Matrix*

$$M(t_0,t_1) \stackrel{\mathrm{def}}{=} \int\limits_{t_0}^{t_1} \boldsymbol{\Phi}^T(t,t_0) C^T(t) C(t) \boldsymbol{\Phi}(t,t_0) \mathrm{d}t$$

den Rang n hat.

Der Satz 7.8 bringt zum Ausdruck, daß ein Anfangszustand x_0 genau dann die Ausgangsfunktion $y_{[t_0,t_1]}$ erzeugt, wenn er in $\mathrm{Kern}(M(t_0,t_1)) \subseteq \mathcal{X}$ liegt, weshalb dieser lineare Unterraum auch **Unterraum der im Intervall $[t_0,t_1]$ unbeobachtbaren Zustände** genannt wird. Das orthogonale Komplement dieses Unterraums ist, da die Matrix $M(t_0,t_1)$ symmetrisch ist,

$$[\mathrm{Kern}(M(t_0,t_1))]^{\perp} = \mathrm{Bild}(M(t_0,t_1)). \tag{7.25}$$

Dieser lineare Unterraum heißt **Unterraum der im Intervall $[t_0,t_1]$ beobachtbaren Zustände**.

Eine Zerlegung des Zustandsraums in

$$\mathcal{X} = \mathrm{Bild}(M(t_0,t_1)) \oplus \mathrm{Kern}(M(t_0,t_1)) \tag{7.26}$$

beinhaltet, daß jeder Zustand x eindeutig so zerlegt werden kann

$$x = x_{beob} + x_{unbeob}, \tag{7.27}$$

wobei die beiden Vektoren x_{beob} und x_{unbeob} orthogonal zueinander sind und

$$x_{beob} \in \mathrm{Bild}(M(t_0,t_1))$$

die **im Intervall $[t_0,t_1]$ beobachtbare Komponente** von x und

$$x_{unbeob} \in \mathrm{Kern}(M(t_0,t_1))$$

die **im Intervall $[t_0,t_1]$ unbeobachtbare Komponente** heißt.

Wegen der Regularität der Transitionsmatrix $\boldsymbol{\Phi}(t_1, t_0)$ folgt aus Satz 7.8 sofort der

7.10 Satz: *Das lineare zeitkontinuierliche System $\{\boldsymbol{A}(t), \boldsymbol{B}(t), \boldsymbol{C}(t)\}$ ist dann und nur dann vollständig rekonstruierbar in dem Zeitintervall $[t_0, t_1]$, wenn es vollständig beobachtbar in diesem Zeitintervall ist.*

Vergleicht man die Matrix $\boldsymbol{M}(t_0, t_1)$ mit der Matrix

$$\boldsymbol{W}(t_0, t_1) = \int\limits_{t_0}^{t_1} \boldsymbol{\Phi}(t_1, t)\boldsymbol{B}(t)\boldsymbol{B}^T(t)\boldsymbol{\Phi}^T(t_1, t)\mathrm{d}t,$$

die in Satz 5.13 Auskunft über Steuerbarkeitseigenschaften eines linearen zeitkontinuierlichen Systems gibt, erkennt man eine große Ähnlichkeit im Aufbau. Der wesentliche Unterschied besteht darin, daß in der Matrix $\boldsymbol{W}$ die Matrix $\boldsymbol{B}(t)$ an die Stelle der Matrix $\boldsymbol{C}(t)$ in $\boldsymbol{M}$ tritt. Das liegt daran, daß es bei der Untersuchung der *Steuerbarkeit* eines Systems um die Frage nach einer Eingangsfunktion $\boldsymbol{u}_{[t_0, t_1]}$ geht, die einen Anfangszustand $\boldsymbol{x}_0$ in einen Endzustand $\boldsymbol{x}_1$ überführt, woran nur die Eingabematrix $\boldsymbol{B}(t)$ und die Transitionsmatrix $\boldsymbol{\Phi}(t, t_0)$ beteiligt sind. Bei der Untersuchung der *Beobachtbarkeit* eines Systems geht es um die Frage, wie aus der gemessenen Ausgangsfunktion $\boldsymbol{y}_{[t_0, t_1]}$ auf den Anfangs- bzw. Endzustand, $\boldsymbol{x}_0$ bzw. $\boldsymbol{x}_1$, geschlossen werden kann, woran jetzt nur die Ausgabematrix $\boldsymbol{C}(t)$ und die Transitionsmatrix $\boldsymbol{\Phi}(t_1, t_0)$ beteiligt sind.

Diese Ähnlichkeit soll näher untersucht werden. Ersetzt man in dem Integral für $\boldsymbol{M}(t_0, t_1)$ die Transitionsmatrix $\boldsymbol{\Phi}^T(t, t_0)$ durch $\bar{\boldsymbol{\Phi}}(t_0, t)$ und $\boldsymbol{C}^T(t)$ durch $\bar{\boldsymbol{B}}(t)$, erhält man das Integral

$$\int\limits_{t_0}^{t_1} \bar{\boldsymbol{\Phi}}(t_0, t)\bar{\boldsymbol{B}}(t)\bar{\boldsymbol{B}}^T(t)\bar{\boldsymbol{\Phi}}^T(t_0, t)\mathrm{d}t \overset{\mathrm{def}}{=} \boldsymbol{V}(t_0, t_1). \tag{7.28}$$

Multipliziert man die Gleichung von links mit der regulären Matrix $\bar{\boldsymbol{\Phi}}(t_1, t_0)$ und von rechts mit $\bar{\boldsymbol{\Phi}}^T(t_1, t_0)$, erhält man

$$\bar{\boldsymbol{\Phi}}(t_1, t_0)\boldsymbol{V}(t_0, t_1)\bar{\boldsymbol{\Phi}}^T(t_1, t_0) = \int\limits_{t_0}^{t_1} \bar{\boldsymbol{\Phi}}(t_1, t)\bar{\boldsymbol{B}}(t)\bar{\boldsymbol{B}}^T(t)\bar{\boldsymbol{\Phi}}^T(t_1, t)\mathrm{d}t. \tag{7.29}$$

Das ist aber gerade die GRAMsche Matrix $\bar{\boldsymbol{W}}(t_0, t_1)$ für die Untersuchung der Steuerbarkeit bzw. Erreichbarkeit eines linearen zeitvarianten Systems mit der Transitionsmatrix $\bar{\boldsymbol{\Phi}}(t, t_0)$ und der Eingabematrix $\bar{\boldsymbol{B}}(t)$. Für welche Systemmatrix $\bar{\boldsymbol{A}}(t)$ hat die Zustandsgleichung

$$\dot{\bar{\boldsymbol{x}}} = \bar{\boldsymbol{A}}(t)\bar{\boldsymbol{x}}(t)$$

die Transitionsmatrix $\bar{\boldsymbol{\Phi}}(t_0, t) = \boldsymbol{\Phi}^T(t, t_0)$? Wird diese Matrizengleichung von links mit der invertierten Matrix $\bar{\boldsymbol{\Phi}}^{-1}(t_0, t) = \bar{\boldsymbol{\Phi}}(t, t_0)$ multipliziert, erhält man

$$\boldsymbol{I} = \bar{\boldsymbol{\Phi}}(t, t_0)\boldsymbol{\Phi}^T(t, t_0). \tag{7.30}$$

Wenn aber eine solche Beziehung zwischen zwei Transitionsmatrizen besteht, dann gehört nach dem Beweis von Satz 2.21 die Transitionsmatrix $\bar{\boldsymbol{\Phi}}(t, t_0)$ zu der Zustandsgleichung

$$\dot{\bar{\boldsymbol{x}}}(t) = -\boldsymbol{A}^T(t)\bar{\boldsymbol{x}}(t). \tag{7.31}$$

Da die beiden Matrizen $\boldsymbol{V}(t_0, t_1)$ und $\bar{\boldsymbol{W}}(t_0, t_1)$ den gleichen Rang haben, kann mit den Sätzen 5.14 und 7.9 für den Fall, daß $\mathrm{Rang}(\boldsymbol{M}(t_0, t_1)) = \mathrm{Rang}(\bar{\boldsymbol{W}}(t_0, t_1)) = n$ ist, der Satz formuliert werden:

7.11 Satz:

> *Das lineare System mit der mathematischen Beschreibung*
>
> $$\dot{\boldsymbol{x}}(t) = \boldsymbol{A}(t)\boldsymbol{x}(t) + \boldsymbol{B}(t)\boldsymbol{u}(t), \tag{7.32}$$
>
> $$\boldsymbol{y}(t) = \boldsymbol{C}(t)\boldsymbol{x}(t) \tag{7.33}$$
>
> *ist dann und nur dann vollständig beobachtbar bzw. rekonstruierbar, wenn das lineare System mit der mathematischen Beschreibung*
>
> $$\dot{\bar{\boldsymbol{x}}}(t) = -\boldsymbol{A}^T(t)\bar{\boldsymbol{x}}(t) + \boldsymbol{C}^T\bar{\boldsymbol{u}}(t), \tag{7.34}$$
>
> $$\bar{\boldsymbol{y}}(t) = \boldsymbol{B}^T(t)\bar{\boldsymbol{x}}(t) \tag{7.35}$$
>
> *vollständig erreichbar bzw. steuerbar ist.*

Diese Ähnlichkeit bezeichnet man als *Dualität* und definiert allgemein:

7.12 Definition: *Gegeben sei das lineare zeitvariante zeitkontinuierliche* **primäre System** *mit der mathematischen Beschreibung*

$$\dot{\boldsymbol{x}}(t) = \boldsymbol{A}(t)\boldsymbol{x}(t) + \boldsymbol{B}(t)\boldsymbol{u}(t), \tag{7.36}$$

$$\boldsymbol{y}(t) = \boldsymbol{C}(t)\boldsymbol{x}(t) + \boldsymbol{D}(t)\boldsymbol{u}(t), \tag{7.37}$$

dann heißt das System mit der mathematischen Beschreibung

$$\dot{\bar{\boldsymbol{x}}}(t) = -\boldsymbol{A}^*(t)\bar{\boldsymbol{x}}(t) + \boldsymbol{C}^*(t)\bar{\boldsymbol{u}}(t), \tag{7.38}$$

$$\bar{\boldsymbol{y}}(t) = \boldsymbol{B}^*(t)\bar{\boldsymbol{x}}(t) + \boldsymbol{D}^*(t)\bar{\boldsymbol{u}}(t) \tag{7.39}$$

das zu dem primären System **duale System**.

Ist im primären System $\boldsymbol{u} \in \mathrm{I\!R}^p$ und $\boldsymbol{y} \in \mathrm{I\!R}^q$, dann ist im dualen System $\bar{\boldsymbol{u}} \in \mathrm{I\!R}^q$ und $\bar{\boldsymbol{y}} \in \mathrm{I\!R}^p$. Die Matrizen $\boldsymbol{A}^*(t), \boldsymbol{B}^*(t), \boldsymbol{C}^*(t)$ und $\boldsymbol{D}^*(t)$ sind die konjugiert komplexen und transponierten Matrizen von $\boldsymbol{A}(t), \boldsymbol{B}(t), \boldsymbol{C}(t)$ und $\boldsymbol{D}(t)$.

Entsprechend zu den Zusammenhängen in Satz 7.11 erhält man die Zusammenhänge:

7.13 Satz: (Dualitätsprinzip.) *Beim primären System mit der mathematischen Beschreibung* (7.36), (7.37) *ist*
a) der Unterraum der steuerbaren Zustände identisch mit dem Unterraum der beobachtbaren Zustände des dualen Systems,
b) der Unterraum der beobachtbaren Zustände identisch mit dem Unterraum der steuerbaren Zustände des dualen Systems,
d.h., das eine System ist genau dann steuerbar, wenn das andere beobachtbar ist.

Analog zu Satz 5.20 über die Steuerbarkeit kann der folgende Satz hergeleitet werden:

7.14 Satz: *Wenn der Rang der Matrix*

$$
\boldsymbol{R}(t_0) \stackrel{\text{def}}{=}
\begin{bmatrix}
\boldsymbol{C}(t_0) \\
\boldsymbol{C}(t_0)\mathcal{A}(t_0) \\
\vdots \\
\boldsymbol{C}(t_0)\mathcal{A}^{n-1}(t_0)
\end{bmatrix}
\tag{7.40}
$$

für irgendein $t_0 < t_1$ gleich n ist, dann ist das lineare zeitvariante System $\{\boldsymbol{A}(t), \boldsymbol{B}(t), \boldsymbol{C}(t)\}$ vollständig rekonstruierbar im Zeitpunkt t_1. Der Operator $\mathcal{A}$ ist für $i = 1, 2, \ldots, n-1$ als

$$
\boldsymbol{C}(t_0)\mathcal{A}^{i}(t_0) \stackrel{\text{def}}{=} \left(\boldsymbol{C}(t_0)\mathcal{A}^{i-1}(t_0)\right)\boldsymbol{A}(t_0) + \frac{\mathrm{d}}{\mathrm{d}t_0}\left(\boldsymbol{C}(t_0)\mathcal{A}^{i-1}(t_0)\right) \tag{7.41}
$$

und für $i = 0$ als

$$
\boldsymbol{C}(t_0)\mathcal{A}^{0}(t_0) \stackrel{\text{def}}{=} \boldsymbol{C}(t_0) \tag{7.42}
$$

definiert.

7.1.2.2 Beobachtbarkeit linearer zeitinvarianter zeitkontinuierlicher Systeme

Bei linearen *zeitinvarianten* Systemen kommt es bei der Untersuchung der Beobachtbarkeit und Rekonstruierbarkeit nicht auf den Anfangszeitpunkt t_0 an. Er kann ohne Einschränkung der Allgemeinheit zu $t_0 = 0$ festgelegt werden. Damit tritt aber bei der Untersuchung der Beobachtbarkeit und Rekonstruierbarkeit an die Stelle des Zeitintervalls $[t_0, t_1]$ die Zeitdifferenz $T = t_1 - t_0$. Da nach Satz 7.10 bei linearen zeitkontinuierlichen Systemen vollständige Beobachtbarkeit und vollständige Rekonstruierbarkeit äquivalent sind, definiert man für zeitinvariante Systeme allgemein:

7.15 Definition: *Ein lineares zeitkontinuierliches zeitinvariantes System $\{A, B, C\}$ heißt* **vollständig beobachtbar**, *wenn eine endliche Zeit T so existiert, daß jeder Zustand $x(t)$ eindeutig aus der Eingangsfunktion $u_{[t,t+T]}$ und der Ausgangsfunktion $y_{[t,t+T]}$ ermittelt werden kann.*

Aufgrund des Dualitätsprinzips kann der zu dem Satz 5.15 über die Steuerbarkeit duale Satz angegeben werden:

7.16 Satz: *Der Zustand x_0 des Systems $\{A, B, C\}$ ist dann und nur dann nicht beobachtbar, wenn er zu dem linearen Unterraum $\mathrm{Kern}(M(0,T))$ gehört, wobei*

$$M(0,T) \stackrel{\mathrm{def}}{=} \int_0^T \mathrm{e}^{A^T t} C^T C \mathrm{e}^{At} \mathrm{d}t \qquad (7.43)$$

ist. Das System ist vollständig beobachtbar genau dann, wenn die Matrix $M(0,T)$ regulär ist.

In der Tat kann der Zustand x_0 eindeutig bestimmt werden, wenn $\mathrm{Rang}(M(0,T)) = n$ ist. Ist nämlich $u(t) \equiv o$, dann ist

$$y(t) = C\mathrm{e}^{At} x_0.$$

Multipliziert man diese Gleichung von links mit

$$M^{-1}(0,T)\mathrm{e}^{A^T t} C^T$$

und integriert von 0 bis T, erhält man

$$
\begin{aligned}
\int_0^T M^{-1}(0,T)\mathrm{e}^{A^T t} C^T y(t)\mathrm{d}t &= \int_0^T M^{-1}(0,T)\mathrm{e}^{A^T t} C^T C\mathrm{e}^{At} x_0 \mathrm{d}t \\
&= M^{-1}(0,T) M(0,T) x_0 \\
&= x_0.
\end{aligned}
$$

Die Berechnung des Integrals (7.43) kann wieder wie bei der Steuerbarkeitsuntersuchung vermieden werden, denn es gilt der

7.17 Satz:

Sei

$$R \stackrel{\text{def}}{=} \begin{bmatrix} C \\ CA \\ \vdots \\ CA^{n-1} \end{bmatrix} \in \mathbb{R}^{n \cdot q \times n} \tag{7.44}$$

die **Beobachtbarkeitsmatrix***, dann ist der lineare Unterraum der nicht beobachtbaren Zustände gleich*

$$\text{Kern}(R) = \text{Kern}(M(0,T)) \tag{7.45}$$

und der lineare Unterraum der beobachtbaren Zustände gleich

$$\text{Bild}(R^T) = \text{Bild}(M(0,T)) \tag{7.46}$$

für jedes $T > 0$. Das System $\{A, B, C\}$ ist also vollständig beobachtbar, wenn

$$\text{Rang}(R) = n \tag{7.47}$$

ist.

7.18 Beispiel: Das Kriterium des Satzes 7.17 auf das System in Beispiel 7.1 mit der mathematischen Beschreibung

$$\begin{aligned} \dot{x}(t) &= \begin{bmatrix} 1 & 6 \\ -1 & -4 \end{bmatrix} x(t) + \begin{bmatrix} 3 \\ -1 \end{bmatrix} u(t) \\ y(t) &= \begin{bmatrix} 1 & 2 \end{bmatrix} x(t) \end{aligned}$$

angewendet, ergibt die Beobachtbarkeitsmatrix

$$R = \begin{bmatrix} c^T \\ c^T A \end{bmatrix} = \begin{bmatrix} 1 & 2 \\ -1 & -2 \end{bmatrix},$$

deren Zeilen linear abhängig sind. Es ist $\text{Rang}(R) = 1 < n = 2$, das System also *nicht* beobachtbar.□

7.1.2.3 Weitere Beobachtbarkeitskriterien

Aufgrund des Dualitätsprinzips aus Satz 7.13 können die in Abschnitt 5.2.4 angegebenen Steuerbarkeitskriterien leicht in Beobachtbarkeitskriterien umformuliert werden. Ohne Herleitung werden die Kriterien nur noch aufgelistet.

7.19 Satz: *Das lineare zeitinvariante Einfachsystem mit der mathematischen Beschreibung*

$$\dot{x}(t) = A x(t) + \hat{b} u(t), \tag{7.48}$$

$$y(t) = \hat{c}^T x(t), \tag{7.49}$$

wobei die Systemmatrix A eine Diagonalmatrix ist, ist dann und nur dann vollständig beobachtbar, wenn alle Eigenwerte verschieden und alle Komponenten von $\hat{c}$ ungleich null sind.

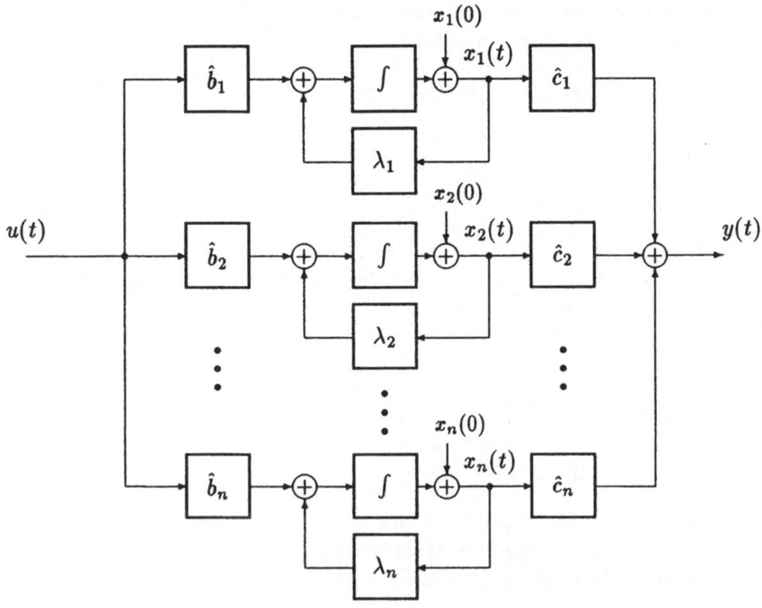

Bild 7.4: Beobachtbarkeit eines Einfachsystems in Diagonalform.

Anhand der in Bild 7.4 dargestellten Struktur des Systems mit der mathematischen Beschreibung (7.48), (7.49) sind die Bedingungen des Satzes 7.19 sofort ablesbar, denn ist eine Ausgabevektorkomponente $\hat{c}_i$ gleich null, wirkt das zugehörige Untersystem mit dem Eigenwert λ_i nicht auf die Ausgangsgröße $y(t)$. Ist andererseits z.B. $\lambda_1 = \lambda_2$ und der Anfangszustand so, daß $\hat{c}_1 x_{1,0} + \hat{c}_2 x_{2,0} = 0$ für $u(t) \equiv 0$ ist, dann ist

$$\hat{c}_1 e^{\lambda_1 t} x_{1,0} + \hat{c}_2 e^{\lambda_2 t} x_{2,0} = e^{\lambda_1 t}(\hat{c}_1 x_{1,0} + \hat{c}_2 x_{2,0}) \equiv 0,$$

obwohl $\boldsymbol{x}_0 \neq \boldsymbol{o}$ sein kann.

Liegt in der mathematischen Beschreibung die Systemmatrix in JORDAN-Form vor, kann allein anhand der Ausgabematrix $\hat{C}$ und der Struktur der JORDAN-Matrix auf die Beobachtbarkeit des Systems geschlossen werden:

7.20 Satz: *Wenn das System in der mathematischen Beschreibung eines linearen zeitinvarianten Systems* JORDAN-*Form*

$$J = \begin{bmatrix} J_1 & & 0 \\ & \ddots & \\ 0 & & J_\nu \end{bmatrix}; \quad \hat{C} = \begin{bmatrix} \hat{C}_1 & \cdots & \hat{C}_\nu \end{bmatrix}, \qquad (7.50)$$

$$J_i = \begin{bmatrix} J_{i1} & & 0 \\ & \ddots & \\ 0 & & J_{ik_i} \end{bmatrix}; \quad \hat{C}_i = \begin{bmatrix} \hat{C}_{i1} & \cdots & \hat{C}_{ik_i} \end{bmatrix}, \qquad (7.51)$$

$$J_{ij} = \begin{bmatrix} \lambda_i & 1 & & 0 \\ & \lambda_i & \ddots & \\ & & \ddots & 1 \\ 0 & & & \lambda_i \end{bmatrix}; \quad \hat{C}_{ij} = \begin{bmatrix} \hat{c}_{ij1} & \cdots & \hat{c}_{ijm_{ij}} \end{bmatrix} \qquad (7.52)$$

hat, dann ist das System genau dann beobachtbar, wenn für jedes $i = 1, 2, \ldots, \nu$ die k_i Spaltenvektoren $\hat{c}_{i1m_{i1}}, \hat{c}_{i2m_{i2}}, \ldots, \hat{c}_{ik_i m_{ik_i}}$

1. keinen Nullvektor enthalten und

2. linear unabhängig sind.

Das Lemma besagt also: Wenn zu einem Eigenwert λ_i mehrere JORDAN-Blöcke J_{ij} gehören, müssen die am weitesten rechts stehenden Spalten $\hat{c}_{ijm_{ij}}$ der zugehörigen Untermatrix $\hat{C}_{ij}$ linear unabhängig sein. Gehört zu einem Eigenwert λ_i nur ein JORDAN-Block J_{i1}, muß die letzte Spalte $\hat{c}_{i1m_{i1}}$ ungleich dem Nullvektor sein. Andererseits können, wenn q Ausgangsgrößen vorhanden sind ($y \in \mathbb{R}^q$), d.h., die Ausgabematrix $\hat{C}$ eine $(q \times n)$-Matrix ist, nur q Spaltenvektoren von $\hat{C}_i$ linear unabhängig sein. Soll das System also beobachtbar sein, dürfen zu jedem Eigenwert nur höchstens q JORDAN-Blöcke gehören.

Wie die Steuerbarkeit ist auch die Beobachtbarkeit eine Systemeigenschaft und darf deshalb nicht von der gewählten mathematischen Beschreibung abhängen. Das geht auch aus den Beobachtbarkeitsmatrizen R und $\hat{R}$ zweier ähnlicher Systembeschreibungen hervor, denn es ist

$$\hat{R} = \begin{bmatrix} \hat{C} \\ \hat{C}\hat{A} \\ \vdots \\ \hat{C}\hat{A}^{n-1} \end{bmatrix} = \begin{bmatrix} CT \\ CTT^{-1}AT \\ \vdots \end{bmatrix} = \begin{bmatrix} C \\ CA \\ \vdots \\ CA^{n-1} \end{bmatrix} T = RT, \qquad (7.53)$$

und da die Transformationsmatrix T stets regulär ist, haben $\hat{R}$ und R den gleichen Rang, d.h., die Unterräume der nichtbeobachtbaren Zustände haben die gleiche Dimension.

Da in der Beobachtbarkeitsmatrix R nur die Systemmatrix A und die Ausgabematrix C vorkommen, müssen sämtliche Informationen über die Beobachtbarkeit eines linearen Systems bereits in A und C stecken. Das ist in der Tat der Fall, wie bereits aus Satz 7.20 zu erkennen war und auch das folgende zeigt:

7.21 Satz: *Das lineare System* $\{A, B, C\}$ *ist dann und nur dann beobachtbar, wenn es keine Transformationsmatrix* T *so gibt, daß die transformierten Matrizen die Formen haben*

$$\hat{A} = T^{-1}AT = \begin{bmatrix} \hat{A}_{11} & \hat{A}_{12} \\ O & \hat{A}_{22} \end{bmatrix} \text{ und } \hat{C} = CT = \begin{bmatrix} O \mid \hat{C}_2 \end{bmatrix}, \quad (7.54)$$

$$\hat{A}_{22} \in \mathbb{R}^{r \times r}, \hat{C}_2 \in \mathbb{R}^{q \times r}, r < n.$$

Beweis: Für die Systembeschreibung $\{\hat{A}, \hat{B}, \hat{C}\}$ erhält man die Beobachtbarkeitsmatrix

$$\hat{R} = \begin{bmatrix} O & \mid & \hat{C}_2 \\ \hline O & \mid & \hat{C}_2\hat{A}_{22} \\ \hline & \vdots & \\ \hline O & \mid & \hat{C}_2\hat{A}_{22}^{n-1} \end{bmatrix},$$

deren Rang offensichtlich höchstens gleich $r < n$ ist. $\square$

7.1.3 Beobachtbare Unterräume

Nach (7.26), (7.27) und Satz 7.17 kann der Zustand x eines dynamischen Systems stets in zwei orthogonale Komponenten

$$x = x_{beob} + x_{unbeob} \qquad (7.55)$$

zerlegt werden, wobei x_{beob} zum beobachtbaren Unterraum Bild(R^T) und x_{unbeob} zum unbeobachtbaren Unterraum Kern(R) gehört. Hat die Beobachtbarkeitsmatrix R den Rang $n - n_{unbeob}$, dann gibt es n_{unbeob} Basisvektoren $t_1, \ldots, t_{n_{unbeob}}$ für den Unterraum Kern(R) und $n - n_{unbeob}$ Basisvektoren $t_{n_{unbeob}+1}, \ldots, t_n$ für den Unterraum Bild(R^T) = $[\text{Kern}(R)]^\perp$, die zusammen die reguläre Matrix

$$T = \begin{bmatrix} t_1 & \cdots & t_{n_{unbeob}} \mid t_{n_{unbeob}+1} & \cdots & t_n \end{bmatrix} = \begin{bmatrix} T_1 \mid T_2 \end{bmatrix} \qquad (7.56)$$

ergeben. Durch die Transformationsmatrix T wird die Zustandstransformation

$$T^{-1}x = \hat{x} = \begin{bmatrix} \hat{x}_1 \\ \vdots \\ \hat{x}_{n_{unbeob}} \\ \hline \hat{x}_{n_{unbeob}+1} \\ \vdots \\ \hat{x}_n \end{bmatrix} = \begin{bmatrix} \hat{x}_1 \\ \hat{x}_2 \end{bmatrix} \qquad (7.57)$$

definiert, mit der man den zum Satz 5.28 dualen Satz erhält:

7.22 Satz: *Ist ein lineares System nicht vollständig beobachtbar ($n_{unbeob} > 0$), dann existiert eine Transformationsmatrix T gemäß (7.56) so, daß der unbeobachtbare Unterraum gleich Bild(T_1) ist und*

$$\hat{A} = T^{-1}AT = \begin{bmatrix} \hat{A}_{11} & \hat{A}_{12} \\ O & \hat{A}_{22} \end{bmatrix} \text{ und } \hat{C} = CT = \begin{bmatrix} O \mid \hat{C}_2 \end{bmatrix} \qquad (7.58)$$

sind, mit

$$\hat{A}_{22} \in \mathbb{R}^{(n-n_{unbeob})\times(n-n_{unbeob})}, \ \hat{C}_2 \in \mathbb{R}^{q\times(n-n_{unbeob})}.$$

Die neue mathematische Beschreibung hat mit $x = T\hat{x}$ die Form

$$\begin{bmatrix} \dot{\hat{x}}_1 \\ \dot{\hat{x}}_2 \end{bmatrix} = \begin{bmatrix} \hat{A}_{11} & \hat{A}_{12} \\ O & \hat{A}_{22} \end{bmatrix} \begin{bmatrix} \hat{x}_1 \\ \hat{x}_2 \end{bmatrix} + \begin{bmatrix} \hat{B}_1 \\ \hat{B}_2 \end{bmatrix} u \qquad (7.59)$$

$$y = \begin{bmatrix} O & \hat{C}_2 \end{bmatrix} \begin{bmatrix} \hat{x}_1 \\ \hat{x}_2 \end{bmatrix}, \qquad (7.60)$$

wobei der Teilvektor $\hat{x}_1$ aus den ersten n_{unbeob} Komponenten des Vektors $\hat{x}$ besteht. Man erhält aus (7.59), (7.60) zwei Zustandsgleichungen, die nur in einer Richtung gekoppelt sind und eine Ausgangsgleichung:

$$\dot{\hat{x}}_1 = \hat{A}_{11}\hat{x}_1 + \hat{A}_{12}\hat{x}_2 + \hat{B}_1 u, \qquad (7.61)$$

$$\dot{\hat{x}}_2 = \hat{A}_{22}\hat{x}_2 + \hat{B}_2 u, \qquad (7.62)$$

$$y = \hat{C}_2\hat{x}_2. \qquad (7.63)$$

Bild 7.5 zeigt das zu dieser mathematischen Beschreibung gehörende Strukturdiagramm.

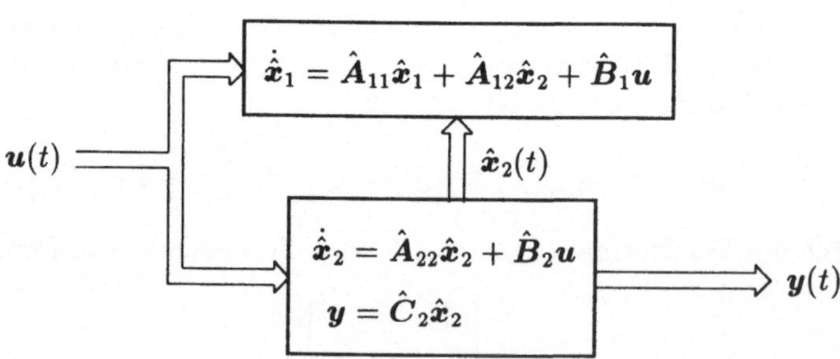

Bild 7.5: Zerlegung eines linearen Systems in ein beobachtbares und ein unbeobachtbares Untersystem.

Die Ausgangsgröße $y(t)$ wird nur von der Zustandsgröße $\hat{x}_2$ beeinflußt, die selbst nur von der Eingangsgröße u beeinflußt wird. Die Zustandsgröße $\hat{x}_1$ wirkt weder direkt noch indirekt auf die Ausgangsgröße y. Für das Untersystem mit der Systemmatrix $\hat{A}_{22}$ und der Ausgabematrix $\hat{C}_2$ gilt der

7.23 Satz: *Das Untersystem mit der mathematischen Beschreibung* (7.62), (7.63) *ist vollständig beobachtbar.*

7.24 Beispiel: Das System mit der mathematischen Beschreibung

$$\dot{x}(t) \;=\; \begin{bmatrix} -4 & 2 & 2 \\ 0 & -4 & 0 \\ 0 & -2 & -6 \end{bmatrix} x(t) + \begin{bmatrix} 1 & 1 \\ 0 & 1 \\ 1 & 0 \end{bmatrix} u(t),$$

$$y(t) \;=\; \begin{bmatrix} 1 & 1 & 1 \\ 0 & 1 & 1 \end{bmatrix} x(t)$$

ist nicht vollständig beobachtbar, da der Rang der Beobachtbarkeitsmatrix

$$R^T = \begin{bmatrix} C \\ CA \\ CA^2 \end{bmatrix}^T = \begin{bmatrix} 1 & 0 & -4 & 0 & 16 & 0 \\ 1 & 1 & -4 & -6 & 16 & 36 \\ 1 & 1 & -4 & -6 & 16 & 36 \end{bmatrix}$$

gleich 2 ist, denn die zweite und dritte Zeile von R^T stimmen überein. Mit den beiden ersten linear unabhängigen Spaltenvektoren von R^T als Basisvektoren

$$t_2 = \begin{bmatrix} 1 \\ 1 \\ 1 \end{bmatrix} \quad \text{und} \quad t_3 = \begin{bmatrix} 0 \\ 1 \\ 1 \end{bmatrix}$$

erhält man eine Basis für den zweidimensionalen beobachtbaren Unterraum, also für eine Ebene im dreidimensionalen Zustandsraum. Mit dem zusätzlichen, linear unabhängigen Vektor

$$t_1 = \begin{bmatrix} 0 \\ -1 \\ 1 \end{bmatrix}$$

erhält man die Transformationsmatrix

$$T = \begin{bmatrix} t_1 & t_2 & t_3 \end{bmatrix} = \begin{bmatrix} 0 & 1 & 0 \\ -1 & 1 & 1 \\ 1 & 1 & 1 \end{bmatrix}$$

und damit die neuen Systemmatrizen

$$\hat{A} \;=\; \left[\begin{array}{c|cc} -4 & -2 & -2 \\ \hline 0 & 0 & 4 \\ 0 & -6 & -10 \end{array}\right], \quad \hat{B} = \left[\begin{array}{cc} 0,5 & -0,5 \\ \hline 1 & 1 \\ -0,5 & -0,5 \end{array}\right]$$

$$\hat{C} \;=\; \left[\begin{array}{c|cc} 0 & 3 & 2 \\ 0 & 2 & 2 \end{array}\right].$$

Die zugehörige Struktur in Bild 7.6 zeigt, daß die Zustandsgröße $\hat{x}_1$ weder direkt noch indirekt auf die Ausgangsgröße wirkt, also unbeobachtbar ist.   □

7.2   Kanonische Systemzerlegung nach KALMAN und Minimalrealisierung

In Abschnitt 5.2.5 wurde die Zerlegung eines nicht vollständig steuerbaren Systems in ein steuerbares und ein nicht steuerbares Untersystem angegeben. Eine entsprechende

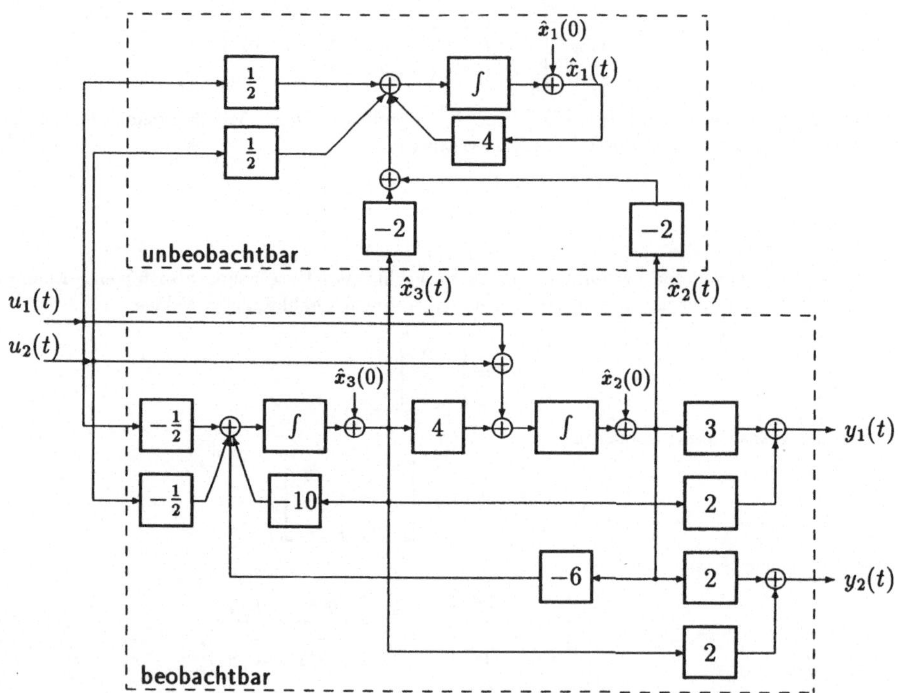

Bild 7.6: Struktur des nicht vollständig beobachtbaren Systems aus Beispiel 7.24.

Zerlegung eines nicht vollständig beobachtbaren Systems in ein beobachtbares und ein unbeobachtbares Untersystem wurde im vorhergehenden Abschnitt 7.1.3 beschrieben.

KALMAN hat eine noch weitergehende Zerlegung angegeben [KALMAN,1963]. Geht man z.B. von einem steuerbaren und einem nicht steuerbaren Untersystem aus, kann zusätzlich noch jedes dieser beiden Untersysteme in ein beobachtbares und ein unbeobachtbares Untersystem zerlegt werden. Insgesamt erhält man also maximal vier untereinander verbundene Untersysteme und zwar je eins, das

1. steuerbar und unbeobachtbar,
2. steuerbar und beobachtbar,
3. nicht steuerbar und unbeobachtbar und
4. nicht steuerbar und beobachtbar

ist.

Die Transformationsmatrix T, die diese Zerlegung bewirkt und die Form der entstehenden Matrizen $\hat{A}, \hat{B}$, und $\hat{C}$ sollen jetzt hergeleitet werden. Eine Zerlegung in tatsächlich *vier* Untersysteme ist nur dann möglich, wenn das gegebene System wenigstens nicht steuerbar und nicht beobachtbar ist, wenn also $\text{Rang}(S) < n$ und $\text{Rang}(R) < n$ ist. Schrittweise erhält man die Transformationsmatrix so:

1. Für die Unterräume $\text{Bild}(S)$ und $\text{Kern}(R)$ werden Basisvektoren ermittelt. Dann wird der Unterraum bestimmt, der sowohl in $\text{Bild}(S)$ als auch in $\text{Kern}(R)$ enthalten ist, d.h., es wird der Durchschnitt

$$\text{Bild}(S) \cap \text{Kern}(R) \stackrel{\text{def}}{=} \mathcal{X}_{s\bar{b}} \tag{7.64}$$

gebildet. $\mathcal{X}_{s\bar{b}}$ ist die Menge aller Zustände, die steuerbar und unbeobachtbar sind, worauf die Indices hinweisen sollen. Die den Unterraum $\mathcal{X}_{s\bar{b}}$ aufspannenden Basisvektoren werden zu der Matrix T_1 zusammengefaßt.

2. In der Matrix T_2 werden die Basisvektoren von $\text{Bild}(S)$ zusammengefaßt, die nicht in T_1 enthalten sind. Der durch die Spaltenvektoren von T_2 aufgespannte Unterraum $\mathcal{X}_{sb}$ enthält die Menge aller Zustände, die steuerbar und beobachtbar sind. Es ist also

$$\text{Bild}(S) = \mathcal{X}_{sb} \oplus \mathcal{X}_{s\bar{b}} = \text{Bild}(\begin{bmatrix} T_1 & T_2 \end{bmatrix}). \tag{7.65}$$

3. In T_3 werden die Basisvektoren von $\text{Kern}(R)$ zusammengefaßt, die nicht in T_1 enthalten sind. Der durch die Spaltenvektoren von T_3 aufgespannte Unterraum $\mathcal{X}_{\bar{s}\bar{b}}$ enthält die Menge aller Zustände, die weder steuerbar noch beobachtbar sind und es ist

$$\text{Kern}(R) = \mathcal{X}_{s\bar{b}} \oplus \mathcal{X}_{\bar{s}\bar{b}} = \text{Bild}(\begin{bmatrix} T_1 & T_3 \end{bmatrix}). \tag{7.66}$$

4. Schließlich wird T_4 so gewählt, daß die Spalten von T_4 zusammen mit den Spaltenvektoren der Matrizen T_1, T_2 und T_3 eine Basis des n-dimensionalen Zustandsraums Bilden. Durch die Spalten von T_4 wird der Unterraum $\mathcal{X}_{\bar{s}b}$ aufgespannt, der die Zustände enthält, die nicht steuerbar, aber beobachtbar sind.

Zusammenfassend gilt also:

$$\text{Bild}(T_1) = \text{Bild}(S) \cap \text{Kern}(R) = \mathcal{X}_{s\bar{b}}, \tag{7.67}$$

$$\text{Bild}(T_2) = \text{Bild}(S) \cap (\text{Kern}(R))^{\perp} = \text{Bild}(S) \cap \text{Bild}(R^T) = \mathcal{X}_{sb}, \tag{7.68}$$

$$\text{Bild}(\boldsymbol{T}_3) = (\text{Bild}(\boldsymbol{S}))^\perp \cap \text{Kern}(\boldsymbol{R}) = \text{Kern}(\boldsymbol{S}^T) \cap \text{Kern}(\boldsymbol{R}) = \mathcal{X}_{\bar{s}\bar{b}}, \tag{7.69}$$

$$\text{Bild}(\boldsymbol{T}_4) = (\text{Bild}(\boldsymbol{S}))^\perp \cap (\text{Kern}(\boldsymbol{R}))^\perp = \text{Kern}(\boldsymbol{S}^T) \cap \text{Bild}(\boldsymbol{R}^T) = \mathcal{X}_{\bar{s}b}, \tag{7.70}$$

und

$$\mathcal{X}_{s\bar{b}} \oplus \mathcal{X}_{sb} \oplus \mathcal{X}_{\bar{s}\bar{b}} \oplus \mathcal{X}_{\bar{s}b} = \mathcal{X}. \tag{7.71}$$

Durch die Zustandstransformation $\boldsymbol{x} = \boldsymbol{T}\hat{\boldsymbol{x}}$ erhalten Zustände, die zu einem der vier Unterräume gehören, eine sehr einfache Form, denn ist z.B. $\boldsymbol{x} \in \mathcal{X}_{s\bar{b}}$, so ist auch $\hat{\boldsymbol{x}} \in \mathcal{X}_{s\bar{b}}$. Der Unterraum $\mathcal{X}_{s\bar{b}}$ wird aber durch die Spaltenvektoren der Matrix $\boldsymbol{T}_1$ - und nur durch diese - aufgespannt, d.h., $\hat{\boldsymbol{x}}$ darf nur dort von Null verschiedene Komponenten haben, wo Multiplikationen mit den Spalten von $\boldsymbol{T}_1$ vorgenommen werden, es muß also sein:

$$\hat{\boldsymbol{x}} \in \mathcal{X}_{s\bar{b}} \implies \boldsymbol{T}\hat{\boldsymbol{x}} = \begin{bmatrix} \boldsymbol{T}_1 & \boldsymbol{T}_2 & \boldsymbol{T}_3 & \boldsymbol{T}_4 \end{bmatrix} \begin{bmatrix} \hat{\boldsymbol{x}}_1 \\ \boldsymbol{o} \\ \boldsymbol{o} \\ \boldsymbol{o} \end{bmatrix} = \boldsymbol{T}_1\hat{\boldsymbol{x}}_1. \tag{7.72}$$

Entsprechend erhält man

$$\hat{\boldsymbol{x}} \in \mathcal{X}_{sb} \implies \boldsymbol{T}\hat{\boldsymbol{x}} = \boldsymbol{T}_2\hat{\boldsymbol{x}}_2, \tag{7.73}$$

$$\hat{\boldsymbol{x}} \in \mathcal{X}_{\bar{s}\bar{b}} \implies \boldsymbol{T}\hat{\boldsymbol{x}} = \boldsymbol{T}_3\hat{\boldsymbol{x}}_3, \tag{7.74}$$

$$\hat{\boldsymbol{x}} \in \mathcal{X}_{\bar{s}b} \implies \boldsymbol{T}\hat{\boldsymbol{x}} = \boldsymbol{T}_4\hat{\boldsymbol{x}}_4. \tag{7.75}$$

Die Dimensionen der Unterräume werden mit $n_1 \stackrel{\text{def}}{=} \dim(\mathcal{X}_{s\bar{b}})$, $n_2 \stackrel{\text{def}}{=} \dim(\mathcal{X}_{sb})$, $n_3 \stackrel{\text{def}}{=} \dim(\mathcal{X}_{\bar{s}\bar{b}})$ und $n_4 \stackrel{\text{def}}{=} \dim(\mathcal{X}_{\bar{s}b})$ bezeichnet. Die neue Systemmatrix $\hat{\boldsymbol{A}} = \boldsymbol{T}^{-1}\boldsymbol{A}\boldsymbol{T}$ sei unterteilt in

$$\hat{\boldsymbol{A}} = \begin{bmatrix} \hat{\boldsymbol{A}}_{11} & \cdots & \hat{\boldsymbol{A}}_{14} \\ \vdots & \ddots & \vdots \\ \hat{\boldsymbol{A}}_{41} & \cdots & \hat{\boldsymbol{A}}_{44} \end{bmatrix}, \tag{7.76}$$

wobei die Untermatrix $\hat{\boldsymbol{A}}_{ij}$ eine $(n_i \times n_j)$-Matrix ist. Da $\boldsymbol{x} \in \text{Bild}(\boldsymbol{S})$ und $\boldsymbol{x} \in \text{Kern}(\boldsymbol{R})$ invariant unter der Systemmatrix $\boldsymbol{A}$ sind, sind auch $\hat{\boldsymbol{x}} \in \text{Bild}(\boldsymbol{S})$ und $\hat{\boldsymbol{x}} \in \text{Kern}(\boldsymbol{R})$ invariant unter $\hat{\boldsymbol{A}}$.

Für den steuerbaren Unterraum gilt

$$\text{Bild}(\boldsymbol{S}) = \mathcal{X}_{sb} \oplus \mathcal{X}_{s\bar{b}}, \tag{7.77}$$

d.h. $\hat{\boldsymbol{x}}_s \in \text{Bild}(\boldsymbol{S})$ bedeutet, daß $\hat{\boldsymbol{x}}_s$ die Form

$$\hat{\boldsymbol{x}}_s = \begin{bmatrix} \hat{\boldsymbol{x}}_1 \\ \hat{\boldsymbol{x}}_2 \\ \boldsymbol{o} \\ \boldsymbol{o} \end{bmatrix} \tag{7.78}$$

hat. Damit $\hat{\boldsymbol{A}}\hat{\boldsymbol{x}}_s \in \text{Bild}(\boldsymbol{S})$ ist, müssen die Untermatrizen $\hat{\boldsymbol{A}}_{31} = \boldsymbol{O}$, $\hat{\boldsymbol{A}}_{32} = \boldsymbol{O}$, $\hat{\boldsymbol{A}}_{41} = \boldsymbol{O}$ und $\hat{\boldsymbol{A}}_{42} = \boldsymbol{O}$ sein.

Für den unbeobachtbaren Unterraum gilt

$$\text{Kern}(\boldsymbol{R}) = \mathcal{X}_{s\bar{b}} \oplus \mathcal{X}_{\bar{s}\bar{b}}, \tag{7.79}$$

d.h. $\hat{x}_{\bar{b}} \in \text{Kern}(R)$ bedeutet, daß dieser Vektor die Form

$$\hat{x}_{\bar{b}} = \begin{bmatrix} \hat{x}_1 \\ o \\ \hat{x}_3 \\ o \end{bmatrix} \tag{7.80}$$

haben muß. Damit für alle $\hat{x}_{\bar{b}}$ auch $\hat{A}\hat{x}_{\bar{b}} \in \text{Kern}(R)$ gilt, müssen jetzt die Untermatrizen $\hat{A}_{21} = O$, $\hat{A}_{23} = O$, $\hat{A}_{41} = O$ und $\hat{A}_{43} = O$ sein. Die Matrix $\hat{A}$ hat damit die Struktur

$$\hat{A} = \begin{bmatrix} \hat{A}_{11} & \hat{A}_{12} & \hat{A}_{13} & \hat{A}_{14} \\ O & \hat{A}_{22} & O & \hat{A}_{24} \\ O & O & \hat{A}_{33} & \hat{A}_{34} \\ O & O & O & \hat{A}_{44} \end{bmatrix}. \tag{7.81}$$

Da die Spalten der Eingabematrix B in der Steuerbarkeitsmatrix S enthalten sind, ist $\text{Bild}(B) \subset \text{Bild}(S)$. Damit gilt aber für die Spaltenvektoren von

$$\hat{B} = \begin{bmatrix} \hat{B}_1 \\ \hat{B}_2 \\ \hat{B}_3 \\ \hat{B}_4 \end{bmatrix}, \quad \hat{B}_i \in \mathbb{R}^{n_i \times p} \tag{7.82}$$

das gleiche wie für die Vektoren $\hat{x}_s$, d.h., es müssen $\hat{B}_3 = O$ und $\hat{B}_4 = O$ sein.

Schließlich kann über die Struktur der Matrix

$$\hat{C} = \begin{bmatrix} \hat{C}_1 & \hat{C}_2 & \hat{C}_3 & \hat{C}_4 \end{bmatrix}, \quad \hat{C}_i \in \mathbb{R}^{q \times n_i} \tag{7.83}$$

gesagt werden: Da $\hat{x}_{\bar{b}} \in \text{Kern}(R)$ auch bedeutet, daß $\hat{C}\hat{x}_{\bar{b}} = o$ ist und $\hat{x}_{\bar{b}}$ die Form (7.80) hat, müssen $\hat{C}_1 = O$ und $\hat{C}_3 = O$ sein.

Insgesamt erhält man den

7.25 Satz: *Jede mathematische Beschreibung* $\{A, B, C\}$ *eines linearen Systems ist äquivalent der mathematischen Beschreibung* $\{\hat{A}, \hat{B}, \hat{C}\}$ *mit*

$$\hat{A} = \begin{bmatrix} \hat{A}_{11} & \hat{A}_{12} & \hat{A}_{13} & \hat{A}_{14} \\ O & \hat{A}_{22} & O & \hat{A}_{24} \\ O & O & \hat{A}_{33} & \hat{A}_{34} \\ O & O & O & \hat{A}_{44} \end{bmatrix}, \tag{7.84}$$

$$\hat{B} = \begin{bmatrix} \hat{B}_1 \\ \hat{B}_2 \\ O \\ O \end{bmatrix} \tag{7.85}$$

und

$$\hat{C} = \begin{bmatrix} O & \hat{C}_2 & O & \hat{C}_4 \end{bmatrix}. \tag{7.86}$$

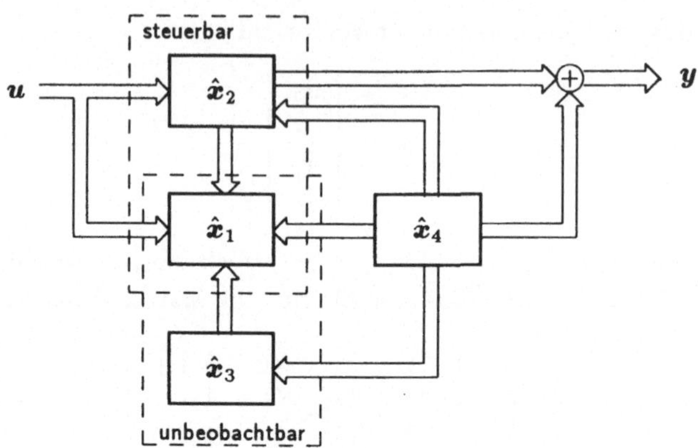

Bild 7.7: Kanonische Zerlegung nach KALMAN.

Bild 7.7 zeigt die kanonische Zerlegung nach KALMAN, die ganz klar zum Ausdruck bringt, daß die Untersysteme mit den Zuständen $\hat{x}_1$ und $\hat{x}_2$ durch u gesteuert werden können, während die Untersysteme mit den Zuständen $\hat{x}_1$ und $\hat{x}_3$ weder direkt noch indirekt auf die Ausgangsgröße y wirken, also vom Ausgang her unbeobachtbar sind.

7.26 Beispiel: Gegeben seien die Matrizen

$$A = \begin{bmatrix} -2 & 1 & 1 & -2 \\ 0 & -2 & 0 & 1 \\ 0 & 1 & -2 & 0 \\ 0 & -1 & 0 & 0 \end{bmatrix}, \quad b = \begin{bmatrix} -1 \\ 1 \\ 1 \\ 1 \end{bmatrix} \quad \text{und} \quad c^T = \begin{bmatrix} 0 & -1 & 0 & 3 \end{bmatrix}$$

der mathematischen Beschreibung eines linearen Systems. Gesucht ist die kanonische Zerlegung nach KALMAN. Da die letzten drei Zeilen der Steuerbarkeitsmatrix

$$S = \begin{bmatrix} b & Ab & A^2b & A^3b \end{bmatrix} = \begin{bmatrix} -1 & 2 & -4 & 8 \\ 1 & -1 & 1 & -1 \\ 1 & -1 & 1 & -1 \\ 1 & -1 & 1 & -1 \end{bmatrix}$$

übereinstimmen, ist $\text{Rang}(S) = 2$, d.h., der lineare Unterraum $\text{Bild}(S)$ hat die Dimension zwei. Die Beobachtbarkeitsmatrix

$$R = \begin{bmatrix} c^T \\ c^T A \\ c^T A^2 \\ c^T A^3 \end{bmatrix} = \begin{bmatrix} 0 & -1 & 0 & 3 \\ 0 & -1 & 0 & -1 \\ 0 & 3 & 0 & -1 \\ 0 & -5 & 0 & 3 \end{bmatrix}$$

hat offensichtlich ebenfalls den Rang zwei, d.h., der unbeobachtbare Unterraum $\text{Kern}(R)$ hat die Dimension $n - 2 = 4 - 2 = 2$.

Zunächst sind jetzt Basisvektoren für die Unterräume $\text{Bild}(S)$ und $\text{Kern}(R)$ auszuwählen. Eine Basis für $\text{Bild}(S)$ sind z.B. die beiden ersten Spaltenvektoren der Steuerbarkeitsmatrix S

$$s_1 = \begin{bmatrix} -1 \\ 1 \\ 1 \\ 1 \end{bmatrix} \quad \text{und} \quad s_2 = \begin{bmatrix} 2 \\ -1 \\ -1 \\ -1 \end{bmatrix}.$$

Aus der Beziehung $\mathrm{Kern}(\boldsymbol{R}) = (\mathrm{Bild}(\boldsymbol{R}^T))^{\perp}$ erhält man sofort die beiden Basisvektoren für $\mathrm{Kern}(\boldsymbol{R})$:

$$\boldsymbol{r}_1 = \begin{bmatrix} 1 \\ 0 \\ 0 \\ 0 \end{bmatrix} \quad \text{und} \quad \boldsymbol{r}_2 = \begin{bmatrix} 0 \\ 0 \\ 1 \\ 0 \end{bmatrix},$$

denn sie sind voneinander linear unabhängig und es ist $\boldsymbol{R}\boldsymbol{r}_1 = \boldsymbol{R}\boldsymbol{r}_2 = \boldsymbol{o}$. Die Transformationsmatrix $\boldsymbol{T}$ für die Transformation der mathematischen Beschreibung in die kanonische Form nach KALMAN wird jetzt schrittweise durchgeführt.

1. Den Durchschnitt von $\mathrm{Bild}(\boldsymbol{S})$ und $\mathrm{Kern}(\boldsymbol{R})$ erhält man durch Gleichsetzen von Linearkombinationen der Basisvektoren:

$$\alpha_1 \boldsymbol{s}_1 + \alpha_2 \boldsymbol{s}_2 = \beta_1 \boldsymbol{r}_1 + \beta_2 \boldsymbol{r}_2 = \alpha_1 \begin{bmatrix} -1 \\ 1 \\ 1 \\ 1 \end{bmatrix} + \alpha_2 \begin{bmatrix} 2 \\ -1 \\ -1 \\ -1 \end{bmatrix} = \beta_1 \begin{bmatrix} 1 \\ 0 \\ 0 \\ 0 \end{bmatrix} + \beta_2 \begin{bmatrix} 0 \\ 0 \\ 1 \\ 0 \end{bmatrix}.$$

Daraus folgt mit $\beta_2 = 0$ u.a. $\alpha_1 = \alpha_2$ und $\beta_1 = 2\alpha_2 - \alpha_1$, d.h., für $\alpha_1 = \alpha_2 = 1$ ist $\beta_1 = 1$, also ist $\boldsymbol{r}_1$ der Basisvektor des eindimensionalen Unterraums $\mathrm{Bild}(\boldsymbol{S}) \cap \mathrm{Kern}(\boldsymbol{R})$. Es wird $\boldsymbol{T}_1 = \boldsymbol{r}_1$ gesetzt.

2. Mit

$$\boldsymbol{s}_1 = \boldsymbol{T}_2 = \begin{bmatrix} -1 \\ 1 \\ 1 \\ 1 \end{bmatrix}$$

wird $\boldsymbol{T}_1$ zu einer Basis für $\mathrm{Bild}(\boldsymbol{S})$ ergänzt.

3. Der Vektor

$$\boldsymbol{r}_2 = \boldsymbol{T}_3 = \begin{bmatrix} 0 \\ 0 \\ 1 \\ 0 \end{bmatrix}$$

ergänzt $\boldsymbol{T}_1$ zu einer Basis für $\mathrm{Kern}(\boldsymbol{R})$.

4. Schließlich muß $\boldsymbol{T}_4$ so gewählt werden, daß es zusammen mit $\boldsymbol{T}_1, \boldsymbol{T}_2$ und $\boldsymbol{T}_3$ eine Basis des vierdimensionalen Zustandsraums ergibt. Soll z.B. $\boldsymbol{T}_4 = \begin{bmatrix} t_1 & t_2 & t_3 & t_4 \end{bmatrix}^T$ senkrecht auf den anderen Basisvektoren stehen, muß gelten

$$\begin{bmatrix} \boldsymbol{r}_1^T \\ \boldsymbol{s}_1^T \\ \boldsymbol{r}_2^T \end{bmatrix} \boldsymbol{T}_4 = \boldsymbol{o}.$$

Daraus folgt $t_1 = 0, t_2 + t_3 + t_4 = t_1$ und $t_3 = 0$, also $t_2 = -t_4$. Gewählt wird

$$\boldsymbol{T}_4 = \begin{bmatrix} 0 \\ 1 \\ 0 \\ -1 \end{bmatrix}.$$

Insgesamt erhält man die Transformationsmatrix

$$\boldsymbol{T} = \begin{bmatrix} 1 & -1 & 0 & 0 \\ 0 & 1 & 0 & 1 \\ 0 & 1 & 1 & 0 \\ 0 & 1 & 0 & -1 \end{bmatrix},$$

womit man die Matrizen

$$\hat{\boldsymbol{A}} = \begin{bmatrix} -2 & 1 & 1 & 1 \\ 0 & -1 & 0 & -2 \\ 0 & 0 & -2 & 3 \\ 0 & 0 & 0 & -1 \end{bmatrix}, \quad \hat{\boldsymbol{b}} = \begin{bmatrix} 0 \\ 1 \\ 0 \\ 0 \end{bmatrix} \quad \text{und} \quad \hat{\boldsymbol{c}}^T = \begin{bmatrix} 0 & 2 & 0 & -4 \end{bmatrix}$$

für die kanonische Form erhält. Die zugehörige Struktur zeigt Bild 7.8. Die Zustandsgröße $\hat{x}_2$ ist direkt von u aus, die Zustandsgröße $\hat{x}_1$ indirekt über $\hat{x}_2$ steuerbar. Die Zustandsgrößen $\hat{x}_2$ und $\hat{x}_4$ sind von y aus beobachtbar. Der Zustand $\hat{x}_3$ ist weder steuer- noch beobachtbar.   □

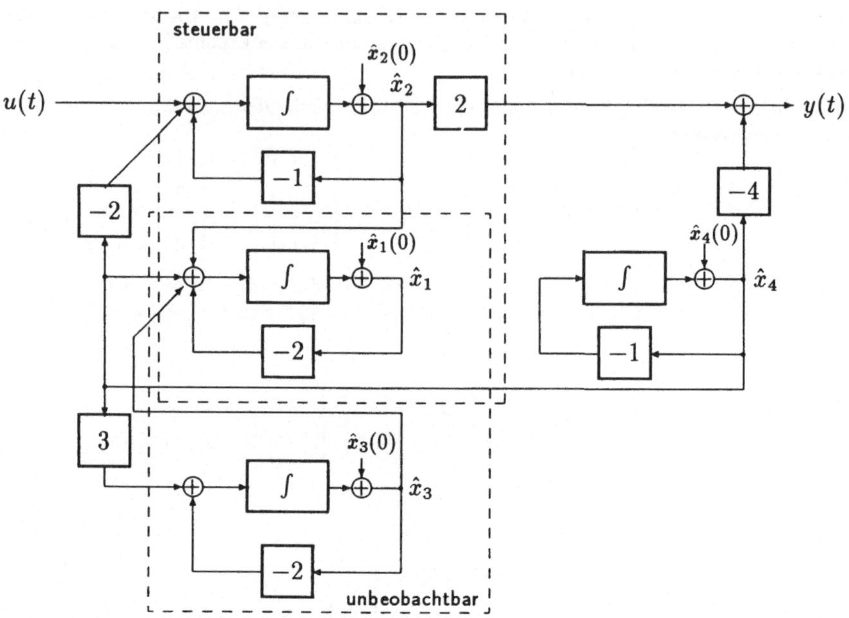

Bild 7.8: Kanonische Zerlegung des Systems aus Beispiel 7.26 nach KALMAN.

Allgemein beeinflußt die Eingangsgröße $\boldsymbol{u}$ nur die Zustände $\hat{\boldsymbol{x}}_1$ und $\hat{\boldsymbol{x}}_2$, und nur die Zustände $\hat{\boldsymbol{x}}_2$ und $\hat{\boldsymbol{x}}_4$ wirken auf die Ausgangsgröße $\boldsymbol{y}$. Das Untersystem mit dem Zustand $\hat{\boldsymbol{x}}_2$ ist also das einzige, das sowohl vollständig steuerbar als auch vollständig beobachtbar ist. Wenn das Gesamtsystem den Anfangszustand $\hat{\boldsymbol{x}}_0 = \boldsymbol{o}$ hat, stellt dieses Untersystem allein den Zusammenhang zwischen Ein- und Ausgangsgrößen dar. In der Tat gilt der

7.27 Satz: *Ein lineares System mit einer mathematischen Beschreibung* $\{\hat{\boldsymbol{A}}, \hat{\boldsymbol{B}}, \hat{\boldsymbol{C}}\}$ *in Form der kanonischen Zerlegung nach* KALMAN *hat die Übertragungsmatrix*

$$G(s) = \hat{\boldsymbol{C}}_2(s\boldsymbol{I} - \hat{\boldsymbol{A}}_{22})^{-1}\hat{\boldsymbol{B}}_2. \tag{7.87}$$

Beweis: Die Übertragungsmatrix hat die Form

$$G(s) = \hat{\boldsymbol{C}}(s\boldsymbol{I} - \hat{\boldsymbol{A}})^{-1}\hat{\boldsymbol{B}}$$

$$= \begin{bmatrix} \boldsymbol{O} & \hat{\boldsymbol{C}}_2 & \boldsymbol{O} & \hat{\boldsymbol{C}}_4 \end{bmatrix} \begin{bmatrix} (s\boldsymbol{I} - \hat{\boldsymbol{A}}_{11}) & -\hat{\boldsymbol{A}}_{12} & -\hat{\boldsymbol{A}}_{13} & -\hat{\boldsymbol{A}}_{14} \\ \boldsymbol{O} & (s\boldsymbol{I} - \hat{\boldsymbol{A}}_{22}) & -\boldsymbol{O} & -\hat{\boldsymbol{A}}_{24} \\ \boldsymbol{O} & \boldsymbol{O} & (s\boldsymbol{I} - \hat{\boldsymbol{A}}_{33}) & -\hat{\boldsymbol{A}}_{34} \\ \boldsymbol{O} & \boldsymbol{O} & \boldsymbol{O} & (s\boldsymbol{I} - \hat{\boldsymbol{A}}_{44}) \end{bmatrix}^{-1} \begin{bmatrix} \hat{\boldsymbol{B}}_1 \\ \hat{\boldsymbol{B}}_2 \\ \boldsymbol{O} \\ \boldsymbol{O} \end{bmatrix}$$

$$= \begin{bmatrix} O & \hat{C}_2 & O & \hat{C}_4 \end{bmatrix} \begin{bmatrix} (sI - \hat{A}_{11})^{-1} & * & * & * \\ O & (sI - \hat{A}_{22})^{-1} & * & * \\ O & O & (sI - \hat{A}_{33})^{-1} & * \\ O & O & O & (sI - \hat{A}_{44})^{-1} \end{bmatrix} \begin{bmatrix} \hat{B}_1 \\ \hat{B}_2 \\ O \\ O \end{bmatrix}$$

$$= \hat{C}_2(sI - \hat{A}_{22})^{-1}\hat{B}_2.$$

$\square$

7.28 Beispiel: Das System vierter Ordnung aus Beispiel 7.26 hat die Übertragungsfunktion erster Ordnung

$$G(s) = [2](s+1)^{-1}[1] = \frac{2}{s+1}.$$

$\square$

Der Satz 7.27 führt direkt zu der Frage der Realisierung einer Übertragungsmatrix und der Realisierung mit dem kleinsten Aufwand, d.h. durch ein dynamisches System mit einer möglichst kleinen Ordnung.

7.29 Definition: *Eine Übertragungsmatrix $G(s)$ heißt* **realisierbar**, *wenn eine endlich-dimensionale mathematische Beschreibung (die* **Realisierung***)*

$$\dot{x}(t) = Ax(t) + Bu(t) \tag{7.88}$$

$$y(t) = Cx(t) + Du(t) \tag{7.89}$$

existiert, die $G(s)$ als Übertragungsmatrix hat.

Die Eigenschaft Realisierbarkeit soll zum Ausdruck bringen, daß aufgrund der mathematischen Beschreibung (7.88),(7.89) sofort eine Schaltung aus OperationsverstärKern oder ein digitales Simulationsmodell angegeben werden kann.

7.30 Definition: *Die Realisierung einer Übertragungsfunktion $G(s)$ heißt* **minimal**, *wenn keine Realisierung kleinerer Ordnung mit der gleichen Übertragungsmatrix existiert.*

Es gilt der wichtige

7.31 Satz: *Die Realisierung einer Übertragungsmatrix ist dann und nur dann minimal, wenn das durch die Realisierung gegebene lineare System sowohl vollständig steuerbar als auch vollständig beobachtbar ist.*

Beweis: 1. Aus den Sätzen 7.25 und 7.27 folgt direkt: Wenn das durch eine Realisierung gegebene lineare zeitinvariante System nicht vollständig steuerbar oder (und) nicht vollständig beobachtbar ist, dann ist die Realisierung nicht minimal.

2. Jetzt ist zu zeigen: Wenn das durch die Realisierung gegebene lineare zeitinvariante System vollständig steuerbar und vollständig beobachtbar ist, dann ist die Realisierung minimal. Widerspruchsannahme: Die vollständig steuerbare und vollständig beobachtbare Realisierung $\{A, B, C\}$ n-ter Ordnung ist nicht minimal, d.h., es existiert eine Realisierung $\{\tilde{A}, \tilde{B}, \tilde{C}\}$ mit der Ordnung $\tilde{n} < n$. Aus $G(s) = \tilde{G}(s)$ folgt dann

$$Ce^{At}B = \tilde{C}e^{\tilde{A}t}\tilde{B},$$

bzw. aus den Reihendarstellungen für die Transitionsmatrizen e^{At} und $e^{\tilde{A}t}$ durch Koeffizientenvergleich für $i = 0, 1, 2, \ldots$: $CA^iB = \tilde{C}\tilde{A}^i\tilde{B}$. Multipliziert man die Beobachtbarkeitsmatrix R mit der Steuerbarkeitsmatrix S, erhält man

$$
\begin{aligned}
RS \;&=\; \begin{bmatrix} C \\ CA \\ \vdots \\ CA^{n-1} \end{bmatrix} \begin{bmatrix} B & AB & \cdots & A^{n-1}B \end{bmatrix} \\[2ex]
&=\; \begin{bmatrix} CB & CAB & \cdots & CA^{n-1}B \\ CAB & CA^2B & \cdots & CA^nB \\ \vdots & \vdots & & \vdots \\ CA^{n-1}B & CA^nB & \cdots & CA^{2(n-1)}B \end{bmatrix} \\[2ex]
&=\; \begin{bmatrix} \tilde{C}\tilde{B} & \tilde{C}\tilde{A}\tilde{B} & \cdots & \tilde{C}\tilde{A}^{n-1}\tilde{B} \\ \tilde{C}\tilde{A}\tilde{B} & \tilde{C}\tilde{A}^2\tilde{B} & \cdots & \tilde{C}\tilde{A}^n\tilde{B} \\ \vdots & \vdots & & \vdots \\ \tilde{C}\tilde{A}^{n-1}\tilde{B} & \tilde{C}\tilde{A}^n\tilde{B} & \cdots & \tilde{C}\tilde{A}^{2(n-1)}\tilde{B} \end{bmatrix} \\[2ex]
&=\; \begin{bmatrix} \tilde{C} \\ \tilde{C}\tilde{A} \\ \vdots \\ \tilde{C}\tilde{A}^{n-1} \end{bmatrix} \begin{bmatrix} \tilde{B} & \tilde{A}\tilde{B} & \cdots & \tilde{A}^{n-1}\tilde{B} \end{bmatrix} \\[2ex]
&\stackrel{\mathrm{def}}{=}\; \tilde{R}_{n-1}\tilde{S}_{n-1}.
\end{aligned}
$$

Da das System $\{A, B, C\}$ vollständig steuerbar und vollständig beobachtbar ist, ist $\mathrm{Rang}(R) = \mathrm{Rang}(S) = n$ und $\mathrm{Rang}(RS) = n$. Es ist aber $\tilde{S}_{n-1}$ eine $(\tilde{n} \times np)$-Matrix und $\tilde{R}_{n-1}$ eine $(nq \times \tilde{n})$-Matrix, so daß die Produktmatrix $\tilde{R}_{n-1}\tilde{S}_{n-1}$ höchstens den Rang $\tilde{n}$ haben kann. Das ist aber ein Widerspruch, da $\tilde{n} < n$ angenommen wurde.   □

7.32 Beispiel: Die Übertragungsfunktion für das System aus Beispiel 7.26 gemäß

$$
G(s) = c^T(sI - A)^{-1}b
$$

berechnet, lautet

$$
G(s) = \frac{2s^3 + 10s^2 + 16s + 8}{s^4 + 6s^3 + 13s^2 + 12s + 4}.
$$

Die Wurzeln des Nennerpolynoms sind $p_1 = p_2 = -2$ und $p_3 = p_4 = -1$ und die Wurzeln des Zählerpolynoms $n_1 = n_2 = -2$ und $n_3 = -1$, d.h., die drei Zählerwurzeln können gegen drei Nennerwurzeln gekürzt werden; es verbleibt

$$
G(s) = \frac{2}{s+1}.
$$

Das ist aber die Übertragungsfunktion des steuerbaren und beobachtbaren Untersystems aus Beispiel 7.28, also ist die Minimalrealisierung durch

$$
\begin{aligned}
\dot{\hat{x}}(t) &= -\hat{x}(t) + u(t), \\
y(t) &= 2\hat{x}(t)
\end{aligned}
$$

gegeben.   □

7.3 Beobachtbarkeit zeitdiskreter Systeme

7.3.1 Beobachtbarkeit von Abtastsystemen

In Kapitel 5 wurde gezeigt, daß bei einem vollständig steuerbaren zeitkontinuierlichen System die Eigenschaft Steuerbarkeit bei einem Abtastsystem durch eine ungünstig gewählte Abtastperiode verlorengehen kann. Das gleiche kann mit der Beobachtbarkeit geschehen, denn es gilt der zum Satz 5.34 duale

7.33 Satz: | *Sei $\{A, B, C\}$ ein vollständig beobachtbares zeitkontinuierliches System und seien $\lambda_i = \alpha_i + j\omega_i$ die verschiedenen Eigenwerte der Systemmatrix A. Wenn die Abtastperiode T so ist, daß für zwei verschiedene Eigenwerte $\lambda_i \neq \lambda_j$ mit gleichem Realteil $(\alpha_i = \alpha_j)$*

$$\omega_i - \omega_j \neq \frac{2\pi k}{T}, \quad k = \pm 1, \pm 2, \ldots \tag{7.90}$$

gilt, dann ist das zeitdiskrete Abtastsystem $\{A_d, B_d, C_d\}$ ebenfalls vollständig beobachtbar.

Beweis: Der Beweis kann analog zum Beweis von Satz 5.34 geführt werden. $\square$

7.3.2 Beobachtbarkeit und Rekonstruierbarkeit zeitdiskreter Systeme

Die Definitionen 7.5 und 7.6 der Beobachtbarkeit und Rekonstruierbarkeit können direkt für zeitdiskrete Systeme übernommen werden, indem die kontinuierliche Zeit t durch die diskrete Zeit kT ersetzt wird. Wegen der Vollständigkeit sollen diese Definitionen jedoch für zeitdiskrete Systeme wiederholt werden:

7.34 Definition: *Der Anfangszustand $x_0 = x_{k_0}$ eines zeitdiskreten dynamischen Systems heißt* **beobachtbar im Zeitintervall** $[k_0, k_1]$, *wenn für alle zulässigen Eingangsfolgen $u_{[k_0, k_1)}$ und alle zugehörigen Ausgangsfolgen $y_{[k_0, k_1]}$ die Menge*

$$\mathcal{W}_{x_0}(k_0, k_1, u_{[k_0,k_1)}, y_{[k_0,k_1]}) \overset{\text{def}}{=}$$

$$\{x_0 : y(k; k_0, x_0, u_{[k_0,k)}), \forall k \in [k_0, k_1]\} \tag{7.91}$$

nur aus einem einzigen Element, nämlich x_0 besteht. Ein System heißt **vollständig beobachtbar,** *wenn jeder Anfangszustand beobachtbar ist.*

7.35 Definition: *Der Endzustand $x_1 = x_{k_1}$ eines zeitdiskreten dynamischen Systems heißt* **rekonstruierbar im Zeitintervall** *$[k_0, k_1]$, wenn für alle zulässigen Eingangsfolgen $u_{[k_0,k_1)}$ und alle zugehörigen Ausgangsfolgen $y_{[k_0,k_1]}$ die Menge*

$$\mathcal{W}_{x_1}(k_0, k_1, u_{[k_0,k_1)}, y_{[k_0,k_1]}) \overset{\text{def}}{=}$$

$$\{x_1 : x_1 = x(k_1; k_0, x_0, u_{[k_0,k_1)}), x_0 \in \mathcal{W}_{x_0}(k_1, k_0, u_{[k_0,k_1)}, y_{[k_0,k_1]})\} \tag{7.92}$$

nur aus einem einzigen Element, nämlich x_1 besteht. Ein System heißt **vollständig rekonstruierbar,** *wenn jeder Endzustand rekonstruierbar ist.*

7.3.3 Beobachtbarkeit und Rekonstruierbarkeit linearer zeitdiskreter Systeme

Für *lineare* zeitdiskrete Systeme können die Sätze 7.7 und 7.8 über die unrekonstruierbaren Unterräume direkt übernommen and analog bewiesen werden:

7.36 Satz: *Bei linearen zeitdiskreten Systemen sind die Menge der unbeobachtbaren Zustände $\mathcal{W}_{x_0}(k_0, k_1, o, o)$ und die Menge der unrekonstruierbaren Zustände $\mathcal{W}_{x_1}(k_0, k_1, o, o)$ lineare Unterräume des Zustandsraums $\mathcal{X}$.*

7.37 Satz: *Das lineare zeitdiskrete System $\{A_k, B_k, C_k\}$ hat als Menge aller mit der Eingangsfolge $u_{[k_0,k_1)} \equiv o$ und der Ausgangsfolge $y_{[k_0,k_1]} \equiv o$ zu vereinbarenden Anfangszustände x_0*

$$\mathcal{W}_{x_0}(k_0, k_1, o, o) = \text{Kern}(M_d(k_0, k_1)) \tag{7.93}$$

und zu vereinbarenden Endzustände x_1

$$\mathcal{W}_{x_1} = \Phi_d(k_1, k_0)\text{Kern}(M_d(k_0, k_1)). \tag{7.94}$$

Hierbei ist

$$M_d(k_0, k_1) \overset{\text{def}}{=} \sum_{i=k_0}^{k_1} \Phi_d^T(i, k_0)C_i^T C_i \Phi_d(i, k_0). \tag{7.95}$$

An dieser Stelle sei an die Definition der Transitionsmatrix $\Phi_d(k, k_0)$ für lineare zeitdiskrete Systeme erinnert: $\Phi_d(k, k_0) \overset{\text{def}}{=} A_{k-1}A_{k-2}\cdots A_{k_0}$. Bei Abtastsystemen geht die Systemmatrix A_k aus der Transitionsmatrix $\Phi(t, t_0)$ des zeitkontinuierlichen Systems wie folgt hervor: $A_k \overset{\text{def}}{=} \Phi((k+1)T, kT)$. Da die Transitionsmatrix eines linearen zeitkontinuierlichen Systems stets regulär ist, ist die Transitionsmatrix $\boldsymbol{\Phi}_d(k, k_0)$ eines abgetasteten Systems auch stets regulär. Wird allerdings das Abtastsystem mit einem digitalen Regler geregelt, kann die Systemmatrix des neuen Gesamtsystems durchaus singulär sein. Bei einer Deadbeat-Regelung wird sogar gefordert, daß die Systemmatrix des rückgekoppelten Systems nilpotent wird. Aus diesem Grund können die Aussagen des Satzes 7.9 über lineare *zeitkontinuierliche* Systeme nicht für *zeitdiskrete* Systeme übernommen werden. Vielmehr gilt der

7.38 Satz: *Das lineare zeitdiskrete System $\{\boldsymbol{A}_k, \boldsymbol{B}_k, \boldsymbol{C}_k\}$ ist dann und nur dann*
- *vollständig beobachtbar im Zeitintervall $[k_0, k_1]$, wenn*

$$\mathrm{Rang}(\boldsymbol{R}(k_0, k_1)) = n, \tag{7.96}$$

- *vollständig rekonstruierbar im Zeitintervall $[k_0, k_1]$, wenn*

$$\mathrm{Kern}(\boldsymbol{R}(k_0, k_1)) \subseteq \mathrm{Kern}(\boldsymbol{\Phi}_d(k_1, k_0)), \tag{7.97}$$

wobei

$$\boldsymbol{R}(k_0, k_1) \stackrel{\text{def}}{=} \begin{bmatrix} \boldsymbol{C}_{k_0} \\ \boldsymbol{C}_{k_0+1}\boldsymbol{A}_{k_0} \\ \boldsymbol{C}_{k_0+2}\boldsymbol{A}_{k_0+1}\boldsymbol{A}_{k_0} \\ \vdots \\ \boldsymbol{C}_{k_1}\boldsymbol{A}_{k_1-1}\cdots\boldsymbol{A}_{k_0} \end{bmatrix}. \tag{7.98}$$

Beweis: [LUDYK,1976] Den Systemzustand $\boldsymbol{x}_k$ erhält man aus

$$\boldsymbol{x}_k = \boldsymbol{A}_{k-1}\cdots\boldsymbol{A}_{k_0}\boldsymbol{x}_{k_0} + \sum_{i=k_0}^{k-1}\boldsymbol{\Phi}_d(k-1, i)\boldsymbol{B}_i\boldsymbol{u}_i. \tag{7.99}$$

Für die Ausgangsgröße gilt dann

$$\boldsymbol{y}_k = \boldsymbol{C}_k\boldsymbol{x}_k = \boldsymbol{C}_k\boldsymbol{A}_{k-1}\cdots\boldsymbol{A}_{k_0}\boldsymbol{x}_{k_0} + \sum_{i=k_0}^{k-1}\boldsymbol{C}_k\boldsymbol{\Phi}_d(k-1, i)\boldsymbol{B}_i\boldsymbol{u}_i. \tag{7.100}$$

Mit

$$\boldsymbol{y}_k^* \stackrel{\text{def}}{=} \boldsymbol{y}_k - \sum_{i=k_0}^{k-1}\boldsymbol{C}_k\boldsymbol{\Phi}_d(k-1, i)\boldsymbol{B}_i\boldsymbol{u}_i \tag{7.101}$$

erhält man für $k = k_0, k_0 + 1, \ldots, k_1$

$$\begin{aligned}
\boldsymbol{y}_{k_0}^* &= \boldsymbol{C}_{k_0}\boldsymbol{x}_{k_0} \\
\boldsymbol{y}_{k_0+1}^* &= \boldsymbol{C}_{k_0+1}\boldsymbol{A}_{k_0}\boldsymbol{x}_{k_0} \\
&\;\;\vdots \\
\boldsymbol{y}_{k_1}^* &= \boldsymbol{C}_{k_1}\boldsymbol{A}_{k_1-1}\cdots\boldsymbol{A}_{k_0}\boldsymbol{x}_{k_0}.
\end{aligned}$$

Diese Gleichungen können so zusammengefaßt werden:

$$\begin{bmatrix} \boldsymbol{y}_{k_0}^* \\ \boldsymbol{y}_{k_0+1}^* \\ \vdots \\ \boldsymbol{y}_{k_1}^* \end{bmatrix} = \boldsymbol{R}(k_0, k_1)\boldsymbol{x}_{k_0}. \tag{7.102}$$

Da der Vektor auf der linken Seite der Gleichung auf Grund seiner Konstruktion gemäß (7.100) und (7.101) ein Element von Bild($R(k_0, k_1)$) ist, ist (7.102) genau dann eindeutig nach $x_0 = x_{k_0}$ auflösbar, wenn Rang($R(k_0, k_1)$) $= n$ ist, womit die erste Aussage bewiesen ist.

Ist andererseits Rang($R(k_0, k_1)$) $= n$, kann x_{k_0} eindeutig aus (7.102) und damit auch $x_1 = x_{k_1}$ aus (7.99) ermittelt werden. Da in diesem Fall Kern($R(k_0, k_1)$) $= \{o\}$ ist, ist auch (7.97) stets erfüllt. Ist dagegen Rang($R(k_0, k_1)$) $< n$, gibt es Anfangszustände x'_{k_0} und x''_{k_0} so, daß zwar

$$R(k_0, k_1)x'_{k_0} = R(k_0, k_1)x''_{k_0} \tag{7.103}$$

ist, aber

$$\Phi_d(k_0, k_1)x'_{k_0} \neq \Phi_d(k_0, k_1)x''_{k_0}, \tag{7.104}$$

d.h., auch $x'_{k_1} \neq x''_{k_1}$. Statt (7.103) kann man aber auch

$$x'_{k_0} - x''_{k_0} \in \text{Kern}(R(k_0, k_1)) \tag{7.105}$$

schreiben und für (7.104)

$$x'_{k_0} - x''_{k_0} \notin \text{Kern}(\Phi_d(k_1, k_0)). \tag{7.106}$$

Die gleichzeitige Gültigkeit von (7.105) und (7.106) kann aber nicht auftreten, wenn (7.97) gilt.   □

Die Bedingung (7.97) ist in Bild 7.9 dargestellt. Die neu definierte Matrix $R(k_0, k_1)$

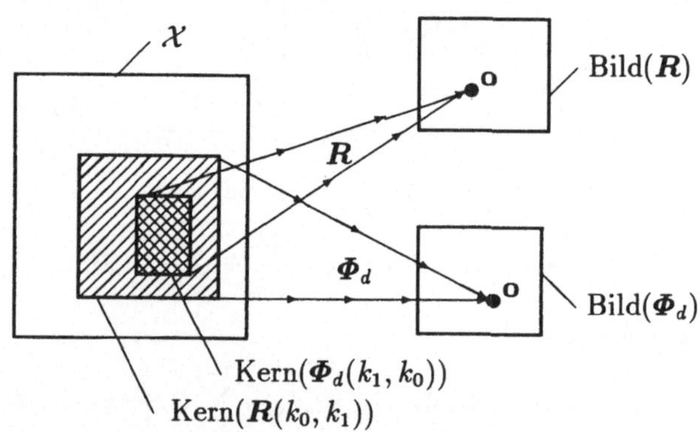

Bild 7.9: Darstellung der Bedingung (7.97) aus Satz 7.38.

steht in einem engen Zusammenhang mit der Matrix $M(k_0, k_1)$, denn es ist

$$R^T(k_0, k_1)R(k_0, k_1) = [C_{k_0}^T | A_{k_0}^T C_{k_0+1}^T | \cdots | A_{k_0}^T \cdots A_{k_1-1}^T C_{k_1}^T] \begin{bmatrix} C_{k_0} \\ C_{k_0+1}A_{k_0} \\ \vdots \\ C_{k_1}A_{k_1-1}\cdots A_{k_0} \end{bmatrix}$$

$$= C_{k_0}^T C_{k_0} + A_{k_0}^T C_{k_0+1}^T C_{k_0+1}A_{k_0} + \cdots + A_{k_0}^T \cdots A_{k_1-1}^T C_{k_1}^T C_{k_1} A_{k_1-1}\cdots A_{k_0}$$

$$= \sum_{i=k_0}^{k_1} \Phi_d^T(i, k_0)C_i^T C_i \Phi_d(i, k_0)$$

$$= M(k_0, k_1). \tag{7.107}$$

Da andererseits für jede Matrix F

$$\mathrm{Kern}(F^T F) = \mathrm{Kern}(F)$$

ist, folgt aus (7.107) und Satz 7.37 der

> **7.39 Satz:** *Zu dem linearen zeitdiskreten System $\{A_k, B_k, C_k\}$ gehören der unbeobachtbare lineare Unterraum*
>
> $$\mathcal{W}_{x_0}(k_0, k_1, o, o) = \mathrm{Kern}(R(k_0, k_1)) \qquad (7.108)$$
>
> *und der unrekonstruierbare lineare Unterraum*
>
> $$\mathcal{W}_{x_1}(k_0, k_1, o, o) = \Phi_d(k_1, k_0)\mathrm{Kern}(R(k_0, k_1)). \qquad (7.109)$$

Aus Satz 7.37 bzw. 7.38 folgt direkt, daß der unrekonstruierbare Unterraum $\mathcal{W}_{x_1}(k_0, k_1, o, o)$ höchstens die gleiche Dimension wie der unbeobachtbare Unterraum $\mathcal{W}_{x_0}(k_0, k_1, o, o)$ hat. Weiterhin folgt aus diesen beiden Sätzen der

7.40 Satz: *1. Ist das lineare zeitdiskrete System $\{A_k, B_k, C_k\}$ vollständig beobachtbar in dem Zeitintervall $[k_0, k_1]$, dann ist es auch vollständig rekonstruierbar in diesem Zeitintervall.*
2. Ist das System vollständig rekonstruierbar in dem Zeitintervall $[k_0, k_1]$, dann ist es nur dann auch vollständig beobachtbar in diesem Zeitintervall, wenn der $\mathrm{Rang}(\Phi_d(k_1, k_0)) = n$ ist.

Beweis: 1. Wenn das System vollständig beobachtbar ist, dann ist nach Satz 7.38 $\mathrm{Rang}(R(k_0, k_1)) = n$, d.h., es ist nach Satz 7.30 $\mathrm{Kern}(R(k_0, k_1)) = \{o\}$ und damit die Bedingung (7.97) stets erfüllt, also das System auch vollständig rekonstruierbar.
2. Ist das System vollständig rekonstruierbar und $\mathrm{Rang}(\Phi_d(k_1, k_0)) = n$, dann muß nach (7.97) $\mathrm{Kern}(R(k_0, k_1)) = \mathrm{Kern}(\Phi_d(k_1, k_0)) = \{o\}$, also $\mathrm{Rang}(R(k_0, k_1)) = n$ und damit nach (7.96) das System auch vollständig beobachtbar sein. $\qquad\Box$

Das ist ein wesentlicher Unterschied zu den *zeitkontinuierlichen* linearen Systemen, denn bei zeitkontinuierlichen Systemen $\{A(t), B(t), C(t)\}$ ist die Transitionsmatrix stets regulär und deshalb sind nach Satz 7.10 die Aussagen „das System ist vollständig steuerbar in dem Zeitintervall $[t_0, t_1]$" und „das System ist vollständig rekonstruierbar im Zeitintervall $[t_0, t_1]$" äquivalent.

7.3.4 Beobachtbarkeit und Rekonstruierbarkeit linearer zeitdiskreter zeitinvarianter Systeme

Bei linearen *zeitinvarianten* Systemen kann ohne Einschränkung der Allgemeinheit $k_0 = 0$ gewählt werden und an die Stelle des Intervalls $[k_0, k_1]$ tritt das Intervall $[0, mT]$, wobei T die Abtastperiode ist. Statt $[0, mT]$ wird kürzer auch $[0, m]$ geschrieben.

Aus Satz 7.38 folgt der

7.41 Satz: *Das lineare zeitdiskrete zeitinvariante System $\{\boldsymbol{A}_d, \boldsymbol{B}_d, \boldsymbol{C}_d\}$ ist dann und nur dann*

1. vollständig beobachtbar, wenn ein $m > 0$ so existiert, daß

$$\mathrm{Rang}(\boldsymbol{R}_m) = n \tag{7.110}$$

ist,

2. vollständig rekonstruierbar, wenn ein $m > 0$ so existiert, daß

$$\mathrm{Kern}(\boldsymbol{R}_m) \subseteq \mathrm{Kern}(\boldsymbol{A}_d^{m-1}) \tag{7.111}$$

ist, wobei

$$\boldsymbol{R}_m \overset{\mathrm{def}}{=} \begin{bmatrix} \boldsymbol{C}_d \\ \boldsymbol{C}_d \boldsymbol{A}_d \\ \vdots \\ \boldsymbol{C}_d \boldsymbol{A}_d^{m-1} \end{bmatrix}. \tag{7.112}$$

Aus den Sätzen 7.39 und 7.41 folgt sofort ein Kriterium für Systeme, in deren mathematischer Beschreibung die Systemmatrix Diagonalform hat:

7.42 Satz: *Das lineare zeitdiskrete System $\{\boldsymbol{\Lambda}, \hat{\boldsymbol{b}}, \hat{\boldsymbol{c}}^T\}$ ist dann und nur dann vollständig beobachtbar, wenn die $\hat{c}_i \neq 0$ für $i = 1, 2, \ldots, n$ und die $\lambda_i \neq \lambda_j$ für $i \neq j$ sind. Es ist dann und nur dann vollständig rekonstruierbar, wenn für die i, j, für die $\lambda_i \neq 0$ und $\lambda_j \neq 0$ ist,*
1. $\hat{c}_i \neq 0$ und
2. $\lambda_i \neq \lambda_j$ für $i \neq j$ ist.

7.43 Beispiel: Das System dritter Ordnung mit

$$\boldsymbol{\Lambda} = \begin{bmatrix} 2 & 0 & 0 \\ 0 & 1 & 0 \\ 0 & 0 & 0 \end{bmatrix} \quad \text{und} \quad \hat{\boldsymbol{c}}^T = \begin{bmatrix} 1 & 1 & 0 \end{bmatrix}$$

ist nicht vollständig beobachtbar, da

$$\mathrm{Rang}(\boldsymbol{R}_3) = \mathrm{Rang}(\begin{bmatrix} 1 & 1 & 0 \\ 2 & 1 & 0 \\ 4 & 1 & 0 \end{bmatrix}) = 2 < 3$$

ist. Da aber nach (7.109)

$$\mathcal{W}_{\boldsymbol{x}_1} = \boldsymbol{\Lambda}^2 \mathrm{Kern}(\boldsymbol{R}_3) = \begin{bmatrix} 4 & 0 & 0 \\ 0 & 1 & 0 \\ 0 & 0 & 0 \end{bmatrix} \mathrm{Bild}(\begin{bmatrix} 0 \\ 0 \\ 1 \end{bmatrix}) = \{\boldsymbol{o}\}$$

ist, ist das System vollständig rekonstruierbar. In der Tat ist

$$\boldsymbol{x}_k = \begin{bmatrix} 2^k \cdot x_{1,0} \\ 1 \cdot x_{2,0} \\ 0 \end{bmatrix} + \sum_{i=0}^{k-1} \boldsymbol{\Lambda}^{k-1-i} \hat{\boldsymbol{b}}_d u_i,$$

d.h., für die Berechnung von x_k müssen neben der Eingangsfolge $\{u_i\}$ noch $x_{1,0}$ und $x_{2,0}$ bekannt sein. Diese können aber eindeutig aus den beiden linear unabhängigen Gleichungen

$$y_1^* = 2x_{1,0} + x_{2,0}$$
$$y_2^* = 4x_{1,0} + x_{2,0}$$

ermittelt werden. $\square$

Die Sätze 7.21 und 7.22 über den Zusammenhang von Beobachtbarkeit und gewissen Blockdreiecksstrukturen der Systemmatrizen können direkt für zeitdiskrete Systeme übernommen werden.

7.4 Zustandsbeobachter

7.4.1 Vollständiger Zustandsbeobachter

7.4.1.1 Einführung und Beobachtungsnormalform

Bei der Behandlung der Zustandsrückführung in Kapitel 6 wurde vorausgesetzt, daß sämtliche Zustandsgrößen für die Rückführung zur Verfügung stehen. Ist die Zahl q der Ausgangsgrößen gleich der Zahl n der Zustandsgrößen und außerdem der Rang der Ausgabematrix $C \in \mathbb{R}^{n \times n}$ gleich n, ist der Zustandsvektor eindeutig aus der Ausgangsgleichung

$$y(t) = Cx(t)$$

berechenbar. Im allgemeinen ist jedoch die Zahl der Ausgangsgrößen q kleiner als die Zahl der Zustandsgrößen n. Besonders für Einfachsysteme gilt $q = 1 \leq n$.

Zur Einführung in die Problematik wird die Ermittlung der Zustandsgrößen von linearen zeitinvarianten zeitkontinuierlichen Einfachsystemen mit der mathematischen Beschreibung

$$\dot{x}(t) = Ax(t) + bu(t) \tag{7.113}$$

$$y(t) = c^T x(t) \tag{7.114}$$

behandelt. Es wird vorausgesetzt, daß A, b und c bekannt sind. Es ist naheliegend, ein Modellsystem mit der mathematischen Beschreibung (7.113),(7.114) aufzubauen und auf das Modellsystem die gleiche Eingangsfunktion u wie auf das System zu geben. Wird der Zustandsvektor des Modells mit $\hat{x}$ und die Ausgangsgröße mit $\hat{y}$ bezeichnet, erhält man als mathematische Beschreibung für das Modell

$$\dot{\hat{x}}(t) = A\hat{x}(t) + bu(t) \tag{7.115}$$

$$\hat{y}(t) = c^T \hat{x}(t). \tag{7.116}$$

Bild 7.10 zeigt die Struktur von System und Modellsystem. Da in dem Modellsystem jede Größe zur Verfügung steht, also auch die zeitveränderlichen Zustandsgrößen $\hat{x}_1(t)$ bis $\hat{x}_n(t)$, stellt der Zustandsvektor $\hat{x}(t)$ des Modellsystems eine Rekonstruktion des

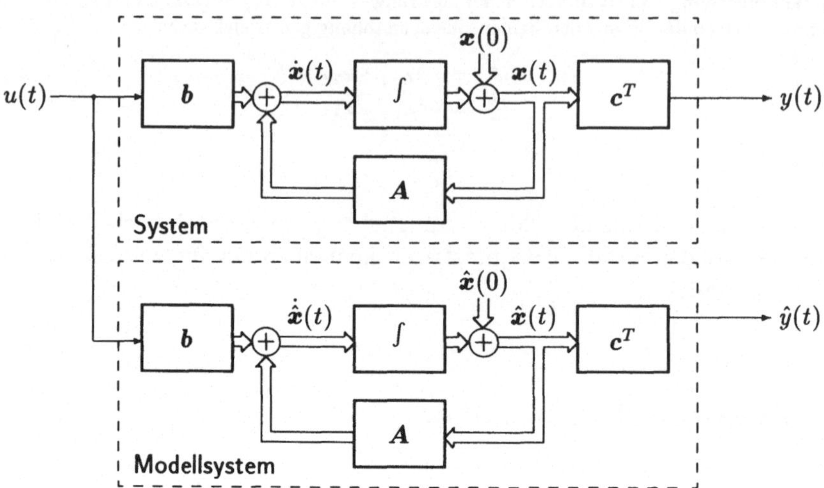

Bild 7.10: System mit zugehörigem Modellsystem.

nicht direkt meßbaren Zustandsvektors $x(t)$ des Systems dar. Die Zustände $x(t)$ und $\hat{x}(t)$ stimmen jedoch nur dann für alle $t \geq 0$ überein, wenn auch die Anfangszustände $x(0)$ und $\hat{x}(0)$ übereinstimmen. Da aber der Anfangszustand $x(0)$ nicht bekannt ist, kann das Modellsystem nicht auf den gleichen Anfangszustand $\hat{x}(0) = x(0)$ gebracht werden. Daher ist das einfache Modellsystem in Bild 7.10 zur Zustandsrekonstruktion nicht geeignet.

Bei dem Modellsystem nach Bild 7.10 wurde aber auch nicht die gesamte über das System verfügbare Information verarbeitet. Die Ausgangsgröße wurde nicht herangezogen. Ein Vergleich zwischen System und Modellsystem ist aber gerade nur über die beiden Ausgangsgrößen y und $\hat{y}$ möglich. Es ist daher naheliegend, mit der Differenz $y - \hat{y}$ der beiden Ausgangsgrößen korrigierend in das Modellsystem einzugreifen, z.B. direkt an den Integratoreingängen über einen Rückkoppelungsvektor h gemäß der Zustandsgleichung

$$\begin{aligned}
\dot{\hat{x}}(t) &= A\hat{x}(t) + h[y(t) - \hat{y}(t)] + bu(t) \\
&= A\hat{x}(t) + h[y(t) - c^T(t)\hat{x}(t)] + bu(t) \\
&= (A - hc^T)\hat{x}(t) + hy(t) + bu(t)
\end{aligned} \tag{7.117}$$

für das Modellsystem. Die Struktur des Modellsystems zeigt Bild 7.11. Ein solches Modellsystem ist tatsächlich in der Lage, den Systemzustand zu rekonstruieren, d.h. zu beobachten und wird deshalb **Zustandsbeobachter** genannt.

Wie ist der Rückkoppelungsvektor h festzulegen? Das Ziel ist, möglichst schnell den Zustandsvektor $\hat{x}(t)$ des Zustandsbeobachters mit dem Systemzustand $x(t)$ in Übereinstimmung zu bringen, d.h., den Fehler

$$\tilde{x}(t) \stackrel{\text{def}}{=} x(t) - \hat{x}(t) \tag{7.118}$$

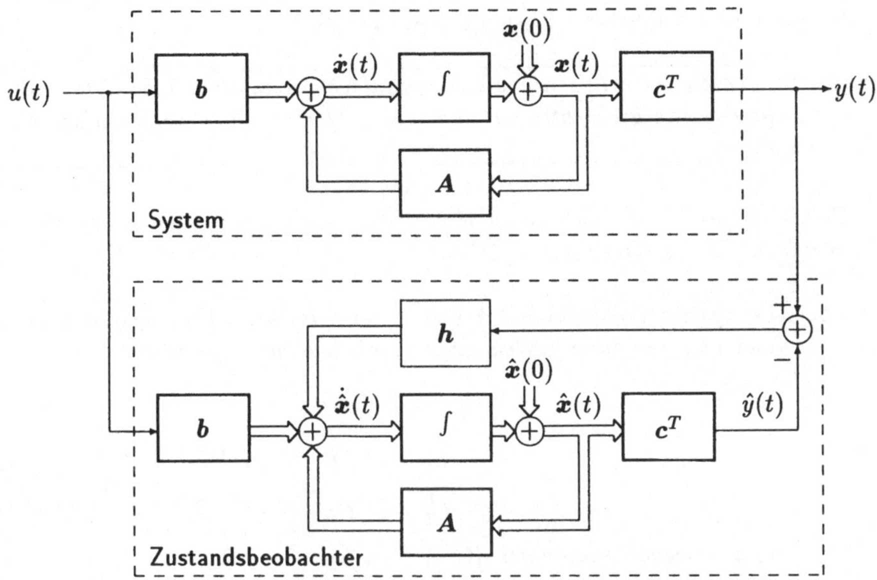

Bild 7.11: System und zugehöriger Zustandsbeobachter.

möglichst schnell verschwinden zu lassen. Wird (7.117) von der Zustandsgleichung (7.113) subtrahiert, erhält man

$$\dot{x}(t) - \dot{\hat{x}}(t) = Ax(t) - (A - hc^T)\hat{x}(t) - hy(t)$$

und daraus mit (7.114) und (7.118) für den Fehlervektor $\tilde{x}(t)$ die Zustandsgleichung

$$\dot{\tilde{x}}(t) = (A - hc^T)\tilde{x}(t). \tag{7.119}$$

Wenn das durch die Fehlerzustandsgleichung (7.119) beschriebene lineare System asymptotisch stabil ist, dann ist

$$\lim_{t\to\infty} \tilde{x}(t) = o, \tag{7.120}$$

der Fehlervektor wird zum Nullvektor, und zwar unabhängig davon, wie groß der Anfangsfehlervektor $\tilde{x}(0)$, d.h. der Unterschied zwischen Systemzustand $x(0)$ und Beobachterzustand $\hat{x}(0)$ ist. Stimmen zufällig die beiden Anfangszustände überein, so ist nach (7.119)

$$\tilde{x}(t) = e^{(A - hc^T)t}o = o$$

für $t \geq 0$, d.h. System- und Beobachterzustand stimmen theoretisch für $t \geq 0$ überein. Wirken aber Störungen auf das System oder den Beobachter, so sind System- und Beobachterzustand nicht mehr gleich. Ist das durch (7.119) beschriebene Fehlersystem aber asymptotisch stabil, strebt nach Abklingen der Störungen der Zustandsfehlervektor wieder gegen den Nullvektor. Zusammenfassend gilt der

7.44 Satz: *Wenn ein lineares zeitinvariantes Einfachsystem beobachtbar ist, existiert ein Zustandsbeobachter so, daß sein Fehlerverhalten asymptotisch stabil ist.*

Der Beweis dieses Satzes läßt sich am einfachsten anhand der sogenannten *Beobachtungsnormalform* führen. Dazu der

7.45 Satz: *Die Systembeschreibung $\{A, b, c^T\}$ eines linearen Einfachsystems kann dann und nur dann mittels einer Ähnlichkeitstransformation*

$$A_B = T_B^{-1} A T_B \tag{7.121}$$

$$b_B = T_B^{-1} b \tag{7.122}$$

$$c_B^T = c^T T_B \tag{7.123}$$

auf die Beobachtungsnormalform $\{A_B, b_B, c_B^T\}$ mit

$$A_B = \begin{bmatrix} 0 & 0 & \cdots & 0 & -a_0 \\ 1 & 0 & \ddots & \vdots & -a_1 \\ 0 & 1 & \ddots & 0 & \vdots \\ \vdots & \ddots & \ddots & 0 & \vdots \\ 0 & \cdots & 0 & 1 & -a_{n-1} \end{bmatrix} \tag{7.124}$$

$$c_B^T = \begin{bmatrix} 0 & \cdots & 0 & 1 \end{bmatrix} \tag{7.125}$$

transformiert werden, wenn das System beobachtbar ist.

Der Satz 7.45 folgt über das Dualitätsprinzip in Satz 7.13 direkt aus Satz 6.1 über die Transformierbarkeit auf Regelungsnormalform. Die Transformationsmatrix T_B hat dabei die Form

$$T_B = \begin{bmatrix} t_1 & A t_1 & \cdots & A^{n-1} t_1 \end{bmatrix}, \tag{7.126}$$

wobei der Vektor t_1 gleich der letzten Spalte der invertierten Beobachtbarkeitsmatrix R^{-1} ist:

$$t_1 = R^{-1} \begin{bmatrix} 0 \\ \vdots \\ 0 \\ 1 \end{bmatrix}. \tag{7.127}$$

Bild 7.12 zeigt die Struktur eines linearen Einfachsystems mit einer mathematischen Beschreibung in Beobachtungsnormalform.

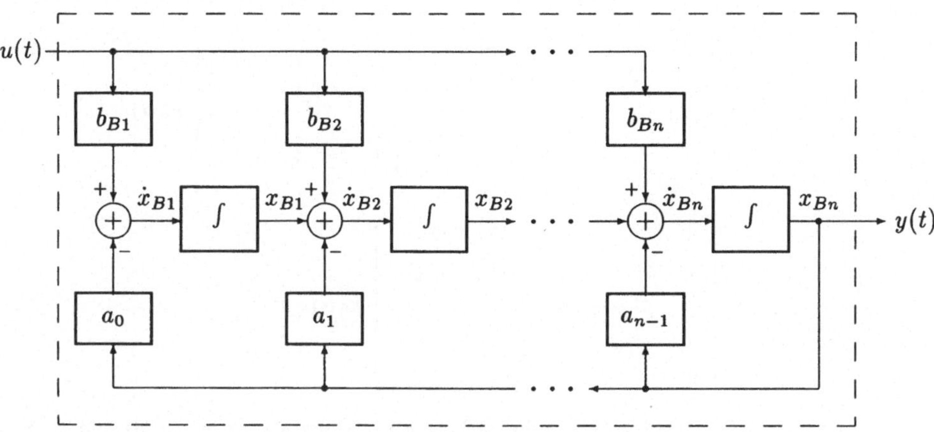

Bild 7.12: Struktur eines linearen Einfachsystems mit einer mathematischen Beschreibung in Beobachtungsnormalform.

7.46 Beispiel: Für den Roboterarm mit einem Gleichstrommotor als Antriebselement aus Beispiel 6.2 soll die mathematische Beschreibung

$$\dot{x}(t) = \begin{bmatrix} 0 & 8 & 0 \\ -\frac{1}{6} & 0 & \frac{1}{12} \\ 0 & -60 & -6 \end{bmatrix} x(t) + \begin{bmatrix} 0 \\ 0 \\ 6 \end{bmatrix} u(t)$$
$$y(t) = \begin{bmatrix} 1 & 0 & 0 \end{bmatrix} x(t)$$

auf Beobachtungsnormalform transformiert werden. Die Beobachtbarkeitsmatrix R hat hier die Form

$$R = \begin{bmatrix} c^T \\ c^T A \\ c^T A^2 \end{bmatrix} = \begin{bmatrix} 1 & 0 & 0 \\ 0 & 8 & 0 \\ -\frac{4}{3} & 0 & \frac{2}{3} \end{bmatrix}$$

und den vollen Rang $n = 3$, d.h., das System ist beobachtbar und die Beobachtungsnormalform existiert. Die Inverse von R ist

$$R^{-1} = \begin{bmatrix} 1 & 0 & 0 \\ 0 & \frac{1}{8} & 0 \\ 2 & 0 & \frac{3}{2} \end{bmatrix}, \\ \underset{t_1}{\uparrow}$$

d.h. , die Transformationsmatrix T_B hat die Form

$$T_B = \begin{bmatrix} t_1 & A t_1 & A^2 t_1 \end{bmatrix} = \begin{bmatrix} 0 & 0 & 1 \\ 0 & \frac{1}{8} & -\frac{3}{4} \\ \frac{3}{2} & -9 & \frac{93}{2} \end{bmatrix}.$$

Damit erhält man die mathematische Beschreibung in Beobachtungsnormalform

$$\dot{x}_B(t) = \begin{bmatrix} 0 & 0 & -8 \\ 1 & 0 & -6,333 \\ 0 & 1 & -6 \end{bmatrix} x_B(t) + \begin{bmatrix} 4 \\ 0 \\ 0 \end{bmatrix} u(t),$$
$$y(t) = \begin{bmatrix} 0 & 0 & 1 \end{bmatrix} x_B(t).$$

$\square$

Beweis des Satzes 7.44: Wenn das gegebene System beobachtbar ist, kann die mathematische Beschreibung in die Beobachtungsnormalform transformiert werden. Für die Fehlergleichung erhält man dann

$$\dot{\tilde{x}}_B(t) = \left[\begin{bmatrix} 0 & 0 & \cdots & 0 & -a_0 \\ 1 & 0 & \ddots & \vdots & -a_1 \\ 0 & 1 & \ddots & 0 & \vdots \\ \vdots & \ddots & \ddots & 0 & \vdots \\ 0 & \cdots & 0 & 1 & -a_{n-1} \end{bmatrix} - \begin{bmatrix} 0 & \cdots & 0 & h_{B1} \\ 0 & \cdots & 0 & h_{B2} \\ \vdots & & \vdots & \vdots \\ 0 & \cdots & 0 & h_{Bn} \end{bmatrix} \right] \tilde{x}_B(t)$$

$$= \begin{bmatrix} 0 & 0 & \cdots & 0 & -(a_0 + h_{B1}) \\ 1 & 0 & \ddots & \vdots & -(a_1 + h_{B2}) \\ 0 & 1 & \ddots & 0 & \vdots \\ \vdots & \ddots & \ddots & 0 & \vdots \\ 0 & \cdots & 0 & 1 & -(a_{n-1} + h_{Bn}) \end{bmatrix} \tilde{x}_B(t). \tag{7.128}$$

Die Elemente $(a_{i-1} + h_{Bi})$ für $i = 1, \ldots, n$ in der letzten Spalte der Matrix in (7.128) sind die Koeffizienten des charakteristischen Polynoms dieser Systemmatrix der Fehlergleichung. Wird das charakteristische Polynom

$$\lambda^n + \beta_{n-1}\lambda^{n-1} + \cdots + \beta_1\lambda + \beta_0 \tag{7.129}$$

so vorgegeben, daß die zugehörige charakteristische Gleichung nur Wurzeln mit negativem Realteil hat, kann durch die Wahl des Vektors h_B gemäß

$$\boxed{h_B = \beta - a} \tag{7.130}$$

die Fehlergleichung asymptotisch stabil gemacht werden. $\square$

Liegt die mathematische Beschreibung des Beobachters in Beobachtungsnormalform vor, so lautet die Fehlergleichung

$$\dot{\tilde{x}}_B(t) = (A_B - h_B c_B^T)\tilde{x}_B(t). \tag{7.131}$$

Wenn die Matrix $(A_B - h_B c_B^T)$ das charakteristische Polynom (7.129) haben soll, ist der Rückkopplungsvektor gemäß (7.130) zu dimensionieren.

Soll nicht der Zustand $\hat{x}_B$ der Beobachtungsnormalform, sondern der Zustand $\hat{x}$ der ursprünglichen mathematischen Beschreibung rekonstruiert werden, kann der Beobachter auch gleich für $\hat{x}$ konstruiert werden, denn mit $\hat{x} = T_B\hat{x}_B$ folgt aus (7.131)

$$\begin{aligned} \dot{\tilde{x}}(t) &= T_B(A_B - h_B c_B^T)T_B^{-1}\tilde{x}(t) \\ &= (A - T_B h_B c^T)\tilde{x}(t) \\ &= (A - h c^T)\tilde{x}(t), \end{aligned}$$

d.h., es ist

$$\boxed{h = T_B h_B.}$$
(7.132)

Diese Formel hat den Nachteil, daß zunächst h_B gemäß (7.130) berechnet werden muß, wobei auch noch a als bekannt vorausgesetzt wird. Deshalb ist das folgende Vorgehen vorzuziehen: Setzt man in (7.132) die Transformationsmatrix T_B gemäß (7.126) und h_B gemäß (7.130) ein, erhält man

$$\begin{aligned}
h &= \begin{bmatrix} t_1 & At_1 & \cdots & A^{n-1}t_1 \end{bmatrix} (\beta - a) \\
&= (\beta_0 - a_0)t_1 + (\beta_1 - a_1)At_1 + \cdots + (\beta_{n-1} - a_{n-1})A^{n-1}t_1
\end{aligned}$$

und daraus mit dem Satz von CALEY-HAMILTON

$$h = (\beta_0 I + \beta_1 A + \cdots + \beta_{n-1}A^{n-1} + A^n)t_1.$$

Daraus erhält man schließlich mit

$$P_\beta(A) \stackrel{\text{def}}{=} \beta_0 I + \beta_1 A + \cdots + \beta_{n-1}A^{n-1} + A^n$$
(7.133)

endgültig

$$\boxed{h = P_\beta(A)t_1,}$$
(7.134)

wobei der Vektor t_1 gemäß (7.127) Lösung des linearen Gleichungssystems

$$\boxed{R\,t_1 = \begin{bmatrix} 0 \\ \vdots \\ 0 \\ 1 \end{bmatrix}}$$
(7.135)

ist.

7.47 Beispiel: Für den Roboterarm aus Beispiel 7.46 soll ein Zustandsbeobachter entworfen werden. Die Systemmatrix A hat die drei Eigenwerte

$$\begin{aligned}
\lambda_{1,2} &= -0,4694 \pm j1,1663 \\
\lambda_3 &= -5,0609.
\end{aligned}$$

Die drei Eigenwerte der Fehlerdynamik werden nach $\lambda = -6$ gelegt, so daß

$$(\lambda + 6)^3 = \lambda^3 + 18\lambda^2 + 108\lambda + 216$$

das charakteristische Polynom ist und

$$\boldsymbol{\beta}^T = \left[\begin{array}{ccc} 216 & 108 & 18 \end{array}\right]$$

ist. Mit $\boldsymbol{a}^T = \left[\begin{array}{ccc} 8 & 6,333 & 6 \end{array}\right]$ erhält man

$$\boldsymbol{h}_B = \boldsymbol{\beta} - \boldsymbol{a} = \left[\begin{array}{c} 208 \\ 101,6 \\ 12 \end{array}\right]$$

und mit

$$\boldsymbol{t}_1 = \left[\begin{array}{c} 0 \\ 0 \\ 1,5 \end{array}\right]$$

wird

$$\boldsymbol{h} = (216\boldsymbol{I} + 108\boldsymbol{A} + 18\boldsymbol{A}^2 + \boldsymbol{A}^3)\boldsymbol{t}_1 = \left[\begin{array}{c} 12 \\ 3,7083 \\ -45 \end{array}\right].$$

Bild 7.13 zeigt die Struktur des Beobachters und Bild 7.14 das Simulationsergebnis für die Eingangsgröße $u(t) \equiv 0$, den Systemanfangszustand $\boldsymbol{x}_0 = \left[\begin{array}{ccc} 1 & 1 & 1 \end{array}\right]^T$ und den Beobachteranfangszustand $\hat{\boldsymbol{x}}_0 = \boldsymbol{o}$.   □

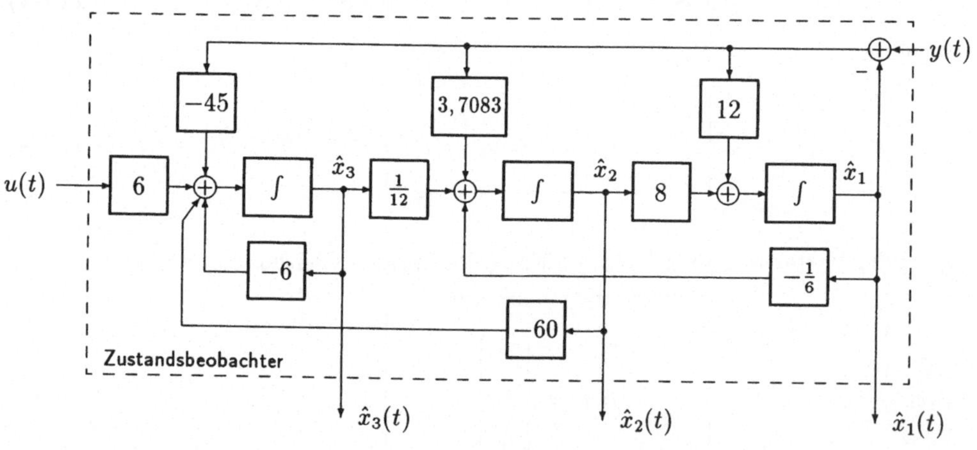

Bild 7.13: Struktur des Zustandsbeobachters für das System in Beispiel 7.47.

7.4.1.2 Auswirkung von Meßstörungen

Die gemessene Ausgangsgröße $y(t)$ ist immer von mehr oder weniger großen Störungen $v(t)$ überlagert:

$$y(t) = \boldsymbol{c}^T \boldsymbol{x}(t) + v(t). \tag{7.136}$$

Dann wird aus (7.117) bzw. (7.119)

$$\dot{\hat{\boldsymbol{x}}}(t) = \boldsymbol{A}\hat{\boldsymbol{x}}(t) + \boldsymbol{b}u(t) + \boldsymbol{h}[\boldsymbol{c}^T \boldsymbol{x}(t) + v(t) - \boldsymbol{c}^T \hat{\boldsymbol{x}}(t)]$$

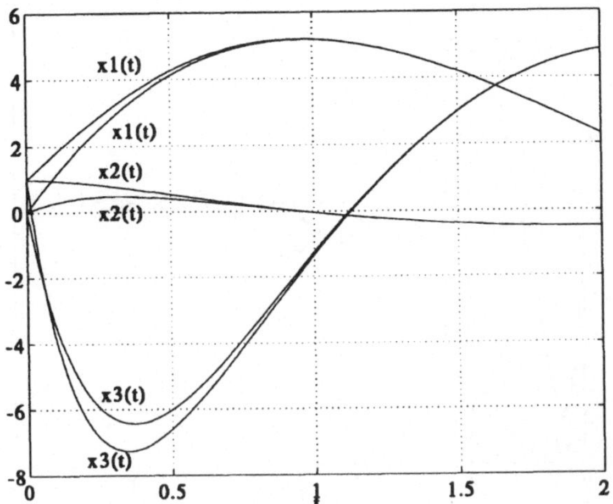

Bild 7.14: Verlauf der Zustände von System und Zustandsbeobachter in Beispiel 7.47.

$$\dot{\hat{x}}(t) = A\hat{x}(t) + bu(t) + hc^T\tilde{x}(t) + hv(t) \tag{7.137}$$

und

$$\dot{\tilde{x}}(t) = (A - hc^T)\tilde{x}(t) - hv(t). \tag{7.138}$$

Je kleiner die Komponenten des Vektors h sind, desto weniger wirken sich Meßstörungen auf die rekonstruierten Zustandsgrößen $\hat{x}(t)$ aus. Andererseits werden die Komponenten des Vektors h um so größer, je weiter links in der komplexen Ebene die Eigenwerte von $(A - hc^T)$ liegen, d.h. um so schneller der Fehlervektor $\tilde{x}(t)$ verschwindet. Es muß also ein Kompromiß zwischen der Geschwindigkeit des Beobachters und seiner Störanfälligkeit gefunden werden.

7.48 Beispiel: Die Meßgröße $y(t)$ in Beispiel 7.47 sei überlagert von einer Störgröße $v(t) = 0,1\sin(5\,t)$. Bild 7.15 zeigt die Auswirkung der Störung auf die rekonstruierten Zustandsgrößen. $\qquad\square$

Einen direkten Zusammenhang zwischen der Meßstörung $v(t)$ und dem Fehlerzustand $\tilde{x}(t)$ erhält man, wenn man auf die Fehlergleichung für die Beobachtungsnormalform (7.138) die LAPLACE-Transformation anwendet:

$$s\tilde{x}_B(s) - \tilde{x}_B(0) = F_B\tilde{x}_B(s) - h_Bv(s),$$

mit

$$F_B \stackrel{\text{def}}{=} A_B - h_Bc_B^T.$$

Es ist also

$$\tilde{x}_B(s) = -(sI - F_B)^{-1}h_Bv(s) + (sI - F_B)^{-1}\tilde{x}_B(0). \tag{7.139}$$

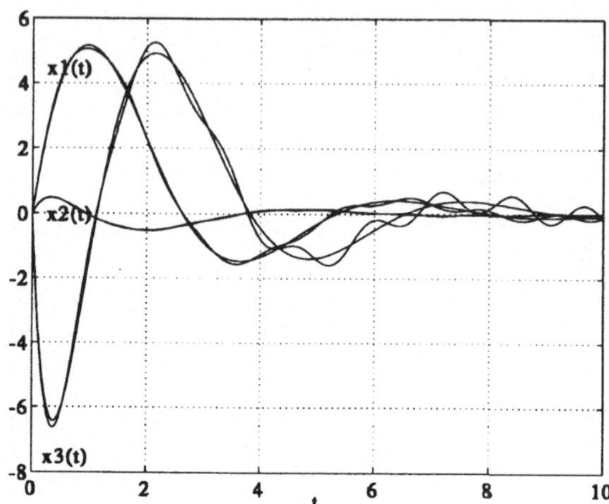

Bild 7.15: Auswirkung einer Störung auf die rekonstruierten Zustandsgrößen in Beispiel 7.48.

Der zweite Summand in (7.139) verschwindet im Zeitbereich um so schneller, je weiter links die vorgegebenen Eigenwerte in der komplexen Ebene λ liegen. Für den verbleibenden ersten Term und $n = 3$ erhält man z.B. im eingeschwungenen Zustand aus

$$
\tilde{\boldsymbol{x}}_B(s) \;=\; -\begin{bmatrix} s & 0 & \beta_0 \\ -1 & s & \beta_1 \\ 0 & -1 & s+\beta_2 \end{bmatrix}^{-1} \begin{bmatrix} h_{B1} \\ h_{B2} \\ h_{B3} \end{bmatrix} v(s)
$$

$$
=\; -\frac{\begin{bmatrix} (s^2 + \beta_2 s + \beta_1) & -\beta_0 & -s\beta_0 \\ * & * & * \\ * & * & * \end{bmatrix} \begin{bmatrix} h_{B1} \\ h_{B2} \\ h_{B3} \end{bmatrix}}{s^3 + s^2\beta_2 + s\beta_1 + \beta_0} v(s),
$$

für die erste Komponente $\tilde{x}_{B1}(s)$ des Fehlervektors

$$
\tilde{x}_{B1}(s) = -\frac{(s^2 + s\beta_2 + \beta_1)h_{B1} - \beta_0 h_{B2} - s\beta_0 h_{B3}}{s^3 + s^2\beta_2 + s\beta_1 + \beta_0} v(s). \tag{7.140}
$$

Für einen dreifachen Eigenwert bei $-\lambda$ lautet das charakteristische Polynom

$$
\begin{aligned}
(s + \lambda)^3 \;&=\; \lambda^3 + 3\lambda^2 s + 3\lambda s^2 + s^3 \\
&=\; s^3 + \beta_2 s^2 + \beta_1 s + \beta_0.
\end{aligned}
$$

Setzt man dieses Polynom und $\boldsymbol{h}_B = \boldsymbol{\beta} - \boldsymbol{a}$ in (7.140) ein, wird

$$
\begin{aligned}
\tilde{x}_{B1}(s) \;&=\; -\frac{s^2(\lambda^3 - a_0) + s(\lambda^3 a_2 - 3\lambda a_0) + (\lambda^3 a_1 - 3\lambda^2 a_0)}{\lambda^3 + 3\lambda^2 s + 3\lambda s^2 + s^3} v(s) \\[2mm]
&=\; -\frac{\lambda^3(s^2 + s a_2 + a_1) - \lambda^2(3a_0) - \lambda(3s a_0) - s^2 a_0}{\lambda^3 + 3\lambda^2 s + 3\lambda s^2 + s^3} v(s) \\[2mm]
&\overset{\text{def}}{=}\; -G_1(s)v(s).
\end{aligned} \tag{7.141}
$$

Für $\lambda_i \to -\infty$, also $\lambda \to +\infty$, wird aus $G_1(s)$ nach dreimaliger Anwendung der L'HOSPITALschen Regel

$$\lim_{\lambda \to \infty} G_1(s) = s^2 + sa_2 + a_1. \tag{7.142}$$

Das ist die Parallelschaltung eines Doppeldifferenzierers, eines Differenzierers und eines Proportionalgliedes: Der Beobachter besteht im wesentlichen nur noch aus Differenziergliedern!

7.49 Beispiel: Wird der Beobachter aus Beispiel 7.47 „schneller" gemacht, indem die Eigenwerte der Fehlergleichung nach $\lambda_i = -60$ gelegt werden, ist $\beta = \begin{bmatrix} 216\,000 & 10\,800 & 180 \end{bmatrix}^T$ und

$$h_B = \begin{bmatrix} 215\,992 & 10\,793,3 & 174 \end{bmatrix}^T.$$

Für den Anfangsfehler $\tilde{x}_B(0) = \begin{bmatrix} 1 & 1 & 1 \end{bmatrix}^T$ erhält man jetzt das Fehlerverhalten in Bild 7.16. Der

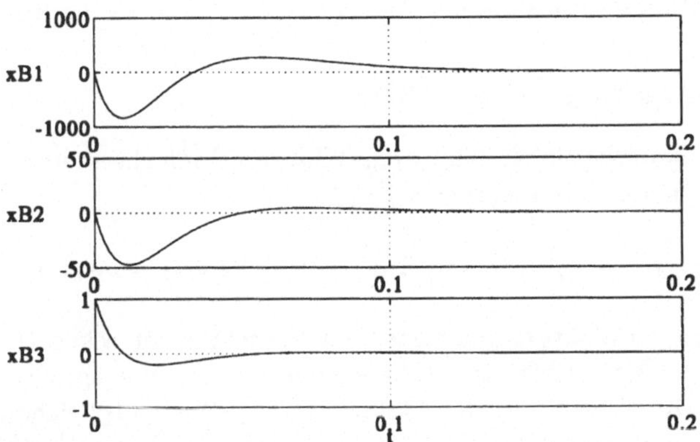

Bild 7.16: Fehlerverhalten des „schnelleren" Beobachters aus Beispiel 7.49.

Fehler ist ungefähr nach $t = 0,2$ verschwunden. Beachtlich angestiegen sind aber, vor allem bei $\tilde{x}_{B1}$ und $\tilde{x}_{B2}$, die anfänglichen Fehler, hervorgerufen durch das fast differenzierende Verhalten des Beobachters. Die Übertragungsfunktion $G_1(s)$ ist näherungsweise ($\lambda^3 = 216\,000$)

$$G_1(s) \approx s^2 + sa_0 + a_1 = s^2 + 6s + 6,333,$$

d.h., es ist

$$\tilde{x}_{B1}(s) = -G_1(s)v(s)$$

und im Zeitbereich

$$
\begin{aligned}
\tilde{x}_{B1}(t) \;&\approx\; -\left(\frac{\mathrm{d}^2}{\mathrm{d}t}(0,1\sin(5t)) + 6\frac{\mathrm{d}}{\mathrm{d}t}(0,1\sin(5t)) + 6,333(0,1\sin(5t)) \right) \\
&=\; 1,866\sin(5t) - 3\cos(5t) \\
&=\; 3,533\sin(5t - 1,014).
\end{aligned}
$$

Bild 7.17 zeigt die Auswirkung der Meßstörung auf die Beobachtungsfehler.   □

Sollen Meßstörungen nur eine geringe Auswirkung auf die rekonstruierten Zustandsgrößen haben und die Anfangsfehler nicht zu groß werden, legt man die Eigenwerte der Fehlergleichung nur so weit nach links in die komplexe Ebene, wie unbedingt nötig!

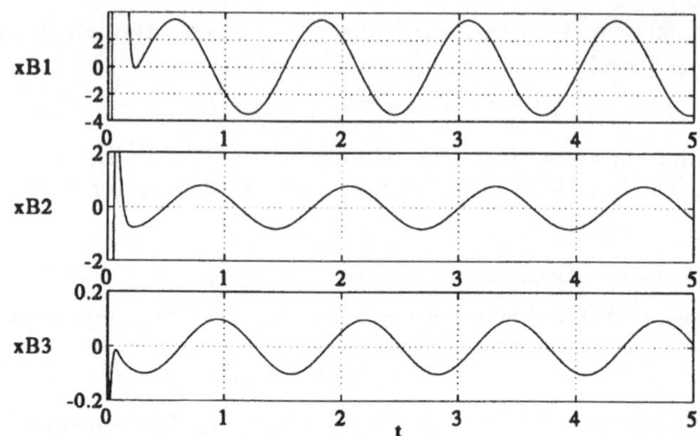

Bild 7.17: Auswirkung von Meßstörungen auf den Beobachter aus Beispiel 7.49.

7.4.2 Reduzierter Beobachter

Liegt die mathematische Beschreibung eines linearen Einfachsystems in Beobachtungsnormalform vor, lautet die Ausgangsgleichung

$$y(t) = \boldsymbol{c}_B^T \boldsymbol{x}_B(t) = \begin{bmatrix} 0 & \cdots & 0 & 1 \end{bmatrix} \boldsymbol{x}_B(t) = x_{B,n}(t). \tag{7.143}$$

Der Zustand x_{Bn} wird direkt gemessen und braucht nicht rekonstruiert zu werden! Der Beobachter muß nur noch die verbleibenden $n-1$ Zustandsgrößen $x_{B,1}, \ldots, x_{B,n-1}$ rekonstruieren. Durch Streichen der letzten Zeile der Zustandsgleichung

$$\dot{\boldsymbol{x}}_B(t) = \left[\begin{array}{c|c} \boldsymbol{o}_{n-1}^T & \\ \hline & -\boldsymbol{a} \\ \boldsymbol{I}_{n-1} & \end{array} \right] \boldsymbol{x}_B(t) + \boldsymbol{b}_B u(t) \tag{7.144}$$

erhält man

$$\dot{\bar{\boldsymbol{x}}}(t) = \boldsymbol{H}\bar{\boldsymbol{x}}(t) - \bar{\boldsymbol{a}}y(t) + \bar{\boldsymbol{b}}u(t), \tag{7.145}$$

wobei

$$\bar{\boldsymbol{x}} \stackrel{\text{def}}{=} \begin{bmatrix} x_{B,1} & \cdots & x_{B,n-1} \end{bmatrix}^T \in \mathbb{R}^{n-1},$$

$$\bar{\boldsymbol{a}} \stackrel{\text{def}}{=} \begin{bmatrix} a_0 & \cdots & a_{n-2} \end{bmatrix}^T \in \mathbb{R}^{n-1},$$

$$\bar{\boldsymbol{b}} \stackrel{\text{def}}{=} \begin{bmatrix} b_{B,1} & \cdots & b_{B,n-1} \end{bmatrix}^T \in \mathbb{R}^{n-1} \text{ und}$$

$$\boldsymbol{H} \stackrel{\text{def}}{=} \left[\begin{array}{c|c} \boldsymbol{o}_{n-2}^T & \\ \hline & \boldsymbol{o}_{n-1} \\ \boldsymbol{I}_{n-2} & \end{array} \right] \in \mathbb{R}^{(n-1)\times(n-1)}.$$

Gewünscht wird für den Fehlervektor

$$\tilde{\bar{\boldsymbol{x}}} \stackrel{\text{def}}{=} \bar{\boldsymbol{x}} - \hat{\bar{\boldsymbol{x}}}$$

das dynamische Verhalten

$$\dot{\tilde{\bar{x}}}(t) = \underbrace{\left[\begin{array}{c|c} \mathbf{o}_{n-2}^T & \\ \hline & -\bar{\beta} \\ \mathbf{I}_{n-2} & \end{array}\right]}_{\bar{F}} \tilde{\bar{x}}(t) = H\tilde{\bar{x}}(t) - \bar{\beta}\tilde{\bar{x}}_{n-1}(t). \qquad (7.146)$$

Zu einem solchen Fehlerverhalten erhält man die Gleichung des reduzierten Beobachters mit Hilfe von $\hat{\bar{x}} = \bar{x} - \tilde{\bar{x}}$ aus der Differenz von (7.145) und (7.146) zu

$$\dot{\hat{\bar{x}}}(t) = H\hat{\bar{x}}(t) - \bar{a}y(t) + \bar{b}u(t) + \bar{\beta}\tilde{\bar{x}}_{n-1}(t). \qquad (7.147)$$

In der Gleichung wird $\tilde{\bar{x}}_{n-1} = \bar{x}_{n-1} - \hat{\bar{x}}_{n-1}$ benötigt. Davon ist aber $\bar{x}_{n-1} = x_{B,n-1}$ in der bisher noch nicht verwendeten letzten Zeile von Gleichung (7.144) enthalten:

$$\dot{x}_{B,n}(t) = \dot{y}(t) = \bar{x}_{n-1}(t) - a_{n-1}y(t) + b_{B,n}u(t),$$

d.h. es ist

$$\bar{x}_{n-1}(t) = \dot{y}(t) + a_{n-1}y(t) - b_{B,n}u(t). \qquad (7.148)$$

(7.148) in (7.147) eingesetzt, liefert unter Beachtung von

$$H\hat{\bar{x}} - \bar{\beta}\hat{\bar{x}}_{n-1} = \bar{F}\hat{\bar{x}}$$

die Beobachtergleichung

$$\dot{\hat{\bar{x}}}(t) = \bar{F}\hat{\bar{x}}(t) - \bar{a}y(t) + \bar{b}u(t) + \bar{\beta}(\dot{y}(t) + a_{n-1}y(t) - b_{B,n}u(t)). \qquad (7.149)$$

In dieser Form ist der Beobachter noch nicht einsetzbar, da die abgeleitete Ausgangsgröße benötigt wird. Bringt man aber den Term mit $\dot{y}$ auf die linke Gleichungsseite und ergänzt auf der rechten Seite $\bar{F}\bar{\beta}(y(t) - y(t))0\mathbf{o}$, erhält man

$$\frac{\mathrm{d}}{\mathrm{d}t}\left(\hat{\bar{x}}(t) - \bar{\beta}y(t)\right) = \bar{F}\left(\hat{\bar{x}}(t) - \bar{\beta}y(t)\right) + (\bar{F}\bar{\beta} + a_{n-1}\bar{\beta} - \bar{a})y(t) + (\bar{b} - b_{B,n}\bar{\beta})u(t). \qquad (7.150)$$

Mit dem neuen Zustandsvektor

$$z(t) \stackrel{\text{def}}{=} \hat{\bar{x}}(t) - \bar{\beta}y(t) \in \mathbb{R}^{n-1} \qquad (7.151)$$

und den Vektoren

$$h_1 \stackrel{\text{def}}{=} \bar{F}\bar{\beta} + a_{n-1}\bar{\beta} - \bar{a} \qquad (7.152)$$

und

$$h_2 \stackrel{\text{def}}{=} \bar{b} - b_{B,n}\bar{\beta} \qquad (7.153)$$

erhält man aus (7.150) die endgültige Zustandsgleichung des reduzierten Beobachters

$$\boxed{\dot{z}(t) = \bar{F}z(t) + h_1 y(t) + h_2 u(t).} \qquad (7.154)$$

Der vollständige rekonstruierte Zustandsvektor $\hat{x}_B$ setzt sich dann so zusammen:

$$\hat{x}_B = \left[\begin{array}{c} \hat{\bar{x}} \\ y \end{array} \right] = \left[\begin{array}{c} z + \bar{\beta} y \\ y \end{array} \right]. \tag{7.155}$$

Bild 7.18 zeigt die Struktur des reduzierten Beobachters, der nach seinem Erfinder auch LUENBERGER-Beobachter genannt wird [LUENBERGER].

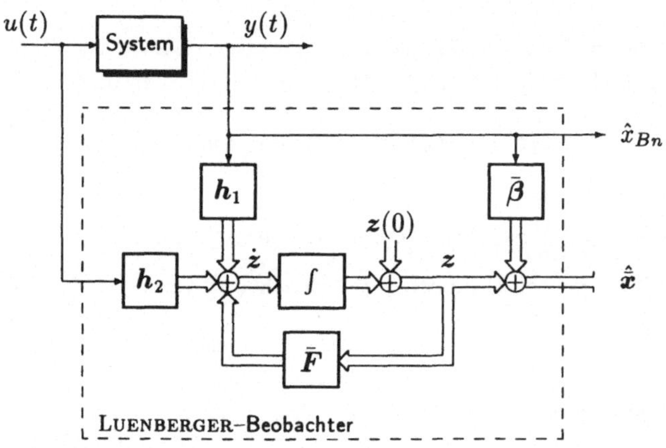

Bild 7.18: Struktur des reduzierten Beobachters.

7.50 Beispiel: Für den Roboterarm aus Beispiel 7.46 soll ein LUENBERGER-Beobachter entworfen werden. Die beiden Eigenwerte des reduzierten Beobachters werden nach $\lambda = -6$ gelegt, so daß

$$(\lambda + 6)^2 = \lambda^2 + 12\lambda + 36$$

das gewünschte charakteristische Polynom und damit

$$\bar{\beta} = \left[\begin{array}{c} 36 \\ 12 \end{array} \right]$$

ist, also

$$\bar{F} = \left[\begin{array}{cc} 0 & -36 \\ 1 & -12 \end{array} \right]$$

und

$$\begin{aligned} h_1 &= \left[\begin{array}{c} -432 \\ -108 \end{array} \right] + \left[\begin{array}{c} 216 \\ 72 \end{array} \right] - \left[\begin{array}{c} 8 \\ 6,333 \end{array} \right] = \left[\begin{array}{c} -224 \\ -42,333 \end{array} \right] \\ h_2 &= \left[\begin{array}{c} 4 \\ 0 \end{array} \right]. \end{aligned}$$

In Bild 7.19 ist die Struktur des reduzierten Beobachters angegeben. In Bild 7.20 sind für den Systemanfangszustand $x_B(0) = \left[\begin{array}{ccc} 1 & 1 & 1 \end{array} \right]^T$ und den Beobachteranfangszustand $z(0) = o$ die Verläufe der Beobachterfehler $\tilde{x}_{B1}$ und $\tilde{x}_{B2}$ dargestellt.   □

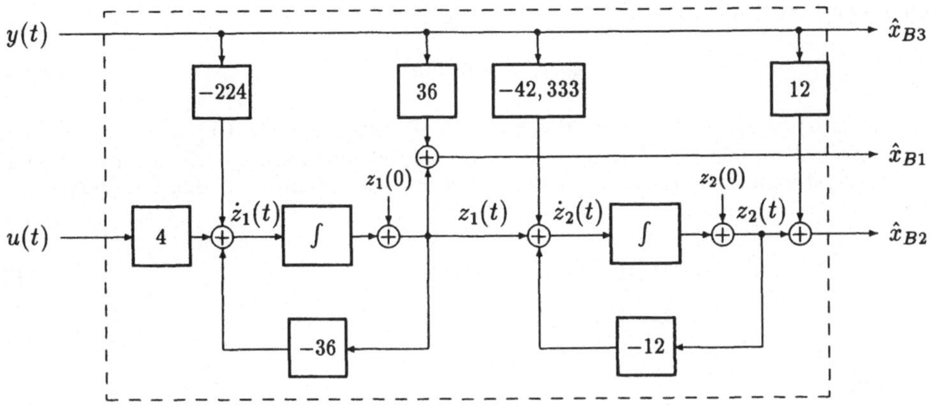

Bild 7.19: Reduzierter Beobachter aus Beispiel 7.50.

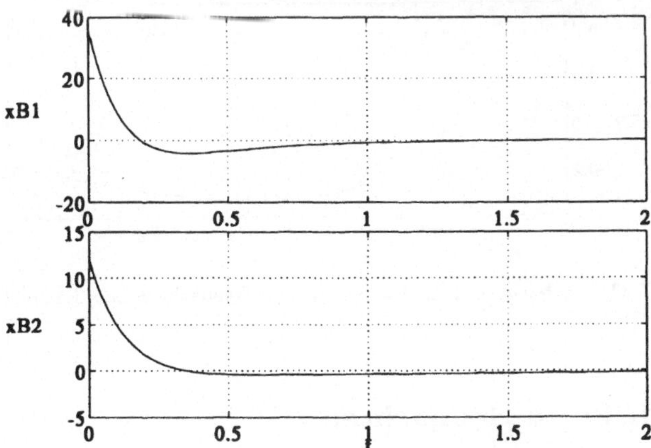

Bild 7.20: Beobachterfehler des reduzierten Beobachters aus Beispiel 7.50.

In Bild 7.20 fallen sofort die großen Anfangsfehler auf. Das liegt daran, daß für den
Anfangswert $\hat{\bar{x}}(0)$ nach (7.151)

$$\hat{\bar{x}}(0) = z(0) + \bar{\beta}y(0) \tag{7.156}$$

gilt, d.h. $\hat{\bar{x}}(0)$ ist nicht unbedingt gleich dem Nullvektor, wenn $z(0)$ gleich dem Nullvektor ist. Soll allgemein der Anfangswert $\hat{\bar{x}}(0)$ vorgegeben werden, z.B. als Erwartungswert des Systemzustands $x_B(0)$, ist der reduzierte Beobachter auf den Anfangswert

$$\boxed{z(0) = \hat{\bar{x}}(0) - \bar{\beta}y(0)} \tag{7.157}$$

einzustellen.

7.51 Beispiel: Wird der LUENBERGER-Beobachter aus Beispiel 7.50 für den Erwartungswert $\hat{\bar{x}}(0) = o$
auf den Anfangswert

$$z(0) = -\bar{\beta}y(0) = -\begin{bmatrix} 36 \\ 12 \end{bmatrix}$$

eingestellt, erhält man den in Bild 7.21 dargestellten Verlauf des Beobachterfehlers, der jetzt in der
Tat mit dem Anfangsfehler $\tilde{\bar{x}}(0) = \begin{bmatrix} 1 & 1 \end{bmatrix}^T$ beginnt.   □

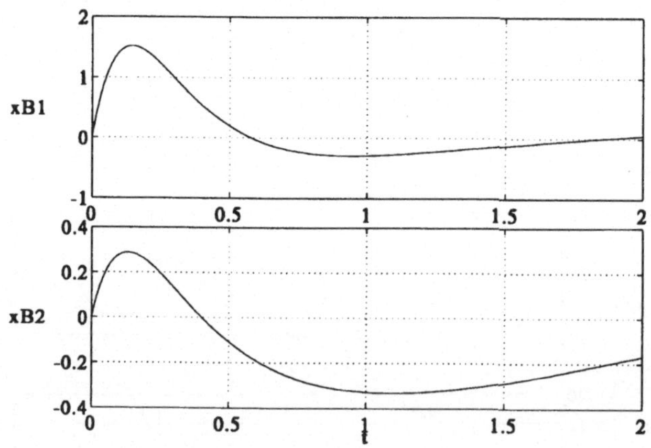

Bild 7.21: Beobachterfehler des reduzierten Beobachters aus Beispiel 7.51.

7.4.3   Zeitdiskrete Beobachter

Soll ein Zustandsbeobachter durch einen Prozeßrechner realisiert werden, so kommt man
zu einer Struktur wie in Bild 7.22. Ausgehend von einer zeitdiskreten mathematischen
Beschreibung

$$x_{k+1} = A_d x_k + b_d u_k, \tag{7.158}$$

$$y_k = c^T x_k \tag{7.159}$$

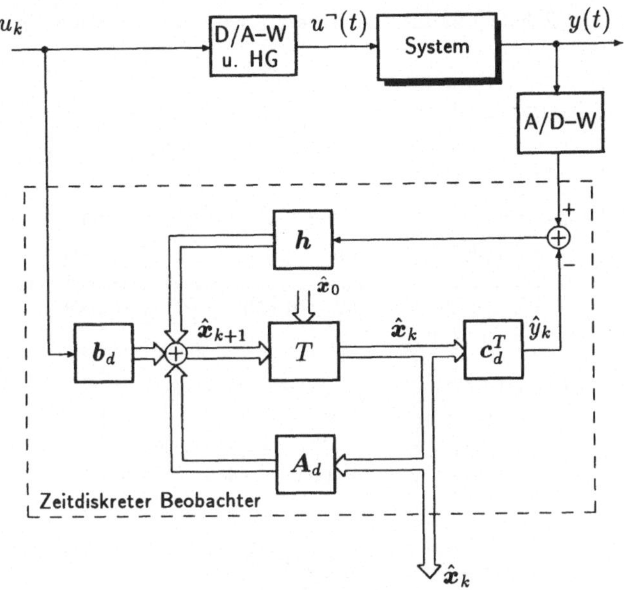

Bild 7.22: Zeitdiskreter Beobachter.

der Strecke, erhält man für den zeitdiskreten Beobachter

$$\hat{x}_{k+1} = A_d\hat{x}_k + b_d u_k + h(y_k - c^T\hat{x}_k) \tag{7.160}$$

und den Beobachterfehler $\tilde{x}_k \overset{\mathrm{def}}{=} x_k - \hat{x}_k$

$$\tilde{x}_{k+1} = (A_d - hc^T)\tilde{x}_k. \tag{7.161}$$

Diese Gleichungen entsprechen den Gleichungen für das zeitkontinuierliche System und den zugehörigen Zustandsbeobachter. An die Stelle der Differentialgleichungen sind jetzt nur Differenzengleichungen getreten. Die Eigenwerte der Matrix $(A_d - hc^T)$ der Fehlergleichung wird man jetzt in das Innere des Einheitskreises legen, wobei der Rückkopplungsvektor h gemäß (7.134) aus

$$h = P_\beta(A_d)t_1 \tag{7.162}$$

und der Vektor t_1 aus dem linearen Gleichungssystem

$$Rt_1 = \begin{bmatrix} 0 \\ \vdots \\ 0 \\ 1 \end{bmatrix} \tag{7.163}$$

ermittelt wird. Legt man sämtliche Eigenwerte nach null, erhält man Deadbeat-Verhalten: Spätestens nach n Abtastperioden wird der Fehlervektor $\tilde{x}$ unter der Voraussetzung zum Nullvektor, daß keine System- bzw. Meßstörungen vorhanden sind.

7.52 Beispiel: Für den Roboterarm aus den vorhergehenden Beispielen mit der mathematischen Beschreibung

$$\dot{x}(t) = \begin{bmatrix} 0 & 8 & 0 \\ -\frac{1}{6} & 0 & \frac{1}{12} \\ 0 & -60 & -6 \end{bmatrix} x(t) + \begin{bmatrix} 0 \\ 0 \\ 6 \end{bmatrix} u(t)$$

$$y(t) = \begin{bmatrix} 1 & 0 & 0 \end{bmatrix} x(t)$$

erhält man für die Abtastperiode $T = 1$ die zeitdiskrete Zustandsbeschreibung

$$x_{k+1} = \begin{bmatrix} 0,4998 & 4,6202 & 0,0601 \\ -0,0963 & 0,0490 & 0,0030 \\ 0,9016 & -2,1957 & -0,0503 \end{bmatrix} x_k + \begin{bmatrix} 0,1900 \\ 0,0451 \\ 0,5996 \end{bmatrix} u_k$$

$$y_k = \begin{bmatrix} 1 & 0 & 0 \end{bmatrix} x_k$$

und damit die Beobachtbarkeitsmatrix

$$R = \begin{bmatrix} c^T \\ c^T A_d \\ c^T A_d^2 \end{bmatrix} = \begin{bmatrix} 1 & 0 & 0 \\ 0,4998 & 4,6202 & 0,0601 \\ -0,1409 & 2,4036 & 0,0409 \end{bmatrix}.$$

Gemäß (7.163) ist

$$t_1 = \begin{bmatrix} 0 \\ -1,3537 \\ 104,0665 \end{bmatrix}.$$

Für einen Deadbeat-Beobachter lautet das charakteristische Polynom $z^n = z^3 = 0$, d.h. (7.162) liefert

$$h = A_d^3 t_1 = \begin{bmatrix} 0,4985 \\ -0,0973 \\ 0,9115 \end{bmatrix}.$$

Bild 7.23 zeigt für einen Systemanfangszustand $x_0 = \begin{bmatrix} 1 & 1 & 1 \end{bmatrix}^T$ und den Beobachteranfangszustand $\hat{x}_0 = o$ die zeitlichen Verläufe. In der Tat ist nach (spätestens) $n = 3$ Abtastperioden in den Abtastzeitpunkten $\hat{x}_k = x(kT)$. ◻

Die Gleichung (7.160) kann man auch als Vorhersage des Zustands $\hat{x}_{k+1}$ auf Grund der Meßgröße y_k, der Eingangsgröße u_k und des vorher berechneten Zustands $\hat{x}_k$ deuten. Schreibt man (7.160) in der Form

$$\hat{x}_k = A_d\hat{x}_{k-1} + b_d u_{k-1} + h(y_{k-1} - \hat{y}_{k-1}), \tag{7.164}$$

erkennt man, daß der Beobachter eine Totzeit von einer Abtastperiode T aufweist, denn der Beobachterzustand $\hat{x}_k$ hängt nur von den Messungen bis zum Zeitpunkt $(k-1)T$ ab. Das kann man am einfachsten dadurch beheben, daß anstelle von $y_{k-1} - \hat{y}_{k-1}$ der Vorhersagewert mit $y_k - \hat{y}_k$ korrigiert wird:

$$\boxed{\hat{x}_k = A_d\hat{x}_{k-1} + b_d u_{k-1} + h[y_k - c^T(A_d\hat{x}_{k-1} + b_d u_{k-1})].} \tag{7.165}$$

Subtrahiert man (7.165) von der Zustandsgleichung

$$x_k = A_d x_{k-1} + b_d u_{k-1},$$

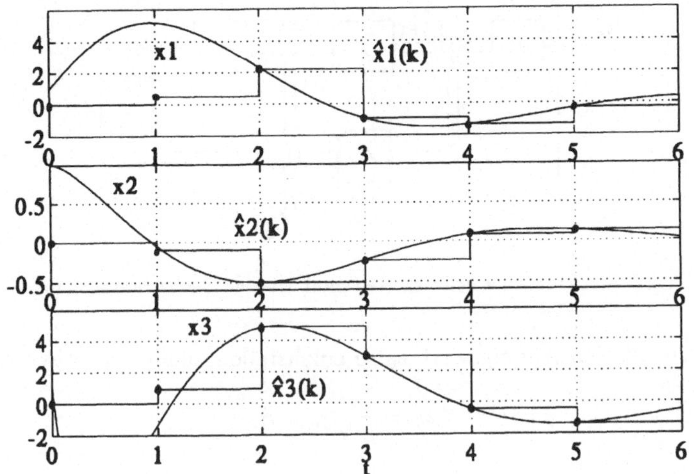

Bild 7.23: Verlauf der System- und Beobachterzustände in Beispiel 7.52.

erhält man die Fehlergleichung

$$\tilde{x}_k = (A_d - hc^T A_d)\tilde{x}_{k-1}. \tag{7.166}$$

Die Dynamik der Fehlergleichung (7.161) kann beliebig festgelegt werden, wenn die zugehörige Beobachtbarkeitsmatrix R regulär ist. Entsprechend kann die Dynamik der Fehlergleichung (7.166) beliebig festgelegt werden, wenn für den neuen „Ausgabevektor" $c^T A_d$ die Beobachtbarkeitsmatrix

$$\tilde{R} \overset{\text{def}}{=} \begin{bmatrix} c^T A_d \\ c^T A_d^2 \\ \vdots \\ c^T A_d^n \end{bmatrix} = RA_d \tag{7.167}$$

den Rang n hat. Da bei einem Abtastsystem $A_d = \Phi(T)$ ist, ist A_d regulär, d.h., wenn R regulär ist, ist auch $\tilde{R}$ regulär und der Vektor $\tilde{h}$ kann dann mittels

$$\tilde{h} = P_\beta(A_d)\tilde{t}_1 \tag{7.168}$$

berechnet werden, allerdings jetzt mit dem Vektor $\tilde{t}_1$ als Lösung des linearen Gleichungssystems

$$\tilde{R}\tilde{t}_1 = \begin{bmatrix} 0 \\ \vdots \\ 0 \\ 1 \end{bmatrix}. \tag{7.169}$$

Ein Beobachter gemäß (7.165) hat die in Bild 7.24 angegebene Struktur, wobei

$$z_k = A_d\hat{x}_{k-1} + b_d u_{k-1}$$

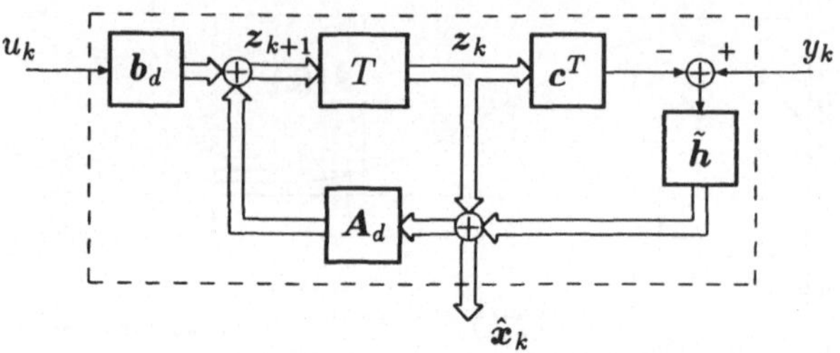

Bild 7.24: Struktur eines zeitdiskreten modifizierten Beobachters gemäß (7.165).

ist. Es ist sinnvoll, den Anfangswert z_0 so einzustellen, daß $c^T z_0 = y_0$ ist, was für

$$z_0 = \frac{c}{c^T c} y_0 = \hat{x}_0 \qquad (7.170)$$

der Fall ist.

7.53 Beispiel: Für den Roboterarm aus Beispiel 7.52 soll ein modifizierter zeitdiskreter Beobachter gemäß (7.165) erstellt werden. Gemäß (7.169) erhält man

$$\tilde{t}_1 = \begin{bmatrix} 403 \\ -258 \\ 16440 \end{bmatrix}$$

und nach (7.162) für einen Deadbeat-Beobachter

$$\tilde{h} = A_d^3 \tilde{t}_1 = \begin{bmatrix} 1 \\ 0,0053 \\ -0,4270 \end{bmatrix}$$

mit dem Anfangszustand

$$z_0 = \frac{c}{c^T c} y_0 = \begin{bmatrix} 1 \\ 0 \\ 0 \end{bmatrix} y_0 = \begin{bmatrix} y_0 \\ 0 \\ 0 \end{bmatrix}.$$

In Bild 7.25 sind für den Systemanfangszustand $x_0 = \begin{bmatrix} 1 & 1 & 1 \end{bmatrix}^T$ die zeitlichen Übergangsvorgänge dargestellt, die zeigen, daß in der Tat im Vergleich mit Bild 7.23 ein besseres Rekonstruktionsergebnis geliefert wird.   □

Ein reduzierter zeitdiskreter Beobachter kann analog zu der Herleitung in Abschnitt 7.4.2 des zeitkontinuierlichen LUENBERGER-Beobachters entwickelt werden. Er hat die Zustandsgleichung

$$z_{k+1} = \bar{F} z_k + h_1 y_k + h_2 u_k, \qquad (7.171)$$

mit

$$\bar{F} \stackrel{\text{def}}{=} \begin{bmatrix} o_{n-2}^T & \vert & \\ & \vert & -\bar{\beta} \\ I_{n-2} & \vert & \end{bmatrix}, \qquad (7.172)$$

$$h_1 \stackrel{\text{def}}{=} \bar{F} \bar{\beta} + a_{n-1} \bar{\beta} - \bar{a}, \qquad (7.173)$$

$$h_2 \stackrel{\text{def}}{=} \bar{b}_d - b_{dB,n} \bar{\beta} \qquad (7.174)$$

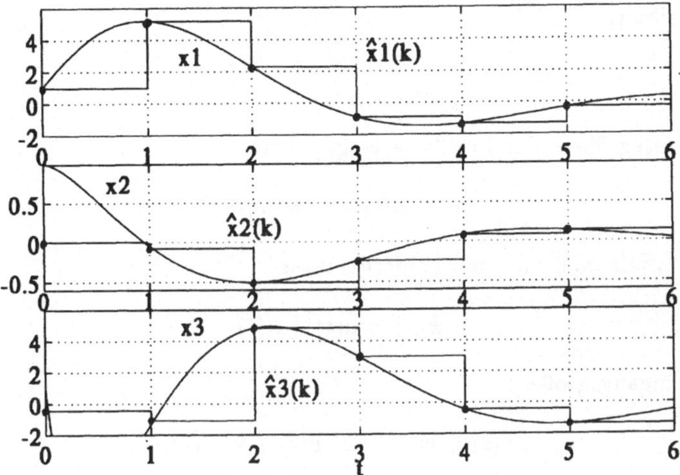

Bild 7.25: Systemzustände und Zustände des modifizierten Beobachters aus Beispiel 7.53.

und

$$\hat{\boldsymbol{x}}_B = \left[\begin{array}{c} z + \bar{\beta}y \\ y \end{array} \right].$$

(7.175)

7.5 Zustandsrückführung über Zustandsbeobachter

Die Frage der Zustandsbeobachtung wurde vor allem deshalb aufgeworfen, weil für eine Zustandsrückführung im allgemeinen sämtliche Zustandsvariablen x_1 bis x_n zur Verfügung stehen müssen. Wie oben gezeigt, können die Zustandsgrößen mit Hilfe eines Zustandsbeobachters rekonstruiert werden, so daß $\boldsymbol{k}^T \hat{\boldsymbol{x}}$ rückgekoppelt werden kann. Insgesamt erhält man also z.B. die in Bild 7.26 angegebene Struktur.

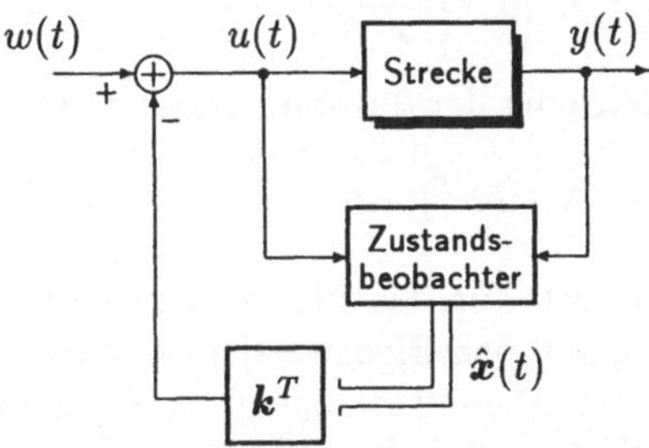

Bild 7.26: Zustandsrückführung über einen Zustandsbeobachter.

Die Regelstrecke sei ein lineares zeitinvariantes Einfachsystem mit der mathematischen Beschreibung

$$\dot{\boldsymbol{x}}(t) = \boldsymbol{A}\boldsymbol{x}(t) + \boldsymbol{b}u(t), \tag{7.176}$$

$$y(t) = \boldsymbol{c}^T\boldsymbol{x}(t). \tag{7.177}$$

Für die Eingangsgröße u der Regelstrecke gilt dann

$$u(t) = w(t) - \boldsymbol{k}^T\hat{\boldsymbol{x}}(t). \tag{7.178}$$

Andererseits erhält man mit dem Fehlervektor $\tilde{\boldsymbol{x}}$

$$\hat{\boldsymbol{x}}(t) = \boldsymbol{x}(t) - \tilde{\boldsymbol{x}}(t) \tag{7.179}$$

und für die Eingangsgröße

$$u(t) = w(t) - \boldsymbol{k}^T\boldsymbol{x}(t) + \boldsymbol{k}^T\tilde{\boldsymbol{x}}(t). \tag{7.180}$$

(7.180) in die Zustandsgleichung (7.176) eingesetzt, liefert

$$\dot{\boldsymbol{x}}(t) = (\boldsymbol{A} - \boldsymbol{b}\boldsymbol{k}^T)\boldsymbol{x}(t) + \boldsymbol{b}\boldsymbol{k}^T\tilde{\boldsymbol{x}}(t) + \boldsymbol{b}w(t). \tag{7.181}$$

Der Fehlervektor $\tilde{\boldsymbol{x}}$ des Zustandsbeobachters verhält sich gemäß

$$\dot{\tilde{\boldsymbol{x}}}(t) = (\boldsymbol{A} - \boldsymbol{h}\boldsymbol{c}^T)\tilde{\boldsymbol{x}}(t). \tag{7.182}$$

Die beiden letzten Zustandsgleichungen können mit dem zusammengesetzten Zustandsvektor

$$\left[\frac{\boldsymbol{x}}{\tilde{\boldsymbol{x}}}\right] \in \mathbb{R}^{2\mathrm{n}}$$

zu einer mathematischen Beschreibung des Gesamtsystems einschließlich Fehlerverhalten durch den Zustandsbeobachter zusammengefaßt werden:

$$\left[\frac{\dot{\boldsymbol{x}}(t)}{\dot{\tilde{\boldsymbol{x}}}(t)}\right] = \left[\begin{array}{c|c} \boldsymbol{A} - \boldsymbol{b}\boldsymbol{k}^T & \boldsymbol{b}\boldsymbol{k}^T \\ \hline \boldsymbol{O} & \boldsymbol{A} - \boldsymbol{h}\boldsymbol{c}^T \end{array}\right]\left[\frac{\boldsymbol{x}(t)}{\tilde{\boldsymbol{x}}(t)}\right] + \left[\frac{\boldsymbol{b}}{\boldsymbol{o}}\right]w(t), \tag{7.183}$$

$$y(t) = [\boldsymbol{c}^T|\boldsymbol{o}^T]\left[\frac{\boldsymbol{x}(t)}{\tilde{\boldsymbol{x}}(t)}\right]. \tag{7.184}$$

Die charakteristische Gleichung der Systemmatrix des Gesamtsystems ist

$$\det[\lambda\boldsymbol{I} - (\boldsymbol{A} - \boldsymbol{b}\boldsymbol{k}^T)] \cdot \det[\lambda\boldsymbol{I} - (\boldsymbol{A} - \boldsymbol{h}\boldsymbol{c}^T)] = 0. \tag{7.185}$$

Daraus folgt, daß die Eigenwerte für das rückgekoppelte System, also der Rückkopplungsvektor $\boldsymbol{k}$, unabhängig von den Eigenwerten des Zustandsbeobachters festgelegt werden können und umgekehrt. Diese Tatsache heißt **Separationsprinzip**.

Für zeitdiskrete lineare Systeme erhält man entsprechend die Zustandsgleichung

$$\left[\frac{\boldsymbol{x}_{k+1}}{\tilde{\boldsymbol{x}}_{k+1}}\right] = \left[\begin{array}{c|c} \boldsymbol{A}_d - \boldsymbol{b}_d\boldsymbol{k}_d^T & \boldsymbol{b}_d\boldsymbol{k}_d^T \\ \hline \boldsymbol{O} & \boldsymbol{A}_d - \boldsymbol{h}_d\boldsymbol{c}_d^T \end{array}\right]\left[\frac{\boldsymbol{x}_k}{\tilde{\boldsymbol{x}}_k}\right] + \left[\frac{\boldsymbol{b}_d}{\boldsymbol{o}}\right]u_k \tag{7.186}$$

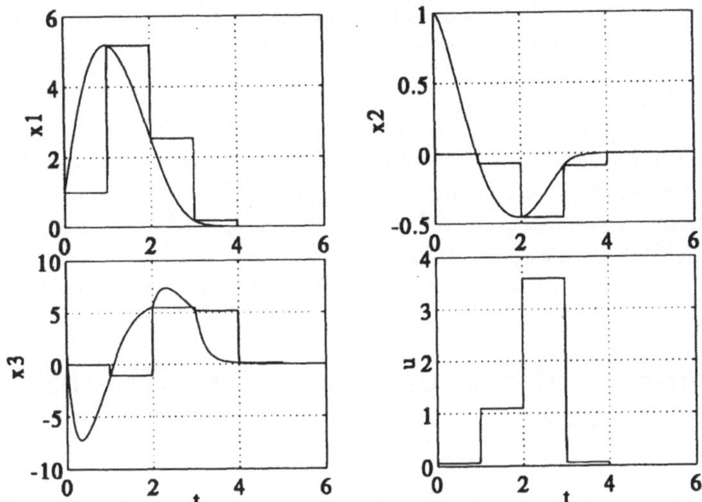

Bild 7.27: Deadbeat-Regelung über einen Zustandsbeobachter des Systems in Beispiel 7.54.

und eine (7.185) entsprechende charakteristische Gleichung.

7.54 Beispiel: Der Roboterarm aus den vorhergehenden Beispielen sei über den zeitdiskreten beobachter aus Beispiel 7.53 und den Deadbeat-Zustandsregler

$$k_d^T = [\; -0,0555 \quad 9,3319 \quad 0,1474\;]$$

aus Beispiel 6.22 rückgekoppelt. Die Führungsgröße sei $w(t) \equiv 0$ und der Anfangszustand der Regelstrecke $x(0) = [\; 1 \quad 1 \quad 1\;]^T$. Bild 7.27 zeigt die Verläufe der System- und Beobachterzustandsgrößen sowie der Stellgröße. Bedingt durch die anfänglichen Beobachtungsfehler wird der dreidimensionale Zustandsvektor erst nach fünf Abtastperioden zum Nullvektor. □

Zum Abschluß soll noch die Übertragungsfunktion $G(s)$ des zeitkontinuierlichen Gesamtsystems (7.183),(7.184) angegeben werden. Wird mit $\underline{A}$ die Systemmatrix, mit $\underline{b}$ der Eingabevektor und mit $\underline{c}^T$ der Ausgabevektor des Gesamtsystems, bestehend aus Regelstrecke, Zustandsbeobachter und Zustandsrückführung bezeichnet, erhält man für die Übertragungsfunktion

$$G(s) = \underline{c}^T (s\boldsymbol{I} - \underline{A})^{-1} \underline{b}. \tag{7.187}$$

Für eine Blockdreiecksmatrix hat die Inverse die Form

$$\begin{bmatrix} A_{11} & A_{12} \\ O & A_{22} \end{bmatrix}^{-1} = \begin{bmatrix} A_{11}^{-1} & -A_{11}^{-1}A_{12}A_{22}^{-1} \\ O & A_{22}^{-1} \end{bmatrix}, \tag{7.188}$$

wie man leicht durch Multiplikation dieser Inversen mit der Blockdreiecksmatrix verifizieren kann. Mit Hilfe von (7.188) erhält man für

$$(s\boldsymbol{I} - \underline{A})^{-1} = \begin{bmatrix} [s\boldsymbol{I} - (\boldsymbol{A} - \boldsymbol{b}\boldsymbol{k}^T)]^{-1} & \boldsymbol{X}_{12} \\ O & [s\boldsymbol{I} - (\boldsymbol{A} - \boldsymbol{h}\boldsymbol{c}^T)]^{-1} \end{bmatrix}, \tag{7.189}$$

wobei die Form der $(n \times n)$-Matrix $\boldsymbol{X}_{12}$ nicht weiter interessiert. Schließlich erhält man damit, insbesondere wegen der Form von $\underline{\boldsymbol{b}}$:

$$G(s) = \boldsymbol{c}^T[s\boldsymbol{I} - (\boldsymbol{A} - \boldsymbol{b}\boldsymbol{k}^T)]^{-1}\boldsymbol{b}. \tag{7.190}$$

In dieser Übertragungsfunktion tauchen als Pole nur noch die durch die Zustandsrückführung festgelegten Eigenwerte des rückgekoppelten Systems, dagegen nicht die Eigenwerte des Zustandsbeobachters auf. Das liegt daran, daß das Teilsystem „Zustandsbeobachtungsfehler" nach Satz 5.23 nicht steuerbar ist.

7.6 Kompensationsregler aus der Sicht der Zustandsrückführung

7.6.1 Anfangsbetrachtung

Eine der wesentlichsten Einschränkungen bei den Kompensationsverfahren in Kapitel 4 ist die Voraussetzung, daß die Regelstrecke stabil sein muß. Bei der Zustandsregelung ist diese Voraussetzung nicht notwendig, auch nicht bei der Zustandsregelung über einen Beobachter. Andererseits kann aber diese Konfiguration nach LAPLACE- bzw. $\mathcal{Z}$-Transformation durch Übertragungsfunktionen dargestellt werden, d.h. aber, es gibt auch eine realisierbare Konfiguration mit Übertragungsfunktionen für instabile Regelstrecken!

Diese Konfiguration soll für zeitkontinuierliche Einfachsysteme hergeleitet werden. Werden die Gleichungen des Zustandsbeobachters

$$\dot{\hat{\boldsymbol{x}}}(t) = \boldsymbol{A}\hat{\boldsymbol{x}}(t) + \boldsymbol{b}u(t) + \boldsymbol{h}[y(t) - \boldsymbol{c}^T\hat{\boldsymbol{x}}(t)] \tag{7.191}$$

und des Regelgesetzes

$$u(t) = w(t) - \boldsymbol{k}^T\hat{\boldsymbol{x}}(t) \tag{7.192}$$

LAPLACE-transformiert, erhält man

$$\hat{\boldsymbol{x}}(s) = (s\boldsymbol{I} - \boldsymbol{A} + \boldsymbol{h}\boldsymbol{c}^T)^{-1}(\boldsymbol{b}u(s) + \boldsymbol{h}y(s)) \tag{7.193}$$

und

$$u(s) = w(s) - \boldsymbol{k}^T\hat{\boldsymbol{x}}(s). \tag{7.194}$$

(7.193) in (7.194) eingesetzt liefert den Regler

$$u(s) = w(s) - \boldsymbol{k}^T(s\boldsymbol{I} - \boldsymbol{A} + \boldsymbol{h}\boldsymbol{c}^T)^{-1}\boldsymbol{b}u(s) - \boldsymbol{k}^T(s\boldsymbol{I} - \boldsymbol{A} + \boldsymbol{h}\boldsymbol{c}^T)^{-1}\boldsymbol{h}y(s). \tag{7.195}$$

Mit den Polynomen in s

$$A(s) \stackrel{\text{def}}{=} \det(s\boldsymbol{I} - \boldsymbol{A} + \boldsymbol{h}\boldsymbol{c}^T), \tag{7.196}$$

$$K(s) \stackrel{\text{def}}{=} (\boldsymbol{k}^T\mathrm{adj}(s\boldsymbol{I} - \boldsymbol{A} + \boldsymbol{h}\boldsymbol{c}^T)\boldsymbol{b}) \quad \text{und} \tag{7.197}$$

$$M(s) \stackrel{\text{def}}{=} (\boldsymbol{k}^T \text{adj}(s\boldsymbol{I} - \boldsymbol{A} + \boldsymbol{h}\boldsymbol{c}^T)\boldsymbol{h}) \tag{7.198}$$

erhält man aus (7.195) den Zusammenhang

$$u(s) = w(s) - \left[\frac{K(s)}{A(s)}u(s) + \frac{M(s)}{A(s)}y(s)\right], \tag{7.199}$$

der in Bild 7.28 dargestellt ist. *Gesucht* werden jetzt die Polynome $A(s)$, $K(s)$ und $M(s)$

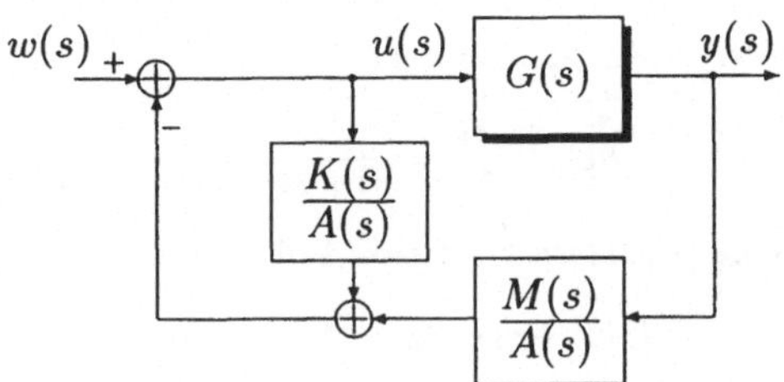

Bild 7.28: Darstellung einer Zustandsregelung über einen Zustandsbeobachter im Frequenzbereich.

so, daß das rückgekoppelte System vorgegebene Eigenwerte hat, wobei aus Gründen der Realisierbarkeit die Polynome $K(s)$ und $M(s)$ höchstens den Grad des Polynoms $A(s)$ haben dürfen. Geht man von einem vollständigen Beobachter aus, ist der Grad von $A(s)$ gleich n. Dagegen ist der Grad von $A(s)$ gleich $n - 1$, wenn man von einem reduzierten Beobachter ausgeht. Neben der selbstverständlichen Stabilität des Gesamtsystems wird auch noch gefordert, damit keine unzulässigen Kürzungen von instabilen Pol-/Nullstellen auftreten, daß die Übertragungsfunktionen zwischen jedem inneren Paar von Ein-/Ausgangsgrößen stabil ist.

Sei $F(s) = Z_F(s)/N_F(s)$ die gewünschte und $G(s) = Z_G(s)/N_G(s)$ die Übertragungsfunktion der Strecke, dann folgt wie in Kapitel 4, daß der Polüberschuß von $F(s)$ mindestens so groß wie der von $G(s)$ sein muß und „instabile" Wurzeln des Zählers $Z_G(s)$ wieder in dem Zähler $Z_F(s)$ enthalten sein müssen.

7.6.2 Kompensationsregler

Es soll nochmals der Kompensationsregler aus Abschnitt 4.4 betrachtet werden. Hierbei wurde der Regelkreis in Bild 4.11 mit direkter Rückführung der Ausgangsgröße zugrundegelegt, so daß mit dem Regler $R(s) = Z_R(s)/N_R(s)$ galt

$$F(s) = \frac{Z_R Z_G}{N_R N_G + Z_R Z_G} \stackrel{!}{=} \frac{Z_F}{N_F}. \tag{7.200}$$

Daraus folgt die Synthesegleichung

$$\boxed{N_R N_G + Z_R Z_G = N_F.} \tag{7.201}$$

Der Zähler $Z_R Z_G$ der Gesamtübertragungsfunktion wird durch den Zähler der Strecke und des Reglers festgelegt, wobei Z_R aus der Synthesegleichung (7.201) folgt. Daraus folgt, daß die Nullstellen der Gesamtübertragungsfunktion im allgemeinen nicht durch einen solchen Kompensationsregler frei festgelegt werden können.

7.55 Beispiel: Die Eigenwerte der Strecke

$$G(s) = \frac{1}{s(s+1)}$$

sollen nach $\lambda_{1,2} = -1 \pm j$ gelegt werden, d.h., es soll

$$F(s) = \frac{Z_F}{N_F} = \frac{2}{s^2 + 2s + 2}$$

sein. Aus der Synthesegleichung (7.201) wird in diesem Fall

$$N_R(s^2 + s) + Z_R = s^2 + 2s + 2.$$

Im Falle reeller Zahlen für N_R und Z_R hat diese Gleichung keine Lösung. Deshalb werden für N_R und Z_R zwei Polynome erster Ordnung angesetzt:

$$N_R = a_1 s + a_0 \quad \text{und} \quad Z_R = b_1 s + b_0.$$

Jetzt lautet die Synthesegleichung

$$(a_1 s + a_0)(s^2 + s) + b_1 s + b_0 = s^2 + 2s + 2.$$

Nach Ausmultiplikation und Koeffizientenvergleich erhält man vier Gleichungen für die vier Unbekannten:

$$\begin{bmatrix} 0 & 1 & 0 & 0 \\ 1 & 0 & 0 & 1 \\ 1 & 0 & 1 & 0 \\ 0 & 0 & 1 & 0 \end{bmatrix} \begin{bmatrix} a_0 \\ b_0 \\ a_1 \\ b_1 \end{bmatrix} = \begin{bmatrix} 2 \\ 2 \\ 1 \\ 0 \end{bmatrix}$$

und daraus die Lösung

$$\begin{bmatrix} a_0 \\ b_0 \\ a_1 \\ b_1 \end{bmatrix} = \begin{bmatrix} 1 \\ 2 \\ 0 \\ 1 \end{bmatrix},$$

d.h. die nicht realisierbare Reglerübertragungsfunktion

$$R(s) = s + 2.$$

Einen realisierbaren Regler hätte man erhalten, wenn $a_1 \neq 0$ wäre. Das ist der Fall, wenn der Grad des Nennerpolynoms $N_F(s)$ dritter Ordnung gewesen wäre. Wird deshalb zusätzlich ein Eigenwert bei $\lambda_3 = -10$ vorgegeben, erhält man in der Tat die realisierbare Reglerübertragungsfunktion

$$R(s) = \frac{s + 20}{s + 11}.$$

$\square$

Aus dem Beispiel 7.55 ist zu entnehmen, daß die Lösung der Synthesegleichung (7.201) zu einem linearen Gleichungssystem führt. Dieses Gleichungssystem hat nicht immer eine Lösung, aber auch wenn es eine Lösung hat, kann sie einen nicht realisierbaren Regler ergeben. In [CHEN] ist bewiesen der

7.56 Satz: *Wenn bei der Sreckenübertragungsfunktion $G(s)$ der Grad des Zählerpolynoms kleiner als der Grad des Nennerpolynoms ist $(m < n)$ und keine Nullstellen mit Polen übereinstimmen, d.h. das System sowohl steuer- als auch beobachtbar ist, dann existiert ein Kompensationsregler $(n-1)$-ter Ordnung für jedes gewünschte Polynom $N_F(s)$ des Grades $2n - 1$.*

Die allgemeine Lösung der Synthesegleichung (7.201) erhält man mit

$$G(s) = \frac{b_{n-1}s^{n-1} + \cdots + b_1 s + b_0}{s^n + a_{n-1}s^{n-1} + \cdots + a_1 s + a_0}, \tag{7.202}$$

$$R(s) = \frac{B_{n-1}s^{n-1} + \cdots + B_1 s + B_0}{A_{n-1}s^{n-1} + \cdots + A_1 s + A_0} \quad \text{und} \tag{7.203}$$

$$N_F(s) = \alpha_{2n-1}s^{2n-1} + \cdots + \alpha_1 s + \alpha_0, \tag{7.204}$$

Einsetzen der entsprechenden Polynome in die Synthesegleichung (7.201) und Koeffizientenvergleich der beiden entstehenden Polynome liefert das folgende lineare Gleichungssystem für die Reglerkoeffizienten

$$M(a_i, b_i)\boldsymbol{r} = \boldsymbol{\alpha}^*, \tag{7.205}$$

mit der $(2n \times 2n)$-Matrix

$$M(a_i, b_i) \stackrel{\text{def}}{=} \left[\begin{array}{cc|cc|cc}
a_0 & b_0 & 0 & 0 & & 0 & 0 \\
a_1 & b_1 & a_0 & b_0 & & \vdots & \vdots \\
\vdots & \vdots & \vdots & \vdots & \cdots & 0 & 0 \\
1 & 0 & a_{n-1} & b_{n-1} & & a_0 & b_0 \\
0 & 0 & 1 & 0 & & a_1 & b_1 \\
\vdots & \vdots & 0 & 0 & & \vdots & \vdots \\
\vdots & \vdots & \vdots & \vdots & & \vdots & \vdots \\
0 & 0 & 0 & 0 & & 1 & 0
\end{array}\right], \tag{7.206}$$

und den beiden $2n$-Vektoren

$$\boldsymbol{r} \stackrel{\text{def}}{=} \left[\begin{array}{c} A_0 \\ B_0 \\ A_1 \\ B_1 \\ \vdots \\ A_{n-1} \\ B_{n-1} \end{array}\right] \quad \text{und} \quad \boldsymbol{\alpha}^* \stackrel{\text{def}}{=} \left[\begin{array}{c} \alpha_0 \\ \alpha_1 \\ \vdots \\ \alpha_{2n-1} \end{array}\right]. \tag{7.207}$$

Für zeitdiskrete Systeme erhält man eine entsprechende Lösung, indem $G(s)$ durch $H(z)$ ersetzt wird.

7.6.3 Zustansdsregler-Beobachter-Konfiguration

Betrachtet wird jetzt die Konfiguration in Bild 7.28 mit der Rückführung der Ausgangsgröße $y(s)$ über $M(s)/A(s)$ und der Stellgröße $u(s)$ über $K(s)/A(s)$ gemäß (7.199). Die
Gesamtübertragungsfunktion $F(s)$ ist dann so zusammengesetzt

$$F(s) = \frac{Z_G(s)A(s)}{A(s)N_G(s) + K(s)N_G(s) + M(s)Z_G(s)}. \tag{7.208}$$

Wird die Übertragungsfunktion $F(s) = Z_F(s)/N_F(s)$ vorgeschrieben, erhält man die
Synthesevorschrift

$$\boxed{A(s)N_G(s) + K(s)N_G(s) + M(s)Z_G(s) \stackrel{!}{=} N_F(s).} \tag{7.209}$$

Das folgende Vorgehen nach [CHEN] ergibt immer eine Lösung für steuer- und beobachtbare Systeme ohne direkten Durchgriff (d=0), d.h. für Systeme mit einer Übertragungsfunktic
mit $m < n$ und keinen Kürzungen.

Der Polüberschuß von $F(s)$ wird gleich dem der Streckenübertragungsfunktion $G(s)$
gewählt. Außerdem wird eingeführt die Übertragungsfunktion

$$\frac{F(s)}{Z_G(s)} = \frac{Z_F(s)}{N_F(s)Z_G(s)} \stackrel{\text{def}}{=} \frac{Z_p(s)}{N_p(s)}. \tag{7.210}$$

Wenn der $\mathrm{Grad}(Z_p(s)) \stackrel{\text{def}}{=} \bar{m} < n - 1$ ist, wird ein beliebiges stabiles Polynom $\bar{A}(s)$ des
Grades $n - 1 - \bar{m}$ vorgegeben. Aus (7.210) erhält man jetzt

$$F(s) = \frac{Z_G(s)Z_p(s)}{N_p(s)} = \frac{Z_G(s)[Z_p(s)\bar{A}(s)]}{N_p(s)\bar{A}(s)} \tag{7.211}$$

und ein Vergleich mit (7.208) liefert endgültig die Synthesegleichungen

$$\boxed{\begin{aligned} A(s) &= Z_p(s)\bar{A}(s), \\ K(s)N_G(s) + M(s)Z_G(s) &= N_p(s)\bar{A}(s) - A(s)N_G(s) \stackrel{\text{def}}{=} N_F(s). \end{aligned}} \tag{7.212}$$

Wie bei der Lösung der Synthesegleichung (7.201) durch das lineare Gleichungssystem (7.205), erhält man jetzt den Vektor

$$\bar{r} \stackrel{\text{def}}{=} \begin{bmatrix} K_0 \\ M_0 \\ K_1 \\ M_1 \\ \vdots \\ K_{n-1} \\ M_{n-1} \end{bmatrix} \tag{7.213}$$

für die Koeffizienten der beiden Polynome

$$K(s) = K_{n-1}s^{n-1} + \cdots + K_1 s + K_0 \quad \text{und} \quad M(s) = M_{n-1}s^{n-1} + \cdots + M_1 s + M_0, \quad (7.214)$$

das lineare Gleichungssystem

$$M(a_i, b_i)\bar{r} = \bar{\alpha}, \qquad (7.215)$$

mit

$$\bar{\alpha} \stackrel{\text{def}}{=} \begin{bmatrix} \alpha_0 \\ \vdots \\ \alpha_{2n-1} \end{bmatrix} \qquad (7.216)$$

und

$$N_F(s) \stackrel{\text{def}}{=} \alpha_{2n-1}s^{2n-1} + \cdots + \alpha_1 s + \alpha_0. \qquad (7.217)$$

Das Polynom $\bar{A}(s)$ spielt die gleiche Rolle wie das charakteristische Polynom des Zustandsbeobachters. Erst durch seine Einführung existiert eine Lösung für (7.215) und sind die beiden Übertragungsfunktionen $K(s)/A(s)$ und $M(s)/A(s)$ realisierbar und stabil.

7.57 Beispiel: Für das instabile System

$$G(s) = \frac{s-1}{s(s-2)}$$

mit einer Nullstelle in der rechten Hälfte der komplexen Ebene wird das Verhalten gemäß

$$F(s) = \frac{1-s}{s^2 + 2,6s + 1}$$

vorgeschrieben. In diesem Fall ist

$$\frac{F(s)}{Z_G(s)} = \frac{-1}{s^2 + 2,6s + 1} = \frac{Z_p(s)}{N_p(s)}.$$

Da $\bar{m} = 0 < n - 1 = 1$ ist, muß ein stabiles Polynom erster Ordnung $\bar{A}(s)$ vorgegeben werden: $\bar{A}(s) = s + 4$. Damit wird

$$A(s) = Z_p(s)\bar{A}(s) = -(s+4)$$

und

$$\begin{aligned} N_F(s) &= N_p(s)\bar{A}(s) - A(s)N_G(s) \\ &= (s^2 + 2,6s + 1)(s+4) - [-(s+4)]s(s-2) \\ &= 2s^3 + 8,6s^2 + 3,4s + 4. \end{aligned}$$

Da $n - 1 = 1$ ist, wird $K(s) = K_1 s + K_0$ und $M(s) = M_1 s + M_0$ angesetzt. Damit erhält man das lineare Gleichungssystem

$$\left[\begin{array}{cc|cc} 0 & -1 & 0 & 0 \\ -2 & 1 & 0 & -1 \\ 1 & 0 & -2 & 1 \\ 0 & 0 & 1 & 0 \end{array}\right] \begin{bmatrix} K_0 \\ M_0 \\ K_1 \\ M_1 \end{bmatrix} = \begin{bmatrix} 4 \\ 3,4 \\ 8,6 \\ 2 \end{bmatrix}$$

und die Lösung $K_0 = -20$, $K_1 = 2$, $M_0 = -4$ und $M_1 = 32,6$. Die beiden gesuchten Übertragungsfunktionen lauten also

$$\frac{K(s)}{A(s)} = \frac{2s - 20}{-(s+4)} \quad \text{und} \quad \frac{M(s)}{A(s)} = \frac{32,6s - 4}{-(s+4)}.$$

Dieser Kompensationsregler kann wie folgt realisiert werden. Statt (7.199) kann man auch schreiben

$$u(s) = w(s) - \bar{u}(s),$$

mit

$$
\begin{aligned}
\bar{u}(s) &= \frac{K(s)}{A(s)} u(s) + \frac{M(s)}{A(s)} y(s) \\
&= \left(-2 + \frac{28}{s+4} \right) u(s) + \left(-32,6 + \frac{134,4}{s+4} \right) y(s) \\
&= \left([\; -2 \mid -32,6 \;] + \frac{1}{s+4} [\; 28 \mid 134,4 \;] \right) \begin{bmatrix} u(s) \\ y(s) \end{bmatrix}.
\end{aligned}
$$

Mit

$$
\xi(s) \overset{\text{def}}{=} \frac{1}{s+4} [\; 28 \mid 134,4 \;] \begin{bmatrix} u(s) \\ y(s) \end{bmatrix},
$$

also

$$
(s+4)\xi(s) = [\; 28 \quad 134,4 \;] \begin{bmatrix} u(s) \\ y(s) \end{bmatrix},
$$

erhält man nach Rücktransformation in den Zeitbereich die Realisierung

$$
\begin{aligned}
\dot{\xi}(t) &= -4\xi(t) + [\; 28 \quad 134,4 \;] \begin{bmatrix} u(t) \\ y(t) \end{bmatrix} \\
u(t) &= w(t) - \xi(t) + [\; 2 \quad 32,6 \;] \begin{bmatrix} u(t) \\ y(t) \end{bmatrix}.
\end{aligned}
$$

$\square$

7.7   Übungen zu Kapitel 7

Aufgabe 7.1: Sind die Systeme in den Beispielen 2.1, 2.2, 2.4, 2.6, 3.1, 3.2 und 3.5 beobachtbar?

Lösung: Ja.

Aufgabe 7.2: Ist das zeitvariante lineare System mit der Zustandsgleichung aus Aufgabe 5.3 und der Ausgangsgleichung

$$y_k = \begin{bmatrix} 1 & 0 & 0 \end{bmatrix} \boldsymbol{x}_k$$

für alle $a_k \neq 0$ vollständig beobachtbar?

Lösung: Ja.

Aufgabe 7.3: Ist das zeitvariante lineare System mit der Zustandsgleichung aus Aufgabe 5.4 und der Ausgangsgleichung

$$y(t) = \begin{bmatrix} 0 & 1 \end{bmatrix} \boldsymbol{x}(t)$$

für alle t vollständig beobachtbar?

Lösung: Für $t_1 < 0$ ist das System nicht vollständig rekonstruierbar, da der Zustand x_1 weder direkt noch indirekt auf die Ausgangsgröße $y(t)$ wirkt.

Aufgabe 7.4: Ein Sattelit in einer Umlaufbahn mit dem zu 1 normierten Bahnradius und der Masse 1 gehorcht der Zustandsgleichung

$$\dot{x}(t) = \begin{bmatrix} 0 & 1 & 0 & 0 \\ 3\omega_0^2 & 0 & 0 & 2\omega_0 \\ 0 & 0 & 0 & 1 \\ 0 & -2\omega_0 & 0 & 0 \end{bmatrix} x(t) + \begin{bmatrix} 0 & 0 \\ 1 & 0 \\ 0 & 0 \\ 0 & 1 \end{bmatrix} u(t),$$

wobei x_1 die Abweichung von der Umlaufbahn in radialer Richtung, x_3 die Winkelabweichung in Drehrichtung und ω_0 die Umlaufwinkelgeschwindigkeit ist. u_1 ist der Schub in radialer und u_2 in tangentialer Richtung. Kann der Systemzustand allein durch Messen der radialen Abweichung x_1 oder der Winkelabweichung x_3 ermittelt werden?

Lösung: Durch Messen von $y = x_1$ ist das System nicht beobachtbar, dagegen durch Messen von $y = x_3$ vollständig beobachtbar.

Aufgabe 7.5: Ist das lineare zeitdiskrete System mit der Systemmatrix

$$A_d = \begin{bmatrix} 0 & 1 & 0 \\ 0 & 0 & 0 \\ 0 & 0 & 1 \end{bmatrix} \quad \text{und dem Ausgavektor} \quad c^T = \begin{bmatrix} 0 & 1 & 1 \end{bmatrix}$$

sowohl beoabachtbar als auch rekonstruierbar?

Lösung: Das System ist nicht beobachtbar aber rekonstruierbar.

Aufgabe 7.6: Für das System mit der mathematischen Beschreibung

$$\dot{x}(t) = \begin{bmatrix} -1 & 1 & 0 \\ 0 & -2 & 1 \\ 0 & 0 & -5 \end{bmatrix} x(t) + \begin{bmatrix} 0 \\ 0 \\ \frac{5}{8} \end{bmatrix} u(t),$$

$$y(t) = \begin{bmatrix} 1 & 0 & 0 \end{bmatrix} x(t),$$

soll ein Zustandsbeobachter entworfen werden. Welcher Rückkopplungsvektor h wird benötigt, wenn alle Beobachtereigenwerte a) bei $\lambda = -3$ oder b) bei $\lambda = -6$ liegen sollen?

Lösung: a) $h = \begin{bmatrix} 1 & 3 & -8 \end{bmatrix}^T$ und b) $h = \begin{bmatrix} 20 & 21 & 1 \end{bmatrix}^T$.

Aufgabe 7.7: Für das System aus Aufgabe 7.6 soll ein reduzierter Beobachter mit Eigenwerten bei $\lambda = -3$ entworfen werden. Welche Matrix $\bar{F}$ und welche Vektoren h_1 und h_2 beschreiben den Beobachter gemäß Abschnitt 7.4.2?

Lösung: Es ist

$$\bar{F} = \begin{bmatrix} 0 & -9 \\ 1 & -6 \end{bmatrix}, \quad h_1 = \begin{bmatrix} 8 \\ 4 \end{bmatrix} \text{ und } h_2 = \begin{bmatrix} \frac{5}{8} \\ 0 \end{bmatrix}.$$

8 Zustandsrückführung und -beobachtung bei Mehrfachsystemen

Die in den Kapiteln 6 und 7 hergeleiteten Lösungen für die Regelung von Einfachsystemen mittels einer Zustandsrückführung und -beobachtung werden in diesem Kapitel auf die Regelung von mehreren Regelgrößen eines Mehrfachsystems erweitert. Weiterhin wird auf die Entkopplung von Mehrfachsystemen eingegangen, also darauf, daß Regelvorgänge für eine Regelgröße möglichst keine Auswirkungen auf andere Regelgrößen haben. Abschließend wird auf die geometrische Theorie der Störgrößenentkopplung beschrieben.

8.1 Grundlagen

Mehrfachsysteme sind dadurch gekennzeichnet, daß sie mehrere Eingangs- und (oder) Ausgangsgrößen haben, d.h., es ist $u \in \mathbb{R}^p$ und $y \in \mathbb{R}^q$ mit $p \geq 1$ und $q \geq 1$ in der mathematischen Beschreibung

$$\dot{x}(t) = Ax(t) + Bu(t), \tag{8.1}$$

$$y(t) = Cx(t) \tag{8.2}$$

für zeitkontinuierliche Systeme, bzw.

$$x_{k+1} = A_d x_k + B_d u_k, \tag{8.3}$$

$$y_k = Cx_k \tag{8.4}$$

für zeitdiskrete Systeme. Wenn mehrere Eingangsgrößen $u_1, \ldots, u_p$ zur Verfügung stehen, kann der Zustandsvektor x nicht nur über einen Rückkopplungsvektor k, sondern über eine $(p \times n)$-Rückkopplungsmatrix K^* wie in Bild 8.1 rückgekoppelt und der Führungsgrößenvektor w mit einer Vorverstärkungsmatrix V^* modifiziert werden:

$$u = V^*w - K^*x. \tag{8.5}$$

Diese Gleichung in die Zustandsgleichung (8.1) eingesetzt, ergibt für ein zeitkontinuierliches System die Zustandsgleichung

$$\dot{x}(t) = (A - BK^*)x(t) + BV^*w(t). \tag{8.6}$$

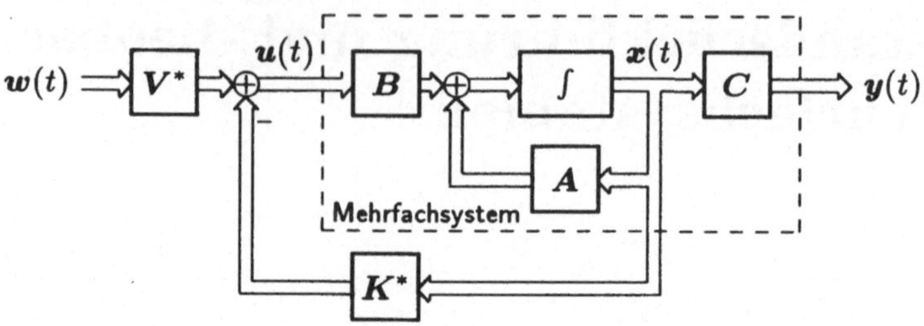

Bild 8.1: Zustandsrückkopplung bei einem Mehrfachsystem.

Ist der Führungsgrößenvektor w konstant und sind die Einschwingvorgänge abgeklungen, soll der Zustandsvektor x konstant, also im zeitkontinuierlichen Fall $\dot{x}(t) = o$ und im zeitdiskreten Fall $x_{k+1} = x_k$ sein. Stehen so viele Stellgrößen u_i wie Regelgrößen y_i zur Verfügung, ist also $p = q$, ist eine sinnvolle Forderung:

$$\lim_{t \to \infty} y(t) \stackrel{\text{def}}{=} y_\infty = C x_\infty \stackrel{!}{=} w. \tag{8.7}$$

Im stationären Zustand x_∞ gilt für *zeitkontinuierliche* Systeme

$$\dot{x}_\infty = o = (A - BK^*)x_\infty + BV^*w, \tag{8.8}$$

also mit (8.7)

$$y_\infty = C x_\infty = C(BK^* - A)^{-1} BV^* w \stackrel{!}{=} w. \tag{8.9}$$

Wird (8.7) für alle möglichen konstanten Vektoren w gefordert, muß

$$C(BK^* - A)^{-1} BV^* = I$$

sein, also für zeitkontinuierliche Systeme

$$\boxed{V^* = (C(BK^* - A)^{-1} B)^{-1}.} \tag{8.10}$$

Für *zeitdiskrete* Systeme erhält man für den stationären Zustand

$$x_\infty = (A_d - B_d K^*)x_\infty + B_d V_d^* w$$

und damit aus der Forderung

$$y_\infty = C(I + B_d K^* - A_d)^{-1} B_d V_d^* w \stackrel{!}{=} w$$

die Vorverstärkungsmatrix für zeitdiskrete Systeme

$$\boxed{V_d^* = (C(I + B_d K^* - A_d)^{-1} B_d)^{-1}.} \tag{8.11}$$

Das dynamische Verhalten des rückgekoppelten Mehrfachsystems wird durch das charakteristische Polynom

$$\alpha_0 + \alpha_1\lambda + \cdots + \alpha_{n-1}\lambda^{n-1} + \lambda^n \stackrel{!}{=} \det(\lambda I - A + BK^*) \tag{8.12}$$

vorgegeben. Aus den n vorgegebenen Polynomkoeffizienten $\alpha_0,\ldots,\alpha_{n-1}$ müssen die $p \cdot n$ Elemente der Rückkopplungsmatrix K^* ermittelt werden. Für Einfachsysteme mit $p = 1$ erhält man, wie in Kapitel 6 gezeigt wurde, eine eindeutige Lösung. Für $p > 1$ ist das Gleichungssystem (8.12) unterbestimmt, d.h., es können neben der gewünschten Eigenwertverteilung noch weitere Forderungen erfüllt werden. Ist z.B. eine Zustandsgröße x_i sehr schlecht meßtechnisch zu ermitteln, sollten die entsprechenden Rückkopplungskoeffizienten k_{ji} möglichst gleich Null sein.

Ein Mehrfachsystem ist oft allein schon von einem einzigen Eingang her oder über eine Linearkombination $b^* \stackrel{\text{def}}{=} B\gamma$ von Spalten der Eingabematrix vollständig steuerbar. Existiert allerdings kein solcher Eingang, daß $\{A, b_i\}$ oder $\{A, b^*\}$ vollständig steuerbar ist, obwohl $\{A, B\}$ vollständig steuerbar ist, kann man durch eine erste Zustandsrückkopplung dafür sorgen, daß das Mehrfachsystem durch eine einzige Eingangsgröße steuerbar wird, denn es gilt der

8.1 Satz: *Wenn das lineare Mehrfachsystem $\{A, B\}$ vollständig steuerbar und die i-te Spalte $b_i \neq o$ ist, dann existiert eine Rückkopplungsmatrix K_i so, daß das rückgekoppelte System $\{A - BK_i, b_i\}$ vollständig steuerbar ist.*

Der Beweis dieses Satzes wird am Ende von Abschnitt 8.2 geführt.
Allgemein kann man in diesen Fällen

$$u = \gamma u^* \tag{8.13}$$

schreiben, wodurch die Zustandsgleichung die Form

$$\dot{x}(t) = Ax(t) + b^* u^*(t) \tag{8.14}$$

erhält, mit $b^* \stackrel{\text{def}}{=} B\gamma$. Damit ist aber das Problem der Eigenwertfestlegung von Mehrfachsystemen auf das bereits in Kapitel 6 ausführlich behandelte Problem der Eigenwertfestlegung bei Einfachsystemen zurückgeführt. Im Falle einer Zustandsrückführung

$$\gamma u^*(t) = V^* w(t) - \gamma k^T x(t) \tag{8.15}$$

erhält man

$$\begin{aligned}
\dot{x}(t) &= (A - b^* k^T)x(t) + BV^* w(t) \\
&= (A - B\gamma k^T)x(t) + BV^* w(t)
\end{aligned}$$

$$= (A - BK^*)x(t) + BV^* w(t) \tag{8.16}$$

mit

$$K^* = \gamma k^T = \begin{bmatrix} \gamma_1 k^T \\ \vdots \\ \gamma_p k^T \end{bmatrix}. \tag{8.17}$$

Allerdings erkennt man sofort anhand von (8.17), daß durch eine solche Zustandsrückführung die oben angesprochenen Freiheitsgrade bei der Dimensionierung der Rückkopplungsmatrix verschenkt werden.

8.2   Regelungsnormalform für Mehrfachsysteme

In Kapitel 6 hat sich die Regelungsnormalform bei der theoretischen Untersuchung des Syntheseproblems einer Zustandsrückführung als sehr fruchtbar erwiesen. Deshalb soll zunächst auch für lineare zeitinvariante Mehrfachsysteme n-ter Ordnung mit p Eingangs- und q Ausgangsgrößen mit der mathematischen Beschreibung

$$\left. \begin{array}{c} \dot{x} \\ x_{k+1} \end{array} \right\} = Ax + Bu, \tag{8.18}$$

$$y = Cx \tag{8.19}$$

eine Regelungsnormalform hergeleitet werden.

Gesucht wird eine reguläre Transformationsmatrix T_R so, daß mit der Zustandstransformation

$$x_R = T_R x \tag{8.20}$$

die mathematische Beschreibung (8.18),(8.19) in die Regelungsnormalform

$$\left. \begin{array}{c} \dot{x}_R \\ x_{R,k+1} \end{array} \right\} = A_R x_R + B_R u, \tag{8.21}$$

$$y = C_R x_R \tag{8.22}$$

überführt wird. Es wird angestrebt, daß die transformierte Systemmatrix A_R z.B. für ein System fünfter Ordnung mit zwei Eingangsgrößen die Form

$$A_R = \left[\begin{array}{ccc|cc} 0 & 1 & 0 & 0 & 0 \\ 0 & 0 & 1 & 0 & 0 \\ * & * & * & * & * \\ \hline 0 & 0 & 0 & 0 & 1 \\ * & * & * & * & * \end{array} \right] \tag{8.23}$$

hat, wobei die durch * gekennzeichneten Matrixelemente ungleich Null sein können. Gelingt es außerdem, die Eingabematrix B_R auf die Form

$$B_R = \left[\begin{array}{cc} 0 & 0 \\ 0 & 0 \\ 1 & 0 \\ \hline 0 & 0 \\ 0 & 1 \end{array} \right] \tag{8.24}$$

zu bringen, können mittels der Zustandsrückführung

$$u = w - K_R x_R \tag{8.25}$$

über die $(p \times n)$-Rückkopplungsmatrix K_R die $*$-Elemente in der Systemmatrix A_R beliebig verändert werden, denn es ist dann

$$A_R - B_R K_R = \left[\begin{array}{ccc|cc} 0 & 1 & 0 & 0 & 0 \\ 0 & 0 & 1 & 0 & 0 \\ * & * & * & * & * \\ \hline 0 & 0 & 0 & 0 & 1 \\ * & * & * & * & * \end{array}\right] - \left[\begin{array}{ccc|cc} 0 & 0 & 0 & 0 & 0 \\ 0 & 0 & 0 & 0 & 0 \\ k_{11} & k_{12} & k_{13} & k_{14} & k_{15} \\ \hline 0 & 0 & 0 & 0 & 0 \\ k_{21} & k_{22} & k_{23} & k_{24} & k_{25} \end{array}\right]. \tag{8.26}$$

Allerdings gelingt es nicht immer, für die Eingabematrix B_R die Form (8.24) zu erhalten, sondern nur

$$B_R = \left[\begin{array}{cc} 0 & 0 \\ 0 & 0 \\ 1 & * \\ \hline 0 & 0 \\ 0 & 1 \end{array}\right] = \left[\begin{array}{cc} 0 & 0 \\ 0 & 0 \\ 1 & 0 \\ \hline 0 & 0 \\ 0 & 1 \end{array}\right] \cdot \left[\begin{array}{cc} 1 & * \\ 0 & 1 \end{array}\right] = \bar{B} V, \tag{8.27}$$

wobei die Matrix V immer regulär ist. Damit kann man aber die scheinbare Schwierigkeit einfach dadurch überwinden, daß man statt über K_R über $K^* = V^{-1} K_R$ rückkoppelt, denn dann erhält man wieder die gleiche Situation wie in (8.26)

$$A_R - B_R K^* = A_R - B_R V^{-1} K_R = A_R - \bar{B} V V^{-1} K_R = A_R - \bar{B} K_R =$$

$$= \left[\begin{array}{ccc|cc} 0 & 1 & 0 & 0 & 0 \\ 0 & 0 & 1 & 0 & 0 \\ * & * & * & * & * \\ \hline 0 & 0 & 0 & 0 & 1 \\ * & * & * & * & * \end{array}\right] - \left[\begin{array}{ccc|cc} 0 & 0 & 0 & 0 & 0 \\ 0 & 0 & 0 & 0 & 0 \\ k_{11} & k_{12} & k_{13} & k_{14} & k_{15} \\ \hline 0 & 0 & 0 & 0 & 0 \\ k_{21} & k_{22} & k_{23} & k_{24} & k_{25} \end{array}\right]. \tag{8.28}$$

Allgemein soll die neue Systemmatrix in die Form

$$A_R \stackrel{\text{def}}{=} T_R A T_R^{-1} = \left[\begin{array}{ccc} A_{R11} & \cdots & A_{R1p} \\ \vdots & & \vdots \\ A_{Rp1} & \cdots & A_{Rpp} \end{array}\right] \tag{8.29}$$

transformiert werden, wobei die $(n_i \times n_i)$-Matrizen A_{Rii} in der Hauptdiagonalen die Form

$$A_{Rii} = \left[\begin{array}{ccccc} 0 & 1 & 0 & \cdots & 0 \\ 0 & 0 & 1 & \ddots & \vdots \\ \vdots & \vdots & \ddots & \ddots & 0 \\ 0 & 0 & \cdots & 0 & 1 \\ a_{Rii1} & \cdots & \cdots & \cdots & a_{Riin_i} \end{array}\right] \tag{8.30}$$

und die übrigen $(n_i \times n_j)$-Matrizen die Form

$$A_{Rij} = \begin{bmatrix} 0 & \cdots & 0 \\ \vdots & & \vdots \\ 0 & \cdots & 0 \\ a_{Rij1} & \cdots & a_{Rijn_j} \end{bmatrix} \qquad (8.31)$$

haben. Für die Eingabematrix wird die Form

$$B_R = T_R B$$

$$= \left[\begin{array}{ccccc} & & O_{(n_1-1)\times p} & & \\ \hline 1 & v_{12} & \cdots & \cdots & v_{1p} \\ \hline & & O_{(n_2-1)\times p} & & \\ \hline 0 & 1 & v_{23} & \cdots & v_{2p} \\ \hline & & \vdots & & \\ \hline & & O_{(n_p-1)\times p} & & \\ \hline 0 & \cdots & \cdots & 0 & 1 \end{array}\right]$$

$$= \left[\begin{array}{ccccc} & & O_{(n_1-1)\times p} & & \\ \hline 1 & 0 & \cdots & \cdots & 0 \\ \hline & & O_{(n_2-1)\times p} & & \\ \hline 0 & 1 & 0 & \cdots & 0 \\ \hline & & \vdots & & \\ \hline & & O_{(n_p-1)\times p} & & \\ \hline 0 & \cdots & \cdots & 0 & 1 \end{array}\right] \cdot \begin{bmatrix} 1 & v_{12} & \cdots & v_{1p} \\ 0 & \ddots & \ddots & \vdots \\ \vdots & \ddots & \ddots & v_{p-1,p} \\ 0 & \cdots & 0 & 1 \end{bmatrix}$$

$$\overset{\text{def}}{=} \bar{B}V \qquad (8.32)$$

angestrebt. Die Ausgabematrix

$$C_R \overset{\text{def}}{=} CT_R^{-1} \qquad (8.33)$$

soll keine besondere Struktur aufweisen.

Unbekannt sind zunächst die Dimensionen n_i der Untermatrizen. Diese sogenannten KRONECKER-Indizes n_i erhält man folgendermaßen: Die $(n \times p)$-Eingabematrix B habe den Rang p, d.h., ihre Spalten $b_1, \ldots, b_p$ seien linear unabhängig. In der Steuerbarkeitsmatrix

$$S = \begin{bmatrix} B & AB & \cdots & A^{n-1}B \end{bmatrix}$$

$$= \begin{bmatrix} b_1 & \cdots & b_p & | & Ab_1 & \cdots & Ab_p & | & \cdots & | & A^{n-1}b_1 & \cdots & A^{n-1}b_p \end{bmatrix} \qquad (8.34)$$

prüft man fortlaufend, links beginnend, ob ein Spaltenvektor von den links davon stehenden Spaltenvektoren linear unabhängig oder abhängig ist. Ist $A^{n_i}b_i$ linear abhängig, aber $A^j b_i$ für $j < n_i$ linear unabhängig von den links davon stehenden Spaltenvektoren, so nennt man n_i den KRONECKER-**Index** zur i-ten Eingangsgröße u_i. Durch dieses Auswahlverfahren ist die Ordnung n_i der Untersysteme mit den Systemmatrizen A_{ii} eindeutig festgelegt. Das größte Untersystem hat die kleinstmögliche Ordnung. Für ein steuerbares Mehrfachsystem muß

$$\sum_{i=1}^{p} n_i = n \qquad (8.35)$$

sein. Der größte KRONECKER-Index

$$\nu \stackrel{\text{def}}{=} \max_i n_i \qquad (8.36)$$

heißt **Steuerbarkeitsindex**. Außerdem folgt aus dem Auswahlverfahren

$$\text{Rang}(\begin{bmatrix} B & AB & \cdots & A^{\nu-1}B \end{bmatrix}) = \text{Rang}(S). \qquad (8.37)$$

Es gilt der

8.2 Satz: *Die mathematische Beschreibung $\{A, B\}$ eines linearen zeitinvarianten zeitkontinuierlichen oder zeitdiskreten Mehrfachsystems kann dann und nur dann auf die Regelungsnormalform $\{A_R, B_R\}$ transformiert werden, wenn es vollständig steuerbar ist.*

Beweis: Der Beweis wird *konstruktiv* geführt, d.h., er liefert gleichzeitig die gesuchte Transformationsmatrix T_R.
1. Notwendigkeit: Wenn ein System vollständig steuerbar ist, dann lassen sich n Spaltenvektoren $b_1, Ab_1, \ldots, A^{n_1-1}b_1, b_2, Ab_2, \ldots, A^{n_2-1}b_2, \ldots, b_p, Ab_p, \ldots, A^{n_p-1}b_p$ finden, die linear unabhängig. Faßt man die Spalten in dieser Reihenfolge zur Matrix S_n zusammen, dann ist dies eine reguläre Matrix. Wenn $\{A, B\}$ in die Regelungsnormalform $\{A_R, B_R\}$ transformierbar ist, erhält man für die Regelungsnormalform (z.B. für $n = 9$, $p = 3$, $n_1 = 4$, $n_2 = 3$, $n_3 = 2$):

$$S_{Rn} = [\begin{matrix} b_{R1} & A_R b_{R1} & A_R^2 b_{R1} & A_R^3 b_{R1} \mid b_{R2} & A_R b_{R2} & A_R^2 b_{R2} \mid b_{R3} & A_R b_{R3} \end{matrix}]$$

$$= \begin{bmatrix}
0 & 0 & 0 & 1 & 0 & 0 & 0 & 0 & 0 \\
0 & 0 & 1 & * & 0 & 0 & * & 0 & 0 \\
0 & 1 & * & * & 0 & * & * & 0 & * \\
1 & * & * & * & * & * & * & * & * \\
0 & 0 & 0 & * & 0 & 0 & 1 & 0 & 0 \\
0 & 0 & * & * & 0 & 1 & * & 0 & * \\
0 & * & * & * & 1 & * & * & * & * \\
0 & 0 & * & * & 0 & 0 & * & 0 & 1 \\
0 & * & * & * & 0 & * & * & 1 & *
\end{bmatrix}, \qquad (8.38)$$

wobei die mit $*$ gekennzeichneten Matrixelemente verschieden von null sein können. Die Determinante der Matrix ist vom Betrag gleich eins, d.h., sie ist stets regulär. Ein System, für das die Regelungsnormalform existiert, ist also stets vollständig steuerbar. Andererseits ist

$$S_{Rn} = T_R S_n, \qquad (8.39)$$

und da die Transformationsmatrix T_R regulär ist, muß auch die Matrix S_n regulär, also das System mit der mathematischen Beschreibung $\{A, B\}$ vollständig steuerbar sein, damit es auf Regelungsnormalform transformierbar ist.
2. Hinlänglichkeit: Aus (8.29) folgt

$$A_R T_R = T_R A \qquad (8.40)$$

und daraus, wegen der besonderen Form der Matrix A_R, für die Zeilenvektoren t_{ij}^T der Transformationsmatrix T_R

$$t_{i,j+1}^T = t_{ij}^T A, \quad (i = 1, 2, \ldots, p;\ j = 1, 2, \ldots, n_i - 1), \qquad (8.41)$$

d.h. jede reguläre Transformationsmatrix T_R, die wie folgt aufgebaut ist:

$$T_R = \left[\begin{array}{c} t_{11}^T \\ t_{11}^T A \\ t_{11}^T A^2 \\ \vdots \\ t_{11}^T A^{n_1-1} \\ \hline \vdots \\ \hline t_{p1}^T \\ t_{p1}^T A \\ t_{p1}^T A^2 \\ \vdots \\ t_{p1}^T A^{n_p-1} \end{array}\right], \tag{8.42}$$

transformiert die Systemmatrix A auf die Regelungsnormalform A_R. Nach Voraussetzung ist das System steuerbar, also ist die $(n \times n)$-Matrix S_n regulär und invertierbar. Wird insbesondere in (8.42)

$$t_{i1}^T = q_i^T \tag{8.43}$$

gewählt, wobei q_i^T die $(n_1 + \cdots + n_i)$-te Zeile von S_n^{-1} ist, hat zusätzlich auch die Eingabematrix B_R die gewünschte Form (8.32). Denn wegen des Auswahlverfahrens der Spalten von S_n folgt aus $S_n^{-1} S_n = I$, d.h. z.B. aus $(n_1 = 4,\ n_2 = 3,\ n_3 = 2)$

$$\left[\begin{array}{c} * \\ * \\ * \\ q_1^T \\ \hline * \\ * \\ * \\ q_2^T \\ \hline * \\ q_3^T \end{array}\right] \cdot \left[\begin{array}{cccc|ccc|cc} b_1 & Ab_1 & A^2b_1 & A^3b_1 & b_2 & Ab_2 & A^2b_2 & b_3 & Ab_3 \end{array}\right] =$$

$$\left[\begin{array}{cccc|ccc|cc} 1 & 0 & 0 & 0 & & & & & \\ 0 & 1 & 0 & 0 & & O & & & O \\ 0 & 0 & 1 & 0 & & & & & \\ 0 & 0 & 0 & 1 & & & & & \\ \hline & & & & 1 & 0 & 0 & & \\ & O & & & 0 & 1 & 0 & & O \\ & & & & 0 & 0 & 1 & & \\ \hline & & & & & & & 1 & 0 \\ & O & & & & O & & 0 & 1 \end{array}\right]$$

der Zusammenhang

$$q_i^T A^{\ell-1} b_m = \begin{cases} 1, & \text{wenn } \ell = n_i \text{ und } m = i, \\ *, & \text{wenn } \ell = n_i \text{ und } m > i, \\ 0, & \text{sonst,} \end{cases} \tag{8.44}$$

wobei $*$ verschieden von null sein kann. Mit (8.44) erhält man dann für die Eingabematrix $B_R = T_R B$ die in (8.32) angegebene Form. Daß die so konstruierte Transformationsmatrix T_R regulär ist, erkennt man anhand des Matrizenprodukts $T_R S_n$, für das

$$
T_R S_n = \left[\begin{array}{cccc|ccc|cc}
0 & 0 & 0 & 1 & & & & & \\
0 & 0 & 1 & 0 & & O & & & O \\
0 & 1 & 0 & 0 & & & & & \\
1 & 0 & 0 & 0 & & & & & \\
\hline
& & & & 0 & 0 & 1 & & \\
& O & & & 0 & 1 & 0 & & O \\
& & & & 1 & 0 & 0 & & \\
\hline
& & & & & & & 0 & 1 \\
& O & & & & O & & 1 & 0
\end{array}\right]
$$

gilt. Da von dieser Produktmatrix der Betrag der Determinante gleich eins ist, ist sie und damit auch die Transformationsmatrix T_R regulär. $\qquad\qquad\square$

Aus dem konstruktiven Beweis des Satzes 8.2 erhält man das folgende schrittweise Verfahren für die Erstellung der Regelungsnormalform:

1. Schritt: Untersuchen der linearen Unabhängigkeit der Vektoren b_1, $b_2, \ldots, b_p$, Ab_1, $Ab_2, \ldots$, $Ab_p, \ldots$, jeweils von den vorhergehenden Vektoren. Notieren der verbliebenen linear unabhängigen Vektoren in der Form

$$
\begin{array}{cccc}
b_1 & b_2 & \cdots & b_p \\
Ab_1 & Ab_2 & \cdots & Ab_p \\
A^2 b_1 & A^2 b_2 & \cdots & A^2 b_p \\
\vdots & \vdots & & \vdots
\end{array}
\tag{8.45}
$$

wobei jede Spalte dann endet, wenn der folgende Vektor durch eine Linearkombination der vorhergehenden Vektoren ausgedrückt werden kann. Der größte Exponent von A in der ersten Spalte ist dann gleich $n_1 - 1$, in der zweiten Spalte gleich $n_2 - 1$, usw.

2. Schritt: Aufstellen der $(n \times n)$-Matrix

$$
S_n = \left[\begin{array}{cccc}
b_1 & Ab_1 & \cdots & A^{n_1-1} b_1 \end{array} \middle| \cdots \cdots \middle| \begin{array}{cccc} b_p & Ab_p & \cdots & A^{n_p-1} b_p \end{array}\right].
\tag{8.46}
$$

3. Schritt: Berechnen von $q_i^T = t_{i1}^T$ als $(n_1 + n_2 + \cdots + n_i)$-te Zeile von S_n^{-1} oder numerisch stabiler als Lösung des linearen Gleichungssystems

$$
S_n^T q_i = i_{n_1 + \cdots + n_i},
\tag{8.47}
$$

hierbei ist $i_{n_1 + \cdots + n_i}$ die $(n_1 + \cdots + n_i)$-te Spalte der Einheitsmatrix I_n.

4. Schritt: Berechnen der Transformationsmatrix T_R gemäß (8.42).

5. Schritt: Berechnen der Matrizen $A_R = T_R A T_R^{-1}$, $B_R = T_R B$ und $C_R = C T_R^{-1}$.

8.3 Beispiel: Gesucht ist die Regelungsnormalform für das Mehrfachsystem $\{A, B, C\}$ mit

$$
A = \left[\begin{array}{rrrr}
1,38 & -0,21 & 6,72 & -5,68 \\
-0,58 & -4,29 & 0 & 0,68 \\
1,07 & 4,27 & -6,65 & 5,89 \\
0,05 & 4,27 & 1,34 & -2,10
\end{array}\right],
$$

$$B = \begin{bmatrix} 0 & 0 \\ 5,68 & 0 \\ 1,14 & -3,15 \\ 1,14 & 0 \end{bmatrix} \text{ und}$$

$$C = \begin{bmatrix} 1 & 0 & 1 & -1 \\ 0 & 1 & 0 & 0 \end{bmatrix}.$$

1. Schritt: In der Steuerbarkeitsmatrix

$$S = \begin{bmatrix} B & AB & A^2B & A^3B \end{bmatrix}$$

sind die ersten vier Spalten linear unabhängig, d.h., es ist $n_1 = 2$ und $n_2 = 2$, der Steuerbarkeitsindex ν ist gleich zwei.

2. Schritt: Die Matrix S_n hat die Form

$$S_n = \begin{bmatrix} b_1 & Ab_1 & b_2 & Ab_2 \end{bmatrix},$$

woraus im
3. Schritt die Vektoren

$$q_1^T = \begin{bmatrix} -0,0071 & -0,0071 & 0 & 0,0356 \end{bmatrix} \text{ und}$$
$$q_2^T = \begin{bmatrix} -0,0472 & 0 & 0 & 0 \end{bmatrix}$$

ermittelt werden können.
4. Schritt: Damit erhält man die Transformationsmatrix

$$T_R = \begin{bmatrix} q_1^T \\ q_1^T A \\ q_2 \\ q_2 A \end{bmatrix} = \begin{bmatrix} -0,0071 & -0,0071 & 0 & 0,0356 \\ -0,0039 & 0,1839 & 0 & -0,0393 \\ -0,0472 & 0 & 0 & 0 \\ -0,0652 & 0,0099 & -0,3175 & 0,2683 \end{bmatrix}$$

und schließlich im
5. Schritt die Matrizen

$$A_R = \left[\begin{array}{cc|cc} 0 & 1 & 0 & 0 \\ -1,2171 & -5,2573 & 2,6844 & 0,2475 \\ \hline 0 & 0 & 0 & 1 \\ -11,0304 & -1,3808 & 19,5369 & -6,4027 \end{array}\right],$$

$$B_R = \left[\begin{array}{cc} 0 & 0 \\ 1 & 0 \\ \hline 0 & 0 \\ 0 & 1 \end{array}\right] \text{ und}$$

$$C_R = \left[\begin{array}{cc|cc} -4,3568 & 0 & -16,1680 & -3,1500 \\ 6,2695 & 5,6800 & -1,4061 & 0 \end{array}\right]$$

in Regelungsnormalform.   □

Mit Hilfe einer Zustandsrückführung $u = -Kx$ können zwar die dynamischen Eigenschaften eines Mehrfachsystems beliebig verändert werden, jedoch nicht gewisse Struktureigenschaften, denn es gilt der

8.4 Satz: *Ist das lineare Mehrfachsystem $\{A, B\}$ vollständig steuerbar und hat es die KRONECKER-Indizes n_1 bis n_p, dann ist auch für eine beliebige Rückkopplungsmatrix K das rückgekoppelte System $\{A - BK, B\}$ vollständig steuerbar und hat die gleichen KRONECKER-Indizes.*

Beweis: Aus $F = A - BK$ folgt

$$A = BK + F. \tag{8.48}$$

Setzt man (8.48) für A in die Matrix $\begin{bmatrix} B & AB & A^2B & \cdots \end{bmatrix}$ ein, erhält man

$$\begin{aligned}
\begin{bmatrix} B & AB & A^2B & \cdots \end{bmatrix} &= [B|BKB + FB|BKBKB + BKFB + FBKB + F^2B|\cdots] \\
&= [B|B(KB) + FBI|B(KAB) + FB(KB) + F^2BI|\cdots] \\
&= \begin{bmatrix} B & FB & F^2B & \cdots \end{bmatrix}
\begin{bmatrix}
I & KB & KAB & \cdots \\
O & I & KB & \cdots \\
O & O & I & \cdots \\
\vdots & \vdots & & O & \ddots \\
\vdots & \vdots & \vdots & & \ddots
\end{bmatrix}.
\end{aligned}$$

Insbesondere ist

$$\begin{bmatrix} B & AB & A^2B & \cdots & A^{i-1}B \end{bmatrix} =$$

$$\begin{bmatrix} B & FB & F^2B & \cdots & F^{i-1}B \end{bmatrix}
\begin{bmatrix}
I & KB & KAB & \cdots & KA^{i-2}B \\
O & I & KB & & \vdots \\
O & O & I & \ddots & \vdots \\
\vdots & \vdots & \ddots & \ddots & KB \\
O & \cdots & \cdots & O & I
\end{bmatrix}. \tag{8.49}$$

Da die zweite Matrix auf der rechten Seite von (8.49) regulär ist, hat die davor stehende Matrix den gleichen Rang wie die Matrix auf der linken Gleichungsseite. Für $i = n$ folgt dann sofort aus (8.49), daß $\{F, B\} = \{A - BK, B\}$ vollständig steuerbar ist, wenn $\{A, B\}$ vollständig steuerbar ist. Da (8.49) für $i = 1, 2, \ldots$ gilt, sind auch die gleichen Spalten in $[B|FB|\cdots]$ wie in $[B|AB|\cdots]$ linear unabhängig, d.h., die KRONECKER-Indizes n_i von beiden dazugehörigen Systemen sind gleich. $\qquad \square$

Durch eine Zustandsrückführung kann also die Steuerbarkeit eines Systems nicht beeinflußt werden. Das gleiche gilt aber nicht für die Beobachtbarkeit! Es gilt vielmehr der

8.5 Satz: *Durch eine Zustandsrückführung kann ein vorher vollständig beobachtbares System seine vollständige Beobachtbarkeit verlieren.*

Beweis: Wenn das Zählerpolynom der Übertragungsfunktion $G(s)$ eines Einfachsystems einen Grad größer als Null hat, bleibt das Zählerpolynom durch eine Zustandsrückführung unverändert. Legt man einen Eigenwert des rückgekoppelten Systems auf eine Nullstelle von $G(s)$, dann kürzt sich bei der Übertragungsfunktion des rückgekoppelten Systems eine Nullstelle gegen einen Pol heraus. Das kann nach Satz 7.27 aber nur bedeuten, daß das rückgekoppelte System $\{A - bk^T, b, c^T\}$ nicht mehr beobachtbar ist, da es nach Satz 8.4 steuerbar bleibt. $\qquad \square$

Eine weitere Normalform, die Block-HESSENBERG-Form für Mehrfachsysteme, ist in [LUDYK,1990] angegeben und hergeleitet. Diese Normalform und die zugehörigen KRONECKER-Indizes können mit Hilfe der *Singulärwertzerlegung* numerisch stabil berechnet werden.

Mit Hilfe des oben angegebenen Satzes 8.2 kann jetzt der Beweis des Satzes 8.1 nachgeholt werden:

Beweis des Satzes 8.1: Ohne Einschränkung der Allgemeinheit wählen wir $b_i = b_p$. Wenn das System $\{A, B\}$ vollständig steuerbar ist, kann es nach Satz 8.2 auf Regelungsnormalform $\{A_R, B_R\}$ transformiert werden. Jetzt kann durch eine Rückkopplungsmatrix K_R die n_1-te, $(n_1 + n_2)$-te, bis zur n-ten Zeile von $A_R - B_R V^{-1} K_R$ so verändert werden, daß z.B. die folgende Form entsteht:

$$
\left[\begin{array}{cccc|ccc|cc}
0 & 1 & 0 & 0 & 0 & 0 & 0 & 0 & 0 \\
0 & 0 & 1 & 0 & 0 & 0 & 0 & 0 & 0 \\
0 & 0 & 0 & 1 & 0 & 0 & 0 & 0 & 0 \\
* & * & * & * & * & * & * & * & * \\
\hline
0 & 0 & 0 & 0 & 0 & 1 & 0 & 0 & 0 \\
0 & 0 & 0 & 0 & 0 & 0 & 1 & 0 & 0 \\
* & * & * & * & * & * & * & * & * \\
\hline
0 & 0 & 0 & 0 & 0 & 0 & 0 & 0 & 1 \\
* & * & * & * & * & * & * & * & *
\end{array}\right]
\Rightarrow
\left[\begin{array}{cccc|ccc|cc}
0 & 1 & 0 & 0 & 0 & 0 & 0 & 0 & 0 \\
0 & 0 & 1 & 0 & 0 & 0 & 0 & 0 & 0 \\
0 & 0 & 0 & 1 & 0 & 0 & 0 & 0 & 0 \\
0 & 0 & 0 & 0 & 1 & 0 & 0 & 0 & 0 \\
\hline
0 & 0 & 0 & 0 & 0 & 1 & 0 & 0 & 0 \\
0 & 0 & 0 & 0 & 0 & 0 & 1 & 0 & 0 \\
0 & 0 & 0 & 0 & 0 & 0 & 0 & 1 & 0 \\
\hline
0 & 0 & 0 & 0 & 0 & 0 & 0 & 0 & 1 \\
* & * & * & * & * & * & * & * & *
\end{array}\right],
\left[\begin{array}{c}
0 \\
* \quad * \quad 0 \\
0 \\
0 \\
\hline
0 \\
* \quad * \quad 0 \\
0 \\
\hline
0 \\
* \quad * \quad 1
\end{array}\right] = [* | * \,| b_p].
$$

$$\underbrace{\qquad\qquad}_{A_R} \qquad \underbrace{\qquad\qquad}_{A_R - B_R V^{-1} K_R}$$

$\{A_R - B_R V^{-1} K_R, b_p\}$ ist jetzt eine mathematische Beschreibung in Regelungsnormalform und deshalb vollständig steuerbar. $\square$

8.3 Zustandsrückführung bei Mehrfachsystemen

Aufgrund der Aussagen von Lemma 8.1 und Satz 6.3 kann der folgende Satz formuliert werden:

8.6 Satz:
> *Bei einem linearen Mehrfachsystem $\{A, B\}$ kann dann und nur dann mit Hilfe einer Zustandsrückführung erreicht werden, daß das rückgekoppelte System $\{A - BK, B\}$ beliebige Eigenwerte hat, wobei komplexe Eigenwerte immer nur als konjugiert komplexes Paar auftreten dürfen, wenn das System $\{A, B\}$ vollständig steuerbar ist.*

Wird gemäß Bild 8.2 der Zustandsvektor x zurückgekoppelt, erhält man mit

$$u = V^* w - V^{-1} K x \tag{8.50}$$

die Zustandsgleichung des rückgekoppelten Systems

$$\left.\begin{array}{c} \dot{x}(t) \\ x_{k+1} \end{array}\right\} = (A - BV^{-1}K)x + BV^* w, \tag{8.51}$$

oder, wenn man von einer mathematischen Beschreibung in Regelungsnormalform ausgeht,

$$\left.\begin{array}{c} \dot{x}_R(t) \\ x_{R,k+1} \end{array}\right\} = (A_R - B_R V^{-1} K_R)x_R + B_R V^* w, \tag{8.52}$$

bzw. mit (8.32)

$$\left.\begin{array}{c} \dot{\boldsymbol{x}}_R(t) \\ \boldsymbol{x}_{R,k+1} \end{array}\right\} = (\boldsymbol{A}_R - \bar{\boldsymbol{B}}\boldsymbol{K}_R)\boldsymbol{x}_R + \boldsymbol{B}_R\boldsymbol{V}^*\boldsymbol{w}$$

$$= \boldsymbol{F}\boldsymbol{x}_R + \boldsymbol{B}_R\boldsymbol{V}^*\boldsymbol{w}. \tag{8.53}$$

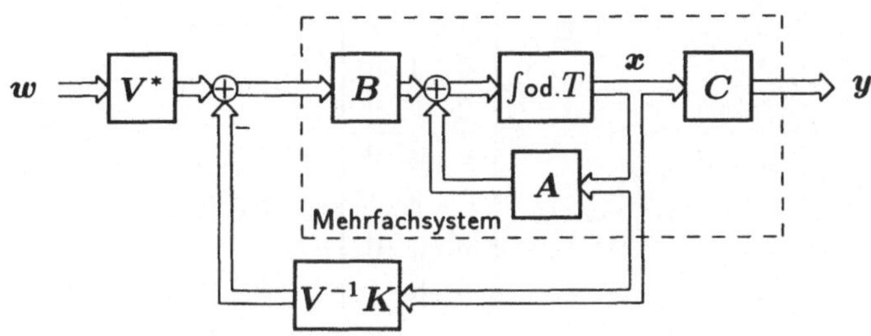

Bild 8.2: Zustandsrückführung bei Mehrfachsystemen.

Werden die Elemente der $(p \times n)$-Matrix $\boldsymbol{K}_R$ wie folgt bezeichnet,

$$\boldsymbol{K}_R = \left[\begin{array}{ccc|c|ccc} k_{R,111} & \cdots & k_{R,11n_1} & \cdots & k_{R,1p1} & \cdots & k_{R,1pn_p} \\ \hline & \vdots & & \vdots & & \vdots & \\ \hline k_{R,p11} & \cdots & k_{R,p1n_1} & \cdots & k_{R,pp1} & \cdots & k_{R,ppn_p} \end{array}\right], \tag{8.54}$$

gilt für die Elemente in der $(n_1 + \cdots + n_i)$-ten Zeile der Matrix $\boldsymbol{F}$ des rückgekoppelten Systems für $j = 1, 2, \ldots, p$ und $\kappa = 1, 2, \ldots, n_j$

$$\alpha_{ij\kappa} = a_{ij\kappa} - k_{R,ij\kappa}. \tag{8.55}$$

Die $a_{ij\kappa}$ sind Daten des gegebenen Mehrfachsystems, die $\alpha_{ij\kappa}$ sind die gewünschten Daten des rückgekoppelten Systems und die $k_{R,ij\kappa}$ sind die dafür notwendigen Daten der Zustandsrückführung.

Für $p = 3$ Eingangsgrößen erhält man z.B. die Struktur für die Systemmatrix in Regelungsnormalform

$$\boldsymbol{A}_R = \left[\begin{array}{ccc} \boldsymbol{A}_{R,11} & \boldsymbol{A}_{R,12} & \boldsymbol{A}_{R,13} \\ \boldsymbol{A}_{R,21} & \boldsymbol{A}_{R,22} & \boldsymbol{A}_{R,23} \\ \boldsymbol{A}_{R,31} & \boldsymbol{A}_{R,32} & \boldsymbol{A}_{R,33} \end{array}\right], \tag{8.56}$$

wobei die $(n_i \times n_i)$-Matrix $\boldsymbol{A}_{Rii}$ gemäß (8.30) die Form

$$\boldsymbol{A}_{Rii} = \left[\begin{array}{c|c} \boldsymbol{o} & \boldsymbol{I} \\ \hline & \boldsymbol{a}_{ii}^T \end{array}\right] \tag{8.57}$$

und die $(n_i \times n_j)$-Matrix $\boldsymbol{A}_{Rij}$ für $i \neq j$ gemäß (8.31) die Form

$$\boldsymbol{A}_{Rij} = \left[\begin{array}{c} \boldsymbol{O} \\ \boldsymbol{a}_{ij}^T \end{array}\right] \tag{8.58}$$

haben. Da die Matrix $\bar{B}$ diesen Aufbau besitzt

$$\bar{B} = \begin{bmatrix} 0 & 0 & 0 \\ \vdots & \vdots & \vdots \\ 0 & 0 & 0 \\ 1 & 0 & 0 \\ \hline 0 & 0 & 0 \\ \vdots & \vdots & \vdots \\ 0 & 0 & 0 \\ 0 & 1 & 0 \\ \hline 0 & 0 & 0 \\ \vdots & \vdots & \vdots \\ 0 & 0 & 0 \\ 0 & 0 & 1 \end{bmatrix}, \tag{8.59}$$

erhält man mit der Rückkopplungsmatrix

$$K_R = \begin{bmatrix} k_{R,11}^T & k_{R,12}^T & k_{R,13}^T \\ k_{R,21}^T & k_{R,22}^T & k_{R,23}^T \\ k_{R,31}^T & k_{R,32}^T & k_{R,33}^T \end{bmatrix} \tag{8.60}$$

für das rückgekoppelte System

$$F = A_R - \bar{B}K_R = \left[\begin{array}{c|c||c||c} \mathbf{o} \;|\; I & O & O \\ \hline a_{11}^T - k_{R,11}^T & a_{12}^T - k_{R,12}^T & a_{13}^T - k_{R,13}^T \\ \hline\hline O & \mathbf{o} \;|\; I & O \\ \hline a_{21}^T - k_{R,21}^T & a_{22}^T - k_{R,22}^T & a_{23}^T - k_{R,23}^T \\ \hline\hline O & O & \mathbf{o} \;|\; I \\ \hline a_{31}^T - k_{R,31}^T & a_{32}^T - k_{R,32}^T & a_{33}^T - k_{R,33}^T \end{array}\right]. \tag{8.61}$$

Jetzt kann man die Eigenwerte des rückgekoppelten Systems z.B. dadurch festlegen, daß zunächst nur die oberen oder nur die unteren Blöcke neben den Blöcken in der Hauptdiagonalen zu Nullblöcken gemacht werden, also

$$a_{ij}^T - k_{R,ij}^T = \mathbf{o}^T \tag{8.62}$$

für $j > i$ oder für $j < i$ gewählt wird; denn für eine Blockdreiecksmatrix mit quadratischen Untermatrizen auf der Hauptdiagonalen gilt nach dem Entwicklungssatz für Determinanten

$$\begin{aligned} \det(\lambda I - F) &= \det \begin{bmatrix} \lambda I - F_{11} & O & O \\ * & \lambda I - F_{22} & O \\ * & * & \lambda I - F_{33} \end{bmatrix} \\ &= \det(\lambda I - F_{11}) \det(\lambda I - F_{22}) \det(\lambda I - F_{33}). \end{aligned}$$

Wählt man $k_{R,ij}^T$ für $i < j$ oder $i > j$ nach (8.62) und für $i = 1, 2, \ldots, p$

$$k_{R,ii}^T = a_{ii}^T - f_{ii}^T,$$

$$(8.63)$$

hat das rückgekoppelte System für $p = 3$ das charakteristische Polynom

$$\det(\lambda I - F) = (f_{111} + f_{112}\lambda + \cdots + f_{11n_1}\lambda^{n_1-1} + \lambda^{n_1}) \cdot$$

$$\cdot (f_{221} + f_{222}\lambda + \cdots + f_{22n_2}\lambda^{n_2-1} + \lambda^{n_2}) \cdot (f_{331} + f_{332}\lambda + \cdots + f_{33n_3}\lambda^{n_3-1} + \lambda^{n_3}). \quad (8.64)$$

Sollen zusätzlich sämtliche Untersysteme voneinander entkoppelt sein, wählt man $k_{R,ij}^T$ für alle $i \neq j$ nach (8.62) zu

$$k_{R,ij}^T = a_{ij}^T,$$

$$(8.65)$$

so daß man z.B. für $p = 3$ folgende Systemmatrix für das rückgekoppelte System erhält

$$F = \begin{bmatrix} F_{11} & O & O \\ O & F_{22} & O \\ O & O & F_{33} \end{bmatrix}. \quad (8.66)$$

Geht man *nicht* von dem Vorliegen der mathematischen Beschreibung in Regelungsnormalform aus, erhält man bei einer Zustandsrückführung die Zustandsgleichung (8.51)

$$\left. \begin{array}{c} \dot{x}(t) \\ x_{k+1} \end{array} \right\} = (A - BV^{-1}K)x + BV^*w$$

des rückgekoppelten Systems. Eine Zustandstransformation mit Hilfe der Transformationsmatrix T_R führt zu

$$\left. \begin{array}{c} \dot{x}_R(t) \\ x_{R,k+1} \end{array} \right\} = T_R(A - BV^{-1}K)T_R^{-1}x_R + T_RBV^*w. \quad (8.67)$$

Ein Vergleich dieser Gleichung mit (8.53) liefert mit $T_RB = B_R = \bar{B}V$:

$$T_RA - \bar{B}K = FT_R. \quad (8.68)$$

Beachtet man die besondere Form der Matrix $\bar{B}$ gemäß (8.32), folgt für die $(n_1 + \cdots + n_i)$-ten Zeilen der Matrizen (8.68)

$$t_{in_i}^T A - k_i^T = f_{in_i}^T T_R,$$

also

$$k_i^T = t_{in_i}^T A - f_{in_i}^T T_R, \quad (8.69)$$

wobei k_i^T die i-te Zeile der Rückkopplungsmatrix K ist. Die Gleichung (8.69) lautet ausgeschrieben mit (8.42) und (8.43)

$$k_i^T = q_i^T A^{n_i} - (f_{i11}q_1^T + f_{i12}q_1^T A + \cdots + f_{i1n_1}q_1^T A^{n_1-1})$$

$$\cdots - (f_{ip1}q_p^T + f_{ip2}q_p^T A + \cdots + f_{ipn_p}q_p^T A^{n_p-1}), \tag{8.70}$$

bzw., wenn die Untersysteme wie in (8.66) entkoppelt sein sollen ($f_{ij\kappa} = 0$ für $i \neq j$),

$$k_i^T = q_i^T A^{n_i} - (f_{ii1}q_i^T + f_{ii2}q_i^T A + \cdots + f_{iin_i}q_i^T A^{n_i-1}). \tag{8.71}$$

Die $f_{ii\kappa}$ sind gerade die negativen Koeffizienten des charakteristischen Polynoms der Untermatrix F_{ii}:

$$\det(\lambda I - F_{ii}) = P_i(\lambda) \stackrel{\text{def}}{=} \alpha_{i0} + \alpha_{i1}\lambda + \cdots + \alpha_{i,n_i-1}\lambda^{n_i-1} + \lambda^{n_i}. \tag{8.72}$$

Damit erhält man für die p Zeilen der Rückkopplungsmatrix K die verallgemeinerte ACKERMANN-Formel ($i = 1, 2, \ldots, p$)

$$\boxed{k_i^T = q_i^T(\alpha_{i0}I + \alpha_{i1}A + \cdots + \alpha_{i,n_i-1}A^{n_i-1} + A^{n_i}) = q_i^T P_i(A).} \tag{8.73}$$

Bemerkenswert an dieser Syntheseformel ist, daß in sie nur die KRONECKER-Indizes n_1 bis n_p, die ursprüngliche Systemmatrix A in keiner besonderen Normalform, die Vektoren q_1 bis q_p und die in den Polynomen $P_1(\lambda)$ bis $P_p(\lambda)$ zusammengefaßten gewünschten Systemdaten für das rückgekoppelte System, d.h. seine gewünschte Dynamik, eingehen. Die oft numerisch schwierig zu berechnenden Matrixelemente der Regelungsnormalform werden für die Reglersynthese nicht benötigt! Die Zustandsgleichung braucht also zur Reglersynthese nicht auf Regelungsnormalform transformiert zu werden[1].

Die zusätzlich noch benötigte $(p \times p)$-Matrix V erhält man nach (8.32) mit (8.42) und (8.43) aus

$$V = \begin{bmatrix} q_1^T A^{n_1-1} B \\ \vdots \\ q_p^T A^{n_p-1} B \end{bmatrix} = \begin{bmatrix} 1 & v_{12} & \cdots & v_{1p} \\ 0 & 1 & \ddots & \vdots \\ \vdots & \ddots & \ddots & v_{p-1,p} \\ 0 & \cdots & 0 & 1 \end{bmatrix}. \tag{8.74}$$

Zusammenfassend erhält man für die Berechnung der Rückkopplungsmatrix K für die Eigenwertvorgabe bei Mehrfachsystemen folgende 6 Schritte:

---

[1]Für schlecht konditionierte Matrizen A, B sind in [LUDYK,1990] besondere numerisch stabile Syntheseverfahren beschrieben.

1. Schritt: Aus $\{A, B\}$ wird die Steuerbarkeitsmatrix

$$S = \begin{bmatrix} b_1 & \cdots & b_p \mid Ab_1 & \cdots & Ab_p \mid \cdots \end{bmatrix} \tag{8.75}$$

gebildet. Daraus werden die n ersten linear unabhängigen Spalten und die KRON-ECKER-Indizes, z.B. mit Hilfe der Singulärwertzerlegung, ermittelt.

2. Schritt: Aus den n linear unabhängigen Spalten von (8.75) wird die Matrix

$$S_n = \begin{bmatrix} b_1 & Ab_1 & \cdots & A^{n_1-1}b_1 \mid \cdots \mid b_p & Ab_p & \cdots & A^{n_p-1}b_p \end{bmatrix} \tag{8.76}$$

zusammengestellt.

3. Schritt: Die Vektoren q_i^T werden als $(n_1 + \cdots + n_p)$-te Zeile der invertierten Matrix S_n^{-1} gewählt.

4. Schritt: Berechnung der Zeilen k_i^T der Rückkopplungsmatrix K gemäß (8.73) mit den p vorgegebenen charakteristischen Polynomen $P_i(\lambda)$ des Grades n_i:

$$k_i = q_i^T P_i(A).$$

5. Schritt: Berechnung der Matrix V gemäß (8.74).

6. Schritt: Berechnung der endgültigen Rückkopplungsmatrix $K^* \stackrel{\text{def}}{=} V^{-1}K$.

8.7 Beispiel: Das Mehrfachsystem aus Beispiel 8.3 hat zwei stabile und zwei instabile Eigenwerte, nämlich

$$\begin{aligned}
\lambda_1 &= -8,6605, \\
\lambda_2 &= -5,0602, \\
\lambda_3 &= 0,0667, \\
\lambda_4 &= 1,9939.
\end{aligned}$$

Es soll eine Rückkopplungsmatrix K so ermittelt werden, daß sämtliche Eigenwerte des rückgekoppelten Systems bei $\lambda = -6$ liegen, d.h., es wird

$$P_1(\lambda) = P_2(\lambda) = (\lambda + 6)^2 = 36 + 12\lambda + \lambda^2$$

vorgeschrieben. Mit den bereits in Beispiel 8.3 berechneten Vektoren q_1^T und q_2^T erhält man dann

$$k_1^T = q_1^T P_1(A) = q_1^T(36I + 12A + A^2) = \begin{bmatrix} -0,4156 & 0,9944 & -0,0786 & 1,0385 \end{bmatrix}$$

und

$$k_2^T = q_2^T P_2(A) = q_2^T(36I + 12A + A^2) = \begin{bmatrix} -2,9048 & -0,1199 & -1,7769 & 1,1633 \end{bmatrix}.$$

Insgesamt erhält man mit $V = I$ die Rückkopplungsmatrix

$$K^* = V^{-1}K = K = \begin{bmatrix} k_1^T \\ k_2^T \end{bmatrix}.$$

Wird weiterhin stationäre Genauigkeit für sprungförmige Führungsgrößen w verlangt, erhält man für die Vorverstärkungsmatrix gemäß (8.10)

$$V^* = (C(BK^* - A)^{-1}B)^{-1} = \begin{bmatrix} -0,4709 & 5,4149 \\ -2,0997 & -1,4591 \end{bmatrix}.$$

Bild 8.3 zeigt bei einer sprungförmigen Führungsgröße $w_1(t) = \sigma(t)$ $(w_2(t) \equiv 0)$ den Verlauf der beiden Regelgrößen $y_1(t)$ und $y_2(t)$. Wegen der inneren Systemkopplungen ist die zweite Regelgröße $y_2(t)$ keineswegs gleich null, sondern sie reagiert ebenfalls, allerdings nur vorübergehend, auf den Sprung von $w_1(t)$. $\square$

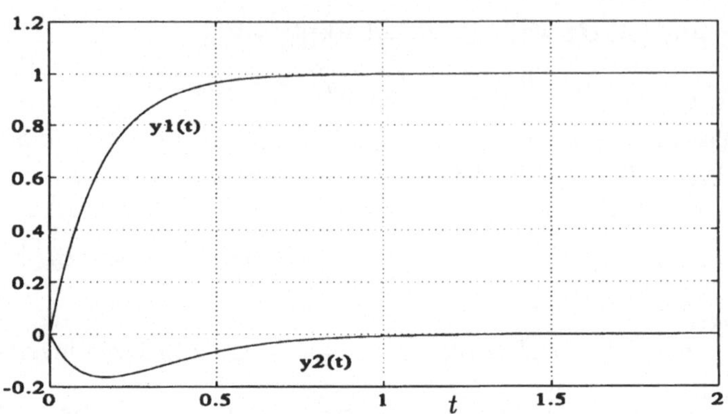

Bild 8.3: Sprungantwort der Regelgrößen des Mehfachsystems in Beispiel 8.7.

8.4   Eigenstrukturvorgabe: Modale Synthese

Gibt man bei einem zustandsrückgekoppelten Einfachsystem die Eigenwerte λ_i vor, liegen damit auch die Eigenvektoren $\boldsymbol{x}_i$ der Systemmatrix $\boldsymbol{F} = \boldsymbol{A} - \boldsymbol{b}\boldsymbol{k}^T$ fest. Man erhält die Eigenvektoren aus der Gleichung

$$(\boldsymbol{F} - \lambda_i \boldsymbol{I})\boldsymbol{x}_i = \boldsymbol{o} = (\boldsymbol{A} - \lambda_i \boldsymbol{I} - \boldsymbol{b}\boldsymbol{k}^T)\boldsymbol{x}_i, \tag{8.77}$$

wobei die Eigenvektoren nur in ihrer Richtung, aber nicht in ihrer Länge festgelegt sind. Normiert man die Eigenvektoren so, daß stets

$$\boldsymbol{k}^T \boldsymbol{x}_i = 1 \tag{8.78}$$

ist, folgt aus (8.77)

$$(\boldsymbol{A} - \lambda_i \boldsymbol{I})\boldsymbol{x}_i = \boldsymbol{b} \tag{8.79}$$

und aus (8.78)

$$\boldsymbol{k}^T \begin{bmatrix} \boldsymbol{x}_1 & \cdots & \boldsymbol{x}_n \end{bmatrix} = \begin{bmatrix} 1 & \cdots & 1 \end{bmatrix}. \tag{8.80}$$

Sind die gewünschten Eigenwerte λ_i alle verschieden von den Eigenwerten der Systemmatrix $\boldsymbol{A}$, kann (8.79) nach $\boldsymbol{x}_i$ aufgelöst werden,

$$\boldsymbol{x}_i = (\boldsymbol{A} - \lambda_i \boldsymbol{I})^{-1}\boldsymbol{b}. \tag{8.81}$$

Sind außerdem die gewünschten Eigenwerte λ_i alle untereinander verschieden, dann sind die n Eigenvektoren $\boldsymbol{x}_i$ linear unabhängig und (8.80) kann nach dem gesuchten Rückkopplungsvektor $\boldsymbol{k}^T$ aufgelöst werden:

$$\boldsymbol{k}^T = \begin{bmatrix} 1 & \cdots & 1 \end{bmatrix} \begin{bmatrix} \boldsymbol{x}_1 & \cdots & \boldsymbol{x}_n \end{bmatrix}^{-1}. \tag{8.82}$$

Das ist die gleiche Syntheseformel wie in Satz 6.5, die dort aus der ACKERMANN-Formel hergeleitet wurde.

Liegt ein Mehrfachsystem mit mehr als einer Eingangsgröße vor, können aufgrund der überschüssigen Freiheitsgrade bei der Wahl der Rückkopplungsmatrix K für das rückgekoppelte System neben den Eigenwerten auch noch in gewissem Rahmen die Eigenvektoren vorgeschrieben werden. Bei n verschiedenen Eigenwerten setzt sich die freie Bewegung eines zeitkontinuierlichen Systems nach (3.57) aus den Eigenvektoren x_i und den Eigenwerten λ_i so zusammen

$$x(t) = x_1 e^{\lambda_1 t}\hat{x}_{0,1} + x_2 e^{\lambda_2 t}\hat{x}_{0,2} + \cdots + x_n e^{\lambda_n t}\hat{x}_{0,n}, \tag{8.83}$$

und bei einem zeitdiskreten System nach (3.69)

$$x_k = x_1 \lambda_1^k \hat{x}_{1,0} + x_2 \lambda_2^k \hat{x}_{2,0} + \cdots + x_n \lambda_n^k \hat{x}_{n,0}. \tag{8.84}$$

Die Eigenwerte beschreiben zusammen mit den Eigenvektoren die *Eigenstruktur* eines Systems. Bei Mehrfachsystemen können für die Systemmatrix $F = A - BK$ des rückgekoppelten Systems nicht nur die Eigenwerte, sondern sogar die Eigenstruktur, d.h. die Eigenvektoren, vorgeschrieben werden. Es ist z.B. unter Umständen möglich, den Eigenvektor x_i so zu ändern, daß er in Kern(C) enthalten ist, also die Eigenbewegung $x_i e^{\lambda_i t}$ bzw. $x_i \lambda_i^k$ nicht in dem Ausgangsvektor $y = Cx$ erscheint.

Die Eigenvektorvorgabe unterliegt aber Beschränkungen: Die Eigenwerte λ_i und Eigenvektoren x_i des rückgekoppelten Systems hängen über

$$(A - BK)x_i = \lambda_i x_i \tag{8.85}$$

zusammen. Führt man die sogenannten *Parametervektoren* [ROPPENECKER]

$$p_i \stackrel{\text{def}}{=} K x_i \in \mathbb{C}^p, \tag{8.86}$$

ein, kann statt (8.85) auch

$$\left[\; A - \lambda_i I \;|\; -B \;\right] \begin{bmatrix} x_i \\ p_i \end{bmatrix} = o \tag{8.87}$$

geschrieben werden. Damit der zusammengesetzte Vektor $\begin{bmatrix} x_i \\ p_i \end{bmatrix}$ eine Lösung des linearen Gleichungssystems (8.87) ist, muß er im Nullraum der Matrix

$$H(\lambda_i) \stackrel{\text{def}}{=} \left[\; A - \lambda_i I \;|\; -B \;\right] \tag{8.88}$$

liegen, d.h., es muß

$$\begin{bmatrix} x_i \\ p_i \end{bmatrix} \in \mathrm{Kern}(H(\lambda_i)) \tag{8.89}$$

sein. Es gibt jetzt zwei Möglichkeiten:
- Entweder wählt man zuerst einen Eigenvektor x_i so aus, daß (8.89) erfüllt ist, wodurch auch der Parametervektor

$$p_i = (B^T B)^{-1} B^T (A - \lambda_i I)x_i, \tag{8.90}$$

(wobei $\mathrm{Rang}(B) = p$ vorausgesetzt wird) festgelegt ist, oder

- man wählt zuerst den Parametervektor p_i so aus, daß (8.89) erfüllt ist und berechnet dann den Eigenvektor x_i, was bei regulärer Matrix $A - \lambda_i I$ so erfolgen kann

$$x_i = (A - \lambda_i I)^{-1} B p_i. \tag{8.91}$$

Wenn ein Eigenwert λ_i von A *nicht* verändert werden soll, ist $A - \lambda_i I$ singulär. Wählt man als vorgeschriebenen Eigenvektor x_i den alten Eigenvektor von A, dann ist $(A - \lambda_i I)x_i = o$, d.h., nach (8.90) ist $p_i = o$ vorzuschreiben. Damit ist aber nicht gesagt, daß nicht doch der Eigenvektor von $F - \lambda_i I$ ein anderer werden kann, denn es muß nur (8.89) erfüllt sein, was auch für $p_i \neq o$ möglich sein kann.

Sind die Vektoren x_i und p_i festgelegt bzw. ermittelt, folgt aus (8.86)

$$\begin{bmatrix} p_1 & \cdots & p_n \end{bmatrix} = K \begin{bmatrix} x_1 & \cdots & x_n \end{bmatrix} \tag{8.92}$$

und daraus die Synthesegleichung

$$K = \begin{bmatrix} p_1 & \cdots & p_n \end{bmatrix} \begin{bmatrix} x_1 & \cdots & x_n \end{bmatrix}^{-1}, \tag{8.93}$$

die eine Verallgemeinerung der Synthesegleichung (8.82) ist. Wenn also die gewünschten Eigenwerte vorgegeben und die zugehörigen Eigenvektoren so ausgewählt werden, daß sie die Bedingung (8.87) erfüllen, liefert (8.93) die dazugehörige Rückkopplungsmatrix K. Die Eigenwerte können reell oder als konjugiert komplexes Paar vorgegeben werden. Die zugehörigen Eigenvektoren sind ebenfalls reell oder ein konjugiert komplexes Eigenvektorpaar.

8.8 Beispiel: Bei dem System vierter Ordnung aus den Beispielen 8.3 und 8.7 sollen die Eigenwerte durch eine Zustandsrückführung gemäß (8.93) nach $-6, -7, -8$ und -9 gelegt werden. Zunächst sind die Nullräume

$$\text{Kern}(H(\lambda_i)) = \text{Kern}(\begin{bmatrix} A - \lambda_i I & | & -B \end{bmatrix}) \tag{8.94}$$

zu ermitteln. Führt man für die Matrix $H(\lambda_i) \in \mathbb{C}^{n \times (n+p)}$ eine Singulärwertzerlegung

$$H(\lambda_i) = U \Sigma V^T$$

durch und sind die Singulärwerte der Größe nach geordnet

$$\sigma_1 \geq \sigma_2 \geq \cdots \geq \sigma_r > 0 = \sigma_{r+1} = \cdots = \sigma_n,$$

bilden die Spaltenvektoren v_{r+1} bis v_n von V eine Basis für $\text{Kern}(H(\lambda_i))$ [LUDYK,1990]. Diese numerisch sehr stabile Vorgehensweise liefert[2] für den Eigenwert $\lambda_1 = -6$

$$\text{Kern}(H(-6)) = \text{Span}\left(\begin{bmatrix} 0,5871 \\ -0,0652 \\ -0,4699 \\ 0,2093 \\ \hline -0,0545 \\ -0,6192 \end{bmatrix}, \begin{bmatrix} 0 \\ 0,6842 \\ -0,4474 \\ -0,5546 \\ \hline 0.1396 \\ 0,0677 \end{bmatrix} \right),$$

---

[2]Mit $\text{Span}(a, b)$ wird der durch die beiden Vektoren a und b aufgespannte lineare Unterraum bezeichnet.

für den Eigenwert $\lambda_2 = -7$

$$\mathrm{Kern}(\boldsymbol{H}(-7)) = \mathrm{Span}\left(\left[\begin{array}{c} 0,6185 \\ -0,1025 \\ -0,5857 \\ 0,2234 \\ \hline -0,0853 \\ -0,4546 \end{array}\right], \left[\begin{array}{c} 0 \\ 0,7393 \\ -0,3762 \\ -0,4725 \\ \hline 0.2962 \\ 0,0302 \end{array}\right]\right),$$

für den Eigenwert $\lambda_3 = -8$

$$\mathrm{Kern}(\boldsymbol{H}(-8)) = \mathrm{Span}\left(\left[\begin{array}{c} 0,6296 \\ -0,1100 \\ -0,7027 \\ 0,2125 \\ \hline -0,1107 \\ -0,2010 \end{array}\right], \left[\begin{array}{c} 0 \\ -0,7491 \\ 0,3041 \\ 0,3875 \\ \hline -0.4429 \\ 0,0003 \end{array}\right]\right)$$

und für den Eigenwert $\lambda_4 = -9$

$$\mathrm{Kern}(\boldsymbol{H}(-9)) = \mathrm{Span}\left(\left[\begin{array}{c} 0,5918 \\ -0,0861 \\ -0,7653 \\ 0,1794 \\ \hline -0,1103 \\ 0,1112 \end{array}\right], \left[\begin{array}{c} 0 \\ -0,7261 \\ 0,2390 \\ 0,3096 \\ \hline -0.5651 \\ 0,0226 \end{array}\right]\right).$$

Die Vektoren $\left[\begin{array}{c} \boldsymbol{x}_i \\ \boldsymbol{p}_i \end{array}\right]$ müssen jetzt so gewählt werden, daß sie Linearkombinationen der Spalten von $\boldsymbol{H}(\lambda_i)$ sind:

$$\left[\begin{array}{c} \boldsymbol{x}_i \\ \boldsymbol{p}_i \end{array}\right] = \gamma_1(i)\boldsymbol{h}_1(\lambda_i) + \gamma_2(i)\boldsymbol{h}_2(\lambda_i).$$

Gewählt wird $\gamma_2(1) = \gamma_2(2) = \gamma_1(3) = \gamma_1(4) = 1$ und $\gamma_1(1) = \gamma_1(2) = \gamma_2(3) = \gamma_2(4) = 0$, womit man als Rückkopplungsmatrix

$$\begin{aligned}
\boldsymbol{K} &= \left[\begin{array}{cccc} \boldsymbol{p}_1 & \boldsymbol{p}_2 & \boldsymbol{p}_3 & \boldsymbol{p}_4 \end{array}\right] \left[\begin{array}{cccc} \boldsymbol{x}_1 & \boldsymbol{x}_2 & \boldsymbol{x}_3 & \boldsymbol{x}_4 \end{array}\right]^{-1} \\
&= \left[\begin{array}{cccc} 0,1396 & 0,2962 & -0,1107 & -0,1103 \\ 0,0677 & 0,0302 & -0,2010 & 0,1112 \end{array}\right] \left[\begin{array}{cccc} 0 & 0 & 0,6296 & 0,5918 \\ 0,6842 & 0,7393 & -0,1100 & -0,0861 \\ -0,4474 & -0,3762 & -0,7027 & -0,7653 \\ -0,5546 & -0,4725 & 0,2125 & 0,1794 \end{array}\right]^{-1} \\
&= \left[\begin{array}{cccc} -0,3240 & 1,1322 & 0,0291 & 1,1216 \\ -4,9315 & -0,0704 & -3,3643 & 2,5049 \end{array}\right]
\end{aligned}$$

erhält. Mit der Vorverstärkungsmatrix gemäß (8.10)

$$\boldsymbol{V}^* = (\boldsymbol{C}(\boldsymbol{BK} - \boldsymbol{A})^{-1}\boldsymbol{B})^{-1} = \left[\begin{array}{cc} -0,4063 & 6,4167 \\ -4,1996 & -2,9168 \end{array}\right]$$

erhält man die in Bild 8.4 dargestellten Sprungantworten. $\quad\Box$

8.5 Stabilisierbarkeit

Die in den beiden vorhergehenden Abschnitten 8.3 und 8.4 beschriebenen Verfahren zur Eigenwertfestlegung mittels Zustandsrückführung setzen die vollständige Steuerbarkeit

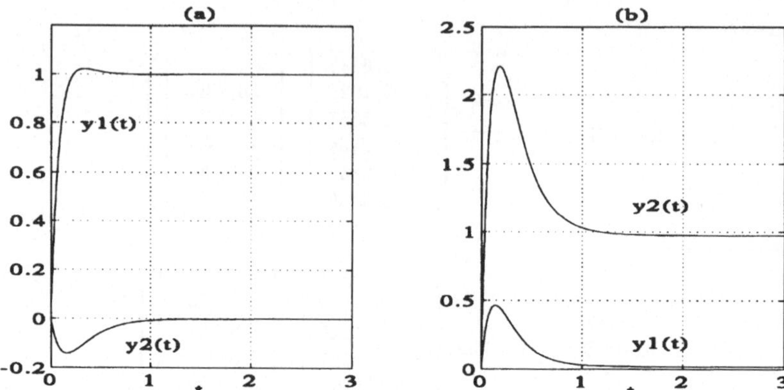

Bild 8.4: Sprungantworten des Mehrfachsystems aus Beispiel 8.8 für (a) $u_1(t) = \sigma(t)$, $u_2(t) \equiv 0$ und (b) $u_2(t) = (t), u_1(t) \equiv 0$.

des Systems als notwendige Bedingung voraus. Wenn das System nicht vollständig steuerbar ist, kann es eventuell aber doch *stabilisierbar* sein.

In Abschnitt 5.2.5 wurde der erreichbare Unterraum $\mathcal{R}$ eines linearen Systems in Definition 5.25 mit Hilfe der Steuerbarkeitsmatrix S als

$$\mathcal{R} \stackrel{\text{def}}{=} \text{Bild}(S) \tag{8.95}$$

eingeführt. Er ist ein linearer Unterraum des n-dimensionalen Zustandsraums.

Entsprechend interessiert bei *nicht asymptotisch stabilen* linearen zeitinvarianten Systemen, ob der Zustandsraum des Systems dann in einen Unterraum, in dem jeder Anfangszustand gegen die Ruhelage strebt, und einen anderen Unterraum, in dem jeder Anfangszustand nicht gegen die Ruhelage strebt, unterteilt werden kann.

Zunächst soll der Fall betrachtet werden, bei dem die Systemmatrix A auf Diagonalform transformiert werden kann. Dann gibt es n linear unabhängige Eigenvektoren und jede Bewegung kann mit Hilfe der Eigenvektoren x_i durch

$$x(t) = \sum_{i=1}^{n} \hat{x}_i(0)e^{\lambda_i t} x_i \tag{8.96}$$

bei zeitkontinuierlichen bzw. durch

$$x_k = \sum_{i=1}^{n} \hat{x}_{i,0}\lambda_i^k x_i \tag{8.97}$$

bei zeitdiskreten Systemen dargestellt werden. Wenn das System nicht asymptotisch stabil ist, gibt es bei zeitkontinuierlichen Systemen Eigenwerte mit nicht negativem Realteil bzw. bei zeitdiskreten Systemen Eigenwerte, die betragsmäßig nicht kleiner als Eins sind. Die Eigenvektoren, die zu den asymptotisch stabilen Eigenwerten gehören, spannen einen linearen Unterraum des Zustandsraums auf. Alle Bewegungen, die in diesem linearen Unterraum starten, bleiben nach (8.96) bzw. (8.97) in diesem Unterraum und streben gegen die Ruhelage. Hat der Anfangszustand auch nur eine Komponente in Richtung eines Eigenvektors, der zu einem instabilen Eigenwert gehört, strebt die Bewegung nicht mehr gegen die Ruhelage.

Für den Fall, daß die Systemmatrix einer JORDAN-Matrix ähnlich ist, werden die Eigenvektoren durch die Hauptvektoren ergänzt; im Prinzip erhält man aber das gleiche Verhalten: Jede Bewegung, die in dem linearen Unterraum startet, der durch die Eigen- und Hauptvektoren aufgespannt wird, die zu dem Eigenwert λ_i gehören, bleibt in diesem Unterraum.

8.9 Definition: *Der lineare Unterraum eines Zustandsraums, der zu einem linearen zeitinvarianten System gehört und von den Eigen- bzw. Hauptvektoren aufgespannt wird, die zu den asymptotisch stabilen Eigenwerten gehören, heißt* **stabiler Unterraum**. *Der lineare Unterraum, der von den restlichen Eigen- bzw. Hauptvektoren aufgespannt wird, heißt* **instabiler Unterraum**.

Es soll jetzt untersucht werden, unter welchen Bedingungen ein instabiles und nicht vollständig steuerbares System durch eine Zustandsrückkopplung in ein asymptotisch stabiles Gesamtsystem verwandelt werden kann. Wird mit $\mathcal{X}_s$ der stabile und mit $\mathcal{X}_i$ der instabile Unterraum bezeichnet, so gilt nach Definition 8.9 für den Zustandsraum $\mathcal{X}$

$$\mathcal{X} = \mathcal{X}_s \oplus \mathcal{X}_i, \tag{8.98}$$

d.h., jeder Anfangszustand kann eindeutig durch

$$\boldsymbol{x}(0) = \boldsymbol{x}_s(0) + \boldsymbol{x}_i(0), \quad \boldsymbol{x}_s(0) \in \mathcal{X}_s, \quad \boldsymbol{x}_i(0) \in \mathcal{X}_i \tag{8.99}$$

dargestellt werden. Um das instabile System überhaupt so beeinflussen zu können, daß es insgesamt asymptotisch stabil wird, müssen alle instabilen Zustände steuerbar sein. Der instabile Unterraum $\mathcal{X}_i$ muß in dem erreichbaren Unterraum Bild($\boldsymbol{S}$) enthalten sein:

$$\mathcal{X}_i \subseteq \text{Bild}(\boldsymbol{S}). \tag{8.100}$$

8.10 Definition: *Das lineare zeitinvariante System* $\{\boldsymbol{A}, \boldsymbol{B}\}$ *heißt* **stabilisierbar,** *wenn für den instabilen Unterraum* $\mathcal{X}_i$ *und den erreichbaren Unterraum* Bild($\boldsymbol{S}$)

$$\mathcal{X}_i \subseteq \text{Bild}(\boldsymbol{S})$$

gilt.

Mit Hilfe einer in Kapitel 5 hergeleiteten besonderen mathematischen Beschreibung kann die Stabilisierbarkeit eines linearen zeitinvarianten Systems leicht überprüft werden:

8.11 Satz: *Die Zustandsgleichung eines linearen zeitinvarianten Systems $\{A, B\}$ sei in die äquivalente Zustandsgleichung*

$$\left.\begin{array}{c} \dot{\tilde{x}} \\ \tilde{x}_{k+1} \end{array}\right\} = \left[\begin{array}{cc} \tilde{A}_{11} & \tilde{A}_{12} \\ O & \tilde{A}_{22} \end{array}\right] \tilde{x} + \left[\begin{array}{c} \tilde{B}_1 \\ O \end{array}\right] u \qquad (8.101)$$

so transformiert, daß nach Satz 5.29 das Untersystem $\{\tilde{A}_{11}, \tilde{B}_1\}$ steuerbar ist. Das lineare System $\{A, B\}$ ist dann und nur dann stabilisierbar, wenn das Untersystem mit der Systemmatrix $\tilde{A}_{22}$ asymptotisch stabil ist.

Beweis: Wird das System $\{A, B\}$ über die Matrix K zustandsrückgekoppelt, was einer Zustandsrückführung von $\{\tilde{A}, \tilde{B}\}$ über $\tilde{K} = [\ \tilde{K}_1 \mid \tilde{K}_2\ ]$ entspricht, dann ist

$$\begin{aligned} \det(sI - A + BK) &= \det(sI - \tilde{A} + \tilde{B}\tilde{K}) \\ &= \det(sI - \tilde{A}_{11} + \tilde{B}_1\tilde{K}_1) \cdot \det(sI - \tilde{A}_{22}). \end{aligned}$$

Andererseits gilt für das nicht rückgekoppelte System

$$\begin{aligned} \det(sI - A) &= \det(sI - \tilde{A}) \\ &= \det(sI - \tilde{A}_{11}) \cdot \det(sI - \tilde{A}_{22}), \end{aligned}$$

d.h., die Eigenwerte von $\tilde{A}_{22}$ sind die nicht steuerbaren Bewegungen: Nur wenn diese Eigenwerte asymptotisch stabil sind, ist das System stabilisierbar.   □

Die Eigenwerte des steuerbaren Untersystems $\{\tilde{A}_{11}, \tilde{B}_1\}$ können mit Hilfe eines der in Abschnitt 8.3 und 8.4 beschriebenen Verfahren über eine Zustandsrückführung beliebig festgelegt werden.

8.6   Mehrfachregelkreis mit PI-Zustandsregler

In den vorhergehenden Abschnitten wurde gezeigt, wie die Eigenwerte eines Mehrfachsystems durch eine Zustandsrückführung beliebig verändert werden können. Durch die Vorverstärkungsmatrix V^* konnte für den Fall, daß die Zahl der Eingangsgrößen gleich der Zahl der Eingangsgrößen ist ($p = q$), erreicht werden, daß bei sprungförmigen Führungsgrößen im eingeschwungenen Zustand die Ausgangsgröße y_i gleich der Führungsgröße w_i wird. Treten Störungen oder Parameteränderungen auf, ist es wie bei den Einfachsystemen in Abschnitt 6.1.9 sinnvoll, einen Soll-Istwert-Vergleich und eine Fehlerintegration einzuführen.

Wenn das lineare System die mathematische Beschreibung

$$\dot{x}(t) = Ax(t) + Bu(t) + Ev(t), \qquad (8.102)$$

$$y(t) = Cx(t) \qquad (8.103)$$

hat, wobei $u \in \mathbb{R}^p$ der Eingangsvektor (Stellgrößen), $v \in \mathbb{R}^s$ der Störvektor und $y \in \mathbb{R}^q$ der Ausgangsvektor (Regelgrößen) ist, und sowohl die Führungsgrößen in dem Vektor $w(t)$ als auch die Störgrößen in dem Vektor $v(t)$ konstant angenommen werden, dann übernehmen wir von den Einfachsystemen, daß die Regelung auch bei Mehrfachsystemen einen Term enthalten muß, der proportional dem Fehlerintegral ist:

$$z(t) = \int\limits_0^t (w(\tau) - y(\tau)) \mathrm{d}\tau = \int\limits_0^t (w(\tau) - Cx(\tau)) \mathrm{d}\tau. \tag{8.104}$$

Die Hilfsgröße $z(t)$ genügt also der Differentialgleichung

$$\dot{z}(t) = w(t) - Cx(t) \tag{8.105}$$

mit dem Anfangswert $z(0) = o$.

Die Gleichungen (8.102), (8.103) und (8.105) beschreiben zusammen ein nicht zustandsrückgekoppeltes System. Mit dem erweiterten Zustandsvektor $\begin{bmatrix} x \\ z \end{bmatrix} \in \mathbb{R}^{n+p}$ können die Gleichungen so zusammengefaßt werden:

$$\begin{bmatrix} \dot{x}(t) \\ \dot{z}(t) \end{bmatrix} = \begin{bmatrix} A & O \\ -C & O \end{bmatrix} \begin{bmatrix} x(t) \\ z(t) \end{bmatrix} + \begin{bmatrix} B \\ O \end{bmatrix} u(t) + \begin{bmatrix} E & O \\ O & I \end{bmatrix} \begin{bmatrix} v(t) \\ w(t) \end{bmatrix}, \tag{8.106}$$

$$y(t) = \begin{bmatrix} C & O \end{bmatrix} \begin{bmatrix} x(t) \\ z(t) \end{bmatrix}, \tag{8.107}$$

oder in kompakter Form

$$\dot{\xi} = \bar{A}\xi + \bar{B}u + \bar{E}\nu, \tag{8.108}$$

$$y = \bar{C}\xi, \tag{8.109}$$

mit

$$\xi \stackrel{\mathrm{def}}{=} \begin{bmatrix} x \\ z \end{bmatrix} \quad \text{und} \quad \nu \stackrel{\mathrm{def}}{=} \begin{bmatrix} v \\ w \end{bmatrix}. \tag{8.110}$$

Unter welchen Bedingungen ist das zusammengesetzte System (8.106), (8.107) vom Eingang u aus steuerbar?

8.12 Satz: *Das System mit der mathematischen Beschreibung (8.106), (8.107) ist dann und nur dann steuerbar, wenn*
1. $\{A, B\}$ vollständig steuerbar ist und
2.

$$\mathrm{Rang} \begin{bmatrix} A & B \\ -C & O \end{bmatrix} = n + p \tag{8.111}$$

ist.

Beweis: Das zusammengesetzte System (8.106),(8.107) kann natürlich nur dann steuerbar sein, wenn $\{A, B\}$ steuerbar ist, also die $(n \times np)$-Steuerbarkeitsmatrix

$$S = \begin{bmatrix} B & AB & \cdots & A^{n-1}B \end{bmatrix} \tag{8.112}$$

den maximalen Rang n hat. Damit hat die erweiterte Matrix

$$S_e \stackrel{\mathrm{def}}{=} \begin{bmatrix} B & AB & \cdots & A^{n+p-2}B \end{bmatrix} \tag{8.113}$$

auch den Rang n. Entsprechend ist das System (8.106),(8.107) genau dann steuerbar, wenn die Steuerbarkeitsmatrix

$$\bar{S} \stackrel{\text{def}}{=} \begin{bmatrix} B & AB & A^2B & \cdots & A^{n+p-1}B \\ O & -CB & -CAB & \cdots & -CA^{n+p-2}B \end{bmatrix} = \begin{bmatrix} B & AS_e \\ O & -CS_e \end{bmatrix} \tag{8.114}$$

den maximalen Rang $n + p$ hat. Für (8.114) kann man aber auch schreiben

$$\bar{S} = \begin{bmatrix} A & B \\ -C & O \end{bmatrix} \begin{bmatrix} O & S_e \\ I_p & O \end{bmatrix},$$

wobei die zweite $((n+p) \times (n+p))$-Matrix auf der rechten Seite den vollen Rang $n+p$ hat, da S_e den Rang n hat. Damit hat die Matrix $\bar{S}$ den Rang $n+p$, wenn die Matrix $\begin{bmatrix} A & B \\ -C & O \end{bmatrix}$ den Rang $n+p$ hat. $\square$

Ist die Bedingung (8.111) erfüllt, existiert eine Zustandsrückführung

$$u = \begin{bmatrix} -K \mid P_I \end{bmatrix} \begin{bmatrix} x \\ z \end{bmatrix} \tag{8.115}$$

so, daß das rückgekoppelte System asymptotisch stabil ist. Damit sich Änderungen der Führungsgrößen direkt auf die Stellgröße u auswirken können, wird zusätzlich ein Proportionalanteil über die Verstärkungsmatrix P wie in Bild 8.5 eingeführt, d.h., es

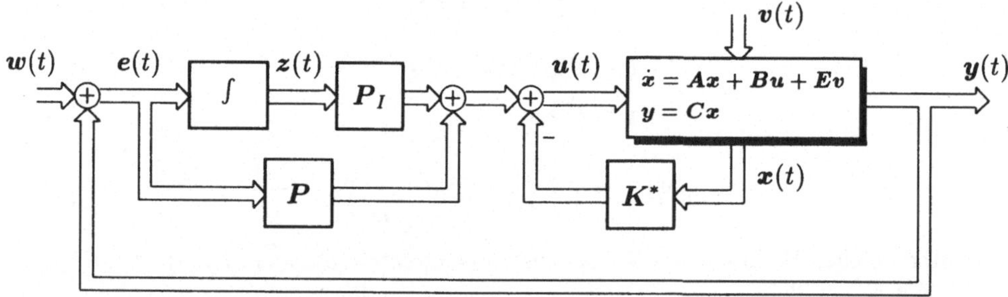

Bild 8.5: PI-Zustandsregler für ein Mehrfachsystem.

ist

$$\begin{aligned} u(t) &= Pe(t) + P_I z(t) - K^* x(t) \\ &= Pw(t) - (PC + K^*)x(t) + P_I z(t) \\ &= Pw(t) - \bar{K}\xi(t). \end{aligned} \tag{8.116}$$

Diese Stellgröße in die Zustandsgleichung (8.108) eingesetzt, liefert

$$\dot{\xi} = (\bar{A} - \bar{B}\bar{K})\xi + (\bar{B}\begin{bmatrix} O \mid P \end{bmatrix} + \bar{E})\nu \tag{8.117}$$

mit

$$\bar{K} \stackrel{\text{def}}{=} \begin{bmatrix} PC + K^* \mid -P_I \end{bmatrix}. \tag{8.118}$$

Die Rückkopplungsmatrix $\bar{K} \in \mathbb{R}^{(p\times(n+p))}$ kann mittels eines der in den Abschnitten 8.3 und 8.4 beschriebenen Verfahren so festgelegt werden, daß z.B. das $(n+p)$-dimensionale Gesamtsystem asymptotisch stabil ist. Wenn das der Fall ist, ist im eingeschwungenen Zustand

$$\dot{\boldsymbol{\xi}} = \left[\begin{array}{c} \dot{\boldsymbol{x}} \\ \dot{\boldsymbol{z}} \end{array} \right] = \boldsymbol{o}, \tag{8.119}$$

also auch $\dot{\boldsymbol{z}} = \boldsymbol{e}_\infty = \boldsymbol{o}$. Daraus folgt aber, daß bei einem konstanten Führungsgrößenvektor $\boldsymbol{w}$

$$\lim_{t\to\infty} \boldsymbol{y}(t) = \boldsymbol{y}_\infty = \boldsymbol{w} \tag{8.120}$$

ist, unabhängig davon, wie groß der ebenfalls als konstant angenommene Störgrößenvektor $\boldsymbol{v}$ ist! Zu klären bleibt noch, wie die Untermatrix $\boldsymbol{K}$ in

$$\boxed{\bar{K} = \left[\; \boldsymbol{K} \;|\; -\boldsymbol{P}_I \;\right] = \left[\; \boldsymbol{P}\boldsymbol{C} + \boldsymbol{K}^* \;|\; -\boldsymbol{P}_I \;\right]} \tag{8.121}$$

auf die Matrizen $\boldsymbol{P}$ und $\boldsymbol{K}^*$ aufgeteilt werden kann. Das gleiche Problem trat beim PI-Zustandsregler für Einfachsysteme in Abschnitt 6.1.9 auf. Dort wurde das Problem gelöst, indem zunächst der Proportionalfaktor p, dem jetzt die Proportionalmatrix $\boldsymbol{P}$ entspricht, über eine Betrachtung des Stellgrößenverlaufs festgelegt wurde und dann der Rückkopplungsvektor $\boldsymbol{k}^*$, dem jetzt die Rückkopplungsmatrix $\boldsymbol{K}^*$ entspricht, ermittelt. So soll auch hier bei den Mehrfachsystemen vorgegangen werden:

Unter der Annahme, daß sich zunächst das Gesamtsystem für $t = 0$ im Nullzustand $\boldsymbol{\xi}(0) = \boldsymbol{o}$ befindet, ist

$$\boxed{\boldsymbol{u}(0_+) = \boldsymbol{P}\boldsymbol{w}(0_+).} \tag{8.122}$$

Andererseits ist für $\boldsymbol{v} \equiv \boldsymbol{o}$ und $t \to \infty$ im eingeschwungenen Zustand

$$\dot{\boldsymbol{x}} = \boldsymbol{o} = \boldsymbol{A}\boldsymbol{x}_\infty + \boldsymbol{B}\boldsymbol{u}_\infty. \tag{8.123}$$

Der Integralanteil des PI-Zustandsreglers wird benötigt, wenn die Regelstrecke selbst keine integralen Anteile enthält. Deshalb kann man davon ausgehen, daß die Systemmatrix $\boldsymbol{A}$ keinen Eigenwert bei null hat, also regulär ist. Ist das der Fall, kann (8.123) nach $\boldsymbol{x}_\infty$ aufgelöst und in die Ausgangsgleichung $\boldsymbol{y} = \boldsymbol{C}\boldsymbol{x}$ eingesetzt werden, so daß man den Zusammenhang

$$\boldsymbol{y}_\infty = \boldsymbol{C}\boldsymbol{x}_\infty = -\boldsymbol{C}\boldsymbol{A}^{-1}\boldsymbol{B}\boldsymbol{u}_\infty \tag{8.124}$$

zwischen Stellgrößenvektor und Ausgangsvektor erhält. Für die Aufrechterhaltung der Ausgangsgröße $\boldsymbol{y}_\infty = \boldsymbol{w}$ im eingeschwungenen Zustand wird also der Stellvektor

$$u_\infty = -(CA^{-1}B)^{-1}w_\infty \qquad (8.125)$$

benötigt.

Die Gleichung (8.122) entspricht der Gleichung (6.112)

$$u(0_+) = p\,w(0_+)$$

und die Gleichung (8.125) der Gleichung (6.117)

$$u_\infty = -(c^T A^{-1}b)^{-1}w_\infty$$

für Einfachsysteme.

Aus den beiden Beziehungen (8.122) und (8.125) folgen die Wahlmöglichkeiten für die Proportionalmatrix P:

1. (8.122) bringt zum Ausdruck, daß der Stellvektor anfänglich auf den Wert $u(0) = Pw$ springt. Soll ein solches sprungartiges Verhalten z.B. für die Stellgröße u_i vermieden werden, ist die i-te Zeile der Matrix P als Nullzeile zu wählen. Soll keine der Stellgrößen sprungartiges Verhalten aufweisen, ist $P = O$ zu wählen.
2. Sind dagegen Stellgrößensprünge zugelassen, ist es sinnvoll, P so zu wählen, daß der Stellvektor u am Anfang gleich auf den Wert springt, den er im eingeschwungenen Zustand annehmen wird. Ein Vergleich von (8.122) mit (8.125) liefert dann

$$P = -(CA^{-1}B)^{-1}. \qquad (8.126)$$

Schließlich erhält man

$$K^* = K - PC. \qquad (8.127)$$

8.13 Beispiel: Für das Mehrfachsystem vierter Ordnung aus den Beispielen 8.3, 8.7 und 8.8 soll ein PI-Zustandsregler entworfen werden. Mit $p = 2$ ist die erweiterte Systemmatrix $\bar{A}$ eine (6×6)-, $\bar{B}$ eine (6×2)- und $\bar{C}$ eine (2×6)-Matrix. Für das erweiterte System sollen mit Hilfe des in Abschnitt 8.3 beschriebenen Verfahrens und der Gleichung (8.73) die Zeilen $\bar{k}_i^T \in \mathbb{R}^6$ der (2×6)-Rückkopplungsmatrix $\bar{K}$ ermittelt werden. Da die ersten sechs Spalten der Steuerbarkeitsmatrix $\bar{S}$ linear unabhängig sind, erhält man als KRONECKER-Indizes $n_1 = n_2 = 3$ und für

$$\bar{S}_n = \left[\; \bar{b}_1 \quad \bar{A}\bar{b}_1 \quad \bar{A}^2\bar{b}_1 \;\big|\; \bar{b}_2 \quad \bar{A}\bar{b}_2 \quad \bar{A}^2\bar{b}_2 \;\right].$$

Die n_1-te, d.h. die dritte Zeile von $\bar{S}_n^{-1}$ liefert

$$q_1^T = \left[\; 0,0080 \quad 0,0061 \quad 0 \quad -0,0304 \quad 0,0131 \quad -0,1504 \;\right]$$

und die $(n_1 + n_2)$-te, also die sechste Zeile liefert

$$q_2^T = [\ 0,0070 \quad -0,0016 \quad 0 \quad 0,0082 \quad 0,583 \quad 0,0405 \ ].$$

Die Eigenwerte des rückgekoppelten Systems sollen alle bei $\lambda = -6$ liegen, d.h., die beiden gewünschten Polynome sind

$$P_1(\lambda) = P_2(\lambda) = \lambda^3 + 18\lambda^2 + 108\lambda + 216.$$

Damit erhält man für die beiden Zeilen der Rückkopplungsmatrix $\bar{K}$:

$$\begin{aligned}
\bar{k}_1^T &= q_1^T(\bar{A}^3 + 18\bar{A}^2 + 108\bar{A} + 216I) \\
&= [\ 0,7795 \quad 2,9012 \quad -0,0786 \quad -3,1985 \quad 2,8254 \quad -32,4893 \ ] \quad \text{und} \\
\bar{k}_2^T &= q_2^T(\bar{A}^3 + 18\bar{A}^2 + 108\bar{A} + 216I) \\
&= [\ -5,1751 \quad -0,4156 \quad -3,6817 \quad 4,5412 \quad 12,5983 \quad 8,7549 \ ].
\end{aligned}$$

Gemäß (8.121) ist

$$P_I = \begin{bmatrix} -2,8254 & 32,4853 \\ -12,5983 & -8,7549 \end{bmatrix}.$$

Für die Proportionalmatrix P des PI-Reglers erhält man nach (8.126)

$$P = -(CA^{-1}B)^{-1} = \begin{bmatrix} 0,1406 & 0,2919 \\ 0,9952 & 2,4510 \end{bmatrix}$$

und damit gemäß (8.127) die modifizierte Zustandsrückkopplungsmatrix

$$K^* = \begin{bmatrix} 0,6389 & 2,6093 & -0,2192 & -3,0578 \\ -6,1703 & -2,8666 & -4,6769 & 5,5364 \end{bmatrix}.$$

Die Sprungantworten des so geregelten Gesamtsystems sind in Bild 8.6a dargestellt.
Um die Unempfindlichkeit gegenüber Parameteränderungen der Regelstrecke zu demonstrieren, wurde

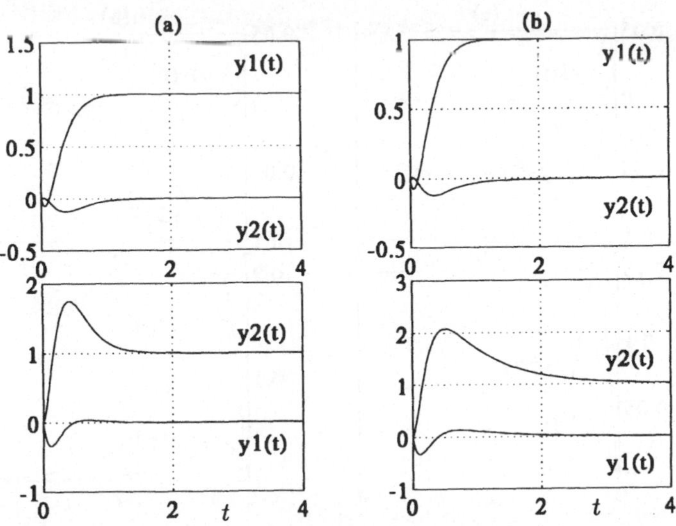

Bild 8.6: Sprungantworten des geregelten Mehrfachsystems aus Beispiel 8.13 mit (a) den Nominalparametern der Regelstrecke und (b) veränderten Streckenparametern.

die Systemmatrix A um die stochastisch erzeugte Matrix

$$\Delta A = \begin{bmatrix} 0,0369 & 0,4569 & 0,0250 & 0,0627 \\ 0,2504 & 0,2649 & 0,3808 & 0,0079 \\ 0,1921 & 0,2322 & 0,3851 & 0,3442 \\ 0,1385 & 0,4705 & 0,4139 & 0,4341 \end{bmatrix}$$

in $A^* = A + \Delta A$ verändert. Die Systemmatrix des Gesamtsystems mit dem PI-Zustandsregler hat dann nicht mehr wie gewünscht alle sechs Eigenwerte bei $\lambda = -6$, sondern bei

$$\begin{aligned} \lambda_1 &= -1,2964 \\ \lambda_{2,3} &= -0,2650 \pm j1,3049 \\ \lambda_4 &= -6,6113 \\ \lambda_{5,6} &= -8,2207 \pm j1,6072. \end{aligned}$$

Aber das dynamische Verhalten in Bild 8.6b hat sich gegenüber dem mit der ursprünglichen Regelstrecke in Bild 8.6a nur unwesentlich verändert.
Wirken zwei Störungen v_1 und v_2 über die Matrix

$$E = \begin{bmatrix} 1 & 0 \\ 1 & 0 \\ 0 & 1 \\ 0 & 1 \end{bmatrix}$$

auf das System, zeigt Bild 8.7a die Auswirkungen von $v_1(t) = \sigma(t)$, $v_2(t) \equiv 0$ auf die Regelgrößen y_1 und y_2 des geregelten Systems im oberen und von $v_1(t) \equiv 0$, $v_2(t) = \sigma(t)$ im unteren Bild. In Bild 8.7b sind die Auswirkungen auf das geänderte System mit der Systemmatrix A^* dargestellt, die wiederum nur wenig von den Vorgängen in Bild 8.7a abweichen.　　　　□

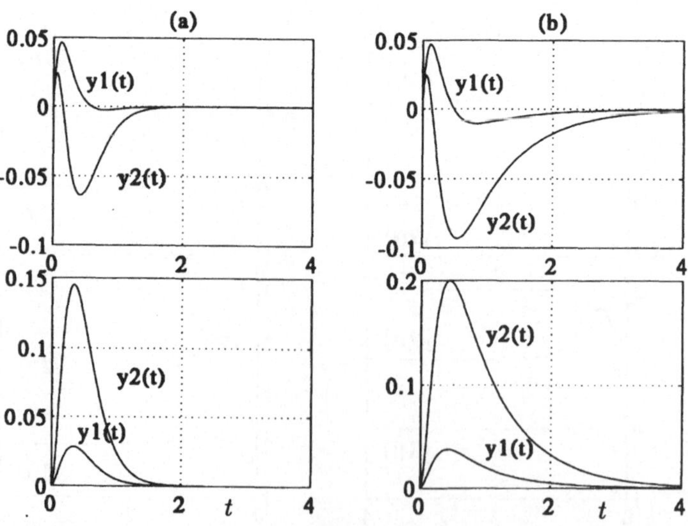

Bild 8.7: Auswirkung von Störgrößen auf den Mehrfachregelkreis mit (a) ursprünglicher Regelstrecke und (b) veränderter Regelstrecke aus Beispiel 8.13.

8.7 Entkopplung von Mehrfachsystemen

8.7.1 Grundgedanke

Bei den bisherigen Auslegungen der Zustandsrückführungen fiel auf, daß bei einem Führungsgrößensprung von w_1 nicht nur die Regelgröße y_1 mit einer gewissen Dynamik der Führungsgröße folgte, sondern daß zusätzlich auch die zweite Regelgröße y_2 reagierte und umgekehrt. Eine solche Kopplung sollte möglichst vermieden werden. Deshalb besteht die zusätzliche Forderung, daß die Wirkungen entkoppelt sind und man definiert:

8.14 Definition: *Ein Mehrfachsystem heißt* **entkoppelt**, *wenn seine Übertragungsmatrix diagonal ist.*

Ist das der Fall, wirkt in der Tat die i-te Eingangsgröße nur auf die i-te Ausgangsgröße, wobei vorausgesetzt wird, daß die Zahl der Führungsgrößen gleich der Zahl der Regelgrößen ist: $p = q$.

8.7.2 Entkopplung von zeitdiskreten Mehrfachsystemen

Um die Voraussetzungen für die Entkoppelbarkeit von Mehrfachsystemen möglichst anschaulich herleiten zu können, wird mit der Entkopplung von *zeitdiskreten* Mehrfachsystemen begonnen.

Betrachtet wird das zeitdiskrete Mehrfachsystem mit der mathematischen Beschreibung

$$x_{k+1} = A_d x_k + B_d u_k, \tag{8.128}$$

$$y_k = C_d x_k, \tag{8.129}$$

mit $A_d \in \mathbb{R}^{n \times n}$, $B_d \in \mathbb{R}^{n \times p}$ und $C_d \in \mathbb{R}^{p \times n}$, also $p = q$. Gesucht wird eine konstante Rückkoppelungsmatrix K und eine konstante Vorverstärkungsmatrix P so, daß mit Hilfe des Regelgesetzes

$$u_k = P w_k - K x_k \tag{8.130}$$

das Gesamtsystem in Bild 8.8 entkoppelt ist. Es wird angestrebt

$$y_{i,k} \overset{!}{=} w_{i,k}. \tag{8.131}$$

Das Regelgesetz (8.130) in die Zustandsgleichung (8.128) eingesetzt, liefert für das rückgekoppelte System die mathematische Beschreibung

$$x_{k+1} = (A_d - B_d K)x_k + B_d P w_k, \tag{8.132}$$

$$y_k = C_d x_k. \tag{8.133}$$

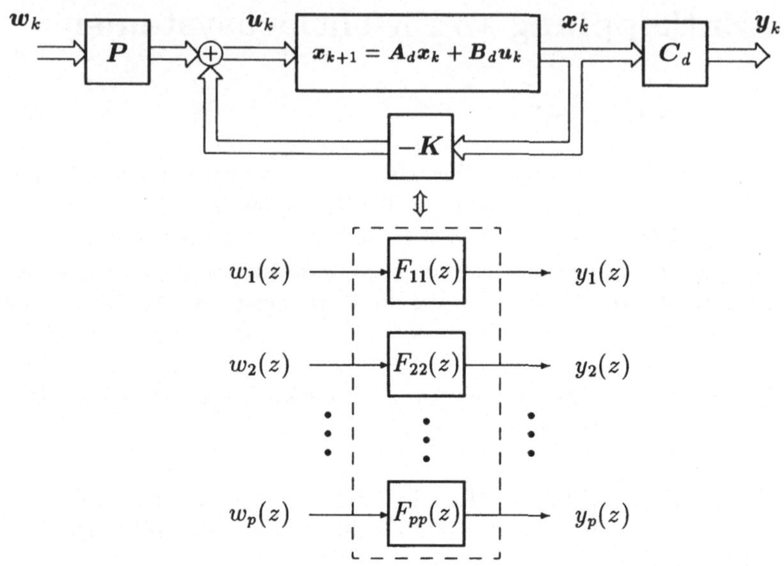

Bild 8.8: Entkopplung eines zeitdiskreten Mehrfachsystems.

Wie reagiert die Ausgangsgröße $y_{i,k}$ des Systems (8.132),(8.133) in den Abtastzeitpunkten auf die Führungsgröße w_k? Zunächst ist

$$y_{i,k} = c_i^T x_k, \tag{8.134}$$

wobei c_i^T die i-te Zeile der Ausgabematrix C_d ist. Für eine Abtastperiode später wird

$$y_{i,k+1} = c_i^T x_{k+1} = c_i^T (A_d - B_d K) x_k + c_i^T B_d P w_k. \tag{8.135}$$

Ist

$$c_i^T B_d = o^T, \tag{8.136}$$

wirkt sich die Führungsgröße w_k noch nicht auf die Ausgangsgröße $y_{i,k+1}$ aus, denn es ist dann

$$y_{i,k+1} = c_i^T A_d x_k. \tag{8.137}$$

Eine weitere Abtastperiode später wird

$$y_{i,k+2} = c_i^T x_{k+2}$$

$$= c_i^T (A_d - B_d K)^2 x_k + c_i^T (A_d - B_d K) B_d P w_k + c_i^T B_d P w_{k+2}. \tag{8.138}$$

Gilt (8.136) und ist außerdem auch

$$c_i^T A_d B_d = o^T, \tag{8.139}$$

dann ist

$$y_{i,k+2} = c_i^T A_d^2 x_k, \tag{8.140}$$

d.h., die Führungsgröße $\boldsymbol{w}_k$ macht sich immer noch nicht am i-ten Ausgang y_i bemerkbar. Erst wenn für ein $d_i \in \mathbb{N}$

$$\boldsymbol{c}_i^T \boldsymbol{A}_d^{d_i-1} \boldsymbol{B}_d \neq \mathbf{o}^T \tag{8.141}$$

und für $j < d_i - 1$

$$\boldsymbol{c}_i^T \boldsymbol{A}_d^{j} \boldsymbol{B}_d = \mathbf{o}^T \tag{8.142}$$

ist, macht sich die Führungsgröße $\boldsymbol{w}_k$ erstmalig in der Ausgangsgröße $y_{i,k+d_i}$ bemerkbar, denn dann ist für $i = 1, \ldots, p$

$$y_{i,k+d_i} = \boldsymbol{c}_i^T \boldsymbol{A}_d^{d_i-1}(\boldsymbol{A}_d - \boldsymbol{B}_d \boldsymbol{K})\boldsymbol{x}_k + \boldsymbol{c}_i^T \boldsymbol{A}_d^{d_i-1} \boldsymbol{B}_d \boldsymbol{P} \boldsymbol{w}_k. \tag{8.143}$$

Mit den zusammenfassenden Vektoren bzw. Matrizen

$$\boldsymbol{y}_k^* \overset{\text{def}}{=} \begin{bmatrix} y_{1,k+d_1} \\ y_{2,k+d_2} \\ \vdots \\ y_{q,k+d_q} \end{bmatrix}, \tag{8.144}$$

$$\boldsymbol{A}_d^* \overset{\text{def}}{=} \begin{bmatrix} \boldsymbol{c}_1^T \boldsymbol{A}_d^{d_1} \\ \boldsymbol{c}_2^T \boldsymbol{A}_d^{d_2} \\ \vdots \\ \boldsymbol{c}_q^T \boldsymbol{A}_d^{d_q} \end{bmatrix} \tag{8.145}$$

und

$$\boldsymbol{B}_d^* \overset{\text{def}}{=} \begin{bmatrix} \boldsymbol{c}_1^T \boldsymbol{A}_d^{d_1-1} \boldsymbol{B}_d \\ \boldsymbol{c}_2^T \boldsymbol{A}_d^{d_2-1} \boldsymbol{B}_d \\ \vdots \\ \boldsymbol{c}_q^T \boldsymbol{A}_d^{d_q-1} \boldsymbol{B}_d \end{bmatrix} \tag{8.146}$$

erhält man

$$\boldsymbol{y}_k^* = (\boldsymbol{A}_d^* - \boldsymbol{B}_d^* \boldsymbol{K})\boldsymbol{x}_k + \boldsymbol{B}_d^* \boldsymbol{P} \boldsymbol{w}_k. \tag{8.147}$$

Soll nur die i-te Führungsgröße $w_{i,k}$ auf die i-te Regelgröße $y_{i,k+d_i}$ wirken, muß in (8.143) für alle $i = 1, \ldots, p = q$ gelten

$$\boldsymbol{c}_i^T \boldsymbol{A}_d^{d_i-1} \boldsymbol{B}_d \boldsymbol{P} \boldsymbol{w}_k \overset{!}{=} \beta_i w_{i,k}, \tag{8.148}$$

oder zusammengefaßt

$$\boldsymbol{B}_d^* \boldsymbol{P} \boldsymbol{w}_k = \begin{bmatrix} \beta_1 & & 0 \\ & \ddots & \\ 0 & & \beta_p \end{bmatrix} \boldsymbol{w}_k. \tag{8.149}$$

Da diese Bedingung für alle möglichen Führungsgrößen $\boldsymbol{w}$ gelten soll, muß

$$\boxed{\boldsymbol{P} = (\boldsymbol{B}_d^*)^{-1} \begin{bmatrix} \beta_1 & & 0 \\ & \ddots & \\ 0 & & \beta_p \end{bmatrix}} \tag{8.150}$$

gewählt werden, wobei die Regularität der Matrix $\boldsymbol{B}_d^*$ vorausgesetzt wird.

Damit ist allerdings noch keine vollständige Entkopplung erreicht, da über den Zustand $\boldsymbol{x}_k$ noch w_j $(j \neq i)$ auf $y_{i,k+d_i}$ wirken kann. Um dies zu unterbinden, gibt es zwei Möglichkeiten:

Die eine besteht darin, in (8.147) die Rückkopplungsmatrix $\boldsymbol{K}$ so zu wählen, daß $\boldsymbol{A}_d^* - \boldsymbol{B}_d^* \boldsymbol{K} = \boldsymbol{O}$ wird, was zu der Bedingung

$$\boxed{\boldsymbol{K} = (\boldsymbol{B}_d^*)^{-1} \boldsymbol{A}_d^*} \tag{8.151}$$

führt. Mit $\beta_i = 1$ $(i = 1, \ldots, p)$ wird aus (8.147)

$$\boldsymbol{y}_k^* = \boldsymbol{w}_k, \tag{8.152}$$

oder ausgeschrieben für $i = 1, \ldots, p$

$$\boxed{y_{i,k+d_i} = w_{i,k}.} \tag{8.153}$$

(8.153) $\mathcal{Z}$-transformiert, liefert

$$y_i(z) = \frac{1}{z^{d_i}} w_i(z) = F_{ii}(z) w_i(z) \tag{8.154}$$

oder

$$\boldsymbol{y}(z) = \begin{bmatrix} z^{-d_1} & & 0 \\ & \ddots & \\ 0 & & z^{-d_p} \end{bmatrix} \boldsymbol{w}(z). \tag{8.155}$$

Zwischen der i-ten Führungsgröße $w_{i,k}$ und der i-ten Ausgangsgröße $y_{i,k}$ herrscht Deadbeat-Verhalten.

Die zweite Möglichkeit besteht darin, vorzuschreiben, daß $y_{i,k+d_i}$ auch noch von vergangenen Werten $y_{i,k+d_i-1}$, $y_{i,k+d_i-2}, \ldots$ der gleichen Regelgröße abhängen darf:

$$\boldsymbol{c}_i^T \boldsymbol{A}_d^{d_i-1}(\boldsymbol{A}_d - \boldsymbol{B}_d \boldsymbol{K})\boldsymbol{x}_k = -(\alpha_{i0} y_{i,k} + \alpha_{i1} y_{i,k+1} + \cdots + \alpha_{i,d_i-1} y_{i,k+d_i-1}). \tag{8.156}$$

In diesem Fall wäre

$$y_{i,k+d_i} = -(\alpha_{i0} y_{i,k} + \alpha_{i1} y_{i,k+1} + \cdots + \alpha_{i,d_i-1} y_{i,k+d_i-1}) + \beta_i w_{i,k},$$

woraus durch $\mathcal{Z}$-Transformation

$$y_i(z) = \frac{\beta_i}{\alpha_{i0} + \alpha_{i1} z + \cdots + \alpha_{i,d_i-1} z^{d_i-1} + z^{d_i}} w_i(z) \tag{8.157}$$

wird. Mit (8.134), (8.137), (8.140) usw. kann für die rechte Seite der Gleichung (8.156) auch geschrieben werden

$$-\sum_{j=0}^{d_i-1}\alpha_{ij}y_{i,k+j} = -\sum_{j=0}^{d_i-1}\alpha_{ij}\boldsymbol{c}_i^T\boldsymbol{A}_d^j\boldsymbol{x}_k. \tag{8.158}$$

Setzt man diese Gleichung in (8.156) ein, muß die neue Gleichung für alle möglichen $\boldsymbol{x}_k$ gelten, woraus für alle $i = 1,\ldots,p$ folgt

$$\boldsymbol{c}_i^T\boldsymbol{A}_d^{d_i-1}(\boldsymbol{A}_d - \boldsymbol{B}_d\boldsymbol{K}) = -\sum_{j=0}^{d_i-1}\alpha_{ij}\boldsymbol{c}_i^T\boldsymbol{A}_d^j. \tag{8.159}$$

Setzt man wieder voraus, daß die Matrix $\boldsymbol{B}_d^*$ regulär ist, folgt aus (8.159) die Synthesegleichung für die Rückkopplungsmatrix $\boldsymbol{K}$:

$$\boxed{\boldsymbol{K} = (\boldsymbol{B}_d^*)^{-1}\boldsymbol{P}_\alpha(\boldsymbol{A}_d),} \tag{8.160}$$

wobei die Matrix $\boldsymbol{P}_\alpha(\boldsymbol{A}_d)$ die gewünschte Dynamik des entkoppelten Systems enthält, nämlich

$$\boldsymbol{P}_\alpha(\boldsymbol{A}_d) \stackrel{\text{def}}{=} \begin{bmatrix} \boldsymbol{c}_1^T P_{\alpha,1}(\boldsymbol{A}_d) \\ \vdots \\ \boldsymbol{c}_p^T P_{\alpha,p}(\boldsymbol{A}_d) \end{bmatrix}, \tag{8.161}$$

mit

$$P_{\alpha,i} \stackrel{\text{def}}{=} \alpha_{i0}\boldsymbol{I} + \alpha_{i1}\boldsymbol{A}_d + \cdots + \alpha_{i,d_i-1}\boldsymbol{A}_d^{d_i-1} + \boldsymbol{A}_d^{d_i}. \tag{8.162}$$

Verlangt man außerdem stationäre Genauigkeit, so sind die Koeffizienten $\beta_1,\ldots,\beta_p$ in (8.150) bzw. (8.157) so zu wählen

$$\beta_i = \alpha_{i0} + \alpha_{i1} + \cdots + \alpha_{i,d_i-1} + 1. \tag{8.163}$$

Die einzelnen Übertragungsfunktionen $F_{ii}(z)$ haben schließlich die Form

$$F_{ii}(z) = \frac{\alpha_{i0} + \alpha_{i1} + \cdots + \alpha_{i,d_i-1} + 1}{\alpha_{i0} + \alpha_{i1}z + \cdots + \alpha_{i,d_i-1}z^{d_i-1} + z^{d_i}} \tag{8.164}$$

und es ist

$$\boldsymbol{y}(z) = \begin{bmatrix} F_{11}(z) & & 0 \\ & \ddots & \\ 0 & & F_{pp}(z) \end{bmatrix}\boldsymbol{w}(z). \tag{8.165}$$

In Übereinstimmung mit der Definition 8.14 gilt der

8.15 Satz: *Das zeitdiskrete Mehrfachsystem mit der mathematischen Beschreibung* (8.128), (8.129) *ist entkoppelbar, wenn die* $(p \times p)$-*Matrix* $\boldsymbol{B}_d^*$ *in* (8.146) *regulär ist.*

Die positiven ganzen Zahlen $d_i \in \mathbb{N}$ heißen **Differenzordnung**. Diese Bezeichnung kommt daher: Bei der Übertragungsmatrix

$$H(z) = C_d(zI - A_d)^{-1}B_d \tag{8.166}$$

kann man für die inverse Matrix schreiben

$$(zI - A_d)^{-1} = \frac{1}{\det(zI - A_d)}\left(R_0 + R_1 z + \cdots + R_{n-2}z^{n-2} + I z^{n-1}\right). \tag{8.167}$$

Durch Koeffizientenvergleich in

$$\begin{aligned}
\det(zI - A_d)I &= a_0 I + a_1 z I + \cdots + a_{n-1}z^{n-1}I + z^n I \\
&= (zI - A_d)(R_0 + R_1 z + \cdots + R_{n-2}z^{n-2} + I z^{n-1})
\end{aligned}$$

$$= -A_d R_0 + (R_0 - A_d R_1)z + (R_1 - A_d R_2)z^2 + \cdots + (R_{n-2} - A_d)z^{n-1} + I z^n \tag{8.168}$$

erhält man für die Matrizen R_i:

$$\begin{aligned}
R_{n-2} &= A_d + a_{n-1}I, \\
R_{n-3} &= A_d R_{n-2} + a_{n-2}I = A_d^2 + a_{n-1}A_d + a_{n-2}I, \\
&\vdots
\end{aligned}$$

$$R_0 = A_d R_1 + a_1 I = A_d^{n-1} + a_{n-1}A_d^{n-2} + \cdots + a_1 I. \tag{8.169}$$

Wenn $c_i^T B_d = o^T$ ist, ist

$$c_i^T R_{n-2}B_d = c_i^T A_d B_d + a_{n-1}c_i^T B_d = c_i^T A_d B_d.$$

Ist auch $c_i^T A_d B_d = o^T$, ist

$$c_i^T R_{n-2}B_d = o^T$$

und

$$c_i^T R_{n-3}B_d = c_i^T A_d^2 B_d,$$

d.h., ist $c_i^T A_d^2 B_d = o^T$, ist auch

$$c_i^T R_{n-3}B_d = o^T,$$

usw. Beträgt die Differenzordnung d_i, ist

$$c_i^T R_{n-2}B_d = c_i^T R_{n-3}B_d = \cdots = c_i^T R_{n-(d_i-1)}B_d = o^T$$

und

$$c_i^T R_{n-d_i}B_d = c_i^T A_d^{d_i-1}B_d \neq o^T.$$

Die höchste Zählerpotenz in der i-ten Zeile

$$h_i^T(z) = c_i^T(zI - A_d)^{-1}B_d = \frac{z^{n-d_i}c_i^T R_{n-d_i}B_d}{\det(zI - A_d)}, \tag{8.170}$$

der Übertragungsmatrix $H(z)$ ist $n-d_i$. Die kleinste Differenz zwischen Zählerpolynomordnung $n - d_i$ und Nennerpolynomordnung n ist dann gleich d_i, der *Differenzordnung*. Bei einem realen System sind also die Differenzordnungen d_i mindestens gleich Eins und höchstens gleich n.

Ist die Summe der Differenzordnungen kleiner als die Ordnung des Systems,

$$d \overset{\text{def}}{=} d_1 + d_2 + \cdots + d_p < n, \tag{8.171}$$

beschreibt die Übertragungsmatrix $F(z)$ des entkoppelten Systems in (8.155) ein System, das eine kleinere Ordnung als das ursprüngliche System $\{A_d, B_d, C_d\}$ hat: Es müssen Kürzungen zwischen Zähler- und Nennerpolynom stattgefunden haben. Solche Kürzungen traten schon in Abschnitt 4.8.5 bei den Deadbeat-Reglern auf und führten dort zu versteckten Schwingungen des Abtastregelkreises (Bild 4.57). Das gleiche Verhalten kann auch hier auftreten, wie das folgende Beispiel zeigt.

8.16 Beispiel: Für den Roboterarm aus Beispiel 2.17 erhält man für einen gegebenen Arbeitspunkt die mathematische Beschreibung

$$\dot{x}(t) = \begin{bmatrix} 0 & 1 & 0 & 0 \\ 0 & -1 & 0,5 & -1 \\ 0 & 0 & 0 & 1 \\ 0 & 0,8 & -1 & 0 \end{bmatrix} x(t) + \begin{bmatrix} 0 & 0 \\ 0,2 & 0 \\ 0 & 0 \\ 0 & 0,5 \end{bmatrix} u(t), \tag{8.172}$$

$$y(t) = \begin{bmatrix} 1 & 0 & 0 & 0 \\ 0 & 0 & 1 & 0 \end{bmatrix} x(t), \tag{8.173}$$

für das System vierter Ordnung mit den beiden Eingangsgrößen Drehmoment $M = u_1$ und Kraft $F = u_2$ und den beiden Ausgangsgrößen (Regelgrößen) Drehwinkel $\theta = y_1$ und Ausfahrlänge $r = y_2$. Wird als Abtastperiode $T = 0,5$ gewählt, erhält man für das zeitdiskrete System die Zustandsgleichung

$$x_{k+1} = \begin{bmatrix} 1 & 0,3816 & 0,0694 & -0,0936 \\ 0 & 0,5436 & 0,2843 & -0,3122 \\ 0 & 0,0821 & 0,8866 & 0,4661 \\ 0 & 0,2908 & -0,4250 & 0,8045 \end{bmatrix} x_k + \begin{bmatrix} 0,0210 & -0,0084 \\ 0,0763 & -0,0468 \\ 0,0029 & 0,0603 \\ 0,0164 & 0,2330 \end{bmatrix} u_k. \tag{8.174}$$

Da sowohl $c_1 B_d \neq o^T$ als auch $c_2 B_d \neq o^T$, ist $d_1 = d_2 = 1$, also ist nach (8.146)

$$B_d^* = C B_d = \begin{bmatrix} 0,0210 & -0,0084 \\ 0,0029 & 0,0603 \end{bmatrix}$$

und nach (8.145)

$$A_d^* = C A_d = \begin{bmatrix} 1 & 0,3816 & 0,0694 & -0,0936 \\ 0 & 0,0821 & 0,8866 & 0,4661 \end{bmatrix}.$$

Für Deadbeat-Verhalten erhält man gemäß (8.151) die Rückkopplungsmatrix

$$K = (B_d^*)^{-1} A_d^* = \begin{bmatrix} 46,7492 & 18,3746 & 9,0473 & -1,3226 \\ -2,2395 & 0,4802 & 14,2613 & 7,7887 \end{bmatrix}$$

und für die Vorverstärkungsmatrix gemäß (8.152) mit $\beta_1 = \cdots = \beta_p = 1$

$$P = (B_d^*)^{-1} = \begin{bmatrix} 46,7492 & 6,5473 \\ -2,2395 & 16,2613 \end{bmatrix}.$$

Mit dieser Rückkopplungsmatrix K und Vorverstärkungsmatrix P erhält man im Z-Bereich den Zusammenhang zwischen Ein- und Ausgangsgrößen

$$y(z) = \begin{bmatrix} z^{-d_1} & 0 \\ 0 & z^{-d_2} \end{bmatrix} w(z) = \begin{bmatrix} \frac{1}{z} & 0 \\ 0 & \frac{1}{z} \end{bmatrix} w(z),$$

also eine scheinbar vollständige Entkopplung. Da aber

$$d = d_1 + d_2 = 2 < n = 4$$

ist, haben Kürzungen stattgefunden und es besteht die Gefahr von versteckten Schwingungen zwischen den Abtastpunkten. In der Tat zeigt eine Simulation (Bild 8.9) das Auftreten von versteckten Schwingungen. Zwar ist in den Abtastzeitpunkten das angestrebte Verhalten vorhanden, aber zwischen den Abtastzeitpunkten ist das Ergebnis nicht akzeptabel.   Wählt man für die beiden

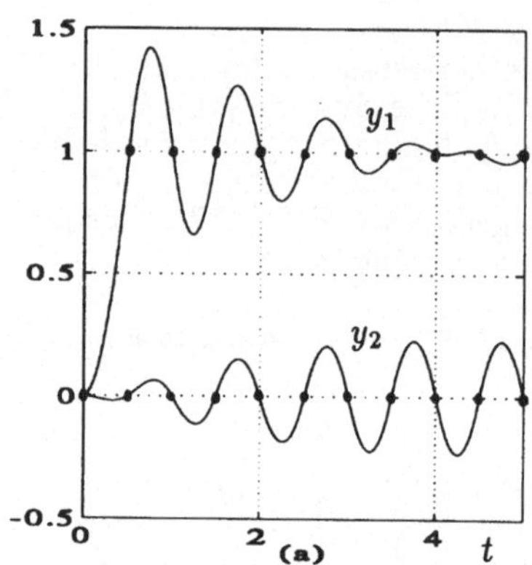
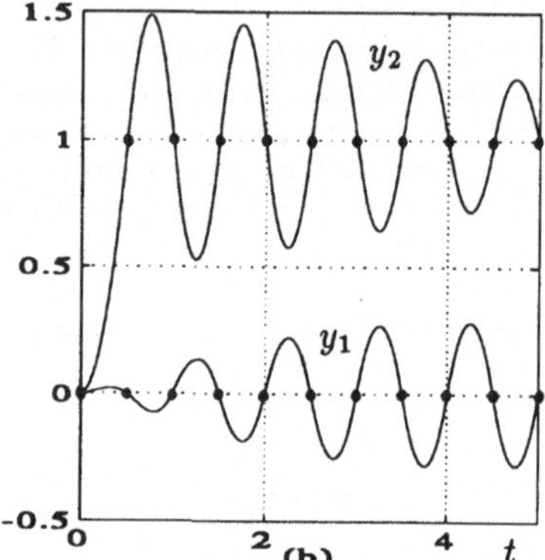

Bild 8.9: Auftreten von versteckten Schwingungen bei dem entkoppelten Mehrfachsystem in Beispiel 8.16.

Übertragungsfunktionen

$$F_{11}(z) = F_{22}(z) = \frac{\alpha_0 + 1}{\alpha_0 + z} = \frac{-0,5 + 1}{-0,5 + z} = \frac{0,5}{z - 0,5},$$

erhält man gemäß (8.150) als Vorverstärkungsmatrix

$$P = (B_d^*)^{-1} \begin{bmatrix} 0,5 & 0 \\ 0 & 0,5 \end{bmatrix} = \begin{bmatrix} 23,3746 & 3,2737 \\ -1,1198 & 8,1306 \end{bmatrix}$$

und als Rückkopplungsmatrix gemäß (8.160)

$$K = (B_d^*)^{-1} C(-0,5I + A_d) = \begin{bmatrix} 23,3746 & 18,3746 & 5,7737 & -1,3226 \\ -1,1198 & 0,4802 & 6,1306 & 7,7887 \end{bmatrix}.$$

Da aber nach wie vor $d = d_1 + d_2 = 2 < n = 4$ ist, besteht auch jetzt die Gefahr versteckter Schwingungen und tatsächlich zeigt eine Simulation (Bild 8.10) wieder ein unannehmbares Verhalten mit versteckten Schwingungen.   □

Zusammenfassend erhält man den

8.17 Satz: *Das Entkopplungsverfahren für zeitdiskrete Mehrfachsysteme mit den Matrizen P bzw. K gemäß (8.150) bzw. (8.160) ist nur dann durchführbar, wenn die Summe der Differenzordnungen gleich der Systemordnung ist:*

$$d_1 + \cdots + d_p = n. \tag{8.175}$$

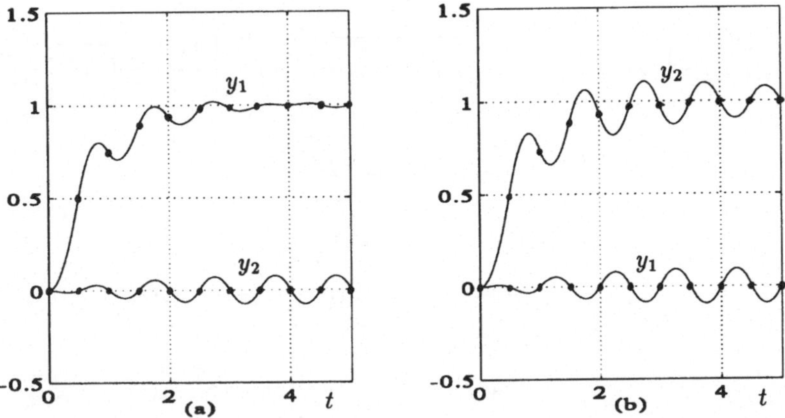

Bild 8.10: Versteckte Schwingungen des entkoppelten Mehrfachsystems in Beispiel 8.16.

8.7.3 Entkopplung von zeitkontinuierlichen Mehrfachsystemen

Die Ergebnisse der Entkopplung von *zeitdiskreten* Mehrfachsystemen kann direkt auf die Entkopplung von *zeitkontinuierlichen* Mehrfachsystemen übertragen werden: Es werden für das Mehrfachsystem mit der mathematischen Beschreibung ($\boldsymbol{x} \in \mathbb{R}^n$; $\boldsymbol{y}, \boldsymbol{u} \in \mathbb{R}^p$)

$$\dot{\boldsymbol{x}}(t) = \boldsymbol{A}\boldsymbol{x}(t) + \boldsymbol{B}\boldsymbol{u}(t), \tag{8.176}$$

$$\boldsymbol{y}(t) = \boldsymbol{C}\boldsymbol{x}(t) \tag{8.177}$$

zwei Matrizen $\boldsymbol{P}$ und $\boldsymbol{K}$ so gesucht, daß mit

$$\boldsymbol{u}(t) = \boldsymbol{P}\boldsymbol{w}(t) - \boldsymbol{K}\boldsymbol{x}(t) \tag{8.178}$$

das rückgekoppelte System mit der mathematischen Beschreibung

$$\dot{\boldsymbol{x}}(t) = (\boldsymbol{A} - \boldsymbol{B}\boldsymbol{K})\boldsymbol{x}(t) + \boldsymbol{B}\boldsymbol{P}\boldsymbol{w}(t), \tag{8.179}$$

$$\boldsymbol{y}(t) = \boldsymbol{C}\boldsymbol{x}(t) \tag{8.180}$$

entkoppelt ist, d.h. eine Übertragungsmatrix der Form

$$\boldsymbol{F}(s) = \boldsymbol{C}(s\boldsymbol{I} - \boldsymbol{A} + \boldsymbol{B}\boldsymbol{K})^{-1}\boldsymbol{B} = \begin{bmatrix} F_{11}(s) & & 0 \\ & \ddots & \\ 0 & & F_{pp}(s) \end{bmatrix} \tag{8.181}$$

hat (Bild 8.11).

Die Ausgangsgröße $y_i(t)$ des rückgekoppelten Systems (8.179), (8.180) reagiert auf die Führungsgröße $\boldsymbol{w}(t)$ über den Zustandsvektor $\boldsymbol{x}(t)$ gemäß

$$y_i(t) = \boldsymbol{c}_i^T \boldsymbol{x}(t), \tag{8.182}$$

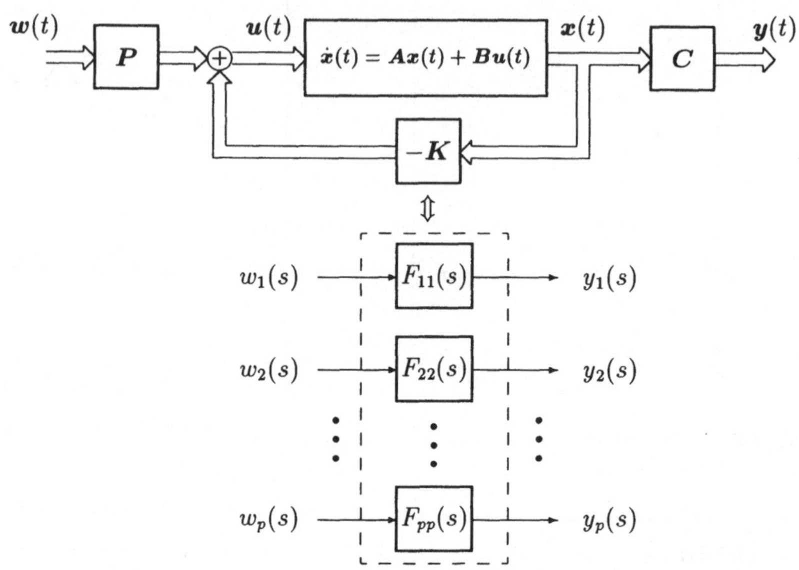

Bild 8.11: Entkopplung eines zeitkontinuierlichen Mehrfachsystems durch statische Rückkopplung und Vorverstärkung.

wobei c_i^T die i-te Zeile der Ausgabematrix C ist. Differenziert man Gleichung (8.182) nach der Zeit t und setzt für $\dot{x}(t)$ die Gleichung (8.179) ein, erhält man

$$\dot{y}_i(t) = c_i^T \dot{x}(t) = c_i^T A x(t) - c_i^T B K x(t) + c_i^T B P w(t). \tag{8.183}$$

Ist $c_i^T B \neq o^T$ und sind die Matrizen K bzw. P so ausgewählt, daß $c_i^T A = c_i^T B K$ bzw. $c_i^T B P = \beta_i i_i^T$ ist, dann ist $\dot{y}_i(t) = \beta_i w_i(t)$ oder LAPLACE-transformiert (wenn $y_i(0) = 0$ ist)

$$s y_i(s) = \beta_i w_i(s),$$

d.h., es ist

$$y_i(s) = \frac{\beta_i}{s} w_i(s).$$

Die Ausgangsgröße y_i ist von den anderen Führungsgrößen w_j, $j \neq i$ vollkommen entkoppelt. Ist dagegen

$$c_i^T B = o^T, \tag{8.184}$$

wirkt die Führungsgröße $w(t)$ nicht direkt auf $\dot{y}_i(t)$ und es ist

$$\dot{y}_i(t) = c_i^T A x(t). \tag{8.185}$$

Wird Gleichung (8.185) ein weiteres Mal nach der Zeit differenziert, ist

$$\ddot{y}_i(t) = c_i^T A \dot{x}(t) = c_i^T A^2 x(t) - c_i^T A B K x(t) + c_i^T A B P w(t) \tag{8.186}$$

und $\boldsymbol{w}(t)$ wirkt nicht direkt auf $\ddot{y}_i(t)$, wenn

$$\boldsymbol{c}_i^T \boldsymbol{A} \boldsymbol{B} = \boldsymbol{o}^T \qquad (8.187)$$

ist. Erst wenn für eine natürliche Zahl $d_i \in \mathbb{N}$ erstmalig

$$\boldsymbol{c}_i^T \boldsymbol{A}^{d_i-1} \boldsymbol{B} \neq \boldsymbol{o}^T \qquad (8.188)$$

ist, wirkt $\boldsymbol{w}(t)$ direkt auf die d_i-mal differenzierte Ausgangsgröße

$$\overset{(d_i)}{y_i}(t) = \boldsymbol{c}_i^T \boldsymbol{A}^{d_i} \boldsymbol{x}(t) - \boldsymbol{c}_i^T \boldsymbol{A}^{d_i-1} \boldsymbol{B} \boldsymbol{K} \boldsymbol{x}(t) + \boldsymbol{c}_i^T \boldsymbol{A}^{d_i-1} \boldsymbol{B} \boldsymbol{P} \boldsymbol{w}(t). \qquad (8.189)$$

Mit den neu definierten Vektoren bzw. Matrizen

$$\boldsymbol{y}^*(t) \overset{\text{def}}{=} \begin{bmatrix} \overset{(d_1)}{y_1}(t) \\ \vdots \\ \overset{(d_p)}{y_p}(t) \end{bmatrix}, \qquad (8.190)$$

$$\boldsymbol{A}^* \overset{\text{def}}{=} \begin{bmatrix} \boldsymbol{c}_1^T \boldsymbol{A}^{d_1} \\ \vdots \\ \boldsymbol{c}_p^T \boldsymbol{A}^{d_p} \end{bmatrix} \qquad (8.191)$$

und

$$\boldsymbol{B}^* \overset{\text{def}}{=} \begin{bmatrix} \boldsymbol{c}_1^T \boldsymbol{A}^{d_1-1} \boldsymbol{B} \\ \vdots \\ \boldsymbol{c}_p^T \boldsymbol{A}^{d_p-1} \boldsymbol{B} \end{bmatrix} \qquad (8.192)$$

erhält man

$$\boldsymbol{y}^*(t) = (\boldsymbol{A}^* - \boldsymbol{B}^* \boldsymbol{K}) \boldsymbol{x}(t) + \boldsymbol{B}^* \boldsymbol{P} \boldsymbol{w}(t). \qquad (8.193)$$

Soll nur die i-te Führungsgröße $w_i(t)$ auf die i-te Regelgröße $y_i^*(t)$ wirken, muß in (8.193) für alle $i = 1, \ldots, p$ gelten

$$\boldsymbol{c}_i^T \boldsymbol{A}^{d_i-1} \boldsymbol{B} \boldsymbol{P} \boldsymbol{w}(t) \overset{!}{=} \beta_i w_i(t), \qquad (8.194)$$

d.h. zusammengefaßt

$$\boldsymbol{B}^* \boldsymbol{P} \boldsymbol{w}(t) \overset{!}{=} \begin{bmatrix} \beta_1 & & 0 \\ & \ddots & \\ 0 & & \beta_p \end{bmatrix} \boldsymbol{w}(t). \qquad (8.195)$$

Da dies für alle möglichen Führungsgrößen $\boldsymbol{w}$ gelten soll, muß

$$\boxed{\boldsymbol{P} = (\boldsymbol{B}^*)^{-1} \begin{bmatrix} \beta_1 & & 0 \\ & \ddots & \\ 0 & & \beta_p \end{bmatrix}} \qquad (8.196)$$

sein. Damit keine interne Kopplung über die Zustandsgrößen erfolgt, muß zusätzlich die Matrix in der Klammer von (8.193) gleich der Nullmatrix sein, was durch

$$\boxed{K = (B^*)^{-1} A^*} \tag{8.197}$$

erreicht wird. In der Tat hat man jetzt eine vollkommene Entkopplung erreicht, denn es ist

$$y^*(t) = \begin{bmatrix} \beta_1 & & 0 \\ & \ddots & \\ 0 & & \beta_p \end{bmatrix} w(t) \tag{8.198}$$

oder $\overset{(d_i)}{y_i}(t) = \beta_i w_i(t)$ LAPLACE-transformiert

$$s^{d_i} y_i(s) = \beta_i w_i(s),$$

d.h.,

$$\boxed{y(s) = \begin{bmatrix} \dfrac{\beta_1}{s^{d_1}} & & 0 \\ & \ddots & \\ 0 & & \dfrac{\beta_p}{s^{d_p}} \end{bmatrix} w(s).} \tag{8.199}$$

In (8.199) findet zwar eine vollkommene Entkopplung statt, aber als Regelgröße y_i erhält man die d_i-mal integrierte Führungsgröße $w_i(t)$, ein i. allg. unbefriedigendes dynamisches Verhalten. Bei den *zeitdiskreten* Systemen im vorhergehenden Abschnitt 8.7.2 wurde gezeigt, daß statt $y_i(z) = z^{-d_i} \beta_i w_i(z)$ auch ein anderes dynamisches Verhalten, z.B. gemäß (8.157) erzielt werden kann. Eine entsprechende Entkopplung sieht bei *zeitkontinuierlichen* Systemen so aus

$$y_i(s) = \frac{\beta_i}{\alpha_{i0} + \alpha_{i1}s + \cdots + \alpha_{i,d_i-1}s^{d_i-1} + s^{d_i}} w_i(s) \tag{8.200}$$

oder im Zeitbereich

$$\alpha_{i0}y_i(t) + \alpha_{i1}\dot{y}_i(t) + \cdots + \alpha_{i,d_i-1}\overset{(d_i-1)}{y_i}(t) + \overset{(d_i)}{y_i}(t) = \beta_i w_i(t). \tag{8.201}$$

Löst man diese Gleichung nach $\overset{(d_i)}{y_i}(t)$ auf, erhält man

$$\overset{(d_i)}{y_i}(t) = -[\alpha_{i0}y_i(t) + \alpha_{i1}\dot{y}_i(t) + \cdots + \alpha_{i,d_i-1}\overset{(d_i-1)}{y_i}(t)] + \beta_i w_i(t). \tag{8.202}$$

Ein Vergleich von (8.202) mit (8.193) liefert

$$(c_i^T A^{d_i} - c_i^T A^{d_i-1} BK)x(t) + c_i^T A^{d_i-1} BP w(t) \overset{!}{=}$$

$$- [\alpha_{i0}y_i(t) + \alpha_{i1}\dot{y}_i(t) + \cdots + \alpha_{i,d_i-1}\overset{(d_i-1)}{y_i}(t)] + \beta_i w_i(t). \tag{8.203}$$

Wird die Matrix P gemäß (8.196) gewählt, sind die letzten Summanden beider Gleichungsseiten von (8.203) gleich. Auf Grund von (8.182),(8.185) usw. kann für die restlichen Summanden auf der rechten Gleichungsseite

$$- \sum_{j=0}^{d_i-1} \alpha_{ij}\overset{(j)}{y_i}(t) = - \sum_{j=0}^{d_i-1} \alpha_{ij} c_i^T A^j x(t) \tag{8.204}$$

geschrieben werden. Vergleicht man damit die linke und die rechte Seite von (8.203), verbleibt

$$(c_i^T A^{d_i} - c_i^T A^{d_i-1} BK)x(t) \overset{!}{=} - \sum_{j=0}^{d_i-1} \alpha_{ij} c_i^T A^j x(t). \tag{8.205}$$

Diese Gleichung muß für alle möglichen Zustände $x(t)$ erfüllt sein, also muß

$$c_i^T A^{d_i} - c_i^T A^{d_i-1} BK \overset{!}{=} - \sum_{j=0}^{d_i-1} \alpha_{ij} c_i^T A^j \tag{8.206}$$

sein oder zusammengefaßt für alle i:

$$B^* K = \begin{bmatrix} c_1^T P_{\alpha,1}(A) \\ \vdots \\ c_p^T P_{\alpha,p}(A) \end{bmatrix} \overset{\text{def}}{=} P_\alpha(A), \tag{8.207}$$

mit

$$P_{\alpha,i}(A) = \alpha_{i0}I + \alpha_{i1}A + \cdots + \alpha_{i,d_i-1}A^{(d_i-1)} + A^{d_i}. \tag{8.208}$$

Für eine reguläre Matrix B^* folgt aus (8.207) die Synthesegleichung

$$\boxed{K = (B^*)^{-1} P_\alpha(A).} \tag{8.209}$$

Mit dieser Rückkopplungsmatrix und der Vorverstärkungsmatrix P gemäß (8.196) erhält man den gewünschten, entkoppelten Zusammenhang zwischen den Führungsgrößen w_i und den Regelgrößen y_i, wobei die α_{ij} beliebig vorgebbar sind. Wegen der stationären Genauigkeit wird sinnvollerweise $\beta_i = \alpha_{i0}$ gewählt.

8.18 Beispiel: Für den bereits in Beispiel 8.16 zeitdiskret entkoppelten Roboterarm ist

$$A = \begin{bmatrix} 0 & 1 & 0 & 0 \\ 0 & -1 & 0,5 & -1 \\ 0 & 0 & 0 & 1 \\ 0 & 0,8 & -1 & 0 \end{bmatrix}, \quad B = \begin{bmatrix} 0 & 0 \\ 0,2 & 0 \\ 0 & 0 \\ 0 & 0,5 \end{bmatrix} \quad \text{und} \quad C = \begin{bmatrix} 1 & 0 & 0 & 0 \\ 0 & 0 & 1 & 0 \end{bmatrix}$$

also $CB = O$, aber

$$CAB = \begin{bmatrix} 0,2 & 0 \\ 0 & 0,5 \end{bmatrix} = B^*,$$

d.h., $d_1 = d_2 = 2$. Gewünscht wird ein Verhalten des entkoppelten Systems gemäß der Übertragungsmatrix

$$F(s) = \begin{bmatrix} \dfrac{8}{8 + 4s + s^2} \cdot & 0 \\ 0 & \dfrac{8}{8 + 4s + s^2} \end{bmatrix}.$$

Hierfür wird die Vorverstärkungsmatrix

$$P = (B^*)^{-1} \begin{bmatrix} 8 & 0 \\ 0 & 8 \end{bmatrix} = \begin{bmatrix} 40 & 0 \\ 0 & 16 \end{bmatrix}$$

benötigt. Mit

$$P_{\alpha,1}(A) = P_{\alpha,2}(A) = 8I + 4A + A^2$$

erhält man für die Rückkopplungsmatrix gemäß (8.209)

$$K = (B^*)^{-1} \begin{bmatrix} c_1^T P_{\alpha,1}(A) \\ c_2^T P_{\alpha,2}(A) \end{bmatrix} = \begin{bmatrix} 40 & 15 & 2,5 & -5 \\ 0 & 1,6 & 14 & 8 \end{bmatrix}.$$

In Bild 8.12 ist die Reaktion des entkoppelten Systems auf einen Sprung der Führungsgröße $w_1(t)$,
während $w_2(t) \equiv 0$ ist, dargestellt. In der Tat zeigt die Regelgröße $y_1(t)$ das gewünschte Übergangs-
verhalten, während sich die andere Regelgröße $y_2(t)$ „nicht rührt". Das entsprechend gleiche Verhalten
erhält man für einen Führungsgrößensprung von $w_2(t)$.   □

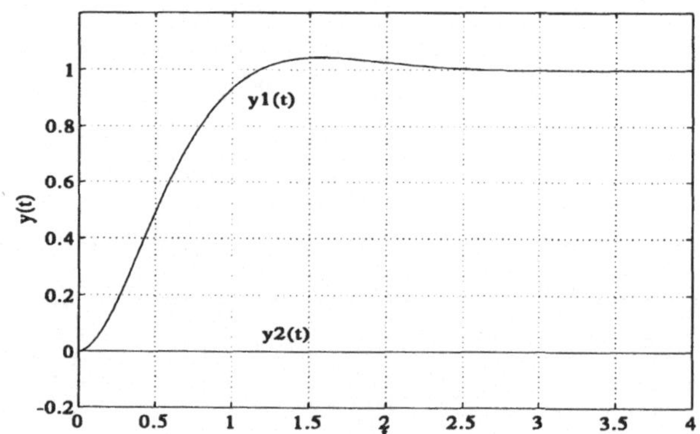

Bild 8.12: Sprungantworten der Regelgrößen y_1 und y_2 des entkoppelten Mehrfachsystems in Beispiel
8.18

Durch die α_{ij} können insgesamt $d = d_1 + \cdots + d_p$ Pole des Gesamtsystems vorgegeben werden. Ist $d < n$, müssen wie bei den zeitdiskreten Systemen Kürzungen von
Polen gegen Nullstellen erfolgt sein. Das kann nur dadurch entstanden sein, daß $n - d$
Eigenbewegungen unbeobachtbar geworden sind, da sich nach Satz 8.4 aufgrund einer
Zustandsrückführung an der Steuerbarkeit eines Systems nichts ändert und außerdem
die Nullstellen des Systems nicht verändert werden. Welche Eigenwerte unbeobachtbar
geworden sind, findet man durch einen Vergleich der d vorgegebenen Eigenwerte mit
den n Eigenwerten des rückgekoppelten Systems $A - BK$. Die in F nicht vorhandenen $n - d$ Eigenwerte müssen durch Nullstellen von $G(s)$ herausgekürzt worden sein.
Das ist vor allem dann nicht akzeptierbar, wenn die herausgekürzten Nullstellen einen
positiven Realteil haben.

8.8 Zustandsbeobachter für Mehrfachsysteme

8.8.1 Einführung

In den vorhergehenden Abschnitten dieses Kapitels wurden Linearkombinationen $\boldsymbol{Kx}$ sämtlicher Zustandsgrößen zu Regelzwecken verwendet. Es wurde vorausgesetzt, daß sämtliche Zustandsgrößen für eine solche Zustandsrückführung zur Verfügung stehen. Benötigt werden allerdings nur p Linearkombinationen $\boldsymbol{k}_i^T \boldsymbol{x}$, $i = 1, \ldots, p$ der Zustandsgrößen. Eine naheliegende Frage ist: Kann aus den q zur Verfügung stehenden Linearkombinationen $\boldsymbol{c}_i^T \boldsymbol{x}$, $i = 1, \ldots, q$, also aus den gemessenen Ausgangsgrößen y_i die Linearkombinationen $\boldsymbol{Kx}$ gebildet werden, d.h., existiert eine Matrix $\bar{\boldsymbol{K}}$ so, daß

$$\boldsymbol{Kx} = \bar{\boldsymbol{K}}\boldsymbol{y} = \bar{\boldsymbol{K}}\boldsymbol{C}\boldsymbol{x} \tag{8.210}$$

für alle $\boldsymbol{x}$ ist? Gesucht ist also eine $(p \times q)$-Matrix $\bar{\boldsymbol{K}}$ so, daß

$$\bar{\boldsymbol{K}}\boldsymbol{C} \overset{!}{=} \boldsymbol{K} \tag{8.211}$$

ist. Transponiert man diese Gleichung, erhält man

$$\boldsymbol{C}^T \bar{\boldsymbol{K}}^T = \boldsymbol{K}^T, \tag{8.212}$$

d.h. im einzelnen

$$\boldsymbol{C}^T \bar{\boldsymbol{k}}_i = \boldsymbol{k}_i, \tag{8.213}$$

wobei $\bar{\boldsymbol{k}}_i^T$ die i-te Zeile von $\bar{\boldsymbol{K}}$ und $\boldsymbol{k}_i^T$ die i-te Zeile von $\boldsymbol{K}$ ist. (8.213) besagt, daß $\boldsymbol{k}_i$ durch eine Linearkombination der Spaltenvektoren von $\boldsymbol{C}^T$ darstellbar sein muß, oder geometrisch ausgedrückt, $\boldsymbol{k}_i$ muß in dem Bildraum, der durch die Spaltenvektoren von $\boldsymbol{C}^T$ aufgespannt wird, enthalten sein:

$$\boldsymbol{k}_i \in \mathrm{Bild}(\boldsymbol{C}^T). \tag{8.214}$$

Da das für alle $i = 1, \ldots, q$ gelten muß, lautet insgesamt die Bedingung

$$\boxed{\mathrm{Bild}(\boldsymbol{K}^T) \subseteq \mathrm{Bild}(\boldsymbol{C}^T).} \tag{8.215}$$

Nur wenn (8.215) erfüllt ist, existiert ein $\bar{\boldsymbol{K}}$ so, daß (8.211) gilt! Da bei Mehrfachsystemen die Rückkopplungsmatrix $\boldsymbol{K}$ für eine gewünschte Eigenwertverteilung des rückgekoppelten Systems nicht eindeutig vorgegeben ist, kann sie eventuell so ausgewählt werden, daß (8.215) erfüllt wird. Die Bedingung (8.215) kann auch mit Hilfe des Ranges der beteiligten Matrizen formuliert werden: Bei Hinzunahme der Zeilen von $\boldsymbol{K}$ zu $\boldsymbol{C}$ muß der Rang gleich dem Rang von $\boldsymbol{C}$ bleiben,

$$\operatorname{Rang}\left(\begin{bmatrix} C \\ K \end{bmatrix}\right) = \operatorname{Rang}(C).$$

(8.216)

Zusammenfassend erhält man den

8.19 Satz: *Eine Zustandsrückführung Kx kann dann und nur dann durch eine Ausgangsrückführung $\bar{K}y$ ersetzt werden, wenn*

$$\operatorname{Rang}\left(\begin{bmatrix} C \\ K \end{bmatrix}\right) = \operatorname{Rang}(C)$$

(8.217)

ist.

Wenn $\operatorname{Rang}(C) = q$ ist, ist die $(q \times q)$-Matrix CC^T regulär und man erhält aus (8.211) zunächst durch Rechtsmultiplikation mit C^T

$$\bar{K}CC^T = KC^T$$

und daraus

$$\bar{K} = KC^T(CC^T)^{-1} \stackrel{\text{def}}{=} KC^+,$$

(8.218)

wobei mit C^+ die Pseudoinverse von C bezeichnet ist.

8.20 Beispiel: Für das System

$$\begin{aligned}
\dot{x} &= \begin{bmatrix} 3 & 5 & 1 \\ 0 & 0 & 1 \\ 0 & -2 & 3 \end{bmatrix} x + \begin{bmatrix} 0 & 1 \\ 0 & 0 \\ 1 & 3 \end{bmatrix} u, \\
y &= \begin{bmatrix} 7 & 0 & 0 \\ 0 & 7 & 9 \end{bmatrix} x,
\end{aligned}$$

sollen die drei Eigenwerte $\lambda_1 = 1$, $\lambda_2 = 2$ und $\lambda_3 = 3$ nach $\lambda_{1,2} = -3$ und $\lambda_3 = -4$ verschoben werden. Das kann einmal dadurch erreicht werden, daß nur die Stellgröße u_1 verwendet wird, da das gegebene System allein durch diese Stellgröße vollständig steuerbar ist. Hierfür liefert die ACKERMANN-Formel die erste Zeile der sonst mit Nullen aufgefüllten Rückkopplungsmatrix

$$K_1 = \begin{bmatrix} 21,5 & 38,5 & 16 \\ 0 & 0 & 0 \end{bmatrix}.$$

Eine weitere mögliche Rückkopplungsmatrix erhält man für die Verwendung beider Stellgrößen zu

$$K_2 = \begin{bmatrix} -21 & 7 & 9 \\ 7 & 0 & 0 \end{bmatrix}.$$

Können diese *Zustands*rückführungen durch *Ausgangs*rückführungen ersetzt werden? Da

$$\operatorname{Rang}\left(\begin{bmatrix} C \\ K_1 \end{bmatrix}\right) = 3,$$

$$\operatorname{Rang}\left(\begin{bmatrix} C \\ K_2 \end{bmatrix}\right) = 2,$$

und

$$\text{Rang}(C) = 2$$

ist, ist die Bedingung (8.217) von Satz 8.19 nur für die zweite Rückkopplungsmatrix K_2 erfüllt. Hierfür erhält man die äquivalente Ausgangsrückkopplungsmatrix

$$\bar{K} = K_2 C^T (CC^T)^{-1} = \begin{bmatrix} -3 & 1 \\ 1 & 0 \end{bmatrix},$$

so daß die neue Systemmatrix $A - B\bar{K}C$ des ausgangsrückgekoppelten Systems die gewünschten Eigenwerte hat. □

Da bei Einfachsystemen die Bedingung (8.215) fast nie und bei Mehrfachsystemen oft nur bei beträchtlichem Meßaufwand erfüllt ist, können sämtliche n Eigenwerte mittels einer konstanten Ausgangsrückführung fast nie beliebig vorgegeben werden. In [KIMURA,1978] wird gezeigt, daß nur $\min\{n, p + q - 1\}$ Eigenwerte vorgebbar sind, wobei keine Mehrfacheigenwerte vorgegeben werden dürfen und die vorgegebenen Eigenwerte nicht exakt, aber beliebig genau erreicht werden.

Will man trotzdem sämtliche Eigenwerte beliebig vorgeben, so werden auch bei Mehrfachsystemen Zustandsbeobachter benötigt.

8.8.2 Grundlagen und Beobachtungsnormalform

Die Struktur des in Abschnitt 7.4 eingeführten Zustandsbeobachters für Einfachsysteme kann direkt für Mehrfachsysteme übernommen werden, wobei jetzt allerdings q Ausgangsgrößen in den Ausgangsvektoren y und $\hat{y}$ miteinander verglichen werden (Bild 8.13). Der Zustandsbeobachter ist wieder ein Modell der Regelstrecke, auf den neben dem Eingangsvektor u auch der Ausgangsvektor y einwirkt und der den Schätzwert $\hat{x}(t)$ des Systemzustands $x(t)$ liefert. Es ist Aufgabe der zusätzlichen Rückführung von $y - \hat{y}$ über die Matrix H, den Beobachtungsfehler

$$\tilde{x}(t) \stackrel{\text{def}}{=} x(t) - \hat{x}(t)$$

asymptotisch gegen den Nullvektor streben zu lassen.

Für den Zustandsbeobachter in Bild 8.13 erhält man als Zustandsgleichung

$$\begin{aligned}
\dot{\hat{x}}(t) &= A\hat{x}(t) + Bu(t) + H(y(t) - \hat{y}(t)) \\
&= A\hat{x}(t) + Bu(t) + Hy(t) - HC\hat{x}(t)
\end{aligned}$$

$$= (A - HC)\hat{x}(t) + Bu(t) + Hy(t). \tag{8.219}$$

Subtrahiert man (8.219) von der Systemgleichung

$$\dot{x}(t) = Ax(t) + Bu(t), \tag{8.220}$$

erhält man die Zustandsfehlergleichung

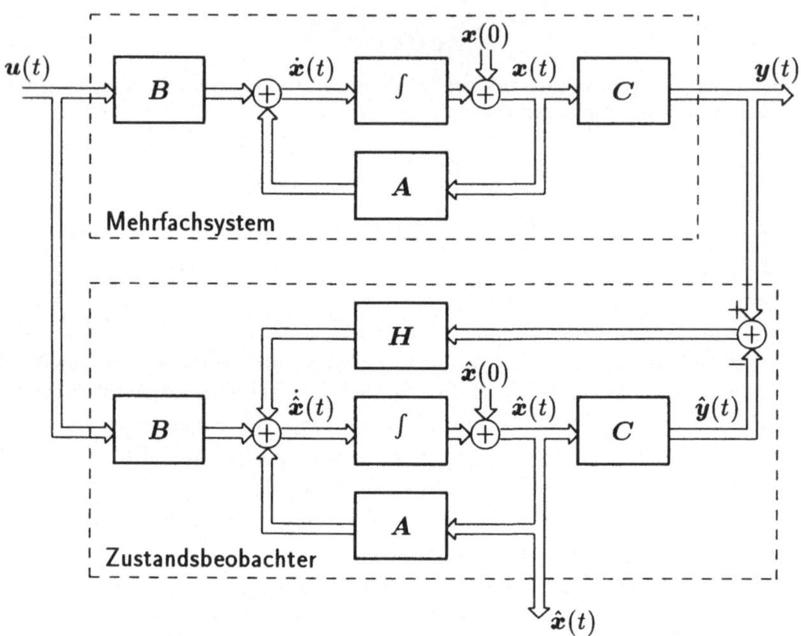

Bild 8.13: Zustandsbeobachter für Mehrfachsysteme.

$$\dot{\tilde{x}}(t) = (A - HC)\tilde{x}(t). \tag{8.221}$$

Die Aufgabenstellung lautet jetzt: Bestimme die Matrix H so, daß $\tilde{x}(t)$ asymptotisch gegen den Nullvektor strebt. Damit ist aber dieses Problem auf das Problem der Zustandsrückführung zurückgeführt! In Bild 8.14 sind die sich aus der Gleichung (8.221) für den Beobachtungsfehler und die Dynamikgleichung

$$\dot{x}(t) = (A - BK)x(t)$$

einer Zustandsrückführung ergebenden Strukturbilder gegenübergestellt. In Bild 8.14(a) ist die Matrix C gegeben und die Matrix H gesucht. In Bild 8.14(b) ist die Matrix B gegeben und die Matrix K gesucht. Die gegebene und die gesuchte Matrix haben also in beiden Fällen die Reihenfolge getauscht, so daß auf (8.221) die Verfahren der Synthese von Zustandsrückführungen nicht ohne weiteres angewendet werden können. Dieses Problem kann aber leicht dadurch beseitigt werden, daß man statt der Matrix $A - HC$ in (8.221), deren transponierte

$$(A - HC)^T = A^T - C^T H^T \tag{8.222}$$

betrachtet, da durch Transponieren einer Matrix deren Eigenwerte nicht geändert wer-

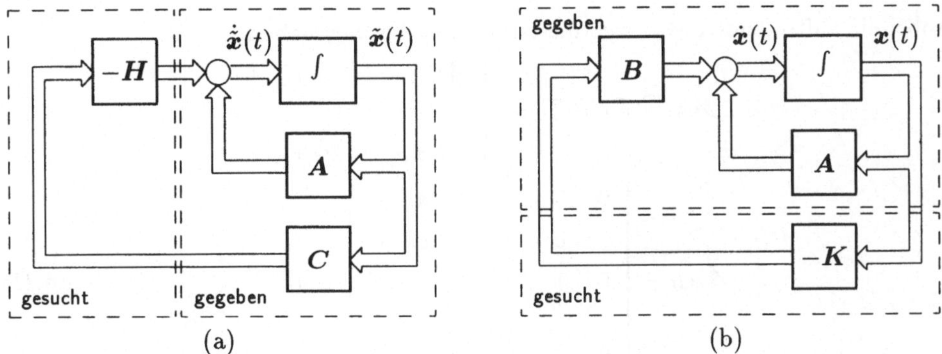

Bild 8.14: Struktur (a) der Fehlergleichung eines Beobachters und (b) der Dynamikgleichung einer Zustandsrückführung.

den. In (8.222) ist jetzt die Reihenfolge der beiden Matrizen C und H vertauscht. Man erhält die Struktur in Bild 8.15, die jetzt vollständig der Struktur der Zustandsrückführung in Bild 8.14(b) entspricht.

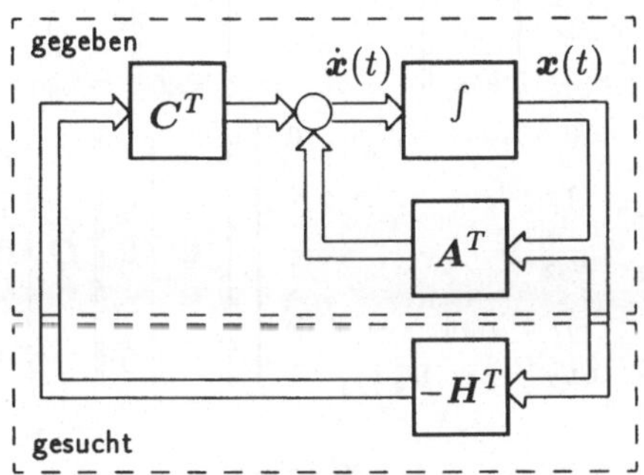

Bild 8.15: Umgeformte Struktur der Fehlerdynamik eines Zustandsbeobachters.

Das Problem der Dimensionierung des Zustandsbeobachters ist damit auf das Problem der Dimensionierung einer Zustandsrückführung

$$u^*(t) = -H^T x^*(t) \tag{8.223}$$

für das duale System (siehe Abschnitt 7.1.2.1)

$$\dot{x}^*(t) = A^T x^*(t) + C^T u^*(t) \tag{8.224}$$

zurückgeführt und es können alle in diesem Kapitel angegebenen Syntheseverfahren für die Zustandsrückführung bei Mehrfachsystemen direkt übernommen werden!

An die Stelle der Regelungsnormalform (8.21) bis (8.33) tritt die **Beobachtungsnormalform**

$$\left.\begin{array}{c}\dot{x}_B \\ x_{B,k+1}\end{array}\right\} = A_B x_B + B_B u, \tag{8.225}$$

$$y = C_B x_B, \tag{8.226}$$

wobei die auftretenden Matrizen die besonderen Formen haben:

$$A_B \overset{\text{def}}{=} T_B^{-1} A T_B = \begin{bmatrix} A_{B,11} & \cdots & A_{B,1q} \\ \vdots & & \vdots \\ A_{B,q1} & \cdots & A_{B,qq} \end{bmatrix}, \tag{8.227}$$

$$A_{B,ii} = \begin{bmatrix} 0 & 0 & \cdots & 0 & a_{B,ii1} \\ 1 & 0 & \ddots & \vdots & a_{B,ii2} \\ 0 & 1 & \ddots & 0 & \vdots \\ \vdots & \ddots & \ddots & 0 & \vdots \\ 0 & \cdots & 0 & 1 & a_{B,iim_i} \end{bmatrix} \in \mathbb{R}^{m_i \times m_i}, \tag{8.228}$$

$$A_{Bij} = \begin{bmatrix} 0 & \cdots & 0 & a_{B,ij1} \\ \vdots & & \vdots & \vdots \\ 0 & \cdots & 0 & a_{B,ijm_j} \end{bmatrix} \in \mathbb{R}^{m_j \times m_i} \; (i \neq j), \tag{8.229}$$

$$C_B = C T_B = \begin{bmatrix} O_{q \times (m_1-1)} & \begin{matrix} 1 \\ w_{21} \\ \vdots \\ \vdots \\ w_{q1} \end{matrix} & \Big\| & O_{q \times (m_2-1)} & \begin{matrix} 0 \\ 1 \\ w_{32} \\ \vdots \\ w_{q2} \end{matrix} & \Big\| \cdots \Big\| & O_{q \times (m_q-1)} & \begin{matrix} 0 \\ \vdots \\ \vdots \\ 0 \\ 1 \end{matrix} \end{bmatrix} \tag{8.230}$$

$$= W \bar{C} = \begin{bmatrix} 1 & 0 & \cdots & \cdots & 0 \\ w_{21} & 1 & \ddots & & \vdots \\ w_{31} & w_{32} & \ddots & \ddots & \vdots \\ \vdots & \vdots & \ddots & \ddots & 0 \\ w_{q1} & w_{q2} & \cdots & w_{q,q-1} & 1 \end{bmatrix} \begin{bmatrix} O & \begin{matrix} 1 \\ 0 \\ 0 \\ \vdots \\ 0 \end{matrix} & \Big\| & O & \begin{matrix} 0 \\ 1 \\ 0 \\ \vdots \\ 0 \end{matrix} & \Big\| \cdots \Big\| & O & \begin{matrix} 0 \\ 0 \\ 0 \\ \vdots \\ 1 \end{matrix} \end{bmatrix}$$

und

$$B_B \overset{\text{def}}{=} T_B^{-1} B \tag{8.231}$$

keine besondere Struktur aufweist. Insgesamt erhält man z.B. die Struktur:

$$\dot{x}_B(t) = \left[\begin{array}{ccc|cc|c} 0 & 0 & 0 & * & 0 & 0 & * & 0 & * \\ 1 & 0 & 0 & * & 0 & 0 & * & 0 & * \\ 0 & 1 & 0 & * & 0 & 0 & * & 0 & * \\ 0 & 0 & 1 & * & 0 & 0 & * & 0 & * \\ \hline 0 & 0 & 0 & * & 0 & 0 & * & 0 & * \\ 0 & 0 & 0 & * & 1 & 0 & * & 0 & * \\ 0 & 0 & 0 & * & 0 & 1 & * & 0 & * \\ \hline 0 & 0 & 0 & * & 0 & 0 & * & 0 & * \\ 0 & 0 & 0 & * & 0 & 0 & * & 1 & * \end{array} \right] x_B(t) + B_B u(t),$$

$$y(t) = \left[\begin{array}{cccc|ccc|cc} 0 & 0 & 0 & 1 & 0 & 0 & 0 & 0 & 0 \\ 0 & 0 & 0 & * & 0 & 0 & 1 & 0 & 0 \\ 0 & 0 & 0 & * & 0 & 0 & * & 0 & 1 \end{array} \right] x_B(t).$$

Analog zu den Definitionen in Abschnitt 8.2 bezüglich der Regelungsnormalform werden bei der Beobachtungsnormalform die KRONECKER-Indizes m_i eines Matrizenpaares $\{A, C\}$ als die kleinste natürliche Zahl definiert, so daß der Zeilenvektor $c_i^T A^{m_i}$ linear unabhängig von den in der Beobachtbarkeitsmatrix

$$R = \begin{bmatrix} C \\ CA \\ \vdots \\ CA^{n-1} \end{bmatrix} \tag{8.232}$$

darüber stehenden Zeilenvektoren ist. Der größte der KRONECKER-Indizes

$$\mu \stackrel{\text{def}}{=} \max_i(m_i) \tag{8.233}$$

heißt **Beobachtbarkeitsindex**.

Der folgende Satz kann dual zu dem Satz 8.2 bewiesen werden:

8.21 Satz: *Das Matrizenpaar $\{A, C\}$ eines linearen zeitinvarianten Mehrfachsystems kann dann und nur dann auf Beobachtungsnormalform $\{A_B, C_B\}$ transformiert werden, wenn das System vollständig beobachtbar ist.*

Dual zu dem Vorgehen bei der Erstellung der Regelungsnormalform in Abschnitt 8.2 erhält man das folgende schrittweise Verfahren für die Erstellung der Beobachtungsnormalform:

1. Schritt: Untersuchen der linearen Unabhängigkeit der Zeilenvektoren c_1^T, c_2^T, $\dots, c_q^T, c_1^T A, c_2^T A, \dots, c_q^T A, \dots$ jeweils von den vorhergehenden Zeilenvektoren. Notieren der verbliebenen linear unabhängigen Zeilenvektoren in der Form

$$\begin{array}{cccc} c_1^T & c_2^T & \cdots & c_q^T \\ c_1^T A & c_2^T A & \cdots & c_q^T A \\ c_1^T A^2 & c_2^T A^2 & \cdots & c_q^T A^2 \\ \vdots & \vdots & & \vdots \end{array},$$

wobei jede Spalte dann endet, wenn der folgende Zeilenvektor durch eine Linearkombination der vorhergehenden Vektoren dargestellt werden kann. Die höchste Potenz von A in der ersten Spalte ist dann gleich $m_1 - 1$, in der zweiten Spalte gleich $m_2 - 1$, usw.

2. Schritt: Aufstellen der $(n \times n)$-Matrix

$$R_n = \left[\begin{array}{c} c_1^T \\ c_1^T A \\ \vdots \\ c_1^T A^{m_1-1} \\ \hline \vdots \\ \hline c_q^T \\ c_q^T A \\ \vdots \\ c_q^T A^{m_q-1} \end{array} \right]. \tag{8.234}$$

3. Schritt: Berechnen der Vektoren $\boldsymbol{q}_i = \boldsymbol{t}_{i1}$ als $(m_1 + m_2 + \cdots + m_i)$-te Spalte von $\boldsymbol{R}_n^{-1}$ oder als Lösung des linearen Gleichungssystems

$$\boldsymbol{R}_n\boldsymbol{q}_i = \begin{bmatrix} 0 \\ \vdots \\ 0 \\ 1 \\ 0 \\ \vdots \\ 0 \end{bmatrix} = \boldsymbol{i}_{m_1+\cdots+m_i}. \tag{8.235}$$

4. Schritt: Berechnen der Transformationsmatrix

$$\boldsymbol{T}_B = \begin{bmatrix} \boldsymbol{t}_{11} & \boldsymbol{A}\boldsymbol{t}_{11} & \cdots & \boldsymbol{A}^{m_1-1}\boldsymbol{t}_{11} \,\big|\, \cdots \,\big|\, \boldsymbol{t}_{q1} & \boldsymbol{A}\boldsymbol{t}_{q1} & \cdots & \boldsymbol{A}^{m_q-1}\boldsymbol{t}_{q1} \end{bmatrix}. \tag{8.236}$$

5. Schritt: Berechnen von $\boldsymbol{A}_B = \boldsymbol{T}_B^{-1}\boldsymbol{A}\boldsymbol{T}_B$, $\boldsymbol{B}_B = \boldsymbol{T}_B^{-1}\boldsymbol{B}$ und $\boldsymbol{C}_B = \boldsymbol{C}\boldsymbol{T}_B$.

8.22 Beispiel: Für das bereits in Beispiel 8.3 behandelte Mehrfachsystem mit den Matrizen

$$\boldsymbol{A} = \begin{bmatrix} 1,38 & -0,21 & 6,72 & -5,68 \\ -0,58 & -4,29 & 0 & 0,68 \\ 1,07 & 4,27 & -6,65 & 5,89 \\ 0,05 & 4,27 & 1,34 & -2,10 \end{bmatrix},$$

$$\boldsymbol{B} = \begin{bmatrix} 0 & 0 \\ 5,68 & 0 \\ 1,14 & -3,15 \\ 1,14 & 0 \end{bmatrix} \quad \text{und}$$

$$\boldsymbol{C} = \begin{bmatrix} 1 & 0 & 1 & -1 \\ 0 & 1 & 0 & 0 \end{bmatrix}$$

wird die Beobachtungsnormalform gesucht. Da die Zeilenvektoren $\boldsymbol{c}_1^T$, $\boldsymbol{c}_2^T$, $\boldsymbol{c}_1^T\boldsymbol{A}$ und $\boldsymbol{c}_2^T\boldsymbol{A}$ linear unabhängig sind, ist $m_1 = m_2 = 2 = \mu$. Für die Matrix $\boldsymbol{R}_n$ erhält man

$$\boldsymbol{R}_n = \begin{bmatrix} 1 & 0 & 1 & -1 \\ 2,4 & -0,21 & -1,27 & 2,31 \\ 0 & 1 & 0 & 0 \\ -0,58 & -4,29 & 0 & 0,68 \end{bmatrix}$$

und für $\boldsymbol{q}_1$ und $\boldsymbol{q}_2$ als zweite bzw. vierte Spalte von $\boldsymbol{R}_n^{-1}$

$$\boldsymbol{q}_1 = \begin{bmatrix} 0,2194 \\ 0 \\ -0,0323 \\ 0,1872 \end{bmatrix}, \quad \boldsymbol{q}_2 = \begin{bmatrix} -0,3356 \\ 0 \\ 1,5199 \\ 1,1843 \end{bmatrix}.$$

Mit der Transformationsmatrix

$$\boldsymbol{T}_B = \begin{bmatrix} \boldsymbol{q}_1 & \boldsymbol{A}\boldsymbol{q}_1 & \boldsymbol{q}_2 & \boldsymbol{A}\boldsymbol{q}_2 \end{bmatrix} = \begin{bmatrix} 0,2194 & -0,9772 & -0,3365 & 3,0239 \\ 0 & 0 & 0 & 1 \\ -0,0323 & 1,5518 & 1,5199 & -3,4910 \\ 0,1872 & -0,4253 & 1,1843 & -0,4671 \end{bmatrix}$$

erhält man schließlich als Beobachtungsnormalform

$$\dot{x}_B(t) = \left[\begin{array}{cc|cc} 0 & 20,9398 & 0 & 48,3488 \\ 1 & -5,2985 & 0 & 10,4018 \\ \hline 0 & -2,6339 & 0 & -5,8031 \\ 0 & 0,2775 & 1 & -6,3615 \end{array}\right] x_B(t) + \left[\begin{array}{cc} -59,09 & -12,69 \\ 0 & -3,15 \\ \hline 12,54 & 0,87 \\ 5,68 & 0 \end{array}\right] u(t)$$

$$y(t) = \left[\begin{array}{cc|cc} 0 & 1 & 0 & 0 \\ 0 & 0 & 0 & 1 \end{array}\right] x_B(t).$$

□

Dual zur Synthese von Zustandsrückführungen für Mehrfachsysteme in Abschnitt 8.3 erhält man H_B-Matrizen, die über die $\bar{C}$-Matrix die m_1-te, $(m_1 + m_2)$-te, usw. Spalte der Systemmatrix A_B so verändern, daß die Matrix

$$A_B - H_B W^{-1} C_B = A_B - H_B \bar{C}$$

das gewünschte Fehlerverhalten aufweist. Die zusätzlich benötigte Matrix W ist

$$W = \left[\begin{array}{ccc} C A^{m_1-1} q_1 & \cdots & C A^{m_q-1} q_q \end{array}\right]. \tag{8.237}$$

Geht man nicht von dem Vorliegen der Systembeschreibung in Beobachtungsnormalform aus, erhält man z.B. dual zu (8.73) für die i-te Spalte der Matrix H für $i = 1, 2, \ldots, q$

$$h_i = (\varphi_{i0} I + \varphi_{i1} A + \cdots + \varphi_{i,m_i-1} A^{m_i-1} + A^{m_i}) q_i \stackrel{\text{def}}{=} P_i(A) q_i. \tag{8.238}$$

Schließlich erhält man für die Rückkopplung der Ausgangsdifferenz $y(t) - \hat{y}(t)$ die Matrix

$$H^* = H W^{-1}, \tag{8.239}$$

so daß sich insgesamt für den Zustandsbeobachter die Struktur in Bild 8.16 ergibt.

8.23 Beispiel: Für das System aus den Beispielen 8.3 und 8.22 soll ein Zustandsbeobachter entworfen werden. Das dynamische Verhalten der beiden Untersysteme soll jeweils durch das charakteristische Polynom

$$P_i(\lambda) = \lambda^2 + 2\lambda + 2$$

vorgegeben sein. Als Spalten h_1 und h_2 der Matrix H erhält man gemäß (8.238)

$$h_1 = (2I + 2A + A^2) q_1 = \left[\begin{array}{c} 9,9802 \\ 0,2775 \\ -10,8313 \\ 2,4475 \end{array}\right]$$

$$h_2 = (2I + 2A + A^2) q_2 = \left[\begin{array}{c} -11,4668 \\ -4,3615 \\ 24,0272 \\ 2,1586 \end{array}\right].$$

Da in diesem Beispiel $W = I$ ist, ist auch $H^* = H$. Hat das Mehrfachsystem den Anfangszustand $x(0) = \left[\begin{array}{cccc} 1 & 1 & 1 & 1 \end{array}\right]^T$ und der Beobachter den Anfangszustand $\hat{x}(0) = o$, erhält man für den Fehlervektor $\tilde{x}(t) = x(t) - \hat{x}(t)$ den in Bild 8.17 angegebenen Verlauf. □

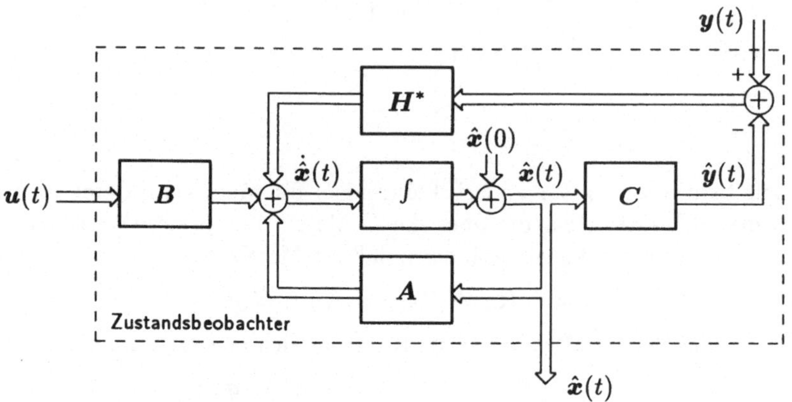

Bild 8.16: Struktur eines Zustandsbeobachters für Mehrfachsysteme.

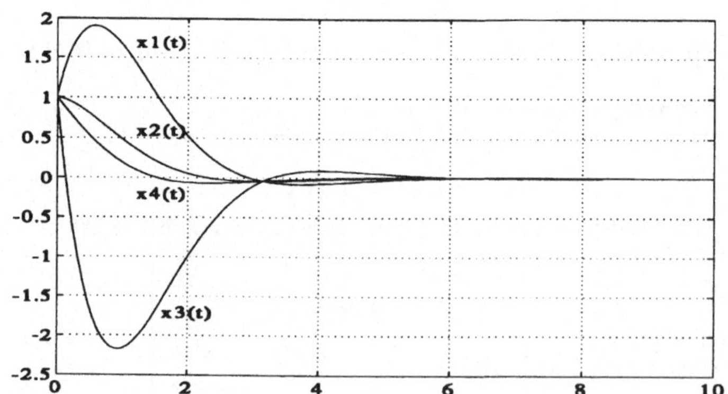

Bild 8.17: Verhalten der Fehler des Zustandsbeobachters in Beispiel 8.23.

8.8.3   Reduzierter Beobachter für Mehrfachsysteme

Liegt die mathematische Beschreibung eines linearen Mehrfachsystems in Beobachtungsnormalform vor, so ist

$$\boldsymbol{y}(t) = \boldsymbol{C}_B\boldsymbol{x}_B(t) = \boldsymbol{W}\overline{\boldsymbol{C}}\boldsymbol{x}_B(t). \tag{8.240}$$

Multipliziert man diese Gleichung von links mit der Inversen der stets regulären Matrix $\boldsymbol{W}$, erhält man

$$\boldsymbol{W}^{-1}\boldsymbol{y}(t) = \overline{\boldsymbol{C}}\boldsymbol{x}_B(t) = \begin{bmatrix} x_{B,m_1} \\ x_{B,m_1+m_2} \\ \vdots \\ x_{B,n} \end{bmatrix} \stackrel{\text{def}}{=} \boldsymbol{x}_2 \in \mathbb{R}^q, \tag{8.241}$$

d.h. direkt q der n Zustandsgrößen: Der Beobachter muß nur noch die restlichen $n-q$ Zustandsgrößen rekonstruieren.

Multipliziert man den Zustandsvektor $\boldsymbol{x}_B$ mit der Transformationsmatrix

$$\boldsymbol{T} = \left[\begin{array}{cccc|cc|c|cccc}
1 & 0 & \cdots & \cdots & 0 & & & & & & \\
0 & 1 & \ddots & & \vdots & & \boldsymbol{O} & \cdots & & \boldsymbol{O} & \\
\vdots & \ddots & \ddots & \ddots & \vdots & & & & & & \\
0 & \cdots & 0 & 1 & 0 & & & & & & \\
\hline
 & & \vdots & & & & \vdots & \vdots & & \vdots & \\
\hline
 & & & & & & & \cdots & 1 & 0 & \cdots & \cdots & 0 \\
 & \boldsymbol{O} & & & & \boldsymbol{O} & & & 0 & 1 & \ddots & & \vdots \\
 & & & & & & & & \vdots & \ddots & \ddots & \ddots & \vdots \\
 & & & & & & & & 0 & \cdots & 0 & 1 & 0 \\
\hline
0 & \cdots & \cdots & 0 & 1 & & \boldsymbol{o}^T & & \boldsymbol{o}^T & \vdots & \\
 & \boldsymbol{o}^T & & & & 0 & \cdots & \cdots & 0 & 1 & \cdots & \\
 & \vdots & & & & & \boldsymbol{o}^T & & & \vdots & \\
 & \vdots & & & & & \vdots & & & \boldsymbol{o}^T & \\
 & \boldsymbol{o}^T & & & & & \boldsymbol{o}^T & & 0 & \cdots & \cdots & 0 & 1
\end{array}\right], \tag{8.242}$$

so wird

$$\boldsymbol{T}\boldsymbol{x}_B = \begin{bmatrix} \boldsymbol{x}_1 \\ \boldsymbol{x}_2 \end{bmatrix}, \tag{8.243}$$

wobei der Vektor $\boldsymbol{x}_2$ die Zusammensetzung wie in (8.241) hat und $\boldsymbol{x}_1$ die restlichen $n-q$ Zustandsgrößen von $\boldsymbol{x}_B$ enthält. Führt man mit der Transformationsmatrix (8.242) eine Ähnlichkeitstransformation durch, erhält man die Zustandsgleichung

$$\begin{bmatrix} \dot{\boldsymbol{x}}_1 \\ \dot{\boldsymbol{x}}_2 \end{bmatrix} = \begin{bmatrix} \boldsymbol{A}_{11} & \boldsymbol{A}_{12} \\ \boldsymbol{A}_{21} & \boldsymbol{A}_{22} \end{bmatrix}\begin{bmatrix} \boldsymbol{x}_1 \\ \boldsymbol{x}_2 \end{bmatrix} + \begin{bmatrix} \boldsymbol{B}_1 \\ \boldsymbol{B}_2 \end{bmatrix}\boldsymbol{u}. \tag{8.244}$$

Multipliziert man die zweite Zeile von links mit der $((n-q) \times q)$-Matrix $\boldsymbol{H}$ und subtrahiert das Ergebnis von der ersten Zeile, erhält man

$$\dot{\boldsymbol{x}}_1 - \boldsymbol{H}\dot{\boldsymbol{x}}_2 = (\boldsymbol{A}_{11} - \boldsymbol{H}\boldsymbol{A}_{21})\boldsymbol{x}_1 + (\boldsymbol{A}_{12} - \boldsymbol{H}\boldsymbol{A}_{22})\boldsymbol{x}_2 + (\boldsymbol{B}_1 - \boldsymbol{H}\boldsymbol{B}_2)\boldsymbol{u}. \tag{8.245}$$

Addition der Identität

$$O = (A_{11} - HA_{21})Hx_2 - (A_{11} - HA_{21})Hx_2 \tag{8.246}$$

liefert

$$\dot{x}_1 - H\dot{x}_2 = (A_{11} - HA_{21})(x_1 - Hx_2) + (A_{12} - HA_{22} + A_{11}H - HA_{21}H)x_2 + (B_1 - HB_2)u \tag{8.247}$$

oder mit

$$\boldsymbol{\xi} \stackrel{\text{def}}{=} x_1 - Hx_2 \quad \text{und} \quad x_2 = W^{-1}y \tag{8.248}$$

$$\boxed{\dot{\boldsymbol{\xi}} = (A_{11} - HA_{21})\boldsymbol{\xi} + (A_{12} - HA_{22} + A_{11}H - HA_{21}H)W^{-1}y + (B_1 - HB_2)u.}$$

$$\tag{8.249}$$

Für den Schätzwert $\hat{\boldsymbol{\xi}} = \hat{x}_1 - Hx_2$ erhält man mit

$$\overline{W} \stackrel{\text{def}}{=} (A_{12} - HA_{22} + A_{11}H - HA_{21}H)W^{-1} \tag{8.250}$$

und

$$\overline{B} \stackrel{\text{def}}{=} B_1 - HB_2 \tag{8.251}$$

schließlich für den reduzierten Beobachter die Zustandsgleichung

$$\boxed{\dot{\hat{\boldsymbol{\xi}}} = (A_{11} - HA_{21})\hat{\boldsymbol{\xi}} + \overline{W}y + \overline{B}u.} \tag{8.252}$$

Die Matrix H wird jetzt so festgelegt, daß die zusammengesetzte Matrix $A_{11} - HA_{21}$ nur asymptotisch stabile Eigenwerte hat. Als Schätzwert für x_1 erhält man dann

$$\hat{x}_1 = \hat{\boldsymbol{\xi}} + Hx_2 = \hat{\boldsymbol{\xi}} + HW^{-1}y \tag{8.253}$$

und die Struktur des reduzierten Beobachters in Bild 8.18. Ist der Erwartungswert von $x_1(0)$ als $\hat{x}_{1,0}$ bekannt, ist es sinnvoll, den Anfangswert $\hat{\boldsymbol{\xi}}(0)$ auf den Wert

$$\hat{\boldsymbol{\xi}}(0) = \hat{x}_{1,0} - HW^{-1}y(0) \tag{8.254}$$

einzustellen.

8.24 Beispiel: Für das System aus Beispiel 8.22 soll ein reduzierter Beobachter entworfen werden. Bei diesem System ist $W = I$, d.h., es ist direkt

$$y = \begin{bmatrix} x_{B,2} \\ x_{B,4} \end{bmatrix} = x_2.$$

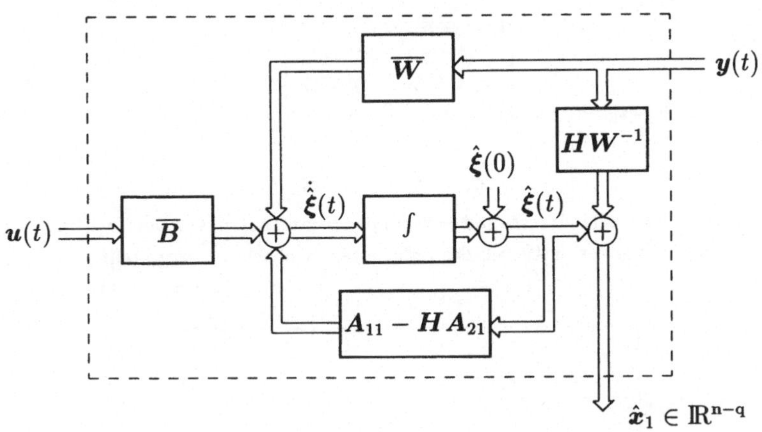

Bild 8.18: Reduzierter Beobachter für ein Mehrfachsystem.

Der reduzierte Beobachter für die Rekonstruktion von $\boldsymbol{x}_1$ hat die Ordnung $n - q = 4 - 2 = 2$. Die Transformationsmatrix $\boldsymbol{T}$ hat hier die Form

$$\boldsymbol{T} = \begin{bmatrix} 1 & 0 & 0 & 0 \\ 0 & 0 & 1 & 0 \\ 0 & 1 & 0 & 0 \\ 0 & 0 & 0 & 1 \end{bmatrix},$$

so daß man für die neue mathematische Beschreibung die Matrizen erhält

$$\boldsymbol{T}\boldsymbol{A}_B\boldsymbol{T}^{-1} = \left[\begin{array}{cc|cc} 0 & 0 & 20,9398 & 48,3488 \\ 0 & 0 & -2,6339 & -5,8031 \\ \hline 1 & 0 & -5,2985 & 10,4018 \\ 0 & 1 & 0,2775 & -6,3615 \end{array}\right] = \left[\begin{array}{c|c} \boldsymbol{A}_{11} & \boldsymbol{A}_{12} \\ \hline \boldsymbol{A}_{21} & \boldsymbol{A}_{22} \end{array}\right],$$

$$\boldsymbol{T}\boldsymbol{B}_B = \left[\begin{array}{cc} -59,0895 & -12,6897 \\ 12,5414 & 0,8742 \\ \hline 0 & -3,1500 \\ 5,6800 & 0 \end{array}\right] = \left[\begin{array}{c} \boldsymbol{B}_1 \\ \hline \boldsymbol{B}_2 \end{array}\right].$$

Die beiden Eigenwerte des reduzierten Beobachters werden mit $\lambda_1 = \lambda_2 = \sqrt{2}$ vorgegeben. Die Eigenwertvorgabe geschieht für $(\boldsymbol{A}_{11}^T - \boldsymbol{A}_{21}^T\boldsymbol{H}^T)$, d.h. $\boldsymbol{A}_{21}^T$ spielt hier die Rolle der Eingabematrix $\boldsymbol{B}$ und $\boldsymbol{A}_{11}^T$ die der Systemmatrix $\boldsymbol{A}$. Da $\boldsymbol{A}_{21}^T$ hier gleich der Einheitsmatrix ist, hat sie den vollen Rang zwei und es ist $\boldsymbol{R}_n = \boldsymbol{I} = \boldsymbol{R}_n^{-1}$, d.h., es ist

$$\boldsymbol{q}_1^T = \begin{bmatrix} 1 & 0 \end{bmatrix} \quad \text{und} \quad \boldsymbol{q}_2^T = \begin{bmatrix} 0 & 1 \end{bmatrix},$$

so daß man für $\boldsymbol{h}_i^T$ erhält

$$\boldsymbol{h}_i^T = \boldsymbol{q}_i^T(\sqrt{2}\boldsymbol{I} + \boldsymbol{O})$$

also

$$\boldsymbol{H}^T = \begin{bmatrix} \sqrt{2} & 0 \\ 0 & \sqrt{2} \end{bmatrix} = \boldsymbol{H}.$$

Für den reduzierten Beobachter werden noch benötigt

$$\begin{aligned} \overline{\boldsymbol{W}} &= (\boldsymbol{A}_{21} - \boldsymbol{H}\boldsymbol{A}_{22} + \boldsymbol{A}_{11}\boldsymbol{H} - \boldsymbol{H}\boldsymbol{A}_{21}\boldsymbol{H})\boldsymbol{W}^{-1} \\ &= \begin{bmatrix} 26,4330 & 33,6384 \\ -3,0264 & 1,1934 \end{bmatrix}, \end{aligned}$$

$$\bar{B} = B_1 - HB_2$$
$$= \begin{bmatrix} -59,0895 & -8,2350 \\ 4,5087 & 0,8742 \end{bmatrix},$$
$$HW^{-1} = HI = H$$

und

$$A_{11} - HA_{21} = -H.$$

In Bild 8.19 sind die Fehlerverläufe $\tilde{\xi}_1(t)$ und $\tilde{\xi}_2(t)$ für den Systemanfangszustand $x_B(0) = \begin{bmatrix} 1 & 1 & 1 & 1 \end{bmatrix}^T$ und den Beobachteranfangswert $\hat{x}(0) = o$ des reduzierten Beobachters dargestellt. $\qquad\Box$

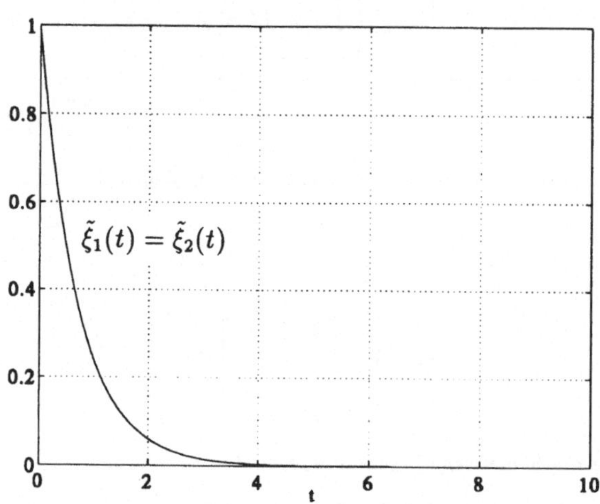

Bild 8.19: Beobachtungsfehler des reduzierten Beobachters aus Beispiel 8.24.

8.8.4 Zeitdiskrete Beobachter für Mehrfachsysteme

Gibt man für einen zeitdiskreten Mehrfachbeobachter die h_i-Vektoren so vor

$$h_i = A^{m_i} q_i, \tag{8.255}$$

d.h. als charakteristische Gleichung für das i-te Untersystem $\lambda^{m_i} = 0$, hat die Fehlermatrix in Beobachtungsnormalform $A_B - H_B^* C_B$ die Struktur

$$A_B - H_B^* C_B = \begin{bmatrix} F_{11} & & O \\ & \ddots & \\ O & & F_{qq} \end{bmatrix} \tag{8.256}$$

und jede der $(m_i \times m_i)$-Untermatrizen

$$F_{ii} = \begin{bmatrix} 0 & 0 & \cdots & \cdots & 0 \\ 1 & 0 & \cdots & \cdots & 0 \\ 0 & 1 & \ddots & & \vdots \\ \vdots & \ddots & \ddots & \ddots & \vdots \\ 0 & \cdots & 0 & 1 & 0 \end{bmatrix} \tag{8.257}$$

ist nilpotent mit dem Index m_i, d.h., nach spätestens $\mu = \max_i(m_i)$ Abtastschritten stimmen $\boldsymbol{x}_k$ und $\hat{\boldsymbol{x}}_k$ überein! Dieser vollständige zeitdiskrete Beobachter eines Mehrfachsystems ist also im allgemeinen wesentlich schneller als der eines Einfachsystems, bei dem nur eine Ausgangsgröße (Meßgröße) zur Verfügung steht und maximal n Abtastschritte benötigt werden.

Im allgemeinen hat ein zeitdiskreter Beobachter für ein Mehrfachsystem die mathematische Beschreibung

$$\hat{\boldsymbol{x}}_{k+1} = \boldsymbol{A}_d\hat{\boldsymbol{x}}_k + \boldsymbol{B}_d\boldsymbol{u}_k + \boldsymbol{H}(\boldsymbol{y}_k - \hat{\boldsymbol{y}}_k). \tag{8.258}$$

Wie bereits in Abschnitt 7.4.3 bei den Einfachsystemen gilt auch hier, daß in (8.258) $\hat{\boldsymbol{x}}_{k+1}$ eine Vorhersage des Zustands aufgrund der Meßgrößen $\boldsymbol{y}_k$, der Eingangsgrößen $\boldsymbol{u}_k$ und des vorhergehenden Schätzwertes $\hat{\boldsymbol{x}}_k$ ist. Schreibt man (8.258) in der Form

$$\hat{\boldsymbol{x}}_k = \boldsymbol{A}_d\hat{\boldsymbol{x}}_{k-1} + \boldsymbol{B}_d\boldsymbol{u}_{k-1} + \boldsymbol{H}(\boldsymbol{y}_{k-1} - \hat{\boldsymbol{y}}_{k-1}), \tag{8.259}$$

erkennt man, daß der Beobachterzustand $\hat{\boldsymbol{x}}_k$ nur von den Meßgrößen bis zum Zeitpunkt $(k-1)T$ abhängt. Die bereits zur Verfügung stehende Meßgröße $\boldsymbol{y}_k$ wird nicht berücksichtigt. Das kann dadurch behoben werden, daß der Vorhersagewert anstelle von $\boldsymbol{y}_{k-1} - \hat{\boldsymbol{y}}_{k-1}$ mit $\boldsymbol{y}_k - \hat{\boldsymbol{y}}_k = \boldsymbol{y}_k - \boldsymbol{C}\hat{\boldsymbol{x}}_k$ korrigiert wird

$$\boxed{\hat{\boldsymbol{x}}_k = \boldsymbol{A}_d\hat{\boldsymbol{x}}_{k-1} + \boldsymbol{B}_d\boldsymbol{u}_{k-1} + \boldsymbol{H}[\boldsymbol{y}_k - \boldsymbol{C}(\boldsymbol{A}_d\hat{\boldsymbol{x}}_{k-1} + \boldsymbol{B}_d\boldsymbol{u}_{k-1})].} \tag{8.260}$$

Subtrahiert man (8.260) von der Zustandsgleichung

$$\boldsymbol{x}_k = \boldsymbol{A}_d\boldsymbol{x}_{k-1} + \boldsymbol{B}_d\boldsymbol{u}_{k-1},$$

erhält man die Fehlergleichung

$$\tilde{\boldsymbol{x}}_k = (\boldsymbol{A}_d - \boldsymbol{H}\boldsymbol{C}\boldsymbol{A}_d)\tilde{\boldsymbol{x}}_{k-1}, \tag{8.261}$$

deren asymptotisches Verhalten mittels der Matrix $\boldsymbol{H}$ beliebig festgelegt werden kann, wenn das zugehörige System mit der Systemmatrix $\boldsymbol{A}_d$ und der „Ausgabematrix" $\boldsymbol{C}\boldsymbol{A}_d$ beobachtbar ist. Die Beobachtbarkeitsmatrix hat die Form

$$\begin{bmatrix} \boldsymbol{C}\boldsymbol{A}_d \\ \boldsymbol{C}\boldsymbol{A}_d^2 \\ \vdots \\ \boldsymbol{C}\boldsymbol{A}_d^n \end{bmatrix} = \begin{bmatrix} \boldsymbol{C}_d \\ \boldsymbol{C}\boldsymbol{A}_d \\ \vdots \\ \boldsymbol{C}\boldsymbol{A}_d^{n-1} \end{bmatrix} \boldsymbol{A}_d = \boldsymbol{R}\boldsymbol{A}_d. \tag{8.262}$$

Diese Matrix hat den Rang n, wenn $\boldsymbol{R}$ diesen Rang hat und die Systemmatrix $\boldsymbol{A}_d$ regulär ist. Bei einem Abtastsystem ist $\boldsymbol{A}_d = \boldsymbol{\Phi}(T)$ stets regulär. $\{\boldsymbol{A}_d, \boldsymbol{C}\boldsymbol{A}_d\}$ ist also genau dann beobachtbar, wenn das gegebene System $\{\boldsymbol{A}_d, \boldsymbol{B}_d\}$ beobachtbar ist.

Führt man

$$z_k \stackrel{\text{def}}{=} A_d \hat{x}_{k-1} + B_d u_{k-1} \tag{8.263}$$

ein, wird aus (8.260)

$$\hat{x}_k = z_k + H(y_k - Cz_k). \tag{8.264}$$

Betrachtet man (8.263) eine Abtastperiode später, so erhält man

$$z_{k+1} = A_d \hat{x}_k + B_d u_k. \tag{8.265}$$

(8.265) und (8.264) beschreiben zusammen den zeitdiskreten Mehrfachbeobachter, dessen Struktur Bild 8.20 zeigt.

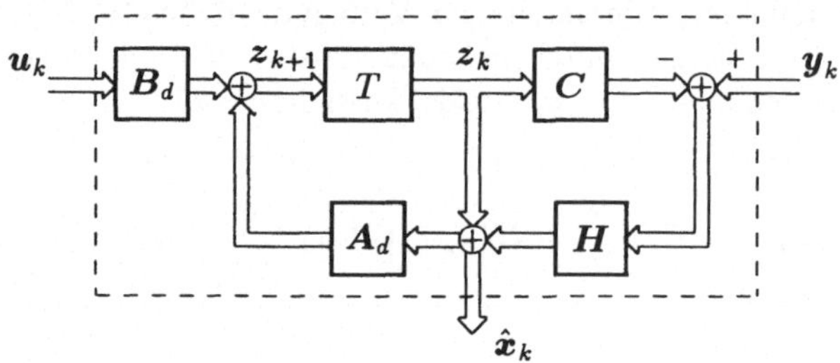

Bild 8.20: Zeitdiskreter Zustandsbeobachter für Mehrfachsysteme.

8.8.5 Reduzierter zeitdiskreter Beobachter für Mehrfachsysteme

Geht man davon aus, daß die mathematische Beschreibung für das zeitdiskrete Mehrfachsystem in Beobachtungsnormalform vorliegt, kann man entsprechend dem Vorgehen in Abschnitt 8.8.3 die Zustandsgleichung in die Form

$$\begin{bmatrix} x_{1,k+1} \\ x_{2,k+1} \end{bmatrix} = \begin{bmatrix} A_{11} & A_{12} \\ A_{21} & A_{22} \end{bmatrix} \begin{bmatrix} x_{1,k} \\ x_{2,k} \end{bmatrix} + \begin{bmatrix} B_1 \\ B_2 \end{bmatrix} u_k \tag{8.266}$$

bringen, wobei

$$x_{2,k} = W^{-1} y_k = \overline{C} x_{B,k} \tag{8.267}$$

die direkt meßbaren Systemzustände enthält und sich $x_{1,k}$ aus den restlichen Zustandsgrößen von $x_{B,k}$ zusammensetzt. Als Ausgangsgleichung kann man für

$$y_k^* \stackrel{\text{def}}{=} W^{-1} y_k$$

ansehen:

$$y_k^* = \begin{bmatrix} O & I \end{bmatrix} \begin{bmatrix} x_{1,k} \\ x_{2,k} \end{bmatrix}. \qquad (8.268)$$

Wird die zweite Zeile von (8.266) von links mit der Matrix H multipliziert und das Ergebnis von der ersten Zeile subtrahiert, erhält man

$$x_{k+1} - Hx_{k+1} = (A_{11} - HA_{21})x_{1,k} + (A_{12} - HA_{22})x_{2,k} + (B_1 - HB_2)u_k. \quad (8.269)$$

Addiert man zu dieser Gleichung die Identität (8.246) und führt den neuen Vektor

$$\xi_k \overset{\text{def}}{=} x_{1,k} - Hx_{2,k} \qquad (8.270)$$

ein, erhält man schließlich

$$\boxed{\xi_{k+1} = (A_{11} - HA_{21})\xi_k + \overline{W}y_k + \overline{B}u_k,} \qquad (8.271)$$

mit $\overline{W}$ nach (8.250) und $\overline{B}$ nach (8.251). Man erhält für den reduzierten zeitdiskreten Beobachter die gleiche Struktur wie für den zeitkontinuierlichen Beobachter in Bild 8.18, allerdings mit einem Schiebeelement der Abtastperiode T anstelle eines Integrators.

8.9 Ermittelbarkeit

Bei der Herleitung des vollständigen und des reduzierten Beobachters in den vorhergehenden Abschnitten wurde stets die vollständige Beobachtbarkeit des Systems vorausgesetzt. Wenn ein lineares zeitinvariantes System nicht vollständig beobachtbar ist, existiert nach Abschnitt 7.1 ein unbeobachtbarer Unterraum, der ein linearer Unterraum des n-dimensionalen Zustandsraums ist. Aus der Eingangs- und Ausgangsfunktion eines vollständig beobachtbaren linearen zeitinvarianten Systems kann der Zustandsvektor nur bis auf einen nicht vom Nullvektor unterscheidbaren additiven Vektor aus dem unbeobachtbaren Unterraum Kern(R) bestimmt werden. Es sei der Anfangszustand eines solchen Systems mit einem additiven Anteil im unbeobachtbaren Unterraum gegeben. Wenn der unbeobachtbare additive Anteil gleichzeitig eine Komponente in dem in Definition 8.9 eingeführten instabilen Unterraum $\mathcal{X}_i$ hat, würde dieser Anteil über alle Grenzen wachsen, ohne daß das am Ausgang des Systems registriert werden würde. Wäre dagegen der unbeobachtbare Unterraum Kern(R) in dem stabilen Unterraum enthalten, könnte das System, wenn es stabilisierbar ist, auch stabilisiert werden. Ein solches System wird deshalb *ermittelbar* genannt. Wird, wie in Abschnitt 8.5, der stabile Unterraum mit $\mathcal{X}_s$ bezeichnet, erhält man die

8.25 Definition: *Das lineare zeitinvariante System $\{A, B, C\}$ heißt* **ermittelbar**, *wenn der unbeobachtbare Unterraum $\mathrm{Kern}(R)$ in dem stabilen Unterraum $\mathcal{X}_s$ enthalten ist:*

$$\mathrm{Kern}(R) \subseteq \mathcal{X}_s. \tag{8.272}$$

Selbstverständlich gilt der

8.26 Satz: *Jedes vollständig beobachtbare und auch jedes asymptotisch stabile lineare zeitinvariante System ist ermittelbar.*

Dual zu Satz 8.11 kann der folgende Satz bewiesen werden:

8.27 Satz: *Die mathematische Beschreibung $\{A, B, C\}$ eines linearen zeitinvarianten Systems sei in die äquivalente mathematische Beschreibung*

$$\left.\begin{array}{c} \dot{\tilde{x}} \\ \tilde{x}_{k+1} \end{array}\right\} = \left[\begin{array}{cc} \tilde{A}_{11} & O \\ \tilde{A}_{21} & \tilde{A}_{22} \end{array}\right] \tilde{x} + \left[\begin{array}{c} \tilde{B}_1 \\ \tilde{B}_2 \end{array}\right] u \tag{8.273}$$

$$y = \left[\begin{array}{cc} \tilde{C}_1 & O \end{array}\right] \tilde{x} \tag{8.274}$$

durch eine Ähnlichkeitstransformation so transformiert, daß das Untersystem $\{\tilde{A}_{11}, \tilde{B}_1, \tilde{C}_1\}$ beobachtbar ist. Das System ist dann und nur dann ermittelbar, wenn die Eigenwerte der Untermatrix $\tilde{A}_{22}$ asymptotisch stabil sind.

8.10   Störgrößenbeobachtung und -aufschaltung

In Abschnitt 4.6 wurde gezeigt, daß bei einer meßbaren Störung durch eine zusätzliche Störgrößenaufschaltung ein günstigeres Gesamtsystemverhalten erzielt werden kann. Das wird im folgenden auch für Mehrfachsysteme gezeigt.

Der m-dimensionale Störgrößenvektor v wirke gemäß der Zustandsgleichung

$$\left.\begin{array}{c} \dot{x} \\ x_{k+1} \end{array}\right\} = Ax + Bu + Ev \tag{8.275}$$

auf das dynamische System. Außerdem sei der Störgrößenvektor gemäß Abschnitt 4.1 durch ein eigenes dynamisches System erzeugt gedacht:

$$\left.\begin{array}{c} \dot{\xi} \\ \xi_{k+1} \end{array}\right\} = A_s \xi, \tag{8.276}$$

$$v = C_s \xi, \tag{8.277}$$

wobei die Eigenwerte der Matrix $\boldsymbol{A_s}$ instabil seien, da sonst einige Störgrößen auch ohne Regelung verschwinden würden. Ohne Beschränkung der Allgemeinheit sei weiterhin angenommen, daß die Führungsgröße $\boldsymbol{w} \equiv \boldsymbol{o}$ sei. Gesucht ist eine Störgrößenaufschaltung

$$\boldsymbol{u} = \boldsymbol{S}\boldsymbol{v} \tag{8.278}$$

so, daß die Auswirkung des Störgrößenvektors auf die Regelgröße

$$\boldsymbol{y} = \boldsymbol{C}\boldsymbol{x} \tag{8.279}$$

möglichst klein wird. Für zeitkontinuierliche Systeme erhält man für die Regelgröße $(\boldsymbol{x}_0 = \boldsymbol{o})$

$$\boldsymbol{y}(t) = \int\limits_0^t \boldsymbol{C}\boldsymbol{\Phi}(t-\tau)[\boldsymbol{B}\boldsymbol{u}(\tau) + \boldsymbol{E}\boldsymbol{v}(\tau)]\mathrm{d}\tau \tag{8.280}$$

und für zeitdiskrete Systeme

$$\boldsymbol{y}_k = \sum_{i=0}^{k-1} \boldsymbol{C}\boldsymbol{A}_d^{k-1-i}[\boldsymbol{B}\boldsymbol{u}_i + \boldsymbol{E}\boldsymbol{v}_i]. \tag{8.281}$$

Wenn die Stellgröße $\boldsymbol{u}$ so gewählt werden könnte, daß

$$\boldsymbol{B}\boldsymbol{u} + \boldsymbol{E}\boldsymbol{v} = \boldsymbol{o} \tag{8.282}$$

ist, würden sich auf keinen Fall, ganz gleich, welches dynamische System (8.276),(8.277) den Störgrößenvektor erzeugt, die Störgrößen auf die Regelgrößen auswirken. Mit (8.278) erhält man die Forderung

$$\boldsymbol{B}\boldsymbol{S} + \boldsymbol{E} \overset{!}{=} \boldsymbol{O} \tag{8.283}$$

oder

$$\boldsymbol{B}\boldsymbol{S} = -\boldsymbol{E}. \tag{8.284}$$

Wenn $\boldsymbol{v} \in \mathrm{I\!R}^m$ ist, enthält (8.284) m lineare Gleichungssysteme

$$\boldsymbol{B}\boldsymbol{s}_i = -\boldsymbol{e}_i \tag{8.285}$$

für die gesuchten Spalten $\boldsymbol{s}_i$ der Rückkopplungsmatrix $\boldsymbol{S}$. Das lineare Gleichungssystem (8.285) hat nur dann eine Lösung $\boldsymbol{s}_i$, wenn der Vektor $-\boldsymbol{e}_i$ als Linearkombination der Spalten von $\boldsymbol{B}$ darstellbar ist, d.h., wenn

$$\boldsymbol{e}_i \in \mathrm{Bild}(\boldsymbol{B})$$

ist. Da das für alle i gelten muß, ist die Lösbarkeit der Gleichung (8.284) an die Voraussetzung

$$\mathrm{Bild}(\boldsymbol{E}) \subseteq \mathrm{Bild}(\boldsymbol{B}) \tag{8.286}$$

gebunden. Setzt man außerdem voraus, daß der Rang der $(n \times p)$-Matrix $\boldsymbol{B}$ gleich p ist, also alle Spalten der Eingabematrix $\boldsymbol{B}$ linear unabhängig sind, hat das Gleichungssystem (8.284) sogar eine eindeutige Lösung. Diese erhält man, indem zunächst Gleichung (8.284) von links mit der Matrix $\boldsymbol{B}^T$ multipliziert wird,

$$\boldsymbol{B}^T \boldsymbol{B}\boldsymbol{S} = -\boldsymbol{B}^T \boldsymbol{E}. \tag{8.287}$$

Da die $(p \times p)$-Matrix $B^T B$ regulär ist, kann (8.287) nach S aufgelöst werden und es ist endgültig

$$S = -(B^T B)^{-1} B^T E \qquad (8.288)$$

mit der Struktur in Bild 8.21.

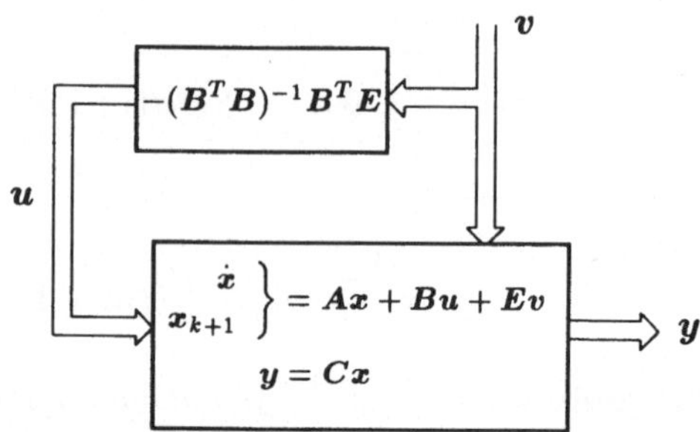

Bild 8.21: Störgrößenaufschaltung bei einem Mehrfachsystem.

Diese Syntheseformel behält aber auch dann einen Sinn, wenn die Bedingung (8.286) nicht erfüllt ist. In diesem Fall gibt es keine Matrix S so, daß (8.283) erfüllt ist. Trotzdem kann man aber anstreben, daß die Auswirkung von

$$\epsilon \stackrel{\text{def}}{=} Bu + Ev$$

in (8.280) bzw. (8.281) minimal wird, z.B. in dem Sinn, daß das Fehlerquadrat $\epsilon^T \epsilon$ durch eine entsprechende Wahl von u minimal wird. Notwendig dafür ist, daß

$$\frac{\mathrm{d}(\epsilon^T \epsilon)}{\mathrm{d}u} = o = \frac{\mathrm{d}}{\mathrm{d}u}(Bu + Ev)^T (Bu + Ev), \qquad (8.289)$$

d.h.

$$B^T Bu + BEv = o \qquad (8.290)$$

ist. Wenn die $(p \times p)$-Matrix $B^T B$ regulär ist, kann die Gleichung nach u aufgelöst werden

$$u = -(B^T B)^{-1} B^T Ev = Sv, \qquad (8.291)$$

und man erhält das gleiche Ergebnis wie in (8.288).

Ist der Störvektor ganz oder teilweise nicht meßbar, kann man sich dadurch helfen, daß man die Störgrößen mittels eines *Störgrößenbeobachters* rekonstruiert. Zu diesem Zweck wird das Systemmodell $\{A, B, C\}$ durch das Störgrößenmodell (8.276),(8.277) erweitert und man erhält z.B. für den zeitkontinuierlichen Fall

$$\begin{bmatrix} \dot{x}(t) \\ \dot{\xi}(t) \end{bmatrix} = \begin{bmatrix} A & EC_s \\ O & A_s \end{bmatrix} \begin{bmatrix} x(t) \\ \xi(t) \end{bmatrix} + \begin{bmatrix} B \\ O \end{bmatrix} u(t), \qquad (8.292)$$

$$y(t) = \begin{bmatrix} C & O \end{bmatrix} \begin{bmatrix} x(t) \\ \xi(t) \end{bmatrix}. \tag{8.293}$$

Für das erweiterte Systemmodell wird ein Zustandsbeobachter entworfen, der dann das mathematische Modell

$$\begin{bmatrix} \dot{\hat{x}}(t) \\ \dot{\hat{\xi}}(t) \end{bmatrix} = \begin{bmatrix} A & EC_s \\ O & A_s \end{bmatrix} \begin{bmatrix} \hat{x}(t) \\ \hat{\xi}(t) \end{bmatrix} + \begin{bmatrix} B \\ O \end{bmatrix} u(t) + \begin{bmatrix} H \\ H_s \end{bmatrix} [y(t) - Cx(t)] \tag{8.294}$$

hat und gleichzeitig den rekonstruierten Zustandsvektor $\hat{x}(t)$ und den rekonstruierten „Störzustand" $\hat{\xi}(t)$ liefert.

Obwohl man mit dem Störzustandsvektor $\hat{\xi}$ mehr Information über die Störung als mit dem Störvektor v zur Verfügung hat, kann man mittels einer Störzustandsaufschaltung

$$u = K_s \hat{\xi} \tag{8.295}$$

nicht mehr erreichen als mit einer Störgrößenaufschaltung $u = S\hat{v}$ mit $\hat{v} = C_s\hat{\xi}$. Denn in diesem Fall tritt in (8.280) bzw. (8.281) an die Stelle von $Bu + Ev$ der Ausdruck $BK_s\hat{\xi} + EC_s\xi$ und – wenn man von einer guten Übereinstimmung von $\hat{\xi}$ mit ξ ausgeht – die Forderung

$$BK_s + EC_s \stackrel{!}{=} O. \tag{8.296}$$

Da aber die $(m \times n_s)$-Matrix C_s den vollen Zeilenrang m und die $(n \times m)$-Matrix E den Spaltenrang m hat, ist Bild(EC_s) = Bild(E) und man erhält für die Matrix K_s nur dann eine eindeutige Lösung, wenn auch gemäß Forderung (8.286) für die Störgrößenaufschaltung S eine eindeutige Lösung existiert!

Insgesamt erhält man also für ein zustandsrückgekoppeltes System mit Zustands- und Störgrößenbeobachter und zusätzlicher Störgrößenaufschaltung die in Bild 8.22 skizzierte Struktur.

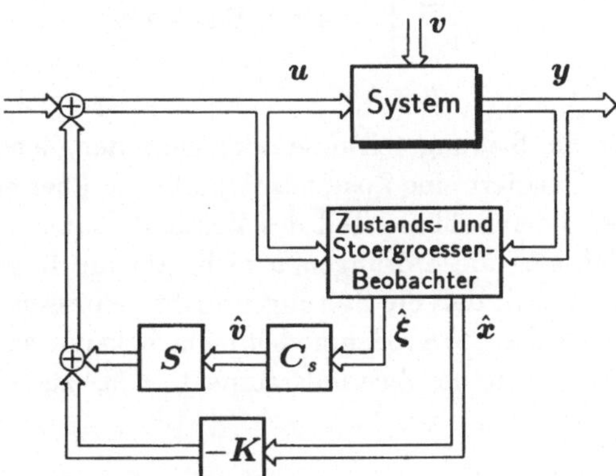

Bild 8.22: Zustandsrückführung und Störgrößenaufschaltung über einen Zustands- und Störgrößenbeobachter.

8.11 Geometrische Theorie der Störgrößenentkopplung

Nach Satz 8.4 ändert sich durch eine Zustandsrückführung $u = w - Kx$ nichts an der Steuerbarkeit eines Systems $\{A, B\}$. Diese Aussage gilt aber nicht hinsichtlich der Systemeigenschaft Beobachtbarkeit: Wenn $\{A, B, C\}$ vollständig beobachtbar ist, muß $\{A - BK, B, C\}$ *nicht* vollständig beobachtbar sein!

8.28 Beispiel: Das lineare System

$$\dot{x} = \begin{bmatrix} 0 & 1 \\ 0 & 0 \end{bmatrix} x + \begin{bmatrix} 1 \\ 1 \end{bmatrix} u; \quad y = \begin{bmatrix} 1 & 0 \end{bmatrix} x$$

ist vollständig beobachtbar, denn die Beobachtbarkeitsmatrix

$$R = \begin{bmatrix} c^T \\ c^T A \end{bmatrix} = \begin{bmatrix} 1 & 0 \\ 0 & 1 \end{bmatrix} = I$$

ist regulär. Führt man jedoch die Zustandsrückführung

$$u = w - k^T x = w - \begin{bmatrix} 0 & 1 \end{bmatrix} x$$

ein, ist das rückgekoppelte System

$$\begin{aligned} \dot{x} &= (A - bk^T)x + bw \\ &= \begin{bmatrix} 0 & 0 \\ 0 & -1 \end{bmatrix} x + \begin{bmatrix} 1 \\ 1 \end{bmatrix} w, \\ y &= c^T x \end{aligned}$$

zwar nach wie vor vollständig steuerbar, aber nicht mehr vollständig beobachtbar!   □

Ist jetzt ein durch die Störung v beeinflußtes lineares System mit der mathematischen Beschreibung

$$\left. \begin{aligned} \dot{x} \\ x_{k+1} \end{aligned} \right\} = Ax + Bu + Ev \tag{8.297}$$

$$y = Cx \tag{8.298}$$

gegeben, so beeinflußt die Störung teilweise oder ganz den Zustandsraum und es ist naheliegend zu fragen: Existiert eine Zustandsrückführung über eine Matrix K so, daß der von den Störungen beeinflußbare Teil des Zustandsraums von y aus nicht mehr beobachtbar ist, so daß sich die Störungen v nicht auf die Regelgröße y auswirken? Das hätte den großen Vorteil, daß die Störung v nicht gemessen oder rekonstruiert zu werden braucht und auch das Störgrößenmodell nicht bekannt sein muß.

Zunächst ist der Unterraum des Zustandsraums $\mathcal{X} = \mathbb{R}^n$ zu bestimmen, der von der Störung beeinflußt werden kann.

8.29 Definition: *Der Zustand x des Systems mit der mathematischen Beschreibung* (8.297), (8.298) *heißt* **störbar,** *wenn eine endliche Zeit t_N und eine Störfunktion $v_{[0,t_N]}$ so existiert, daß der Anfangszustand $x(0) = o$ in den Zustand $x(t_N) = x$ überführt wird, während $u \equiv o$ ist.*

Faßt man die Störgröße v als Eingangsgröße auf, die über die Eingabematrix E auf das System wirkt, erhält man in Analogie zur Steuerbarkeitsmatrix die *Störbarkeitsmatrix*

$$W_{A,E} \stackrel{\text{def}}{=} \left[\ E \quad AE \quad \cdots \quad A^{n-1}E\ \right] \in \mathbb{R}^{n \times (nm)} \tag{8.299}$$

und die

8.30 Definition: *Der von den Spalten der* **Störbarkeitsmatrix** *W aufgespannte Unterraum*

$$\mathcal{W} \stackrel{\text{def}}{=} \text{Bild}(W_{A,E}) \tag{8.300}$$

heißt **störbarer Unterraum** *des linearen Systems* (8.297), (8.298).

Wie wirkt die Störgröße v auf die Regelgröße y? Für $u \equiv o$ und den Anfangszustand $x(0) = o$ erhält man bei zeitkontinuierlichen Systemen

$$y(t) = C \int_0^t e^{A(t-\tau)} E v(\tau) \mathrm{d}\tau \tag{8.301}$$

oder mit

$$\int_0^t e^{A(t-\tau)} E v(\tau) \mathrm{d}\tau = \sum_{i=0}^{n-1} A^i E \int_0^t \alpha_i(t-\tau) v(\tau) \mathrm{d}\tau \tag{8.302}$$

nach (2.125) und dem Satz von Cayley-Hamilton

$$y(t) = \sum_{i=0}^{n-1} C A^i E \int_0^t \alpha_i(t-\tau) v(\tau) \mathrm{d}\tau. \tag{8.303}$$

Die Bedingung dafür, daß die Regelgröße $y(t) \equiv o$, also von jedem möglichen Störvektor v unbeeinflußt bleibt, ist gegeben durch

$$C A^i E = O \quad \text{für}\quad i = 0, 1, \ldots, n-1. \tag{8.304}$$

Für jeden Vektor

$$\boldsymbol{\xi}_i \in \text{Bild}(A^i E) \tag{8.305}$$

ist

$$C \boldsymbol{\xi}_i = o, \tag{8.306}$$

also ist

$$\boldsymbol{\xi}_i \in \text{Kern}(C). \tag{8.307}$$

Da

$$\boldsymbol{\xi}_i \in \mathcal{W}_{A,E} = \text{Bild}(W_{A,E}) \tag{8.308}$$

ist, gilt der

8.31 Satz: *Die Störgröße v hat genau dann keinen Einfluß auf die Regelgröße y,*
    wenn gilt

$$W_{A,E} = \text{Bild}(W_{A,E}) \subseteq \text{Kern}(C). \tag{8.309}$$

Da zu dem linearen Unterraum $\text{Bild}(W_{A,E})$ auch unbedingt der allein durch die
Spalten der Matrix E aufgespannte Unterraum gehört, ist eine notwendige Bedingung
dafür, daß (8.309) erfüllt ist,

$$\text{Bild}(E) \subseteq \text{Bild}(W_{A,E}) \subseteq \text{Kern}(C), \tag{8.310}$$

also, wenn nur eine Störgröße v und nur eine Regelgröße y vorhanden sind, die Bedingung

$$\text{Bild}(e) \subseteq \text{Kern}(c^T), \tag{8.311}$$

für die auch

$$c^T e = 0 \tag{8.312}$$

geschrieben werden kann. Diese Bedingung wird in den seltensten Fällen bei Einfachsystemen erfüllt sein; deshalb ist die geometrische Theorie nur für Mehrfachsysteme
relevant.

Die allgemeine Frage heißt jetzt also: Wenn

$$\text{Bild}(E) \subseteq \text{Kern}(C) \tag{8.313}$$

ist, aber

$$\text{Bild}(W_{A,E}) \not\subseteq \text{Kern}(C) \tag{8.314}$$

gilt, existiert dann eine Zustandsrückführung

$$u = -Kx \tag{8.315}$$

so, daß

$$\text{Bild}(W_{A-BK,E}) \subseteq \text{Kern}(C) \tag{8.316}$$

wird, wobei

$$W_{A-BK,E} \stackrel{\text{def}}{=} \left[\, E \mid (A-BK)E \mid \cdots \mid (A-BK)^{n-1}E \,\right] \tag{8.317}$$

ist?

Gesucht wird eine Rückkopplungsmatrix K so, daß

$$C(A-BK)^i E = O$$

für alle $i = 0, 1, \ldots, n-1$ ist, d.h.,

$$(A-BK)^i \text{Bild}(E) \subseteq \text{Kern}(C). \tag{8.318}$$

Diese Bedingung ist gewiß dann erfüllt, wenn

$$(A-BK)\text{Bild}(E) \subseteq \text{Bild}(E) \tag{8.319}$$

ist, denn dann ist, mit

$$\mathcal{E} \overset{\text{def}}{=} \text{Bild}(\boldsymbol{E}) \tag{8.320}$$

und

$$\mathcal{V} \overset{\text{def}}{=} \text{Kern}(\boldsymbol{C}), \tag{8.321}$$

unter der Voraussetzung (8.313)

$$\mathcal{E} \subseteq \mathcal{V} \tag{8.322}$$

auch

$$(\boldsymbol{A} - \boldsymbol{B}\boldsymbol{K})\mathcal{E} \subseteq \mathcal{E} \subseteq \mathcal{V} \tag{8.323}$$

und

$$(\boldsymbol{A} - \boldsymbol{B}\boldsymbol{K})^i\mathcal{E} \subseteq \mathcal{E} \subseteq \mathcal{V}. \tag{8.324}$$

Das kann man zu dem folgenden Satz zusammenfassen:

8.32 Satz: *Wenn $\mathcal{E} \subseteq \mathcal{V}$ ist und eine Rückkopplungsmatrix $\boldsymbol{K}$ so existiert, daß*

$$(\boldsymbol{A} - \boldsymbol{B}\boldsymbol{K})\mathcal{E} \subseteq \mathcal{E} \tag{8.325}$$

ist, dann hat der Störvektor $\boldsymbol{v}$ in dem System (8.297), (8.298) mit der Zustandsrückführung $\boldsymbol{u} = -\boldsymbol{K}\boldsymbol{x}$ keinen Einfluß mehr auf die Regelgröße $\boldsymbol{y}$.

Die in Satz 8.32 angegebene hinreichende Bedingung für eine Störgrößenentkopplung ist zu einschränkend und kann, wie im folgenden gezeigt wird, gemildert werden. Hierzu betrachten wir in Anlehnung an [LUDYK,1990] ein System dritter Ordnung mit einer Eingangsgröße u, einer Störgröße v und zwei Ausgangsgrößen y_1 und y_2 sowie der mathematischen Beschreibung

$$\dot{\boldsymbol{x}} = \boldsymbol{A}\boldsymbol{x} + \boldsymbol{b}u + \boldsymbol{e}v, \tag{8.326}$$

$$\boldsymbol{y} = \boldsymbol{C}\boldsymbol{x}. \tag{8.327}$$

Der störbare Unterraum ist gegeben durch

$$\text{Bild}(\boldsymbol{W}_{A,e}) = \text{Bild}([\ \boldsymbol{e}\ |\ \boldsymbol{A}\boldsymbol{e}\ |\ \boldsymbol{A}^2\boldsymbol{e}\ ]). \tag{8.328}$$

Der Unterraum

$$\text{Kern}(\boldsymbol{C}) = \text{Kern}\left(\begin{bmatrix} \boldsymbol{c}_1^T \\ \boldsymbol{c}_2^T \end{bmatrix}\right) \tag{8.329}$$

ist, wenn $\boldsymbol{c}_1$ und $\boldsymbol{c}_2$ linear unabhängig sind, eindimensional und senkrecht sowohl zum Vektor $\boldsymbol{c}_1$ als auch zum Vektor $\boldsymbol{c}_2$. Auch wenn der Vektor $\boldsymbol{e}$ in Kern($\boldsymbol{C}$) liegt, siehe Bild 8.23, müssen i. allg. die Vektoren $\boldsymbol{A}\boldsymbol{e}$ und $\boldsymbol{A}^2\boldsymbol{e}$ nicht auch in Kern($\boldsymbol{C}$) liegen, es wird vielmehr i. allg. gelten

$$\boldsymbol{A}\boldsymbol{e} \notin \text{Kern}(\boldsymbol{C}) \quad \text{und} \quad \boldsymbol{A}^2\boldsymbol{e} \notin \text{Kern}(\boldsymbol{C}). \tag{8.330}$$

Wann existiert eine Zustandsrückkopplung $\boldsymbol{u} = -\boldsymbol{k}^T\boldsymbol{x}$ so, daß

$$(\boldsymbol{A} - \boldsymbol{b}\boldsymbol{k}^T)\boldsymbol{e} = \boldsymbol{A}\boldsymbol{e} - \boldsymbol{b}\boldsymbol{k}^T\boldsymbol{e} \in \text{Kern}(\boldsymbol{C}) \tag{8.331}$$

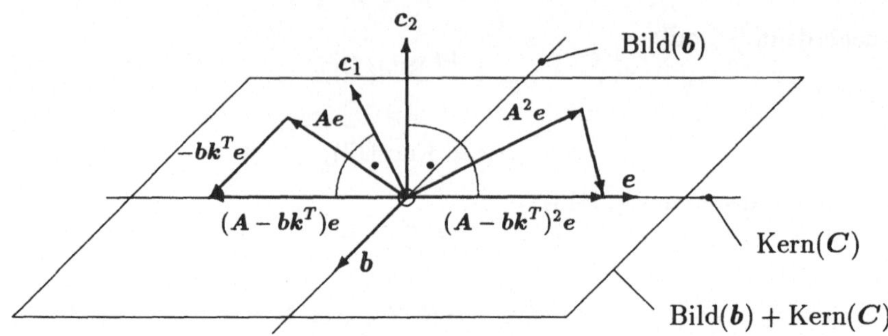

Bild 8.23: Nullraum Kern(C).

ist? Zu Ae kommt der Vektor

$$-bk^Te = -b(k^Te) = \alpha b \in \text{Bild}(b) \qquad (8.332)$$

hinzu. Damit (8.331) erfüllt werden kann, muß

$$Ae \in \text{Kern}(C) + \text{Bild}(b) \qquad (8.333)$$

sein, d.h. in der durch $\mathcal{V} = \text{Kern}(C)$ und $\mathcal{B} = \text{Bild}(b)$ aufgespannten Ebene liegen, siehe auch Bild 8.23. Im allgemeinen kann also jeder Vektor $A\xi \in \mathcal{V}$, der in der Ebene bzw. der Hyperebene

$$\mathcal{V} + \text{Bild}(B) = \mathcal{V} + \mathcal{B}$$

liegt, durch Addition eines Vektors $-BK\xi$, der in $\mathcal{B}$ liegt, nach $\mathcal{V}$ gebracht werden. Liegt umgekehrt der Vektor $A\xi$ nicht in der Ebene $\mathcal{B} + \mathcal{V}$, kann auch keine Matrix K so gewählt werden, daß

$$(A - BK)\xi \in \mathcal{V}$$

ist. Es gilt der

8.33 Satz: *Es existiert genau dann eine Rückkopplungsmatrix $K \in \mathbb{R}^{p\times n}$ so, daß*

$$(A - BK)\mathcal{V} \subset \mathcal{V} \qquad (8.334)$$

ist, wenn

$$A\mathcal{V} \subseteq \mathcal{B} + \mathcal{V} \qquad (8.335)$$

ist.

Einen Unterraum $\mathcal{V}$, für den (8.335) gilt, besitzt eine besondere Eigenschaft:

8.34 Definition: *Der Unterraum $\mathcal{V}$ von $\mathcal{X}$ heißt $(A, \mathcal{B})$-invariant, wenn*

$$A\mathcal{V} \subseteq \mathcal{B} + \mathcal{V}. \qquad (8.336)$$

Diese Definition darf nicht mit der folgenden Definition verwechselt werden:

8.35 Definition: *Der Unterraum $\mathcal{V}$ von $\mathcal{X}$ heißt A-invariant, wenn*

$$A\mathcal{V} \subseteq \mathcal{V}. \tag{8.337}$$

Mit diesen beiden Eigenschaften kann der Satz 8.33 auch so formuliert werden:

8.36 Satz: *Der Unterraum $\mathcal{V}$ ist genau dann $(A, \mathcal{B})$-invariant, wenn eine Rückkopplungsmatrix $K \in \mathbb{R}^{p \times n}$ so existiert, daß der Unterraum $\mathcal{V}$ $(A - BK)$-invariant ist.*

Beweis: 1. Zunächst wird bewiesen: $\mathcal{V}$ ist $(A - BK)$-invariant $\Rightarrow$ $\mathcal{V}$ ist $(A, \mathcal{B})$-invariant. Wenn $(A - BK)\mathcal{V} \subseteq \mathcal{V}$, dann gilt für jedes $x \in \mathcal{V}$ auch $Ax - BKx \in \mathcal{V}$. Da $BKx = -Bu \in \mathcal{B}$, ist $Ax \in \mathcal{V} + \mathcal{B}$: $\mathcal{V}$ ist $(A, \mathcal{B})$-invariant.

2. Jetzt ist noch zu zeigen: $\mathcal{V}$ ist $(A, \mathcal{B})$-invariant $\Rightarrow$ $\mathcal{V}$ ist $(A - BK)$-invariant. Seien die Vektoren $v_1, v_2, \ldots, v_r$ eine Basis des $(A, \mathcal{B})$-invarianten Unterraums $\mathcal{V}$. Dann muß für jeden Basisvektor v_i ein Vektor u_i so existieren, daß $Av_i + Bu_i \in \mathcal{V}$ ist. Außerdem muß für jedes Paar (u_i, v_i) eine Matrix $K \in \mathbb{R}^{p \times n}$ so existieren, daß $u_i = Kv_i$ ist; zusammengefaßt $\begin{bmatrix} u_1 & \cdots & u_r \end{bmatrix} = -K \begin{bmatrix} v_1 & \cdots & v_r \end{bmatrix}$, d.h.,

$$U = -KV \tag{8.338}$$

oder

$$(-V^T)K^T = U^T. \tag{8.339}$$

Da r von den n r-dimensionalen Spalten von $-V^T$ linear unabhängig sind, existiert immer eine Matrix K so, daß (8.339) erfüllt ist. Damit ist aber

$$Av_i - BKv_i = (A - BK)v_i \in \mathcal{V}, \tag{8.340}$$

also ist $(A - BK)\mathcal{V} \subseteq \mathcal{V}$. $\qquad\qquad\square$

Um einen möglichst großen *Störraum* $\mathcal{E}$ unterdrücken zu können (groß bezüglich der Dimension), sucht man den größten Unterraum $\mathcal{V}^*$, der noch in Kern(C) enthalten ist und außerdem $(A, \mathcal{B})$-invariant ist. $\mathcal{V}^*$ ist also von den Systemmatrizen A, B und C abhängig, es ist

$$\mathcal{V}^* = \mathcal{V}^*(A, B, C).$$

Ein solcher Unterraum existiert immer, denn $\mathcal{V} = \{o\}$ ist beispielsweise $(A, \mathcal{B})$-invariant und in Kern(C) enthalten. Gäbe es zwei verschiedene größte Unterräume mit diesen Eigenschaften, nämlich $\mathcal{V}_1^*$ und $\mathcal{V}_2^*$, dann hätte deren Summe $\mathcal{V}_1^* + \mathcal{V}_2^*$ auch wieder diese Eigenschaft, da die Summe zweier $(A, \mathcal{B})$-invarianter Unterräume auch wieder $(A, \mathcal{B})$-invariant ist und auch die Summe zweier in Kern(C) enthaltenen Unterräume ebenfalls wieder in Kern(C) ist. Da die Unterräume maximale Dimension haben sollen, ist $\mathcal{V}_1^* = \mathcal{V}_1^* + \mathcal{V}_2^* = \mathcal{V}_2^*$, d.h., es gibt einen eindeutigen größten Unterraum $\mathcal{V}^*$. Außerdem muß jeder $(A, \mathcal{B})$-invariante Unterraum $\mathcal{V}$, der auch die Bedingung $\mathcal{V} \subseteq$ Kern(C) erfüllt, ein Unterraum von $\mathcal{V}^*$ sein. Wenn also irgendeiner dieser Unterräume den Unterraum $\mathcal{E} = \text{Bild}(E)$ enthält, dann ist auch $\mathcal{E} \subseteq \mathcal{V}^*$. Es gilt also insgesamt der

8.37 Satz: *Für das Störungsentkopplungsproblem existiert genau dann eine Lösung, wenn*

$$\text{Bild}(E) \subseteq \mathcal{V}^*(A, B, C). \tag{8.341}$$

Es bleibt jetzt noch das Problem zu lösen, wie man $\mathcal{V}^*$ für ein gegebenes System $\{A, B, C\}$ ermittelt.

8.38 Satz:

> *Wählt man*
>
> $$\mathcal{V}_0 = \mathrm{Kern}(C) \tag{8.342}$$
>
> *und*
>
> $$\mathcal{V}_i = \mathrm{Kern}(C) \cap A^{-1}(\mathcal{B} + \mathcal{V}_{i-1}), \tag{8.343}$$
>
> *dann ist*
>
> $$\mathcal{V}_k = \mathcal{V}^*(A, B, C), \tag{8.344}$$
>
> *wobei* $k \leq n$ *durch die Bedingung* $\mathcal{V}_{k+1} = \mathcal{V}_k$ *festgelegt ist.*

Beweis: Unter $A^{-1}(\mathcal{B} + \mathcal{V})$ wird hierbei die Menge $\{x : Ax \in (\mathcal{B} + \mathcal{V})$ und $x \in \mathcal{V}\}$ verstanden. Die Folge $\mathcal{V}_0, \mathcal{V}_1, \mathcal{V}_2, \dots$ der mittels (8.342),(8.343) konstruierten Unterräume kann bezüglich der Dimension nie zunehmen, d.h., der Unterraum $\mathcal{V}_0$ hat die größte in der Folge auftretende Dimension, nämlich die Dimension $\dim(\mathrm{Kern}(C))$. Es ist also $\mathcal{V}_1 \subseteq \mathcal{V}_0$, und wenn $\mathcal{V}_i \subseteq \mathcal{V}_{i-1}$ ist, dann gilt auch

$$\mathcal{V}_{i+1} = \mathrm{Kern}(C) \cap A^{-1}(\mathcal{B} + \mathcal{V}_i) \subseteq \mathrm{Kern}(C) \cap A^{-1}(\mathcal{B} + \mathcal{V}_{i-1}) = \mathcal{V}_i. \tag{8.345}$$

Bei jedem Schritt kann sich die Dimension von $\mathcal{V}_i$ mindestens um eins verkleinern, d.h., für ein bestimmtes $r \leq \dim(\mathrm{Kern}(C))$ wird $\mathcal{V}_{r+1} = \mathcal{V}_r = \mathcal{V}^*$ und es ist $\mathcal{V}_{r+i} = \mathcal{V}^*$ für alle $i \geq 1$.
Jetzt ist noch zu zeigen, daß $\mathcal{V}_r$ $(A, \mathcal{B})$-invariant und in $\mathrm{Kern}(C)$ enthalten ist. Da $A\mathcal{V} \subseteq \mathcal{V} + \mathcal{B}$ gleichbedeutend mit

$$\mathcal{V} \subseteq A^{-1}(\mathcal{V} + \mathcal{B}) \tag{8.346}$$

ist, erfüllt ein $(A, \mathcal{B})$-invarianter Unterraum auch (8.346). Sei jetzt $\mathcal{V} \subseteq \mathcal{V}_0 = \mathrm{Kern}(C)$ und $(A, \mathcal{B})$-invariant. Wenn jetzt auch $\mathcal{V} \subseteq \mathcal{V}_{i-1}$ ist, dann ist auch

$$\mathcal{V} = \mathrm{Kern}(C) \cap A^{-1}(\mathcal{B} + \mathcal{V}) \subseteq \mathrm{Kern}(C) \cap A^{-1}(\mathcal{B} + \mathcal{V}_{i-1}) = \mathcal{V}_i.$$

Es ist also $\mathcal{V} \subseteq \mathcal{V}_r \subseteq \mathrm{Kern}(C)$ ein $(A, \mathcal{B})$-invarianter Unterraum, der gleichzeitig auch in $\mathrm{Kern}(C)$ enthalten ist. $\qquad\square$

Die Sätze 8.37 und 8.38 liefern eine konstruktive Methode für die Lösung des Problems der Störungsentkopplung. Notwendig ist vor allem, daß $\mathcal{E} \subseteq \mathrm{Kern}(C)$ ist, was gleichbedeutend mit $CE = O$. Wenn diese Forderung erfüllt ist und zusätzlich mindestens so viele Eingangsgrößen wie Störgrößen existieren ($p \geq m$), dann ist das Störungsentkopplungsproblem fast immer lösbar. Allerdings kann nicht garantiert werden, daß zusätzliche Forderungen erfüllbar sind, z.B., daß das rückgekoppelte System mit der Systemmatrix $A - BK$ auch asymptotisch stabil ist.

Das konkrete Vorgehen bei einem Störungsentkopplungsproblem soll an einem Beispiel aus [DRÜCKE] veranschaulicht und diskutiert werden.

8.39 Beispiel: Ein Flugzeug habe fünf Treibstoffbehälter, deren Füllstände die Zustände x_1 bis x_5 darstellen. Die Trimmlage des Flugzeugs wird durch die Füllstände beeinflußt und soll regelungstechnisch stabilisiert werden. Die mathematische Beschreibung des linearisierten Modells sei gegeben durch

$$\dot{x}(t) = \underbrace{\begin{bmatrix} a_{11} & a_{12} & 0 & 0 & 0 \\ a_{21} & a_{22} & a_{23} & 0 & 0 \\ 0 & a_{32} & a_{33} & a_{34} & 0 \\ 0 & 0 & a_{43} & a_{44} & a_{45} \\ 0 & 0 & 0 & a_{54} & a_{55} \end{bmatrix}}_{A} x(t) + \underbrace{\begin{bmatrix} 0 & 0 & 0 \\ b_{21} & 0 & 0 \\ 0 & 0 & 0 \\ 0 & 0 & b_{43} \\ 0 & b_{52} & 0 \end{bmatrix}}_{B} u(t) + \underbrace{\begin{bmatrix} 0 & 0 \\ 0 & 0 \\ 1 & 0 \\ 0 & 1 \\ 0 & 0 \end{bmatrix}}_{E} v(t), \qquad (8.347)$$

$$y(t) = \underbrace{\begin{bmatrix} 1 & 0 & 0 & 0 & 0 \\ 0 & 0 & 0 & 0 & 1 \end{bmatrix}}_{C} x(t). \qquad (8.348)$$

Die Elemente a_{ij} der Systemmatrix A beschreiben die Kopplung der Treibstoffbehälter über Rohrleitungen. Die Stelleingriffe über Pumpen oder Drosseln beschreiben die Elemente b_{ij} der Eingabematrix B. Die Ausgabematrix ergibt als Regelgröße y_1 den Füllstand x_1 und als Regelgröße y_2 den Füllstand x_5. Die Matrix E modelliert als Störeinflüsse die Entnahme von Treibstoff aus dem dritten und vierten Treibstoffbehälter.

Für die Berechnung des maximalen (A, B)-invarianten Unterraums $\mathcal{V}^*$ gemäß Satz 8.38 wird zunächst eine Basis für den Unterraum Kern(C) benötigt. Bezeichnet man mit i_j den j-ten Spaltenvektor der (5×5)-Einheitsmatrix I, dann ist leicht einzusehen, daß die drei Vektoren i_2, i_3 und i_4 eine solche Basis bilden:

$$\text{Basis}\{\text{Kern}(C)\} = \{i_2, i_3, i_4\}. \qquad (8.349)$$

Für $\mathcal{B} = \text{Bild}(B)$ bilden i_2, i_4 und i_5 eine Basis:

$$\text{Basis}\{\text{Bild}(B)\} = \{i_2, i_4, i_5\}. \qquad (8.350)$$

Nach Satz 8.38 ist

$$\mathcal{V}_0 = \text{Kern}(C) \qquad (8.351)$$

und

$$\mathcal{V}_i = \text{Kern}(C) \cap A^{-1}(\mathcal{B} + \mathcal{V}_{i-1}), \qquad (8.352)$$

d.h. es ist

$$\mathcal{V}_1 = \text{Kern}(C) \cap A^{-1}(\mathcal{B} + \mathcal{V}_0). \qquad (8.353)$$

Für die Vereinigung von $\mathcal{B}$ und $\mathcal{V}_0$ erhält man zunächst

$$\mathcal{B} + \text{Kern}(C) = \text{Bild}([\, i_2 \quad i_4 \quad i_5 \,]) + \text{Bild}([\, i_2 \quad i_3 \quad i_4 \,]) = \text{Bild}([\, i_2 \quad i_3 \quad i_4 \quad i_5 \,]) \qquad (8.354)$$

und für die Menge aller Vektoren ξ, für die $A\xi \in \mathcal{B} + \mathcal{V}_0$ ist, erhält man

$$A^{-1}(\mathcal{B} + \mathcal{V}_0) = \text{Bild}([\, i_3 \quad i_4 \quad i_5 \,]), \qquad (8.355)$$

wenn man davon ausgeht, daß alle $a_{ij} \neq 0$ sind. Mit (8.355) und (8.349) erhält man gemäß (8.353)

$$\mathcal{V}_1 = \text{Bild}([\, i_2 \quad i_3 \quad i_4 \,]) \cap \text{Bild}([\, i_3 \quad i_4 \quad i_5 \,]) = \text{Bild}([\, i_3 \quad i_4 \,]). \qquad (8.356)$$

Für die Berechnung von $\mathcal{V}_2$ wird die Vereinigung von $\mathcal{V}_1$ mit $\mathcal{B}$ benötigt:

$$\mathcal{B} + \mathcal{V}_1 = \text{Bild}([\, i_2 \quad i_4 \quad i_5 \,]) + \text{Bild}([\, i_3 \quad i_4 \,]) = \text{Bild}([\, i_2 \quad i_3 \quad i_4 \quad i_5 \,]). \qquad (8.357)$$

Daraus erhält man für

$$A^{-1}(\mathcal{B} + \mathcal{V}_1) = \text{Bild}([\, i_3 \quad i_4 \quad i_5 \,]), \qquad (8.358)$$

also das gleiche Ergebnis wie für $A^{-1}(\mathcal{B} + \mathcal{V}_0)$ in (8.355), d.h., $\mathcal{V}_2$ ist gleich $\mathcal{V}_1$ und damit hat man den maximalen (A, B)-invarianten Unterraum

$$\underline{\mathcal{V}^*} = \mathcal{V}_1 = \mathcal{V}_2 = \underline{\text{Bild}([\, i_3 \mid i_4 \,])} \qquad (8.359)$$

ermittelt.

Als nächstes ist die Existenzbedingung (8.341) $\mathrm{Bild}(E) \subseteq \mathcal{V}^*$ des Satzes 8.37 zu überprüfen. Aus der Matrix E kann man direkt ablesen

$$\mathrm{Bild}(E) = \mathrm{Bild}([\; i_3 \quad i_4 \;]), \tag{8.360}$$

d.h. es ist $\mathrm{Bild}(E) = \mathcal{V}^*$ und es existiert eine Rückkopplungsmatrix K so, daß das rückgekoppelte System störgrößenentkoppelt ist.

Nach Lemma 8.36 muß jetzt K so bestimmt werden, daß $\mathcal{V}^*$ ein $(A - BK)$-invarianter Unterraum ist, d.h. es muß gelten

$$(A - BK)\mathcal{V}^* \subseteq \mathcal{V}^*, \tag{8.361}$$

also

$$(A - BK)\mathrm{Bild}([\; i_3 \quad i_4 \;]) \subseteq \mathrm{Bild}([\; i_3 \quad i_4 \;]). \tag{8.362}$$

Für i_3 muß

$$(A - BK)i_3 \in \mathrm{Bild}([\; i_3 \quad i_4 \;]) = \mathcal{V}^* \tag{8.363}$$

sein, oder

$$Ai_3 - BKi_3 = A \begin{bmatrix} 0 \\ 0 \\ 1 \\ 0 \\ 0 \end{bmatrix} - B \begin{bmatrix} k_{13} \\ k_{23} \\ k_{33} \end{bmatrix} = \begin{bmatrix} 0 \\ a_{23} \\ a_{33} \\ a_{43} \\ 0 \end{bmatrix} - \begin{bmatrix} 0 \\ b_{21}k_{13} \\ 0 \\ b_{43}k_{33} \\ b_{52}k_{23} \end{bmatrix} \stackrel{!}{\in} \mathrm{Bild}([\; i_3 \quad i_4 \;]). \tag{8.364}$$

Damit (8.364) erfüllt ist, muß sowohl

$$a_{23} - b_{21}k_{13} = 0 \tag{8.365}$$

als auch

$$b_{52}k_{23} = 0 \tag{8.366}$$

gelten. Damit erhält man für die beiden Koeffizienten k_{13} und k_{23} der Rückkopplungsmatrix K die Bedingungen

$$\underline{\underline{k_{13} = a_{23}/b_{21}}} \tag{8.367}$$

und

$$\underline{\underline{k_{23} = 0.}} \tag{8.368}$$

Für i_4 muß ebenfalls

$$(A - BK)i_4 \in \mathrm{Bild}([\; i_3 \quad i_4 \;]) = \mathcal{V}^* \tag{8.369}$$

sein, d.h.

$$Ai_4 - BKi_4 = \begin{bmatrix} 0 \\ 0 \\ 0 \\ a_{44} \\ a_{54} \end{bmatrix} - \begin{bmatrix} 0 \\ b_{21}k_{14} \\ 0 \\ b_{43}k_{34} \\ b_{52}k_{24} \end{bmatrix} \stackrel{!}{\in} \mathrm{Bild}([\; i_3 \mid i_4 \;]). \tag{8.370}$$

Damit (8.370) erfüllt ist, muß gelten

$$b_{21}k_{14} = 0 \quad \text{und} \quad a_{54} = b_{52}k_{24},$$

woraus sowohl

$$\underline{\underline{k_{14} = 0}}$$

als auch

$$\underline{\underline{k_{24} = a_{54}/b_{52}}}$$

folgt. In der Rückkopplungesmatrix K sind also nur die vier Elemente k_{13}, k_{23}, k_{14} und k_{24} vorgeschrieben:

$$K = \begin{bmatrix} * & * & a_{23}/b_{21} & 0 & * \\ * & * & 0 & a_{54}/b_{52} & * \\ * & * & * & * & * \end{bmatrix}.$$

Über die übrigen Matrixelemente ∗ kann frei verfügt werden, z.B. um zusätzlich die Eigenwerte des rückgekoppelten Systems zu plazieren.   □

Im allgemeinen hat man es bei der geometrischen Theorie der Störgrößenentkopplung mit den drei verschiedenen Aufgabenstellungen zu tun [KNOBLOCH/KWAKERNAAK]:

1. Der Ausgang y soll vom Störsignal v vollkommen entkoppelt sein.
2. Der Ausgang y soll vom Störsignal v vollkommen entkoppelt sein und sämtliche Eigenwerte von $A - BK$ sollen im asymptotisch stabilen Gebiet der komplexen Zahlenebene liegen.
3. Der Ausgang y soll vom Störsignal v vollkommen entkoppelt und das charakteristische Polynom der Matrix $A - BK$ gleich einem beliebig vorgegebenen reellen Polynom sein.

Die Aufgabe (1) wurde ausführlich in diesem Abschnitt behandelt. Die Probleme (2) und (3) werden ausführlich u.a. in [WONHAM] diskutiert und gelöst. Eine zusätzliche Voraussetzung für die Lösbarkeit des Problems (2) ist z.B. die Stabilisierbarkeit des Systems und für die Lösbarkeit des Problems (3) die vollständige Steuerbarkeit. In [KNOBLOCH/KWAKERNAAK] wird auch die Lösbarkeit der Probleme (1) bis (3) diskutiert, wenn die Zustände nicht direkt zur Verfügung stehen und ein Zustandsbeobachter zu Hilfe genommen werden muß.

8.12 Übungen zu Kapitel 8

Aufgabe 8.1: Welche Regelungsnormalform gehört zu der Zustandsgleichung des Mehrfachsystem in Aufgabe 7.4?

Lösung: Die Zustandsgleichung befindet sich bereits in Regelungsnormalform!

Aufgabe 8.2: Gesucht ist a) die Regelungs- und b) die Beobachtungsnormalform für die mathematische Beschreibung

$$\boldsymbol{x}_{k+1} = \begin{bmatrix} 1 & 0 & 0 & 0 \\ 0 & 1 & 0 & 1 \\ 1 & 1 & 0 & 0 \\ 0 & 0 & 1 & 1 \end{bmatrix} \boldsymbol{x}_k + \begin{bmatrix} 1 & 0 \\ 1 & 0 \\ 0 & 1 \\ 1 & 1 \end{bmatrix} \boldsymbol{u}_k,$$

$$\boldsymbol{y}_k = \begin{bmatrix} 0 & 1 & 1 & 0 \\ 0 & 0 & 1 & 1 \end{bmatrix} \boldsymbol{x}_k.$$

Lösung: a)

$$A_R = \left[\begin{array}{cc|cc} 0 & 1 & 0 & 0 \\ -0,25 & 1,25 & -1,25 & 1,25 \\ \hline 0 & 0 & 0 & 1 \\ 0,5 & 0,75 & -1,5 & 1,75 \end{array} \right],$$

$$B_R = \begin{bmatrix} 0 & 0 \\ \hline 1 & 0 \\ \hline 0 & 0 \\ 0 & 1 \end{bmatrix},$$

$$C_R = \begin{bmatrix} 2 & 1 & -2 & 1 \\ 0,25 & 1 & -2,75 & 2 \end{bmatrix}.$$

b)

$$A_B = \begin{bmatrix} 0 & -0,5 & 0 & 2 \\ 1 & 1,5 & 0 & -0,5 \\ \hline 0 & -0,5 & 0 & 0 \\ 0 & 0,5 & 1 & 1,5 \end{bmatrix},$$

$$B_B = \begin{bmatrix} 3 & 0,5 \\ 1 & 1 \\ \hline 1 & -1,5 \\ 1 & 2 \end{bmatrix},$$

$$C_B = \begin{bmatrix} 0 & 1 & 0 & 0 \\ 0 & 0 & 0 & 1 \end{bmatrix}.$$

Aufgabe 8.3: Durch welche Rückkopplungsmatrix K werden sämtliche Eigenwerte des zeitdiskreten Systems in Aufgabe 8.2 nach null verschoben?

Lösung:

$$K = \begin{bmatrix} -0,25 & 0,5 & 0,25 & 1 \\ -0,75 & 0,5 & 0,75 & 1 \end{bmatrix}.$$

Aufgabe 8.4: Welche Vorverstärkungs- und Rückkopplungsmatrix wird benötigt, um bei dem Mehrfachsystem mit der mathematischen Beschreibung

$$\dot{x}(t) = \begin{bmatrix} -2 & 1 & 2 \\ -1 & -2 & 2 \\ -2 & 0 & 2 \end{bmatrix} x(t) + \begin{bmatrix} 0 & 0 \\ 0 & 5 \\ 5 & 0 \end{bmatrix} u(t)$$

$$y(t) = \begin{bmatrix} 1 & 1 & 0 \\ 0 & 1 & 2 \end{bmatrix} x(t)$$

sämtliche Eigenwerte nach $\lambda = -3$ zu legen?

Lösung:

$$V^* = \begin{bmatrix} -0.30 & 0,75 \\ 0,60 & -0,60 \end{bmatrix} \quad \text{und}$$

$$K^* = \begin{bmatrix} -0,2 & 0,2 & 1,4 \\ -0,4 & 0 & 0 \end{bmatrix}.$$

Aufgabe 8.5: Die Eigenwerte $\lambda_{1,2} = \pm j$ des Systems in Aufgabe 8.4 sollen nach $\lambda_1 = -3$ bzw. $\lambda_2 = -4$ verschoben werden und der Eigenwert $\lambda_3 = -2$ soll unverändert bleiben. Mit welcher Rückkopplungsmatrix ist das zu erreichen?

Lösung: Eine Lösung ist

$$K = \begin{bmatrix} -0,6000 & -0,2533 & 0,6933 \\ 0,2000 & 0,7067 & 1,0133 \end{bmatrix} .$$

Aufgabe 8.6: Für das System in Aufgabe 8.4 soll ein PI-Zustandsregler mit sämtlichen Eigenwerten bei $\lambda = -3$ entworfen werden. Mit welchen Matrizen P_I, P und K^* erreicht man das Ziel?

Lösung:

$$P_I = \begin{bmatrix} 0 & 1,35 \\ 1,8 & -1,80 \end{bmatrix} ,$$

$$P = \begin{bmatrix} 0,2 & -0,1 \\ 0,6 & -0,4 \end{bmatrix} ,$$

$$K^* = \begin{bmatrix} -0,75 & 0,4 & 2,2 \\ 0,20 & 0,4 & 0,8 \end{bmatrix} .$$

Aufgabe 8.7: Mit welcher Zustandsrückführungs- und Vorverstärkungsmatrix kann das System aus Aufgabe 8.4 so entkoppelt werden, daß jeweils zwischen Ein- und Ausgang die Übertragungsfunktion $3/(s+3)$ verbleibt?

Lösung:

$$K = \begin{bmatrix} -0,5 & -0,1 & 0,8 \\ 0 & 0,4 & 0,8 \end{bmatrix} ,$$

$$P = \begin{bmatrix} -0,3 & 0,3 \\ 0,6 & 0 \end{bmatrix} .$$

Aufgabe 8.8: Durch Messen der Ausgangsgrößen x_2 und x_3 soll ein vollständiger Zustandsbeobachter mit Eigenwerten bei $\lambda = -6$ für das System in Aufgabe 8.4 entworfen werden. Welche Rückkopplungsmatrix H^* ist dafür erforderlich?

Lösung:

$$H^* = \begin{bmatrix} -31 & 10 \\ 12 & 0 \\ 16 & 4 \end{bmatrix} .$$

Aufgabe 8.9: Für das System aus Aufgabe 8.8 soll ein reduzierter Beobachter mit dem Eigenwert bei $\lambda = -6$ entworfen werden. Wie lautet die mathematische Beschreibung für diesen Beobachter?

Lösung:

$$\dot{\hat{\xi}} = -6\hat{\xi} + [\ -76\ |\ -37\ ]\,y + [\ 10\ |\ -40\ ]\,u,$$
$$\hat{x}_1 = \hat{\xi} + [\ 12\ |\ 6\ ]\,y.$$

9 Optimale zeitdiskrete Regelungssysteme

In den vorhergehenden Kapiteln wurden Regler so ausgelegt, daß das geregelte System ein vorgegebenes günstiges Verhalten aufweist. In diesem Kapitel wird zunächst das Problem der digitalen zeitoptimalen Regelung ohne und mit Beschränkungen der Stellgröße gelöst. Daraufhin werden hinsichtlich eines quadratischen Gütekriteriums optimale zeitdiskrete Regelalgorithmen entworfen. Abschließend wird das KALMAN-Filter zur Zustandsrekonstruktion stark gestörter Systeme behandelt.

Bisher wurden Regler z.B. so ausgelegt, daß das geregelte System ein hinreichend gutes dynamisches Verhalten bekam und vor allem asymptotisch stabil war. Unter einem *optimalen* Regelungssystem versteht man dagegen ein System, das hinsichtlich eines Gütekriteriums optimal ist. Beispielsweise kann man als Maß die verbrauchte Energie betrachten, die benötigt wird, um ein System aus einem gegebenen Anfangszustand $\boldsymbol{x}_0$ in einen ebenfalls gegebenen Endzustand $\boldsymbol{x}_1$ zu überführen. Ist die Energie proportional zu u_k^2 oder bei mehreren Stellgrößen proportional zu $\boldsymbol{u}_k^T \boldsymbol{u}_k$, ist die gesamte verbrauchte Energie gleich

$$ J = \sum_{i=k_0}^{k-1} \boldsymbol{u}_i^T \boldsymbol{u}_i. $$

Man nennt einen Regler dann *energieoptimal*, wenn die verbrauchte Energie J minimal ist. Ein weiteres Gütekriterium stellt z.B. die Zeit dar, die benötigt wird, um ein System aus einem Anfangszustand in einen Endzustand unter Einhaltung von Nebenbedingungen bezüglich der Stellgrößen zu überführen. Regler, die die Überführung in minimaler Zeit vollbringen, nennt man *zeitoptimal*.

Da der Zugang zu den optimalen *zeitdiskreten* Regelungssystemen mathematisch einfacher ist, wird mit ihnen begonnen und erst im nächsten Kapitel das Problem der optimalen *zeitkontinuierlichen* Regelungssysteme in Angriff genommen.

9.1 Zeitoptimale Abtastregelung

9.1.1 Zeitoptimale Abtastregelung ohne Beschränkung der Stellgröße

In Abschnitt 6.2.5 wurde bereits der Deadbeat-Regler für *Einfachsysteme* behandelt. Dort wurde das Problem behandelt:

Gesucht ist für das Einfachsystem mit der Zustandsgleichung

$$x_{k+1} = A_d x_k + b_d u_k \tag{9.1}$$

eine Zustandsrückführung

$$u_k = -k_d^T x_k \tag{9.2}$$

so, daß jeder beliebige Anfangszustand x_0 in einer minimalen Zahl von Abtastperioden in den Nullzustand überführt wird.

Als Lösung für den zeitoptimalen Abtastregler wurde

$$\boxed{k_d^T = \begin{bmatrix} 0 & \cdots & 0 & 1 \end{bmatrix} S_d^{-1} A_d^n} \tag{9.3}$$

hergeleitet, wobei

$$S_d = \begin{bmatrix} b_d & A_d b_d & \cdots & A_d^{n-1} b_d \end{bmatrix} \tag{9.4}$$

die Steuerbarkeitsmatrix ist.

Das rückgekoppelte System ist dabei dadurch gekennzeichnet, daß die Systemmatrix

$$F_d = A_d - b_d k_d^T \tag{9.5}$$

nilpotent mit dem Index n ist, d.h., es gilt

$$F_d^n = O. \tag{9.6}$$

In diesem Fall erhält man für jeden beliebigen Anfangszustand x_0

$$x_n = F_d^n x_0 = O x_0 = o. \tag{9.7}$$

Wird ein zeitoptimaler Abtastregler für ein *Mehrfachsystem* mit der Zustandsgleichung

$$x_{k+1} = A_d x_k + B_d u_k \tag{9.8}$$

gesucht, ist zu erwarten, daß aufgrund des Vorhandenseins von mehr als einer, nämlich von p Stellgrößen, der Ausregelvorgang schneller abläuft. Diese Vermutung soll anhand der Regelungsnormalform, die auch schon bei der Untersuchung des Problems für Einfachsysteme hilfreich war, weiter analysiert werden. Ist z.B. die Zahl der Stellgrößen $p = 3$, dann hat die Systemmatrix A_R in Regelungsnormalform nach Abschnitt 8.2 die Struktur

$$A_R = T_R^{-1} A_d T_R = \left[\begin{array}{ccc|ccc|ccc} \mathbf{o} & | & I & O & & & O & & \\ \hline a_{R,11}^T & & & a_{R,12}^T & & & a_{R,13}^T & & \\ \hline O & & & \mathbf{o} & | & I & O & & \\ \hline a_{R,21}^T & & & a_{R,22}^T & & & a_{R,23}^T & & \\ \hline O & & & O & & & \mathbf{o} & | & I \\ \hline a_{R,31}^T & & & a_{R,32}^T & & & a_{R,33}^T & & \end{array} \right] \tag{9.9}$$

und die Eingabematrix die Struktur

$$B_R = T_R^{-1} B_d = \left[\begin{array}{c|c|c} \begin{matrix} 0 \\ \vdots \\ 0 \\ 1 \end{matrix} & \mathbf{o} & \mathbf{o} \\ \hline \mathbf{o} & \begin{matrix} 0 \\ \vdots \\ 0 \\ 1 \end{matrix} & \mathbf{o} \\ \hline \mathbf{o} & \mathbf{o} & \begin{matrix} 0 \\ \vdots \\ 0 \\ 1 \end{matrix} \end{array} \right] \begin{bmatrix} 1 & v_{12} & v_{13} \\ 0 & 1 & v_{23} \\ 0 & 0 & 1 \end{bmatrix} = \overline{B} V. \tag{9.10}$$

In (9.9) sind $a_{R,11} \in \mathbb{R}^{n_1}, a_{R,22} \in \mathbb{R}^{n_2}$ und $a_{R,33} \in \mathbb{R}^{n_3}$ und für die Untermatrizen gilt

$$A_{R,ij} \in \mathbb{R}^{n_i \times n_j},$$

wobei der größte der KRONECKER-Indices n_i der Steuerbarkeitsindex ν ist. Unterteilt man die $(3 \times n)$-Rückkopplungsmatrix K_R so

$$K_R = \begin{bmatrix} k_{R,11}^T & k_{R,12}^T & k_{R,13}^T \\ k_{R,21}^T & k_{R,22}^T & k_{R,23}^T \\ k_{R,31}^T & k_{R,32}^T & k_{R,33}^T \end{bmatrix} \tag{9.11}$$

und wählt für $i \neq j$

$$k_{R,ij}^T = a_{R,ij}^T, \tag{9.12}$$

dann erhält man mit dem Regelgesetz

$$u_k = -V^{-1} K_R x_k \tag{9.13}$$

das Gesamtsystem

$$\begin{aligned}
\boldsymbol{x}_{R,k+1} &= (\boldsymbol{A}_R - \boldsymbol{B}_R \boldsymbol{V}^{-1} \boldsymbol{K}_R)\boldsymbol{x}_{R,k} \\
&= (\boldsymbol{A}_R - \overline{\boldsymbol{B}}\boldsymbol{K}_R)\boldsymbol{x}_{R,k} \\[2mm]
&= \boldsymbol{F}_R \boldsymbol{x}_{R,k},
\end{aligned}$$
(9.14)

wobei die Systemmatrix $\boldsymbol{F}_R$ diese Struktur aufweist

$$\boldsymbol{F}_R = \begin{bmatrix} \boldsymbol{F}_{11} & \boldsymbol{O} & \boldsymbol{O} \\ \boldsymbol{O} & \boldsymbol{F}_{22} & \boldsymbol{O} \\ \boldsymbol{O} & \boldsymbol{O} & \boldsymbol{F}_{33} \end{bmatrix}.$$
(9.15)

Für das so rückgekoppelte System gilt

$$\boldsymbol{x}_{R,k} = \boldsymbol{F}_R^k \boldsymbol{x}_{R,0} = \begin{bmatrix} \boldsymbol{F}_{11}^k & \boldsymbol{O} & \boldsymbol{O} \\ \boldsymbol{O} & \boldsymbol{F}_{22}^k & \boldsymbol{O} \\ \boldsymbol{O} & \boldsymbol{O} & \boldsymbol{F}_{33}^k \end{bmatrix} \boldsymbol{x}_{R,0}.$$
(9.16)

Damit das rückgekoppelte System zeitoptimal ist, muß der kleinste Exponent k gefunden werden, für den

$$\boldsymbol{F}_R^k = \boldsymbol{O}$$
(9.17)

ist, d.h., bei dem alle Untermatrizen $\boldsymbol{F}_{ii}^k = \boldsymbol{O}$ sind. Die größte Dimension unter den $\boldsymbol{F}_{ii}$-Matrizen hat diejenige, die zu dem Steuerbarkeitsindex ν gehört. Werden jetzt auch die

$$\boldsymbol{k}_{R,ii}^T = \boldsymbol{a}_{R,ii}^T$$
(9.18)

gewählt, sind sämtliche Untermatrizen, nilpotente $\boldsymbol{F}_{ii}$ nilpotent jeweils mit dem Index n_i. Somit gilt für $k = \nu$

$$\boldsymbol{x}_{R,\nu} = \boldsymbol{F}^\nu \boldsymbol{x}_{R,0} = \boldsymbol{O}\boldsymbol{x}_{R,0} = \boldsymbol{o}.$$
(9.19)

Jeder beliebige Anfangszustand $\boldsymbol{x}_{R,0}$ wird spätestens nach ν Abtastschritten zum Nullvektor!

Unter Verwendung der allgemeinen ACKERMANN-Formel aus Abschnitt 8.3

$$\boldsymbol{k}_i^T = \boldsymbol{q}_i^T P_i(\boldsymbol{A}_d) = \boldsymbol{q}_i^T \boldsymbol{A}_d^{n_i}; \quad i = 1, 2, \ldots, p,$$
(9.20)

wobei $\boldsymbol{q}_i^T$ die $(n_1 + \cdots + n_i)$-te Zeile der invertierten, modifizierten Steuerbarkeitsmatrix

$$\boldsymbol{S}_n = \begin{bmatrix} \boldsymbol{b}_{d1} & \boldsymbol{A}_d \boldsymbol{b}_{d1} & \cdots & \boldsymbol{A}_d^{n_1-1}\boldsymbol{b}_{d1} \,\big|\, \cdots \,\big|\, \boldsymbol{b}_{dp} & \boldsymbol{A}_d \boldsymbol{b}_{dp} & \cdots & \boldsymbol{A}_d^{n_p-1}\boldsymbol{b}_{dp} \end{bmatrix}$$
(9.21)

ist, erhält man zusammenfassend die Aussage:

9.1 Satz:

> *Das lineare zeitdiskrete Mehrfachsystem mit der Zustandsgleichung*
>
> $$\boldsymbol{x}_{k+1} = \boldsymbol{A}_d \boldsymbol{x}_k + \boldsymbol{B}_d \boldsymbol{u}_k \qquad (9.22)$$
>
> *wird zeitoptimal in maximal $\nu = \max_i n_i$ Abtastschritten mit dem Zustandsregler*
>
> $$\boldsymbol{u}_k = -\boldsymbol{K}\boldsymbol{x}_k \qquad (9.23)$$
>
> *geregelt, wenn die Zeilen $\boldsymbol{k}_i^T$ der Rückkopplungsmatrix $\boldsymbol{K}$ so ausgewählt werden:*
>
> $$\boldsymbol{k}_i^T = \boldsymbol{q}_i^T \boldsymbol{A}_d^{n_i}; \quad i = 1, 2, \dots, p, \qquad (9.24)$$
>
> *wobei $\boldsymbol{q}_i^T$ die $(n_1 + \cdots + n_i)$-te Zeile der invertierten, modifizierten Steuerbarkeitsmatrix $\boldsymbol{S}_n$ gemäß (9.21) und die n_i die KRONECKER-Indizes sind.*

9.2 Beispiel: Für den Roboterarm aus Beispiel 2.17 und 8.16 mit der Zustandsgleichung

$$\dot{\boldsymbol{x}}(t) = \begin{bmatrix} 0 & 1 & 0 & 0 \\ 0 & -1 & 0,5 & -1 \\ 0 & 0 & 0 & 1 \\ 0 & 0,8 & -1 & 0 \end{bmatrix} \boldsymbol{x}(t) + \begin{bmatrix} 0 & 0 \\ 0,2 & 0 \\ 0 & 0 \\ 0 & 0,5 \end{bmatrix} \boldsymbol{u}(t), \qquad (9.25)$$

$$\boldsymbol{y}(t) = \begin{bmatrix} 1 & 0 & 0 & 0 \\ 0 & 0 & 1 & 0 \end{bmatrix} \boldsymbol{x}(t) \qquad (9.26)$$

soll ein zeitoptimaler Abtastregler für eine Abtastperiode von $T = 0,5$ entworfen werden. Die Zustandsgleichung des zeitdiskreten Systems lautet dann

$$\boldsymbol{x}_{k+1} = \begin{bmatrix} 1 & 0,3816 & 0,0694 & -0,0936 \\ 0 & 0,5436 & 0,2843 & -0,3122 \\ 0 & 0,0821 & 0,8866 & 0,4661 \\ 0 & 0,2908 & -0,4250 & 0,8045 \end{bmatrix} \boldsymbol{x}_k + \begin{bmatrix} 0,0210 & -0,0084 \\ 0,0763 & -0,0468 \\ 0,0029 & 0,0603 \\ 0,0164 & 0,2330 \end{bmatrix} \boldsymbol{u}_k. \qquad (9.27)$$

Da bereits die (4×4)-Matrix $[\; \boldsymbol{B}_d \;\; \boldsymbol{A}_d \boldsymbol{B}_d \;]$ den Rang vier hat, sind die KRONECKER-Indizes $n_1 = n_2 = 2$, d.h., der Steuerbarkeitsindex ν ist ebenfalls gleich zwei und jeder Anfangszustand kann nach höchstens zwei Abtastschritten in den Nullzustand überführt werden. Für die modifizierte Steuerbarkeitsmatrix erhält man

$$\begin{aligned} \boldsymbol{S}_n &= \begin{bmatrix} \boldsymbol{b}_{d1} & \boldsymbol{A}_d \boldsymbol{b}_{d1} & \boldsymbol{b}_{d2} & \boldsymbol{A}_d \boldsymbol{b}_{d2} \end{bmatrix} \\ &= \begin{bmatrix} 0,0210 & 0,0488 & -0,0084 & -0,0439 \\ 0,0763 & 0,0372 & -0,0468 & -0,0810 \\ 0,0029 & 0,0165 & 0,0603 & 0,1583 \\ 0,0164 & 0,0342 & 0,2330 & 0,1482 \end{bmatrix} \end{aligned}$$

und als zweite bzw. vierte Zeile der invertierten Matrix $\boldsymbol{S}_n$ schließlich die Vektoren

$$\boldsymbol{q}_1^T = \begin{bmatrix} 25,1238 & -6,7222 & 5,2028 & -1,7855 \end{bmatrix}$$

bzw.

$$\boldsymbol{q}_2^T = \begin{bmatrix} -1,7698 & 0,6170 & 8,0358 & -2,0207 \end{bmatrix},$$

womit die Rückkopplungsmatrix $\boldsymbol{K}$ berechnet werden kann:

$$\boldsymbol{K} = \begin{bmatrix} \boldsymbol{q}_1^T \boldsymbol{A}_d^2 \\ \boldsymbol{q}_2^T \boldsymbol{A}_d^2 \end{bmatrix} = \begin{bmatrix} 25,1238 & 13,4016 & 7,7028 & -1,1566 \\ -1,7698 & 0,4473 & 6,0358 & 5,6781 \end{bmatrix}.$$

In Bild 9.1 sind die Ausregelvorgänge für den Anfangszustand $\boldsymbol{x}_0 = [\ 1\quad 1\quad 1\quad 1\ ]^T$ dargestellt.　□

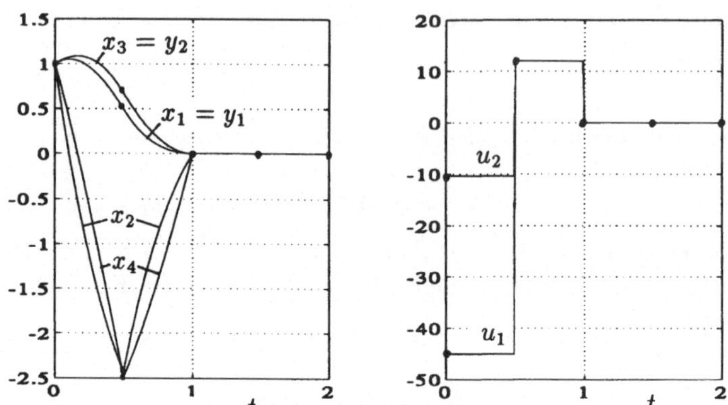

Bild 9.1: Zeitoptimale Abtastregelung des Mehrfachsystems aus Beispiel 9.2.

Die Theorie der zeitoptimalen zeitdiskreten *Zustandsbeobachter* kann man aufgrund des Dualitätsprinzips von der Theorie der zeitoptimalen zeitdiskreten Regler übernehmen. Diese Beobachter wurden bereits für Einfachsysteme in Abschnitt 7.4 und für Mehrfachsysteme in Abschnitt 8.8 behandelt.

9.1.2　Zeitoptimale Abtastregelung mit Beschränkung der Stellgröße

Zeitoptimale Abtastregler ohne Beschränkung der Stellgröße können jede Anfangsauslenkung eines Einfachsystems in maximal n und eines Mehrfachsystems in $\nu < n$ Abtastschritten, wobei ν der Steuerbarkeitsindex ist, in den Nullzustand überführen. Theoretisch könnte man die Ausregelzeit beliebig klein machen, indem die Abtastperiode beliebig klein gemacht wird. Dem steht aber entgegen, daß mit kleiner werdender Abtastperiode auch die Amplituden der Stellgrößen betragsmäßig immer größer werden, wie schon das Beispiel 6.22 zeigte. Andererseits kann aber die Abtastperiode auch nicht beliebig groß gewählt werden, da dann der Digitalregler auf Störungen zu spät reagiert. Deshalb werden zeitoptimale Abtastregler benötigt, die bei gegebener Abtastperiode T Beschränkungen der Stellgrößen mitberücksichtigen.

Unterliegt bei Einfachsystemen die Stellgröße u_k der Beschränkung

$$|u_k| \le 1, \tag{9.28}$$

so kann nicht mehr jeder Zustand in maximal n Abtastschritten in den Nullzustand gebracht werden. Die Zustandsgleichung

$$\boldsymbol{x}_{k+1} = \boldsymbol{A}_d \boldsymbol{x}_k + \boldsymbol{b}_d u_k \tag{9.29}$$

hat die Lösung

$$x_k = A_d^k x_0 + \sum_{i=0}^{k-1} A_d^{k-1-i} b_d u_i. \tag{9.30}$$

Soll $x_k = o$ sein, erhält man aus (9.30) unter der Voraussetzung, daß die Systemmatrix A_d regulär ist – was bei Abtastsystemen immer gegeben ist –

$$x_0 = -A_d^{-k} \sum_{i=0}^{k-1} A_d^{k-1-i} b_d u_i = -\sum_{i=0}^{k-1} A_d^{-(i+1)} b_d u_i. \tag{9.31}$$

Mit den Vektoren

$$r_i \stackrel{\text{def}}{=} -A_d^{-i} b_d \tag{9.32}$$

wird aus (9.31)

$$x_0 = \sum_{i=0}^{k-1} r_{i+1} u_i. \tag{9.33}$$

Unterliegt u_i keiner Beschränkung und ist das System vollständig steuerbar, dann sind die n Vektoren r_1 bis r_n linear unabhängig und es kann in der Tat jeder Anfangszustand x_0 wie in (9.33) mit $k = n$ dargestellt, d.h. in den Nullzustand überführt werden. Ist die Stellgröße beschränkt, ist das nicht mehr der Fall: es werden i. allg. mehr als n Abtastschritte benötigt.

9.3 Definition: *Die Menge aller Anfangszustände, die in höchstens N Abtastschritten unter Einhaltung der Beschränkung $|u_k| \leq 1$ in den Nullzustand überführt werden kann, heißt $\mathcal{R}_N$ und die aller Anfangszustände, die in genau N Abtastschritten unter Einhaltung der Beschränkung (9.28) in den Nullzustand überführt werden kann, heißt $\mathcal{R}'_N$.*

In der Nomenklatur der steuerbaren Mengen laut Definition 5.1 ist

$$\begin{aligned} \mathcal{R}_N &= \mathcal{R}_{steu}(k_0 = 0, k_1 = N, x_1 = o) \\ &= \{x_0 : o = x(N; 0, x_0, u_{[0,N-1]}); u_{[0,N-1]} \in \mathcal{U}\}, \end{aligned}$$

mit

$$\mathcal{U} \stackrel{\text{def}}{=} \{u_{[0,N-1]} : |u_i| \leq 1 \ \forall \ u_i \in \{u_0, \dots, u_{N-1}\}\}.$$

Aus (9.31) folgt sofort der

9.4 Satz: *Es ist*

$$\mathcal{R}_N = \{x : x = \sum_{i=1}^{N} \alpha_i r_i; |\alpha_i| \leq 1\} \tag{9.34}$$

und

$$\mathcal{R}'_N = \mathcal{R}_N - \mathcal{R}_{N-1}. \tag{9.35}$$

9.5 Beispiel: Für das System zweiter Ordnung mit der Zustandsgleichung

$$\dot{x}(t) = \begin{bmatrix} 0 & 1 \\ 0 & 0 \end{bmatrix} x(t) + \begin{bmatrix} 0 \\ 1 \end{bmatrix} u(t)$$

erhält man als Transitionsmatrix mit der Abtastperiode T

$$\Phi(T) = A_d = \begin{bmatrix} 1 & T \\ 0 & 1 \end{bmatrix}$$

und für den Eingabevektor

$$b_d = \int\limits_0^T \Phi(t)b\,dt = \begin{bmatrix} T^2/2 \\ T \end{bmatrix}.$$

Die Vektoren r_i erhält man gemäß (9.32) zu

$$r_i = -A_d^{-i}b_d = -\Phi(-iT)b_d = \begin{bmatrix} (i-\tfrac{1}{2})T^2 \\ -T \end{bmatrix}.$$

Einige der Vektoren r_i sind in Bild 9.2 und der Mengen $\mathcal{R}_N$ in Bild 9.3 dargestellt.   □

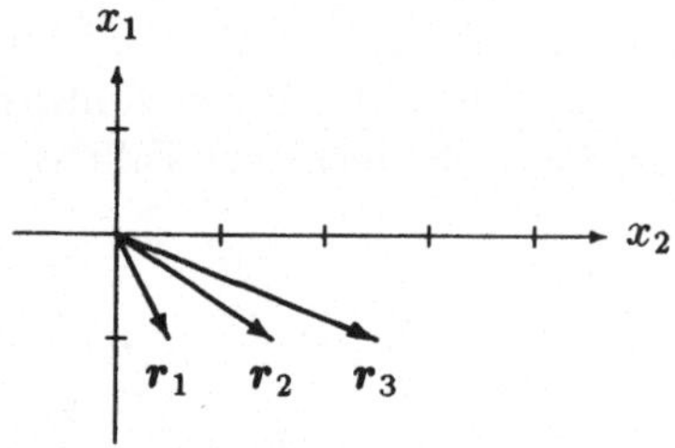

Bild 9.2: Vektoren r_1 bis r_3 für Beispiel 9.5.

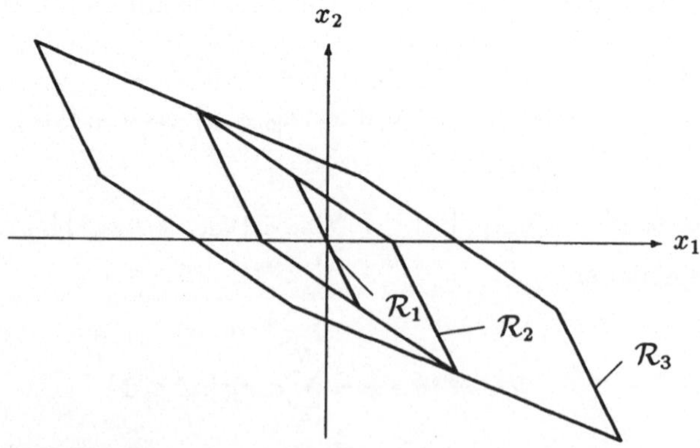

Bild 9.3: Mengen $\mathcal{R}_1$ bis $\mathcal{R}_3$ für Beispiel 9.5.

Für Systeme zweiter Ordnung gilt der [LUDYK,1968a]

9.6 Satz:

> *Gegeben sei ein zeitdiskretes System zweiter Ordnung mit der Zustandsgleichung*
>
> $$x_{k+1} = A_d x_k + b_d u_k \qquad (9.36)$$
>
> *und beschränkter Stellgröße*
>
> $$|u_k| \leq 1. \qquad (9.37)$$
>
> *Sei weiterhin $\mathcal{L}_N$ eine Kurve, die*
> *1. die Mittelpunkte der Kanten von $\mathcal{R}_N$ verbindet, die parallel zu dem Vektor r_1 sind,*
> *2. vollständig in der Menge*
>
> $$\mathcal{R}_N'' \stackrel{\text{def}}{=} \{x : x = \sum_{i=2}^{N} \alpha_i r_i, \ |\alpha| \leq 1\} \qquad (9.38)$$
>
> *liegt und*
> *3. die Eigenschaft hat, daß jeder Zustand x in $\mathcal{R}_N'$ eindeutig wie folgt dargestellt werden kann,*
>
> $$x = \kappa r_1 + \ell_N, \ \ell_N \in \mathcal{L}_N, \qquad (9.39)$$
>
> *dann ist*
>
> $$u = \operatorname{sat}(\kappa) \qquad (9.40)$$
>
> *eine zeitoptimale Stellgröße für das folgende Abtastintervall.*

Die Sättigungsfunktion $\operatorname{sat}(\kappa)$ ist wie folgt definiert (siehe Bild 9.4):

$$\operatorname{sat}(\kappa) = \begin{cases} \kappa & ,\text{wenn} \ \ |\kappa| \leq 1, \\ \operatorname{sgn}(\kappa) & ,\text{wenn} \ \ |\kappa| > 1. \end{cases} \qquad (9.41)$$

Für den Beweis des Satzes 9.6 wird der folgende Hilfssatz benötigt:

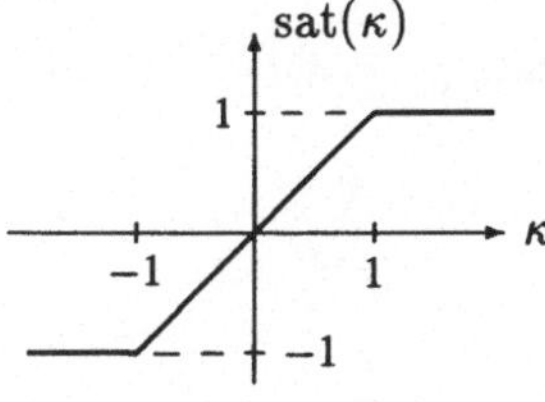

Bild 9.4: Sättigungsfunktion $\operatorname{sat}(\kappa)$.

9.7 Satz: *Sei $x \in \mathcal{R}'_N$ und durch*

$$x = \kappa r_1 + \sum_{i=2}^{N} \alpha_i r_i; \quad |\kappa| > 1, \ |\alpha_i| \le 1 \qquad (9.42)$$

darstellbar, dann kann x auch wie folgt dargestellt werden

$$x = \operatorname{sgn}(\kappa) r_1 + \sum_{i=2}^{N} \gamma_i r_i, \quad |\gamma_i| \le 1. \qquad (9.43)$$

Beweis: Da $x \in \mathcal{R}'_N$, ist auch eine Darstellung

$$x = \beta_1 r_1 + \sum_{i=2}^{N} \beta_i r_i; \quad |\beta_i| \le 1 \qquad (9.44)$$

möglich. Subtrahiert man (9.42) von (9.44), ergibt das

$$o = (\beta_1 - \kappa) r_1 + \sum_{i=2}^{N} (\beta_i - \alpha_i) r_i. \qquad (9.45)$$

Sei

$$d \overset{\text{def}}{=} \frac{\kappa - \operatorname{sgn}(\kappa)}{\kappa - \beta_1}, \qquad (9.46)$$

dann ist

$$0 < d \le 1, \qquad (9.47)$$

da $|\kappa| > 1$ und $|\beta_1| \le 1$ sind. Addiert man zu (9.42) die mit d multiplizierte Gl. (9.45), erhält man

$$x = [\kappa + d(\beta_1 - \kappa)] r_1 + \sum_{i=2}^{N} [\alpha_i + d(\beta_i - \alpha_i)] r_i. \qquad (9.48)$$

Da in (9.48)

$$[\kappa + d(\beta_1 - \kappa)] = \operatorname{sgn}(\kappa)$$

und wegen $|\alpha_i| \le 1$ und $|\beta_i| \le 1$

$$|\alpha_i + d(\beta_i - \alpha_i)| = |(1 - d)\alpha_i + d\beta_i| \le 1$$

ist, kann x auch wie in (9.43) dargestellt werden.   □

Beweis des Satzes 9.6: Der Beweis wird für die beiden Fälle $|\kappa| \le 1$ und $|\kappa| > 1$ getrennt durchgeführt.

1)$|\kappa| \le 1$. Da $\ell_N \in \mathcal{R}''_N$, kann ℓ_N gemäß (9.38) auch dargestellt werden als

$$\ell_N = \sum_{i=2}^{N} \alpha_i r_i, \quad |\alpha_i| \le 1$$

und x_0 durch

$$x_0 = \kappa r_1 + \sum_{i=2}^{N} \alpha_i r_i, \quad |\kappa| \le 1, \ |\alpha_i| \le 1. \qquad (9.49)$$

Nach einer Abtastperiode unter Einwirkung der Stellgröße $u = \kappa$ wird das System in den Zustand

$$x_1 = A_d x_0 + b_d \kappa,$$

bzw. mit (9.49) nach

$$x_1 = \kappa A_d r_1 + \sum_{i=2}^{N} \alpha_i A_d r_i + b_d \kappa \qquad (9.50)$$

gebracht. Aus (9.32) folgt

$$A_d r_i = -A_d A_d^{-i} b_d = -A_d^{-(i-1)} b_d = r_{i-1}. \qquad (9.51)$$

Damit wird aus (9.50)

$$\begin{aligned}
x_1 &= -\kappa b_d + \sum_{i=2}^{N} \alpha_i r_{i-1} + b_d \kappa = \sum_{i=2}^{N} \alpha_i r_{i-1} \\
&= \sum_{i=1}^{N-1} \alpha_{i+1} r_i.
\end{aligned}$$

Das ist aber ein Zustand in $\mathcal{R}_{N-1}$, d.h., die Stellgröße $u = \kappa$ ist zeitoptimal.

2)$|\kappa| > 1$. Da $\ell_N \in \mathcal{R}_N''$, kann x_0 wiederum so dargestellt werden:

$$x_0 = \kappa r_1 + \sum_{i=2}^{N} \alpha_i r_i, \quad |\kappa| > 1, \quad |\alpha_i| \le 1.$$

Dann kann aber aufgrund von Satz 9.7 für x_0 auch

$$x_0 = \operatorname{sgn}(\kappa) r_1 + \sum_{i=2}^{N} \gamma_i r_i, \quad |\gamma_i| \le 1 \qquad (9.52)$$

geschrieben werden. Nach einem Abtastschritt unter Einwirkung der Stellgröße $u = \operatorname{sgn}(\kappa)$ wird das System nach

$$x_1 = A_d x_0 + b_d \operatorname{sgn}(\kappa),$$

bzw. mit (9.52) nach

$$x_1 = \operatorname{sgn}(\kappa) A_d r_1 + \sum_{i=2}^{N} \gamma_i A_d r_i + b_d \operatorname{sgn}(\kappa)$$

überführt. Mit (9.51) wird daraus

$$\begin{aligned}
x_1 &= -\operatorname{sgn}(\kappa) b_d + \sum_{i=2}^{N} \gamma_i r_{i-1} + b_d \operatorname{sgn}(\kappa) \\
&= \sum_{i=2}^{N} \gamma_i r_{i-1} \\
&= \sum_{i=1}^{N-1} \gamma_{i+1} r_i, \quad |\gamma_{i+1}| \le 1,
\end{aligned}$$

das ist aber wiederum ein Zustand in $\mathcal{R}_{N-1}$, die Stellgröße $u = \operatorname{sgn}(\kappa)$ ist also zeitoptimal. $\square$

Die einfachste Verbindungslinie, die die drei Bedingungen des Satzes 9.6 erfüllt, ist eine Gerade (Bild 9.5):

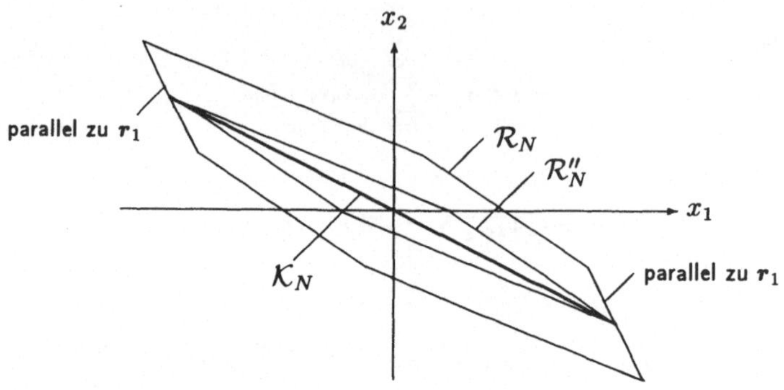

Bild 9.5: Kritische Gerade $\mathcal{K}_N$.

9.8 Definition: *Die Gerade, die die Mittelpunkte der beiden Kanten von $\mathcal{R}_N$ verbindet, die parallel zu dem Vektor r_1 sind, heißt* **kritische Gerade** $\mathcal{K}_N$:

$$\mathcal{K}_N \stackrel{\text{def}}{=} \{x : x = \alpha\sum_{i=2}^{N}r_i, \ |\alpha| \leq 1\} \subset \mathcal{R}_N''. \tag{9.53}$$

Da das Polygon $\mathcal{R}_N$ zentralsymmetrisch zum Koordinatenursprung ist, geht die kritische Gerade durch den Koordinatenursprung. Eine große Schwierigkeit steht jedoch der Anwendbarkeit des in Satz 9.6 angegebenen Verfahrens zur Ermittlung der optimalen Stellgröße entgegen: In Satz 9.6 wird vorausgesetzt, daß bekannt ist, zu welcher Menge $\mathcal{R}_N''$ der Zustand x gehört. Das zu ermitteln, erfordert i. allg. einen beträchtlichen Rechenaufwand. Diese Schwierigkeit kann jedoch wie folgt beseitigt werden. Hierzu wird das Gebiet der Zustandsebene untersucht, das zwischen den beiden Geraden $\mathcal{G}_{N-1}$ und $\mathcal{G}_N$ liegt, die durch die Endpunkte s_{N-1} bzw. s_N der kritischen Geraden $\mathcal{K}_{N-1}$ bzw. $\mathcal{K}_N$ gehen und parallel zu dem Vektor r_1 sind (Bild 9.6). Alle Zustände, die in dem nicht schraffierten Bereich zwischen den Geraden $\mathcal{G}_{N-1}$ und $\mathcal{G}_N$ liegen, gehören zur Menge $\mathcal{R}_N'$. Für diese Zustände kann die zeitoptimale Stellgröße u gemäß Satz 9.6 ermittelt werden. Zustände, die sich in dem schraffierten Gebiet befinden, können wie folgt dargestellt werden:

$$x_M = \kappa r_1 + k_N, \ |\kappa| > 1, \ k_N \in \mathcal{K}_N. \tag{9.54}$$

Da diese Zustände außerhalb der Menge $\mathcal{R}_N$ liegen, gehören sie zu einer Menge $\mathcal{R}_M'$, wobei $M > N$ ist. Da $k_N \in \mathcal{R}_N''$ und $\mathcal{R}_N'' \subset \mathcal{R}_M''$ ist, kann k_N auch als Linearkombination der Vektoren $r_2,\ldots,r_M$ dargestellt werden und man erhält so

$$x_M = \kappa r_1 + \sum_{i=2}^{M}\alpha_i r_i, \ |\kappa| > 1, \ |\alpha_i| \leq 1. \tag{9.55}$$

Unter Verwendung von Lemma 9.7 kann entsprechend dem zweiten Abschnitt des Beweises des Satzes 9.6 gezeigt werden, daß auch in diesem Fall $u = \mathrm{sgn}(\kappa)$ eine zeitoptimale Steuerung ist, der Zustand also nach einer Abtastperiode T nach $\mathcal{R}_{M-1}$ gebracht

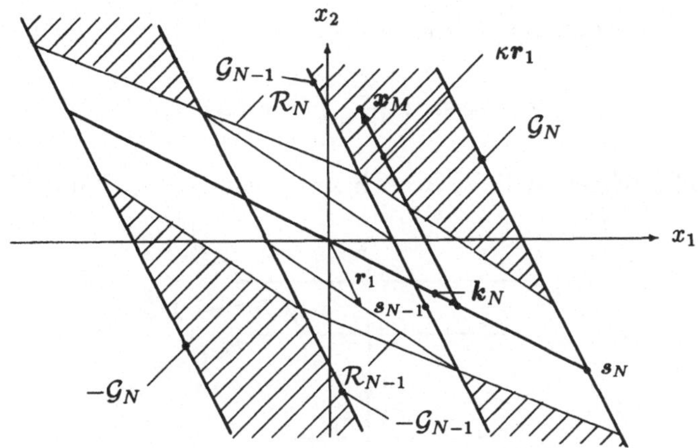

Bild 9.6: Lage der Geraden $\pm\mathcal{G}_{N-1}$ und $\pm\mathcal{G}_N$.

wird. Hieraus und aus Satz 9.6 folgt das *Regelgesetz*:

9.9 Satz: *Liegt der Zustand in dem Gebiet der Zustandsebene, das sich zwischen den beiden Geraden*

$$\mathcal{G}_{N-1} \stackrel{\text{def}}{=} \{x : x = \alpha r_1 + \sum_{i=2}^{N-1} r_i, \ \alpha \in \mathbb{R}\} \tag{9.56}$$

und

$$\mathcal{G}_N \stackrel{\text{def}}{=} \{x : x = \alpha r_1 + \sum_{i=2}^{N} r_i, \ \alpha \in \mathbb{R}\} \tag{9.57}$$

befindet, so ist in r_1-Richtung der Abstand Δ von der kritischen Geraden $\mathcal{K}_N$ zu bestimmen. Die zeitoptimale Stellgröße für die nächste Abtastperiode ist dann

$$u = \text{sat}\left(\frac{\Delta}{\|r_1\|}\right). \tag{9.58}$$

Hierbei ist $\Delta/\|r_1\| = \kappa$. Für Zustände, die zwischen den beiden Geraden $-\mathcal{G}_{N-1}$ und $-\mathcal{G}_N$ liegen, lautet das Regelgesetz entsprechend.

Für die Anwendung des in Satz 9.9 formulierten Regelgesetzes muß bekannt sein, zwischen welchen Geraden $\mathcal{G}_{N-1}$ und $\mathcal{G}_N$ der Zustand in einem Abtastzeitpunkt liegt und welchen Abstand Δ in r_1-Richtung der Zustand x von der kritischen Geraden $\mathcal{K}_N$ hat, um dann die Stellgröße $u = \text{sat}(\Delta/\|r_1\|)$ zu berechnen. Durch eine Koordinatentransformation $x = T\tilde{x}$ kann die Ermittlung der optimalen Stellgröße sehr vereinfacht werden. Wählt man nämlich als Transformationsmatrix $T = \begin{bmatrix} r_1 & r_2 \end{bmatrix}$, dann stimmt die $\tilde{r}_1$-Richtung mit der $\tilde{x}_1$-Richtung überein (Bild 9.7), die Grenzgeraden $\mathcal{G}_N$ verlaufen parallel zur $\tilde{x}_1$-Achse und es ist, da $||\tilde{r}_1|| = 1$ ist,

$$u = \text{sat}\left(\frac{\Delta}{||\tilde{r}_1||}\right) = \text{sat}(\Delta).$$

Die Geraden $\pm\mathcal{G}_N$ schneiden die $\tilde{x}_2$-Achse in den Punkten $\pm s_N$. Für die Ermittlung der

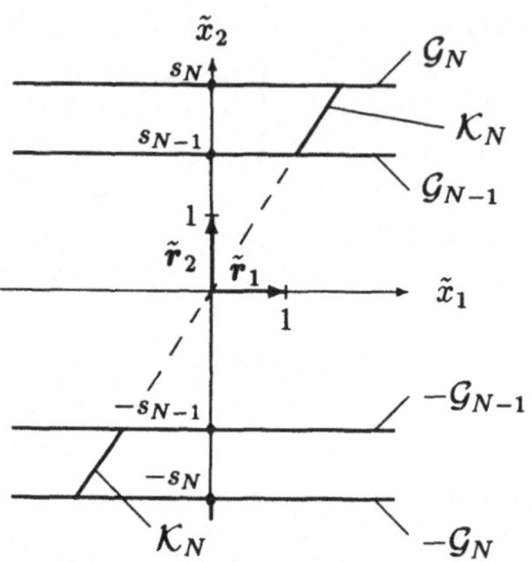

Bild 9.7: Lage der Geraden $\pm\mathcal{G}_N$ und der kritischen Geraden $\mathcal{K}_N$ im transformierten Koordinatensystem.

Stellgröße u wird die kritische Gerade $\mathcal{K}_N$ sowohl für die Zustände herangezogen, die zwischen den horizontalen Geraden liegen, die durch die Punkte s_{N-1} bzw. s_N gehen, als auch für die Zustände, die zwischen den Geraden liegen, die durch die Punkte $-s_{N-1}$ bzw. $-s_N$ gehen.

Zunächst müssen die Werte $|s_N|$ bei der Synthese des Verfahrens berechnet und in dem für die Regelung vorgesehenen Prozeßrechner gespeichert werden. Um zu ermitteln, welche kritische Gerade $\mathcal{K}_N$ zur Berechnung der optimalen Stellgröße u herangezogen werden muß, wird nacheinander $N = 2, 3$, usw. gesetzt, bis erstmalig $|\tilde{x}_2| \leq |s_N|$ ist. Dann ist

$$\Delta = \tilde{x}_1 - \vartheta_N\tilde{x}_2, \tag{9.59}$$

wobei ϑ_N die ebenfalls im Prozeßrechner gespeicherte Steigung der kritischen Geraden $\mathcal{K}_N$ ist. Die zeitoptimale Stellgröße u erhält man also nach dem Regelgesetz zu

$$u = \text{sat}(\tilde{x}_1 - \vartheta_N\tilde{x}_2). \tag{9.60}$$

9.10 Beispiel: Für das System in Beispiel 9.5 soll ein zeitoptimaler Abtastregler mit beschränkter Stellgröße $|u| \leq 1$ entworfen werden. Ist die Abtastperiode $T = 1$, erhält man die Vektoren

$$r_i = \begin{bmatrix} i - 1/2 \\ -1 \end{bmatrix}.$$

Die Transformationsmatrix lautet

$$T = [\ \boldsymbol{r}_1 \quad \boldsymbol{r}_2\ ] = \begin{bmatrix} 1/2 & 3/2 \\ -1 & -1 \end{bmatrix}.$$

Im transformierten Koordinatensystem ist

$$\tilde{\boldsymbol{r}}_i = T^{-1}\boldsymbol{r}_i = \begin{bmatrix} 2-i \\ i-1 \end{bmatrix}$$

und für die Endpunkte $\pm\tilde{\boldsymbol{k}}_N$ der kritischen Geraden $\mathcal{K}_N$ erhält man

$$\tilde{\boldsymbol{k}}_N = \sum_{i=2}^{N}\tilde{\boldsymbol{r}}_i = \begin{bmatrix} \frac{N}{2}(3-N)-1 \\ \frac{N}{2}(N-1) \end{bmatrix}.$$

Daraus ergeben sich als Schnittpunkte der Geraden $\mathcal{G}_N$ mit der $\tilde{x}_2$-Achse

$$s_N = \frac{N}{2}(N-1)$$

und für die Steigungen ϑ_N der kritischen Geraden $\mathcal{K}_N$

$$\vartheta_N = \frac{\tilde{k}_{N,1}}{\tilde{k}_{N,2}} = -\left(\frac{2}{N(N-1)}+3\right).$$

Für die beiden Anfangszustände $\boldsymbol{x}_0 = [\ 23 \quad 0\ ]^T$ bzw. $\boldsymbol{x}_0 = [\ 0 \quad 4\ ]^T$ sind in Bild 9.8 die Trajektorien und in Bild 9.9 die zugehörigen Stellgrößenverläufe dargestellt. Den Bildern kann entnommen werden, daß unter Einhaltung der Stellgrößenbeschränkungen die Trajektorien zeitoptimal verlaufen, da sie in jeder Abtastperiode jeweils von $\mathcal{R}'_N$ nach $\mathcal{R}'_{N-1}$ laufen. $\qquad\square$

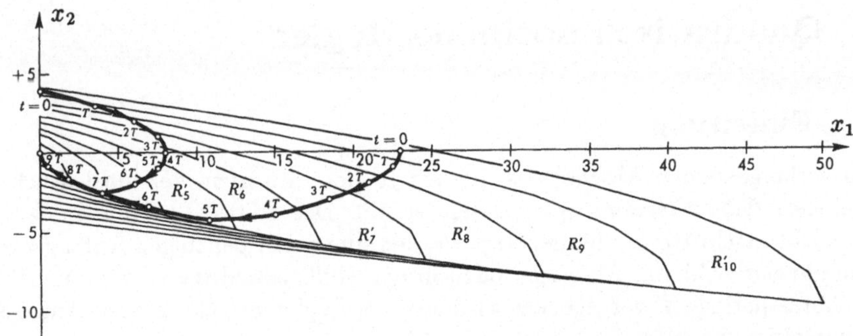

Bild 9.8: Zeitoptimale Trajektorien des Systems in Beispiel 9.10.

Bei Systemen dritter und höherer Ordnung treten an die Stelle der kritischen Geraden, kritische Flächen bzw. kritische Hyperflächen. Aus dem Abstand in $\boldsymbol{r}_1$-Richtung des Zustands $\boldsymbol{x}$ wird nach dem gleichen Regelgesetz

$$u = \mathrm{sat}\left(\frac{\Delta}{\|\boldsymbol{r}_1\|}\right)$$

die optimale Stellgröße ermittelt.

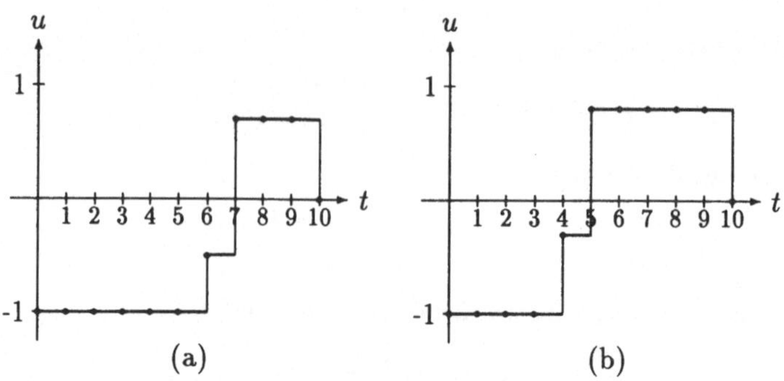

Bild 9.9: Stellgrößenverläufe für das System in Beispiel 9.10 für die beiden Anfangszustände a) $x_0 = [\ 0\ \ 4\ ]^T$ und b) $x_0 = [\ 23\ \ 0\ ]^T$.

Aus Satz 9.6 und Definition 9.8 geht hervor, daß die kritischen Geraden $\mathcal{K}_N$ nur eine von vielen Möglichkeiten der Realisierung der in Satz 9.6 definierten Kurven $\mathcal{L}_N$ sind, d.h. aber auch, daß die zeitoptimalen Trajektorien nicht eindeutig sind, denn eine optimale Trajektorie ist immer dann gegeben, wenn der Zustand innerhalb einer Abtastperiode von $\mathcal{R}'_N$ nach $\mathcal{R}'_{N-1}$ gelangt, was fast immer auf mehreren Wegen möglich ist. Aus dieser Nichteindeutigkeit der Trajektorien folgt, daß nicht nur ein Regelgesetz, sondern weitere Verfahren existieren [O'REILLY]. Zeitoptimale Abtastregler für mehrere beschränkte Stellgrößen sind z.B. in [LUDYK,1968b] angegeben.

9.2 Quadratisch optimale Regler

9.2.1 Einleitung

In dem vorhergehenden Abschnitt wurde ein Regler entworfen, der hinsichtlich eines vorgegebenen *Gütekriteriums* optimal sein sollte. Das Gütekriterium war dabei die Zahl der Abtastschritte N, die benötigt wurden, um einen beliebigen Anfangszustand x_0 in minimaler Zahl von Abtastperioden in den Nullzustand $x_N = o$ zu überführen. Ist die Abtastperiode T vorgegeben, wird also ein Regler gesucht, dessen Ausregelzeit NT minimal ist: Es wird ein *zeitoptimaler* Abtastregler gesucht.

Bei der Auslegung eines zeitoptimalen Abtastreglers wird auf das Verhalten des Systems während des Übergangs vom Anfangs- zum Endzustand keine Rücksicht genommen. Angenommen, die Regelgröße y_k soll möglichst wenig vom Sollwert $w_k \equiv 0$ abweichen, wäre ein mögliches Maß für die Abweichungen während eines Regelvorgangs

$$J = \sum_{i=0}^{N} y_i^2. \tag{9.61}$$

Hat das zu regelnde System die mathematische Beschreibung

$$x_{k+1} = A_d x_k + b_d u_k, \tag{9.62}$$

$$y_k = c^T x_k, \tag{9.63}$$

dann wird aus dem *Gütekriterium* (9.61)

$$J = \sum_{i=0}^{N} x_i^T c c^T x_i \tag{9.64}$$

oder mit $Q \stackrel{\text{def}}{=} cc^T$

$$J = \sum_{i=0}^{N} x_i^T Q x_i. \tag{9.65}$$

Da in diesem Gütekriterium *quadratische Formen* $x_i^T Q x_i$ summiert werden, nennt man J ein **quadratisches Gütekriterium**.

In dem Gütekriterium (9.65) wird der Verlauf der Stellgröße u_k nicht berücksichtigt, was zur Folge hätte, daß unter Umständen sehr große Stellgrößen erzeugt werden, um das Gütekriterium zu minimieren. Fügt man dagegen in dem Gütekriterium einen der Stellenergie u_k^2 proportionalen Anteil mit einem Gewichtungsfaktor r hinzu, erhält man das quadratische Gütekriterium

$$J = \sum_{i=0}^{N} \left(x_i^T Q x_i + r u_i^2 \right). \tag{9.66}$$

Je größer der Gewichtsfaktor r gewählt wird, desto mehr Rücksicht wird auf die Amplituden der Stellgröße genommen. Sind mehrere Stellgrößen vorhanden, ist $u_k \in \mathbb{R}^p$, kann man die einzelnen Stellgrößenkomponenten verschieden gewichten:

$$r_1 u_{1,k}^2 + r_2 u_{2,k}^2 + \cdots + r_p u_{p,k}^2 = u_k^T R u_k. \tag{9.67}$$

Das ist wiederum eine quadratische Form.

Stören spätere Abweichungen der Regelgröße mehr als frühere, kann man die Gewichtungsmatrix Q von der Zeit abhängig machen, aus Q wird Q_k. Da die Stellgröße im Endzeitpunkt NT nicht mehr den Endzustand x_N, sondern den Zustand x_{N+1} beeinflußt, ist es sinnvoll, die Summe im Gütekriterium nur bis $N-1$ laufen zu lassen und den Endzustand x_N in einer getrennten quadratischen Form in das Gütekriterium einzubeziehen. So erhält man endgültig die allgemeine Form des quadratischen Gütekriteriums:

$$\boxed{J(x, u, N) = x_N^T S x_N + \sum_{i=0}^{N-1} \left(x_i^T Q_i x_i + u_i^T R_i u_i \right).} \tag{9.68}$$

Als Gewichtsmatrizen S, Q und R werden stets *symmetrische* Matrizen gewählt. Das hat folgenden Grund: Angenommen, S ist nicht symmetrisch, dann gilt die Identität

$$S = \frac{1}{2}(S - S^T) + \frac{1}{2}(S + S^T) \stackrel{\text{def}}{=} M_1 + M_2$$

und es ist

$$M_1^T = \frac{1}{2}(S - S^T)^T = \frac{1}{2}(S^T - S) = -M_1$$

sowie

$$M_2^T = \frac{1}{2}(S + S^T)^T = \frac{1}{2}(S^T + S) = M_2.$$

M_2 ist eine symmetrische und M_1 eine schiefsymmetrische Matrix. Für eine qudratische Form mit M_1 gilt dann

$$x^T M_1 x = (x^T M_1 x)^T = x^T M_1^T x = -x^T M_1 x,$$

was nur bedeuten kann, daß

$$x^T M_1 x = 0$$

ist. Es verbleibt also für die quadratische Form mit S

$$x^T S x = x^T M_2 x,$$

also nur der symmetrische Anteil und man hätte sofort $x^T M_2 x$ mit $M_2 = M_2^T$ wählen können.

Um Auslöschungen zu vermeiden, dürfen die quadratischen Formen nie negativ werden. S, Q und R müssen entweder positiv definit oder positiv semidefinit sein.

9.2.2 Ermittlung des Minimums einer Funktion mit Nebenbedingungen

Bevor das Optimierungsproblem gelöst wird, soll zunächst die Ermittlung des Minimums einer Funktion, die von mehreren Variablen abhängt und zusätzlich Nebenbedingungen erfüllt sein müssen, in Erinnerung gerufen werden.

Wenn das Minimum der Funktion

$$L(x, u) = 2x + u + 1, \tag{9.69}$$

die von den beiden Variablen x und u abhängt, auf dem Kreis mit dem Radius 1,

$$x^2 + u^2 = 1 \tag{9.70}$$

gesucht wird, gibt es beispielsweise die folgenden beiden Wege, das Problem zu lösen.

Der erste Weg besteht darin, die Nebenbedingung (9.70) nach einer Variablen aufzulösen, z.B.

$$x = \pm\sqrt{1 - u^2}, \tag{9.71}$$

das in die Funktion (9.69) einzusetzen und das Minimum der entstandenen Funktion von einer Variablen,

$$\ell(u) = \pm 2\sqrt{1 - u^2} + u + 1, \tag{9.72}$$

zu bestimmen.

Der zweite, elegantere Weg ist die Methode der LAGRANGE-Multiplikatoren. Hierbei wird die Nebenbedingung (9.70) in die Form

$$f(x, u) = 0,\tag{9.73}$$

d.h.

$$f(x, u) = x^2 + u^2 - 1 = 0\tag{9.74}$$

gebracht. Die Funktion $L(x, u)$ wird jetzt um diese „modifizierte Null" (9.74) erweitert

$$H(x, u, \lambda) \overset{\text{def}}{=} L(x, u) + \lambda f(x, u) = 2x + u + 1 + \lambda(x^2 + u^2 - 1),\tag{9.75}$$

wobei der Faktor λ noch unbestimmt ist. Das Problem ist jetzt in ein Problem überführt, bei dem das Minimum der sogenannten HAMILTON-**Funktion** $H(x, u, \lambda)$ von *drei* Variablen gesucht wird, aber jetzt ohne explizite Nebenbedingung.

Notwendige Bedingungen für ein Minimum sind, daß die ersten Ableitungen verschwinden:

$$\frac{\partial H}{\partial x} = 0 = \frac{\partial L}{\partial x} + \lambda \frac{\partial f}{\partial x} = 2 + 2x^*\lambda^*,\tag{9.76}$$

$$\frac{\partial H}{\partial u} = 0 = \frac{\partial L}{\partial u} + \lambda \frac{\partial f}{\partial u} = 1 + 2\lambda^* u^*,\tag{9.77}$$

$$\frac{\partial H}{\partial \lambda} = 0 = f = x^{*2} + u^{*2} - 1.\tag{9.78}$$

Das sind drei Gleichungen für die drei Unbekannten x^*, u^* und λ^*, wobei λ^* eigentlich nicht gesucht wird, da das minimale L nur von x^* und u^* abhängt. (9.76) und (9.77) liefern

$$x^* = 2u^* = -\frac{1}{\lambda^*}.\tag{9.79}$$

Wird (9.79) in (9.78) eingesetzt, erhält man

$$\lambda^* = \pm\frac{\sqrt{5}}{2}.\tag{9.80}$$

Welche der beiden Lösungen (9.80) das Minimum liefert, erhält man aus den hinreichenden Bedingungen für ein Minimum.

Dazu wird zunächst die Funktion L in der Umgebung des Minimums in eine TAYLOR-Reihe entwickelt:

$$L(x^* + dx, u^* + du) = L(x^*, u^*) + \begin{bmatrix} \dfrac{\partial L}{\partial x} & \dfrac{\partial L}{\partial u} \end{bmatrix} \begin{bmatrix} dx \\ du \end{bmatrix}$$

$$+ \frac{1}{2} \begin{bmatrix} dx & du \end{bmatrix} \begin{bmatrix} \dfrac{\partial^2 L}{\partial x \partial x} & \dfrac{\partial^2 L}{\partial x \partial u} \\[2ex] \dfrac{\partial^2 L}{\partial u \partial x} & \dfrac{\partial^2 L}{\partial u \partial u} \end{bmatrix} \begin{bmatrix} dx \\ du \end{bmatrix} + \mathcal{O}(\epsilon^3).\tag{9.81}$$

Damit die Funktion L bei (x^*, u^*) ein Minimum annimmt, muß in der Umgebung davon die Funktion $L(x^* + dx, u^* + du)$ größer als $L(x^*, u^*)$ sein. Da wegen der *notwendigen* Bedingung $\dfrac{\partial L}{\partial x} = \dfrac{\partial L}{\partial u} = 0$ ist, muß der dritte Term auf der rechten Seite der Gleichung

(9.81), eine quadratische Form, stets positiv sein. *Hinreichende* Bedingung für ein Minimum ist also, daß die in der quadratischen Form enthaltene Matrix positiv definit ist:

$$
\begin{bmatrix}
\dfrac{\partial^2 L}{\partial x \partial x} & \dfrac{\partial^2 L}{\partial x \partial u} \\[3mm]
\dfrac{\partial^2 L}{\partial u \partial x} & \dfrac{\partial^2 L}{\partial u \partial u}
\end{bmatrix} > 0.
\tag{9.82}
$$

Diese Bedingung läßt aber die einschränkende Nebenbedingung $f(x^*, u^*) = 0$ außer acht! Entwickelt man die Nebenbedingung $f(x^* + \mathrm{d}x, u^* + \mathrm{d}u)$ ebenfalls in eine Taylor-Reihe, erhält man

$$
f(x^* + \mathrm{d}x, u^* + \mathrm{u}) = f(x^*, u^*) + \begin{bmatrix} \dfrac{\partial f}{\partial x} & \dfrac{\partial f}{\partial u} \end{bmatrix} \begin{bmatrix} \mathrm{d}x \\ \mathrm{d}u \end{bmatrix}
$$

$$
+ \frac{1}{2} \begin{bmatrix} \mathrm{d}x & \mathrm{d}u \end{bmatrix}
\begin{bmatrix}
\dfrac{\partial^2 f}{\partial x \partial x} & \dfrac{\partial^2 f}{\partial x \partial u} \\[3mm]
\dfrac{\partial^2 f}{\partial u \partial x} & \dfrac{\partial^2 f}{\partial u \partial u}
\end{bmatrix}
\begin{bmatrix} \mathrm{d}x \\ \mathrm{d}u \end{bmatrix} + \mathcal{O}(\epsilon^3).
\tag{9.83}
$$

Mit

$$
\mathrm{d}L \stackrel{\text{def}}{=} L(x^* + \mathrm{d}x, u^* + \mathrm{d}u) - L(x^*, u^*) \quad \text{und}
\tag{9.84}
$$

$$
\mathrm{d}f \stackrel{\text{def}}{=} f(x^* + \mathrm{d}x, u^* + \mathrm{d}u) - f(x^*, u^*)
\tag{9.85}
$$

erhält man mit (9.76) und (9.77) aus (9.81) und (9.83)

$$
\mathrm{d}L + \lambda \mathrm{d}f = \begin{bmatrix} \dfrac{\partial H}{\partial x} & \dfrac{\partial H}{\partial u} \end{bmatrix} \begin{bmatrix} \mathrm{d}x \\ \mathrm{d}u \end{bmatrix} + \frac{1}{2} \begin{bmatrix} \mathrm{d}x & \mathrm{d}u \end{bmatrix}
\begin{bmatrix}
\dfrac{\partial^2 H}{\partial x \partial x} & \dfrac{\partial^2 H}{\partial x \partial u} \\[3mm]
\dfrac{\partial^2 H}{\partial u \partial x} & \dfrac{\partial^2 H}{\partial u \partial u}
\end{bmatrix}
\begin{bmatrix} \mathrm{d}x \\ \mathrm{d}u \end{bmatrix} + \mathcal{O}(\epsilon^3).
\tag{9.86}
$$

Um die hinreichende Bedingung (9.82) für ein Minimum der Funktion L unter Berücksichtigung der Nebenbedingung $f = 0$ durch eine Bedingung für die neue Funktion H umzuformen, muß der zweite Summand in (9.86) betrachtet werden.

Neben der ersten Ableitung von L muß auch $f = 0$ sein. Bei der Wahl der $\mathrm{d}x$ und $\mathrm{d}u$ muß also darauf geachtet werden, daß auch $\mathrm{d}f = 0$ ist. Dann folgt aber aus (9.86), daß sowohl $\dfrac{\partial H}{\partial x}$ als auch $\dfrac{\partial H}{\partial u}$ gleich null sein müssen. Weiterhin folgt aus (9.83), daß

$$
\frac{\partial f}{\partial x} \mathrm{d}x + \frac{\partial f}{\partial u} \mathrm{d}u = 0
\tag{9.87}
$$

sein muß, oder, daß zwischen $\mathrm{d}x$ und $\mathrm{d}u$ der Zusammenhang

$$
\mathrm{d}x = - \left(\frac{\partial f}{\partial x} \right)^{-1} \frac{\partial f}{\partial u} \mathrm{d}u
\tag{9.88}
$$

besteht. Setzt man (9.88) in (9.86) unter Berücksichtigung von $\mathrm{d}f = 0$ ein, erhält man

$$\mathrm{d}L = \frac{1}{2}\mathrm{d}u\left[-\left(\frac{\partial f}{\partial x}\right)^{-1}\frac{\partial f}{\partial u}\middle|1\right]\begin{bmatrix}\dfrac{\partial^2 H}{\partial x\partial x} & \dfrac{\partial^2 H}{\partial x\partial u} \\[2mm] \dfrac{\partial^2 H}{\partial u\partial x} & \dfrac{\partial^2 H}{\partial u\partial u}\end{bmatrix}\begin{bmatrix}-\left(\dfrac{\partial f}{\partial x}\right)^{-1}\dfrac{\partial f}{\partial u} \\[2mm] 1\end{bmatrix}\mathrm{d}u+\mathcal{O}(\epsilon^3). \quad (9.89)$$

Hierfür muß bei einem Minimum für alle $\mathrm{d}u$ etwas Positives herauskommen. Das ist der Fall, wenn die quadratische Form zwischen den beiden $\mathrm{d}u$ in (9.89) stets positiv ist:

$$\left[-\left(\frac{\partial f}{\partial x}\right)^{-1}\frac{\partial f}{\partial u}\middle|1\right]\begin{bmatrix}\dfrac{\partial^2 H}{\partial x\partial x} & \dfrac{\partial^2 H}{\partial x\partial u} \\[2mm] \dfrac{\partial^2 H}{\partial u\partial x} & \dfrac{\partial^2 H}{\partial u\partial u}\end{bmatrix}\begin{bmatrix}-\left(\dfrac{\partial f}{\partial x}\right)^{-1}\dfrac{\partial f}{\partial u} \\[2mm] 1\end{bmatrix} > 0.$$

Ausmultipliziert ergibt das die gesuchte Bedingung für ein Minimum, ausgedrückt durch die HAMILTON-Funktion:

$$\boxed{\frac{\partial^2 H}{\partial u\partial u}-\left(\frac{\partial f}{\partial x}\right)^{-1}\frac{\partial f}{\partial u}\cdot\frac{\partial^2 H}{\partial x\partial u}-\left(\frac{\partial f}{\partial x}\right)^{-1}\frac{\partial f}{\partial u}\cdot\frac{\partial^2 H}{\partial u\partial x}+\left(\frac{\partial f}{\partial x}\right)^{-1}\frac{\partial f}{\partial u}\cdot\frac{\partial^2 H}{\partial x\partial x}\left(\frac{\partial f}{\partial x}\right)^{-1}\frac{\partial f}{\partial u} > 0.}$$

$$(9.90)$$

Setzt man die entsprechenden Ableitungen für das Beispiel in diese Bedingung ein, erhält man die Bedingung

$$2\lambda^*\left(1+\frac{u^{*2}}{x^{*2}}\right) > 0,$$

d.h.

$$\lambda^* > 0,$$

also ist

$$\lambda^* = +\frac{1}{2}\sqrt{5}. \qquad (9.91)$$

Damit erhält man aus (9.78)

$$x^* = -\frac{2}{\sqrt{5}} \quad \text{und} \quad u^* = -\frac{1}{\sqrt{5}} \qquad (9.92)$$

und den Minimalwert von L auf dem Kreis

$$L(x^*,u^*) = 1 - \sqrt{5} = -1,236. \qquad (9.93)$$

In Bild 9.10 sind die Funktionen $L(x,u)$ und $f(x,u)$ sowie der Minimumpunkt (x^*,u^*) dargestellt.

Dieses Vorgehen mit Hilfe von LAGRANGE-Faktoren und der HAMILTON-Funktion soll jetzt auch zur Lösung der Optimierungsprobleme herangezogen werden.

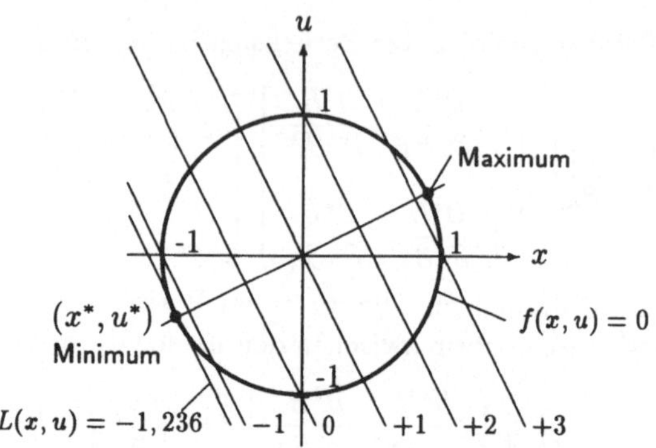

Bild 9.10: Die Funktion $L(x, u)$ und ihr Minimum auf dem Kreis.

9.2.3 Allgemeines zeitdiskretes Optimierungsproblem

Geht man von einem allgemeinen zeitdiskreten System mit der Zustandsgleichung

$$\boldsymbol{x}_{k+1} = \boldsymbol{f}(\boldsymbol{x}_k, \boldsymbol{u}_k, k) \tag{9.94}$$

aus, wobei $\boldsymbol{x} \in \mathbb{R}^n$, $\boldsymbol{u} \in \mathbb{R}^p$ und $\boldsymbol{f} \in \mathbb{R}^n$ ist. Für dieses System soll das

$$J = S(\boldsymbol{x}_N) + \sum_{k=k_0}^{N-1} L(\boldsymbol{x}_k, \boldsymbol{u}_k, k) \tag{9.95}$$

mit Hilfe der optimalen Steuerfolge $\{\boldsymbol{u}_i^*\}$, die die optimale Zustandsfolge $\{\boldsymbol{x}_i^*\}$ erzeugt, minimiert werden.

Dieses allgemeine Optimierungsproblem soll mit Hilfe der im vorigen Abschnitt eingeführten LAGRANGE-Faktoren gelöst werden. Die Zustandsgleichungen stellen die Nebenbedingungen bei der Suche nach dem Minimum von J dar. Für jede der n Nebenbedingungen wird ein LAGRANGE-Faktor benötigt, insgesamt also ein LAGRANGE-Vektor $\boldsymbol{\lambda} \in \mathbb{R}^n$. Erweitert man das Gütekriterium um

$$\boldsymbol{\lambda}_{k+1}^T \left(\boldsymbol{f}(\boldsymbol{x}_k \boldsymbol{u}_k, k) - \boldsymbol{x}_{k+1}\right) = 0,$$

erhält man das modifizierte Gütekriterium

$$\overline{J} = S(\boldsymbol{x}_N) + \sum_{k=k_0}^{N-1} \left[L(\boldsymbol{x}_k, \boldsymbol{u}_k, k) + \boldsymbol{\lambda}_{k+1}^T \left(\boldsymbol{f}(\boldsymbol{x}_k \boldsymbol{u}_k, k) - \boldsymbol{x}_{k+1}\right)\right]. \tag{9.96}$$

Analog zu dem Vorgehen im vorigen Abschnitt wird jetzt die HAMILTON-Funktion

$$H(\boldsymbol{x}_k, \boldsymbol{u}_k, \boldsymbol{\lambda}_{k+1}, k) = L(\boldsymbol{x}_k, \boldsymbol{u}_k, k) + \boldsymbol{\lambda}_{k+1}^T \boldsymbol{f}(\boldsymbol{x}_k \boldsymbol{u}_k, k) \tag{9.97}$$

eingeführt, womit für $\overline{J}$ jetzt geschrieben werden kann:

$$\overline{J} = S(\boldsymbol{x}_N) - \boldsymbol{\lambda}_N^T \boldsymbol{x}_N + H(\boldsymbol{x}_0, \boldsymbol{u}_0, \boldsymbol{\lambda}_{k_0+1}, k_0) + \sum_{k=k_0+1}^{N-1} [H(\boldsymbol{x}_k, \boldsymbol{u}_k, \boldsymbol{\lambda}_{k+1}, k) - \boldsymbol{\lambda}_k^T \boldsymbol{x}_k]. \tag{9.98}$$

Betrachtet man jetzt die Änderung $d\overline{J}$ des Gütekriteriums $\overline{J}$ aufgrund von Änderungen $d\boldsymbol{x}$, $d\boldsymbol{u}$ und $d\boldsymbol{\lambda}$ der Variablen, erhält man aus (9.98)

$$d\overline{J} = \left(\frac{\partial S}{\partial \boldsymbol{x}_N} - \boldsymbol{\lambda}_N\right)^T d\boldsymbol{x}_N + \left(\frac{\partial H(k_0)}{\partial \boldsymbol{x}_0}\right)^T d\boldsymbol{x}_0 + \left(\frac{\partial H(k_0)}{\partial \boldsymbol{u}_0}\right)^T d\boldsymbol{u}_0$$

$$+ \sum_{k=k_0+1}^{N-1} \left[\left(\frac{\partial H(k)}{\partial \boldsymbol{x}_k} - \boldsymbol{\lambda}_k\right)^T d\boldsymbol{x}_k + \left(\frac{\partial H(k)}{\partial \boldsymbol{u}_k}\right)^T d\boldsymbol{u}_k\right] + \sum_{k=k_0+1}^{N-1} \left(\frac{\partial H(k)}{\partial \boldsymbol{\lambda}_{k+1}} - \boldsymbol{x}_{k+1}\right)^T d\boldsymbol{\lambda}_{k+1}.$$

$$(9.99)$$

Damit die Summen für jede Variation der Variablen verschwinden, einschließlich des Terms mit $d\boldsymbol{u}_0$ vor den Summen, müssen die folgenden *notwendigen Bedingungen* erfüllt sein:

$$\frac{\partial H(k)}{\partial \boldsymbol{\lambda}_{k+1}} = \boldsymbol{x}_{k+1}, \tag{9.100}$$

$$\frac{\partial H(k)}{\partial \boldsymbol{x}_k} = \boldsymbol{\lambda}_k, \tag{9.101}$$

$$\frac{\partial H(k)}{\partial \boldsymbol{u}_k} = \mathbf{o}. \tag{9.102}$$

Die restlichen Terme verschwinden, wenn

$$\left(\frac{\partial S}{\partial \boldsymbol{x}_N} - \boldsymbol{\lambda}_N\right)^T d\boldsymbol{x}_N = 0 \quad \text{und} \tag{9.103}$$

$$\left(\frac{\partial H(k_0)}{\partial \boldsymbol{x}_0}\right)^T d\boldsymbol{x}_0 = 0 \tag{9.104}$$

ist. Die bisherigen Ergebnisse werden in dem folgenden Satz zusammengefaßt:

9.11 Satz: *Für das System mit der Zustandsgleichung*

$$\boldsymbol{x}_{k+1} = \boldsymbol{f}(\boldsymbol{x}_k, \boldsymbol{u}_k, k) \tag{9.105}$$

wird das Gütekriterium

$$J = S(\boldsymbol{x}_N) + \sum_{k=k_0}^{N-1} L(\boldsymbol{x}_k, \boldsymbol{u}_k, k) \tag{9.106}$$

zu einem Minimum, wenn man mit Hilfe der HAMILTON*-Funktion*

$$H(k) = L(\boldsymbol{x}_k, \boldsymbol{u}_k, k) + \boldsymbol{\lambda}_{k+1}^T \boldsymbol{f}(\boldsymbol{x}_k, \boldsymbol{u}_k, k) \tag{9.107}$$

die optimale Steuerung aus der **Zustandsgleichung**

$$\frac{\partial H(k)}{\partial \boldsymbol{\lambda}_{k+1}} = \boldsymbol{x}_{k+1} = \boldsymbol{f}(\boldsymbol{x}_k, \boldsymbol{u}_k, k), \tag{9.108}$$

der **adjungierten Gleichung**

$$\frac{\partial H(k)}{\partial \boldsymbol{x}_k} = \boldsymbol{\lambda}_k = \left(\frac{\partial \boldsymbol{f}(k)}{\partial \boldsymbol{x}_k}\right)^T \boldsymbol{\lambda}_{k+1} + \frac{\partial L(k)}{\partial \boldsymbol{x}_k} \tag{9.109}$$

sowie

$$\frac{\partial H(k)}{\partial \boldsymbol{u}_k} = \boldsymbol{o} = \left(\frac{\partial \boldsymbol{f}(k)}{\partial \boldsymbol{u}_k}\right)^T \boldsymbol{\lambda}_{k+1} + \frac{\partial L(k)}{\partial \boldsymbol{u}_k} \tag{9.110}$$

und den **Randbedingungen**

$$\left[\frac{\partial L(k_0)}{\partial \boldsymbol{x}_0} + \left(\frac{\partial \boldsymbol{f}(k_0)}{\partial \boldsymbol{x}_0}\right)^T \boldsymbol{\lambda}_{k_0+1}\right]^T \mathrm{d}\boldsymbol{x}_0 = 0, \tag{9.111}$$

$$\left(\frac{\partial S}{\partial \boldsymbol{x}_N} - \boldsymbol{\lambda}_N\right)^T \mathrm{d}\boldsymbol{x}_N = 0 \tag{9.112}$$

ermittelt.

Zu den Randbedingungen ist zu bemerken, daß bei fest vorgegebenem Anfangszustand $\boldsymbol{x}_0$ bzw. Endzustand $\boldsymbol{x}_N$ diese nicht variiert werden dürfen, also $\mathrm{d}\boldsymbol{x}_0 = \boldsymbol{o}$ bzw. $\mathrm{d}\boldsymbol{x}_N = \boldsymbol{o}$ ist und damit (9.111) bzw. (9.112) von selbst erfüllt sind und $\boldsymbol{x}_0$ bzw. $\boldsymbol{x}_N$ selbst Randbedingungen darstellen. Sind $\boldsymbol{x}_0$ bzw. $\boldsymbol{x}_N$ nicht fest vorgegeben, müssen die Ausdrücke in den Klammern bei den Randbedingungen verschwinden, d.h., die Bedingungen

$$\frac{\partial H(k_0)}{\partial \boldsymbol{x}_0} = \boldsymbol{o} \tag{9.113}$$

bzw.

$$\frac{\partial S}{\partial \boldsymbol{x}_N} = \boldsymbol{\lambda}_N \tag{9.114}$$

müssen erfüllt sein. Ist also der Anfangszustand $\boldsymbol{x}_0$ fest vorgegeben, was fast immer der Fall ist, und der Endzustand $\boldsymbol{x}_N$ nicht, sind die beiden Randbedingungen für die Lösung der beiden gekoppelten Differenzengleichungssysteme (9.108) und (9.109) die Anfangsbedingung $\boldsymbol{x}_0$ und die Endbedingung $\boldsymbol{\lambda}_N$.

9.2.4 Lineare quadratisch optimale Regelung

Die quadratisch optimale Regelung für ein lineares zeitvariantes System mit der Zustandsgleichung

$$\boldsymbol{x}_{k+1} = \boldsymbol{A}_k\boldsymbol{x}_k + \boldsymbol{B}_k\boldsymbol{u}_k \tag{9.115}$$

heißt *lineare quadratisch optimale Regelung*. Gesucht ist eine Steuerfolge $\boldsymbol{u}_0^*, \boldsymbol{u}_1^*, \ldots,$ $\boldsymbol{u}_{N-1}^*$ so, daß das quadratische Gütekriterium

$$J = \frac{1}{2}\boldsymbol{x}_N^T\boldsymbol{S}\boldsymbol{x}_N + \frac{1}{2}\sum_{i=0}^{N-1}(\boldsymbol{x}_i^T\boldsymbol{Q}_i\boldsymbol{x}_i + \boldsymbol{u}_i^T\boldsymbol{R}_i\boldsymbol{u}_i) \tag{9.116}$$

minimiert wird, wobei die Matrizen $\boldsymbol{S}$, $\boldsymbol{Q}_i$ und $\boldsymbol{R}_i$ symmetrisch und postiv definit oder semidefinit sind, d.h., die auftretenden quadratischen Formen werden nie negativ. Ist der Anfangszustand $\boldsymbol{x}_0$ fest vorgegeben, so ist $\boldsymbol{Q}_0 = \boldsymbol{O}$ zu wählen. Wird der Endzustand $\boldsymbol{x}_N$ fest vorgegeben, ist in (9.116) $\boldsymbol{S} = \boldsymbol{O}$ zu setzen. Ist der Endzustand $\boldsymbol{x}_N$ nicht fest vorgegeben, so stellt $\boldsymbol{S}$ die Bewertung der einzelnen Zustände $x_{i,N}$ dar und bewirkt bei der Minimierung, daß der Endzustand $\boldsymbol{x}_N$ möglichst nahe beim Nullzustand endet.

Die HAMILTON-Funktion für das lineare quadratische Optimierungsproblem ist dann

$$H(k) = H(\boldsymbol{x}_k, \boldsymbol{u}_k, \boldsymbol{\lambda}_{k+1}, k) = \frac{1}{2}(\boldsymbol{x}_k^T\boldsymbol{Q}_k\boldsymbol{x}_k + \boldsymbol{u}_k^T\boldsymbol{R}_k\boldsymbol{u}_k) + \boldsymbol{\lambda}_{k+1}^T(\boldsymbol{A}_k\boldsymbol{x}_k + \boldsymbol{B}_k\boldsymbol{u}_k) \tag{9.117}$$

und für die beiden gekoppelten Differenzengleichungssysteme erhält man

$$\frac{\partial H(k)}{\partial \boldsymbol{\lambda}_{k+1}} = \boldsymbol{x}_{k+1} = \boldsymbol{A}_k\boldsymbol{x}_k + \boldsymbol{B}_k\boldsymbol{u}_k, \tag{9.118}$$

$$\frac{\partial H(k)}{\partial \boldsymbol{x}_k} = \boldsymbol{\lambda}_k = \boldsymbol{Q}_k\boldsymbol{x}_k + \boldsymbol{A}_k^T\boldsymbol{\lambda}_{k+1}. \tag{9.119}$$

(9.110) liefert

$$\frac{\partial H(k)}{\partial \boldsymbol{u}_k} = \boldsymbol{o} = \boldsymbol{R}_k\boldsymbol{u}_k + \boldsymbol{B}_k^T\boldsymbol{\lambda}_{k+1}, \tag{9.120}$$

d.h. für die optimale Stellgröße

$$u_k^* = -R_k^{-1} B_k^T \lambda_{k+1}.$$

$$(9.121)$$

Damit die Inverse R_k^{-1} stets existiert, wird die Gewichtungsmatrix R_k für die Stellgrößen immer positiv definit gewählt: $R_k = R_k^T > 0$. Das Zusammenwirken der drei Gleichungen (9.118), (9.119) und (9.121) ist in Bild 9.16 dargestellt.

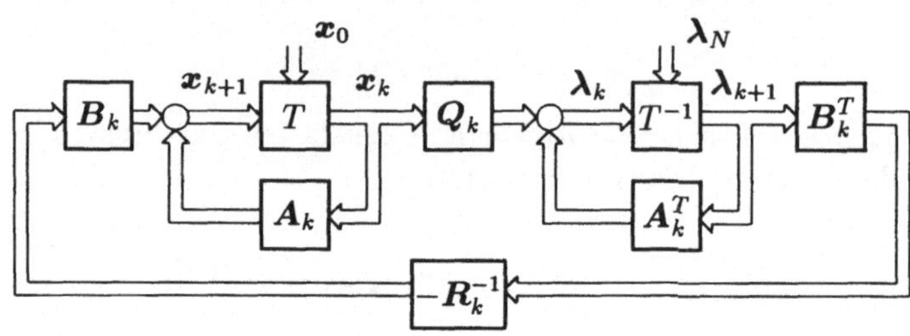

Bild 9.11: Zusammenwirken der gekoppelten Differenzengleichungssysteme beim linearen quadratisch optimalen Problem.

Setzt man (9.121) in (9.118) ein, erhält man

$$x_{k+1} = A_k x_k - B_k R_k^{-1} B_k^T \lambda_{k+1}.$$

$$(9.122)$$

Ist die Systemmatrix A_k regulär, was bei Abtastsystemen immer der Fall ist, kann (9.122) nach x_k aufgelöst werden:

$$x_k = A_k^{-1} x_{k+1} + A_k^{-1} B_k R_k^{-1} B_k^T \lambda_{k+1}.$$

$$(9.123)$$

(9.123) ergibt dann mit (9.119) das zeitdiskrete HAMILTON-System

$$\begin{bmatrix} x_k \\ \lambda_k \end{bmatrix} = \underbrace{\left[\begin{array}{c|c} A_k^{-1} & A_k^{-1} B_k R_k^{-1} B_k^T \\ \hline Q_k A_k^{-1} & A_k^T + Q_k A_k^{-1} B_k R_k^{-1} B_k^T \end{array} \right]}_{H_k} \begin{bmatrix} x_{k+1} \\ \lambda_{k+1} \end{bmatrix}$$

$$(9.124)$$

mit der HAMILTON-Matrix H_k.

Wenn der Anfangszustand x_0 fest, aber x_N nicht fest vorgegeben ist, erhält man aus (9.114) für $S = x_N^T S x_N$ die Randbedingung

$$\lambda_N = S x_N.$$

$$(9.125)$$

Für den Zeitpunkt $k = N - 1$ steht damit die optimale Stellgröße in Abhängigkeit vom Endzustand x_N gemäß (9.121) fest:

$$u_{N-1}^* = -R_{N-1}^{-1} B_{N-1}^T S x_N.$$

Es wird jetzt angenommen, daß zwischen x_k und λ_k immer ein ähnlicher linearer Zusammenhang wie in (9.125) besteht, nämlich

$$\boxed{\boldsymbol{\lambda}_k = \boldsymbol{P}_k \boldsymbol{x}_k.} \tag{9.126}$$

Aus (9.121) wird dann

$$\boldsymbol{u}_k^* = -\boldsymbol{R}_k^{-1}\boldsymbol{B}_k^T\boldsymbol{P}_{k+1}\boldsymbol{x}_{k+1} = -\boldsymbol{R}_k^{-1}\boldsymbol{B}_k^T\boldsymbol{P}_{k+1}(\boldsymbol{A}_k\boldsymbol{x}_k + \boldsymbol{B}_k\boldsymbol{u}_k^*) \tag{9.127}$$

und nach $\boldsymbol{u}_k^*$ aufgelöst

$$\boxed{\boldsymbol{u}_k^* = -(\boldsymbol{R}_k + \boldsymbol{B}_k^T\boldsymbol{P}_{k+1}\boldsymbol{B}_k)^{-1}\boldsymbol{B}_k^T\boldsymbol{P}_{k+1}\boldsymbol{A}_k\boldsymbol{x}_k,} \tag{9.128}$$

oder mit

$$\boldsymbol{K}_k \stackrel{\text{def}}{=} (\boldsymbol{R}_k + \boldsymbol{B}_k^T\boldsymbol{P}_{k+1}\boldsymbol{B}_k)^{-1}\boldsymbol{B}_k^T\boldsymbol{P}_{k+1}\boldsymbol{A}_k \tag{9.129}$$

die zeitveränderliche Zustandsrückführung

$$\boxed{\boldsymbol{u}_k^* = -\boldsymbol{K}_k\boldsymbol{x}_k.} \tag{9.130}$$

Bis auf die Matrix $\boldsymbol{P}_{k+1}$ sind alle Matrizen, die die Rückkopplungsmatrix $\boldsymbol{K}_k$ bestimmen, bekannt.

Für die $\boldsymbol{P}$-Matrix erhält man folgende Beziehung: Setzt man den Ansatz (9.126) in die adjungierte Gleichung (9.119) ein, erhält man mit (9.115) und (9.128)

$$\begin{aligned}
\boldsymbol{P}_k\boldsymbol{x}_k &= \boldsymbol{Q}_k\boldsymbol{x}_k + \boldsymbol{A}_k^T\boldsymbol{P}_{k+1}\boldsymbol{x}_{k+1} \\
&= \boldsymbol{Q}_k\boldsymbol{x}_k + \boldsymbol{A}_k^T\boldsymbol{P}_{k+1}[\boldsymbol{A}_k\boldsymbol{x}_k + \boldsymbol{B}_k\boldsymbol{u}_k]
\end{aligned}$$

$$= \boldsymbol{Q}_k\boldsymbol{x}_k + \boldsymbol{A}_k^T\boldsymbol{P}_{k+1}[\boldsymbol{A}_k\boldsymbol{x}_k - \boldsymbol{B}_k(\boldsymbol{R}_k + \boldsymbol{B}_k^T\boldsymbol{P}_{k+1}\boldsymbol{B}_k)^{-1}\boldsymbol{B}_k^T\boldsymbol{P}_{k+1}\boldsymbol{A}_k\boldsymbol{x}_k] \tag{9.131}$$

oder

$$[\boldsymbol{P}_k - \boldsymbol{Q}_k - \boldsymbol{A}_k^T\boldsymbol{P}_{k+1}\boldsymbol{A}_k + \boldsymbol{A}_k^T\boldsymbol{P}_{k+1}\boldsymbol{B}_k(\boldsymbol{R}_k + \boldsymbol{B}_k^T\boldsymbol{P}_{k+1}\boldsymbol{B}_k)^{-1}\boldsymbol{B}_k^T\boldsymbol{P}_{k+1}\boldsymbol{A}_k]\boldsymbol{x}_k = \mathbf{o}. \tag{9.132}$$

Diese Gleichung muß für alle möglichen $\boldsymbol{x}_k$-Folgen für jeden Anfangszustand $\boldsymbol{x}_0$ gelten, also muß die in den eckigen Klammern stehende Matrix gleich der Nullmatrix sein, woraus die sogenante **Matrix-RICCATI-Gleichung**

$$\boxed{\boldsymbol{P}_k = \boldsymbol{Q}_k + \boldsymbol{A}_k^T[\boldsymbol{P}_{k+1} - \boldsymbol{P}_{k+1}\boldsymbol{B}_k(\boldsymbol{R}_k + \boldsymbol{B}_k^T\boldsymbol{P}_{k+1}\boldsymbol{B}_k)^{-1}\boldsymbol{B}_k^T\boldsymbol{P}_{k+1}]\boldsymbol{A}_k} \tag{9.133}$$

mit dem Randwert $\boldsymbol{P}_N = \boldsymbol{S}$ folgt. Die Matrix $\boldsymbol{P}_k$ kann also mit Hilfe der Matrix $\boldsymbol{P}_{k+1}$, beginnend mit $\boldsymbol{P}_N = \boldsymbol{S}$, nach und nach für $k = N-1$, $N-2,\ldots,$ $k_0 + 1$ und k_0 berechnet werden.

Eine für die numerische Berechnung der Matrix $\boldsymbol{P}_k$ besser geeignete Form der Matrix-RICCATI-Gleichung erhält man durch Einsetzen von (9.129) in (9.133):

$$\boxed{\boldsymbol{P}_k = \boldsymbol{Q}_k + \boldsymbol{A}_k^T \boldsymbol{P}_{k+1}(\boldsymbol{A}_k - \boldsymbol{B}_k \boldsymbol{K}_k).} \tag{9.134}$$

Zusammen liefern (9.129) und (9.134) einen einfachen Algorithmus für die sukzessive Berechnung der zeitvarianten Rückkopplungsmatrix $\boldsymbol{K}_k$:

Algorithmus:
$$\boldsymbol{P}_N := \boldsymbol{S};$$
$$\textbf{for } k := N-1 \textbf{ to } 1 \textbf{ do}$$
$$\qquad \textbf{begin}$$
$$\qquad\quad \boldsymbol{K}_k := (\boldsymbol{R}_k + \boldsymbol{B}_k^T \boldsymbol{P}_{k+1} \boldsymbol{B}_k)^{-1} \boldsymbol{B}_k^T \boldsymbol{P}_{k+1} \boldsymbol{A}_k;$$
$$\qquad\quad \boldsymbol{P}_k = \boldsymbol{Q}_k + \boldsymbol{A}_k^T \boldsymbol{P}_{k+1}(\boldsymbol{A}_k - \boldsymbol{B}_k \boldsymbol{K}_k);$$
$$\qquad \textbf{end}$$
$$\boldsymbol{K}_0 := (\boldsymbol{R}_0 + \boldsymbol{B}_0^T \boldsymbol{P}_1 \boldsymbol{B}_0)^{-1} \boldsymbol{B}_0^T \boldsymbol{P}_1 \boldsymbol{A}_0.$$

Fügt man auf der rechten Seite von (9.134)

$$\begin{aligned}
\boldsymbol{O} &= -\boldsymbol{K}_k^T \boldsymbol{B}_k^T \boldsymbol{P}_{k+1} \boldsymbol{A}_k + \boldsymbol{K}_k^T \boldsymbol{B}_k^T \boldsymbol{P}_{k+1} \boldsymbol{A}_k \\
&= -\boldsymbol{K}_k^T \boldsymbol{B}_k^T \boldsymbol{P}_{k+1} \boldsymbol{A}_k + \boldsymbol{K}_k^T (\boldsymbol{R}_k + \boldsymbol{B}_k^T \boldsymbol{P}_{k+1} \boldsymbol{B}_k)(\boldsymbol{R}_k + \boldsymbol{B}_k^T \boldsymbol{P}_{k+1} \boldsymbol{B}_k)^{-1} \boldsymbol{B}_k^T \boldsymbol{P}_{k+1} \boldsymbol{A}_k \\
&= -\boldsymbol{K}_k^T \boldsymbol{B}_k^T \boldsymbol{P}_{k+1} \boldsymbol{A}_k + \boldsymbol{K}_k^T (\boldsymbol{R}_k + \boldsymbol{B}_k^T \boldsymbol{P}_{k+1} \boldsymbol{B}_k) \boldsymbol{K}_k \\
&= -\boldsymbol{K}_k^T \boldsymbol{B}_k^T \boldsymbol{P}_{k+1}(\boldsymbol{A}_k - \boldsymbol{B}_k \boldsymbol{K}_k) + \boldsymbol{K}_k^T \boldsymbol{R}_k \boldsymbol{K}_k
\end{aligned}$$

hinzu, erhält man als weitere Form für die Matrix-RICCATI-Differenzengleichung

$$\boxed{\boldsymbol{P}_k = (\boldsymbol{A}_k - \boldsymbol{B}_k \boldsymbol{K}_k)^T \boldsymbol{P}_{k+1}(\boldsymbol{A}_k - \boldsymbol{B}_k \boldsymbol{K}_k) + \boldsymbol{K}_k^T \boldsymbol{R}_k \boldsymbol{K}_k + \boldsymbol{Q}_k.} \tag{9.135}$$

Mit dieser Form der Matrix-RICCATI-Differenzengleichung kann der Wert des Gütekriteriums J schrittweise berechnet werden. Denn mit

$$J_i \stackrel{\text{def}}{=} \frac{1}{2}\boldsymbol{x}_N^T \boldsymbol{S} \boldsymbol{x}_N + \frac{1}{2}\sum_{k=i}^{N-1}(\boldsymbol{x}_k^T \boldsymbol{Q}_k \boldsymbol{x}_k + \boldsymbol{u}_k^T \boldsymbol{R}_k \boldsymbol{u}_k) \tag{9.136}$$

ist

$$J_N = \frac{1}{2}\boldsymbol{x}_N^T \boldsymbol{S} \boldsymbol{x}_N = \frac{1}{2}\boldsymbol{x}_N^T \boldsymbol{P}_N \boldsymbol{x}_N$$

und mit (9.130) und (9.135)

$$J_{N-1} = \frac{1}{2}x_N^T S x_N + \frac{1}{2}\left[x_{N-1}^T Q_{N-1} x_{N-1} + u_{N-1}^T R_{N-1} u_{N-1}\right]$$

$$= \frac{1}{2}(A_{N-1} x_{N-1} + B_{N-1} u_{N-1})^T P_N (A_{N-1} x_{N-1} + B_{N-1} u_{N-1})$$

$$+\frac{1}{2}\left[x_{N-1}^T Q_{N-1} x_{N-1} + u_{N-1}^T R_{N-1} u_{N-1}\right] =$$

$$= \frac{1}{2}x_{N-1}^T[(A_{N-1} - B_{N-1} K_{N-1})^T P_N (A_{N-1} - B_{N-1} K_{N-1})$$

$$+Q_{N-1} + K_{N-1}^T R_{N-1} K_{N-1}]x_{N-1}$$

$$= \frac{1}{2}x_{N-1}^T P_{N-1} x_{N-1}.$$

So fortfahrend, erhält man schließlich den optimalen Wert des Gütekriteriums

$$J_0 = J^* = \frac{1}{2}x_0^T P_0 x_0, \tag{9.137}$$

der nur vom Anfangszustand abhängt. Da die Matrizen P_k vorab berechnet werden können, kann auch für jeden Zwischenzustand x_k eines Optimierungsintervalls $[k_0, N]$ der Wert

$$J_k = x_k^T P_k x_k$$

für das Intervall $[k, N]$ berechnet werden.

Die Ergebnisse dieses Abschnitts werden in dem folgenden Satz zusammengefaßt:

9.12 Satz: *Gegeben sei das lineare zeitdiskrete zeitvariante System mit der Zustandsgleichung*

$$\boldsymbol{x}_{k+1} = \boldsymbol{A}_k\boldsymbol{x}_k + \boldsymbol{B}_k\boldsymbol{u}_k \tag{9.138}$$

und das quadratische Gütekriterium

$$J = \frac{1}{2}\boldsymbol{x}_N^T\boldsymbol{S}\boldsymbol{x}_N + \frac{1}{2}\sum_{k=k_0}^{N-1}(\boldsymbol{x}_k^T\boldsymbol{Q}_k\boldsymbol{x}_k + \boldsymbol{u}_k^T\boldsymbol{R}_k\boldsymbol{u}_k) \tag{9.139}$$

mit symmetrischen, positiv semidefiniten oder positiv definiten Matrizen $\boldsymbol{S}$, $\boldsymbol{Q}_k$ *und* $\boldsymbol{R}_k$ *und der regulären Matrix* $(\boldsymbol{R}_k + \boldsymbol{B}_k^T\boldsymbol{P}_{k+1}\boldsymbol{B}_k)$, *wobei die Matrix* $\boldsymbol{P}_k$ *Lösung der Matrix*-RICCATI-*Differenzengleichung*

$$\boldsymbol{P}_k = \boldsymbol{Q}_k + \boldsymbol{A}_k^T[\boldsymbol{P}_{k+1} - \boldsymbol{P}_{k+1}\boldsymbol{B}_k(\boldsymbol{R}_k + \boldsymbol{B}_k^T\boldsymbol{P}_{k+1}\boldsymbol{B}_k)^{-1}\boldsymbol{B}_k^T\boldsymbol{P}_{k+1}]\boldsymbol{A}_k \tag{9.140}$$

für den Endwert $\boldsymbol{P}_N = \boldsymbol{S}$ *ist. Dann hat das Gütefunktional den minimalen Wert*

$$J^* = \boldsymbol{x}_0^T\boldsymbol{P}_0\boldsymbol{x}_0 \tag{9.141}$$

für die optimale Steuerfolge

$$\boldsymbol{u}_k^* = -\boldsymbol{K}_k\boldsymbol{x}_k \tag{9.142}$$

mit

$$\boldsymbol{K}_k = (\boldsymbol{R}_k + \boldsymbol{B}_k^T\boldsymbol{P}_{k+1}\boldsymbol{B}_k)^{-1}\boldsymbol{B}_k^T\boldsymbol{P}_{k+1}\boldsymbol{A}_k. \tag{9.143}$$

9.2.5   Lineare quadratisch optimale Regler für zeitinvariante Systeme

Für *zeitvariante* lineare zeitdiskrete Systeme wurde im vorhergehenden Abschnitt das lineare Regelgesetz

$$\boldsymbol{u}_k = -\boldsymbol{K}_k\boldsymbol{x}_k \tag{9.144}$$

mit *zeitvarianter* Verstärkungsmatrix $\boldsymbol{K}_k$ hergeleitet. Auch wenn das System zeitinvariant ist, die Zustandsgleichung also die Form

$$\boldsymbol{x}_{k+1} = \boldsymbol{A}_d\boldsymbol{x}_k + \boldsymbol{B}_d\boldsymbol{u}_k \tag{9.145}$$

hat und auch die Gewichtungsmatrizen $\boldsymbol{Q}$ und $\boldsymbol{R}$ im Gütefunktional konstant sind, erhält man bei einem endlichen Optimierungsintervall der Länge N ein lineares *zeitvariantes* Regelgesetz der Form (9.144). Das liegt daran, daß die Lösungsmatrix $\boldsymbol{P}_k$ der Matrix-RICCATI-Differenzengleichung

$$\boldsymbol{P}_k = \boldsymbol{Q} + \boldsymbol{A}_d^T[\boldsymbol{P}_{k+1} - \boldsymbol{P}_{k+1}\boldsymbol{B}_d(\boldsymbol{R} + \boldsymbol{B}_d^T\boldsymbol{P}_{k+1}\boldsymbol{B}_d)^{-1}\boldsymbol{B}_d^T\boldsymbol{P}_{k+1}]\boldsymbol{A}_d \tag{9.146}$$

für den Endwert $\boldsymbol{P}_N = \boldsymbol{S}$ nach wie vor zeitvariant ist, so daß auch das Regelgesetz zeitvariant bleibt:

$$\boldsymbol{u}_k = -(\boldsymbol{R} + \boldsymbol{B}_d^T\boldsymbol{P}_{k+1}\boldsymbol{B}_d)^{-1}\boldsymbol{B}_d^T\boldsymbol{P}_{k+1}\boldsymbol{A}_d\boldsymbol{x}_k. \tag{9.147}$$

9.13 Beispiel: Für das lineare zeitkontinuierliche System mit der mathematischen Beschreibung

$$\dot{x}(t) = \begin{bmatrix} 0 & 0 \\ 0 & -2 \end{bmatrix} x(t) + \begin{bmatrix} 2 \\ 1 \end{bmatrix} u(t),$$
$$y(t) = \begin{bmatrix} 2 & -2 \end{bmatrix} x(t)$$

soll ein zeitdiskreter quadratisch optimaler Regler mit einer Abtastperiodendauer $T = 0,5$ entworfen werden. Das zeitdiskrete System hat dann die Systemmatrix

$$A_d = \Phi(T) = \begin{bmatrix} 1 & 0 \\ 0 & e^{-2T} \end{bmatrix} = \begin{bmatrix} 1 & 0 \\ 0 & 0,3679 \end{bmatrix}$$

und den Eingabevektor

$$b_d = \int_0^T \Phi(t)b\,dt = \begin{bmatrix} 1 \\ 0,3161 \end{bmatrix},$$

d.h. die mathematische Beschreibung

$$x_{k+1} = \begin{bmatrix} 1 & 0 \\ 0 & 0,3679 \end{bmatrix} x_k + \begin{bmatrix} 1 \\ 0,3161 \end{bmatrix} u_k$$
$$y_k = \begin{bmatrix} 2 & -2 \end{bmatrix} x_k.$$

Gesucht wird eine optimale Steuerfolge $\{u_k^*\}$ so, daß die Ausgangsgröße y_N, wenn $y_0 \neq 0$ ist, für $N = 10$ möglichst klein wird.
Gibt man das Gütekriterium

$$J = \frac{1}{2} s_0 y_{10}^2 + \frac{1}{2} \sum_{i=0}^{9} (y_i^2 + r u_i^2)$$

vor, dann ist $R = r$ und S und Q erhält man aus

$$y_i^2 = y_i^T y_i = (c^T x_i)^T (c^T x_i) = x_i^T c c^T x_i = x_i^T Q x_i,$$

mit

$$Q \overset{\text{def}}{=} c c^T = \begin{bmatrix} 4 & -4 \\ -4 & 4 \end{bmatrix}$$

und

$$S = s_0 Q = \begin{bmatrix} 4s_0 & -4s_0 \\ -4s_0 & 4s_0 \end{bmatrix}.$$

Die Gewichtungsmatrix R ist für $r \geq 0$ symmetrisch und positiv semidefinit, ebenso die Matrizen Q und S für $s_0 \geq 0$. Anhand dieses Beispiels soll der Einfluß der Gewichtungsmatrizen auf den Regelvorgang demonstriert werden.
Für $s_0 = 1$ erhält man für $r = 0,1$; 1 bzw. 10 die in Bild 9.12 dargestellten Verläufe der beiden Rückkoppelungskoeffizienten $k_{1,k}$ und $k_{2,k}$. Je größer r ist, desto betragsmäßig kleiner werden die Rückkopplungskoeffizienten, d.h., desto kleiner wird der Betrag der Stellgröße! Dagegen ist in Bild 9.13 der Verlauf der Rückkopplungskoeffizienten in Abhängigkeit von k für $s_0 = 0,1$; 1 bzw. 10 bei festgehaltenem $r = 1$ dargestellt. Hier ist zu erkennen, daß für größere Werte von s_0 am Ende des Optimierungsintervalls die Rückkopplungskoeffizienten nochmals „aufgedreht" werden, um den Endzustand x_{10} und damit y_{10} möglichst klein zu bekommen. Außerdem ist in beiden Bildern klar die Tendenz zu erkennen, daß von $k = 9$ aus rückwärts gesehen, die Rückkopplungskoeffizienten immer unabhängiger von k, also konstant, werden. Das liegt daran, daß die Koeffizienten $p_{ij,k}$ der Matrix P_k diese Tendenz haben, wie für $s_0 = 0,1$ und $r = 1$ in Bild 9.14 dargestellt ist. $\qquad\square$

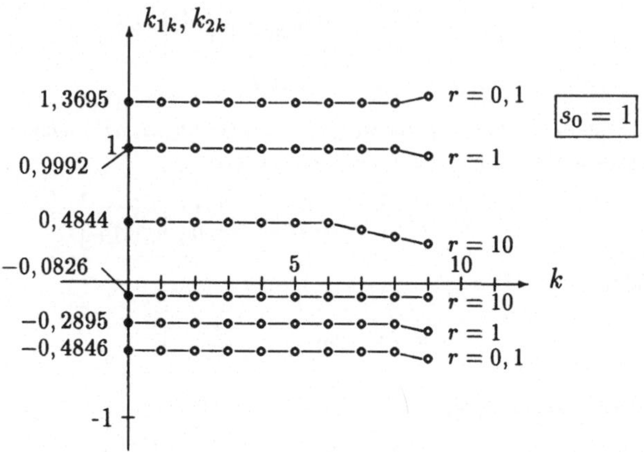

Bild 9.12: Rückkopplungskoeffizienten für das System in Beispiel 9.13 und verschiedene Gewichtungsfaktoren r.

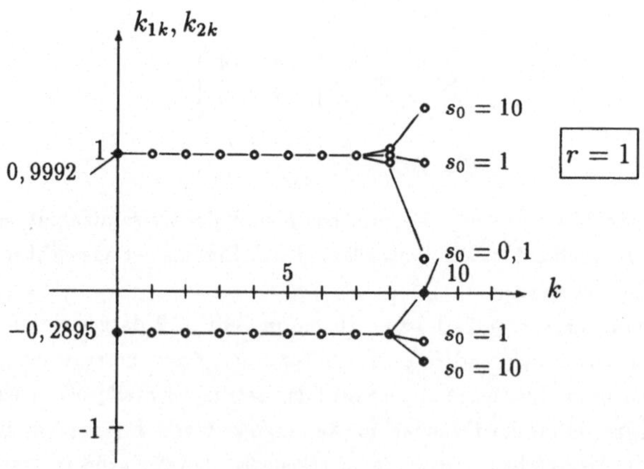

Bild 9.13: Rückkopplungskoeffizienten für das System in Beispiel 9.13 und verschiedene Gewichtungsfaktoren s_0.

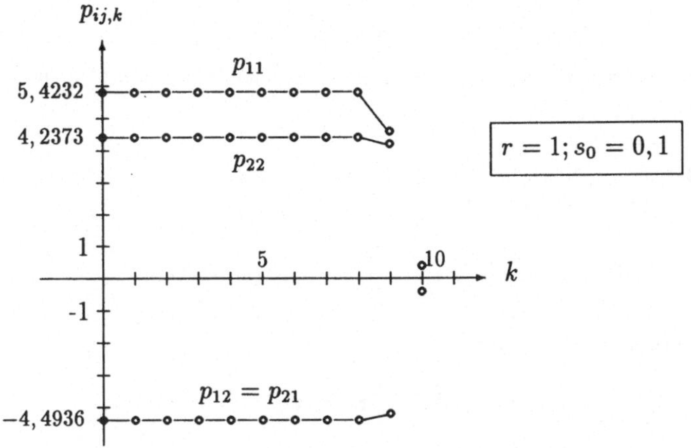

Bild 9.14: Abhängigkeit der Koeffizienten der Matrix P_k von k für Beispiel 9.13.

Die Rückkopplungsmatrix K wird *zeitinvariant*, wenn man das Optimierungsintervall unendlich groß macht, d.h. zu dem Gütekriterium

$$J = \frac{1}{2}\sum_{i=0}^{\infty}(\boldsymbol{x}_i^T\boldsymbol{Q}\boldsymbol{x}_i + \boldsymbol{u}_i^T\boldsymbol{R}\boldsymbol{u}_i) \tag{9.148}$$

übergeht. Die Bewertung des Endzustands $\boldsymbol{x}_\infty$ verliert hier ihren Sinn, weshalb $\boldsymbol{S} = \boldsymbol{O}$ gesetzt wird. Für das Problem der Minimierung des Gütekriteriums (9.148) existiert unter später noch anzugebenden Bedingungen eine Lösung und man erhält eine *konstante* Matrix $\boldsymbol{P}$ als Lösung der *algebraischen* Matrix-RICCATI-Gleichung

$$\boldsymbol{P} = \boldsymbol{Q} + \boldsymbol{A}_d^T[\boldsymbol{P} - \boldsymbol{P}\boldsymbol{B}_d(\boldsymbol{R} + \boldsymbol{B}_d^T\boldsymbol{P}\boldsymbol{B}_d)^{-1}\boldsymbol{B}_d^T\boldsymbol{P}]\boldsymbol{A}_d. \tag{9.149}$$

Diese Gleichung erhält man, wenn in der Matrix-RICCATI-Differenzengleichung (9.140) $\boldsymbol{P}_{k+1} = \boldsymbol{P}_k = \boldsymbol{P}$ gesetzt wird. Die optimale *zeitinvariante* Rückkopplungsmatrix ist dann

$$\boldsymbol{K} = (\boldsymbol{R} + \boldsymbol{B}_d^T\boldsymbol{P}\boldsymbol{B}_d)^{-1}\boldsymbol{B}_d^T\boldsymbol{P}\boldsymbol{A}_d. \tag{9.150}$$

Für die Lösbarkeit der algebraischen Matrix-RICCATI-Gleichung gilt der

9.14 Satz: *Wenn das System $\{\boldsymbol{A}_d, \boldsymbol{B}_d\}$ stabilisierbar ist, dann ist die Matrix $\boldsymbol{P}$ konstant und kann aus der Matrix-RICCATI-Gleichung (9.146) durch Grenzübergang*

$$\boldsymbol{P} = \lim_{k_0 \to -\infty} \boldsymbol{P}_{k_0}$$

ermittelt werden. Außerdem ist $\boldsymbol{P}$ eine positiv semidefinite Lösung der algebraischen Matrix-RICCATI-Gleichung (9.149).

Beweis: Wenn das System $\{A_d, B_d\}$ stabilisierbar ist, gibt es eine Rückkopplungsmatrix $\overline{K}$ so, daß das System

$$x_{k+1} = (A_d - B_d\overline{K})x_k$$

asymptotisch stabil, also x_k beschränkt für alle k ist und für $k \to \infty$ gegen den Nullvektor konvergiert. Also ist das zugehörige Gütekriterium

$$J_{k_0} = \frac{1}{2}x_N^T S x_N + \frac{1}{2}\sum_{k=k_0}^{N-1}(x_k^T Q_k x_k + u_k^T R_k u_k)$$

für $k_0 \to -\infty$ endlich und gegeben durch

$$J_{k_0} = \frac{1}{2}x_0^T P_{k_0} x_0,$$

wobei die Matrix P_{k_0} Lösung der Matrix-RICCATI-Differenzengleichung

$$P_k = (A_d - B_d\overline{K})^T P_{k+1}(A_d - B_d\overline{K}) + \overline{K}^T R\overline{K} + Q$$

für $P_N = S$ ist. Der Wert des *optimalen* Gütekriteriums $J_{k_0}^*$ ist durch

$$J_{k_0}^* = \frac{1}{2}x_0^T P_{k_0}^* x_0$$

gegeben, wobei $P_{k_0}^*$ Lösung der Matrix-RICCATI-Differenzengleichung

$$P_k^* = A_d^T[P_{k+1}^* - P_{k_0}^* B_d(R + B_d^T P_{k+1}^* B_d)^{-1}B_d^T P_{k+1}^*]A_d + Q \tag{9.151}$$

für $P_N^* = S$ ist. Da für alle k $J_k^* < J_k$ sein muß, ist die beschränkte Folge J_k eine Majorante der Folge J_k^*. Da $J_k^* = x_k^T P_k^* x_k$ mit P_k^* als Lösung von (9.151) stetig ist, siehe z.B. [CASTI], konvergiert P_k^* für $k \to -\infty$ gegen einen konstanten Grenzwert P. Da S und (9.151) symmetrisch sind, sind auch P_k und P symmetrisch und mindestens positiv semidefinit, da R und Q mindestens positiv semidefinit sind. Da die Matrix P konstant ist, ist sie außerdem Lösung der algebraischen Matrix-RICCATI-Gleichung (9.149). $\square$

Der Satz 9.14 sagt, daß eine konstante positiv semidefinite Lösungsmatrix P der algebraischen Matrix-RICCATI-Gleichung existiert. Er gibt aber keine Auskunft darüber, ob das mit der Rückkopplungsmatrix

$$K = (R + B_d^T P B_d)^{-1} B_d^T P A$$

rückgekoppelte Gesamtsystem auch asymptotisch stabil ist, denn auch wenn das Gütekriterium beschränkt ist, kann es ja die Eigenschaft haben, daß es z.B. über die semidefinite Gewichtsmatrix Q gerade die instabilen Eigenbewegungen des Systems nicht erfaßt. Ist z.B.

$$A_d = \begin{bmatrix} 0{,}5 & 0 \\ 0 & 1{,}5 \end{bmatrix} \text{ und } Q = \begin{bmatrix} 1 & 0 \\ 0 & 0 \end{bmatrix},$$

wird die instabile Eigenbewegung $(1,5)^k$ im Gütekriterium nicht erfaßt. Man kann auch sagen, daß diese Eigenbewegung vom Gütekriterium nicht beobachtet wird. Das legt den Gedanken nahe, die Matrix Q in das Produkt von zwei Matrizen $\overline{C}^T\overline{C}$ und dann die quadratische Form $x_k^T Q x_k$ in

$$x_k^T Q x_k = x_k^T \overline{C}^T \overline{C} x_k = \bar{y}_k^T \bar{y}_k$$

mit dem fiktiven Ausgangsvektor $\bar{y}_k$ zu zerlegen. Ist über diesen fiktiven Ausgangsvektor der Systemzustand beobachtbar, d.h., wirkt jede Eigenbewegung des Systems direkt oder indirekt auf $\bar{y}$, würde sich jede instabile Eigenbewegung im Gütekriterium auswirken, also durch die optimale Regelung verhindert werden. Tatsächlich kann die Beobachtbarkeitsforderung abgemildert werden, denn es gilt der

9.15 Satz: *Sei die positiv semidefinite Gewichtungsmatrix Q in das Matrizenprodukt $\overline{C}^T\overline{C}$ zerlegbar, R positiv definit und das „System" $\{A_d, \overline{C}\}$ beobachtbar.*

Dann ist das System $\{A_d, B_d\}$ genau dann stabilisierbar, wenn

*1. es eine eindeutige positiv definite Lösungsmatrix P der algebraischen Matrix-*RICCATI*-Gleichung (9.149) gibt und*

2. das rückgekoppelte System mit der Systemmatrix $(A_d - B_d K)$, mit K gemäß (9.150), asymptotisch stabil ist.

Beweis: 1.*Notwendigkeit*: Wird die positiv definite Gewichtungsmatrix R in $R = \overline{R}^T\overline{R}$ zerlegt, ist die Matrix $\overline{R}$ regulär und die Eingabematrix B_d kann durch eine Linearkombination der Spalten von $\overline{R}$ dargestellt werden, also $B_d = M\overline{R}$. Es gilt dann

$$\text{Rang} \begin{bmatrix} zI - A_d \\ \overline{C} \\ \overline{R}K \end{bmatrix} = \text{Rang}\left(\begin{bmatrix} I & O & M \\ O & I & O \\ O & O & I \end{bmatrix} \begin{bmatrix} zI - A_d \\ \overline{C} \\ \overline{R}K \end{bmatrix} \right) = \text{Rang} \begin{bmatrix} zI - (A_d - B_d K) \\ \overline{C} \\ \overline{R}K \end{bmatrix}.$$

Da $\{A_d, \overline{C}\}$ beobachtbar ist, muß aufgrund der Dualität zwischen Steuerbarkeits- und Beobachtbarkeitskriterien nach Satz 5.32

$$\text{Rang} \begin{bmatrix} zI - A_d \\ \overline{C} \end{bmatrix} = n$$

sein, also muß für jede Matrix K das System $\{(A_d - B_d K), \begin{bmatrix} \overline{C} \\ \overline{R}K \end{bmatrix}\}$ beobachtbar sein. Die Stabilisierbarkeit des Systems $\{A_d, B_d\}$ garantiert, daß eine Rückkopplungsmatrix $\overline{K}$ so existiert, daß die Matrix $(A_d - B_d\overline{K})$ asymptotisch stabil ist. Das Gütekriterium für eine Zustandsregelung mit $\overline{K}$ hat den Wert

$$J_{k_0} = \frac{1}{2}x_0^T \overline{P} x_0,$$

mit $\overline{P}$ als Lösung von (9.138) für $K_k = \overline{K}$. Das *optimal* geregelte System hat als Wert für das optimale Gütekriterium

$$J_{k_0}^* = \frac{1}{2}\sum_{k=k_0}^{\infty} (x_k Q x_k + u_k^T R u_k) = \frac{1}{2}x_0^T P x_0 \le J_{k_0},$$

wobei die Matrix P Grenzwertlösung der Gleichung (9.140) ist. Also geht $\overline{C}x_k \to o$ und, da die Gewichtungsmatrix R regulär ist, auch $u_k \to o$ für $k \to \infty$. Für hinreichend großes k müssen auch die fiktiven Ausgangsvektoren $\bar{y}_k$ gegen den Nullvektor konvergieren:

$$\lim_{k \to \infty} \begin{bmatrix} \bar{y}_k \\ \bar{y}_{k+1} \\ \vdots \\ \bar{y}_{k+n-1} \end{bmatrix} = \lim_{k \to \infty} \begin{bmatrix} \overline{C}x_k \\ \overline{C}x_{k+1} \\ \vdots \\ \overline{C}x_{k+n-1} \end{bmatrix} = \lim_{k \to \infty} \begin{bmatrix} \overline{C} \\ \overline{C}A_d \\ \vdots \\ \overline{C}A_d^{n-1} \end{bmatrix} x_k = o.$$

Da $\{A_d, \overline{C}\}$ beobachtbar ist, hat die rechts stehende Beobachtbarkeitsmatrix den vollen Rang n, es muß $\lim_{k\to\infty} x_k = o$ sein, d.h., $(A_d - B_d K)$ muß asymptotisch stabil sein. Für die algebraische Matrix-RICCATI-Gleichung in der Form (9.138) kann man jetzt auch mit den oben definierten Matrizen $\overline{C}$ und $\overline{R}$ schreiben

$$P = (A_d - B_d K)^T P(A_d - B_d K) + \left[\begin{array}{c} \overline{C} \\ \hline \overline{R}K \end{array} \right]^T \left[\begin{array}{c} \overline{C} \\ \hline \overline{R}K \end{array} \right].$$

Das ist eine LJAPUNOW-Gleichung, und, da das System $\{(A_d - B_d K), \left[\begin{array}{c} \overline{C} \\ \hline \overline{R}K \end{array} \right]\}$ beobachtbar und die Matrix $(A_d - B_d K)$ asymptotisch stabil ist, ist nach [MÜLLER] die Matrix P eindeutig.

2.Hinlänglichkeit: Wenn mittels K das System

$$x_{k+1} = (A_d - B_d K)x_k$$

asymptotisch stabil gemacht werden kann, muß $\{A_d, B_d\}$ stabilisierbar sein. $\qquad\qquad\square$

Mit Satz 9.14 hat man ein Werkzeug in der Hand, das für jedes zeitdiskrete zeitinvariante Mehrfachsystem $\{A_d, B_d, C_d\}$ eine Rückkopplungsmatrix K so liefert, daß das rückgekoppelte System asymptotisch stabil ist!

Die Zerlegung der symmetrischen Gewichtungsmatrix $Q = Q^T$ in ein Produkt $\overline{C}^T \overline{C}$ kann so erfolgen: Nimmt man eine Singulärwert-Zerlegung der symmetrischen Matrix Q vor, erhält man

$$Q = V^T \Sigma V = V^T \left[\begin{array}{ccc} \sigma_1^2 & & 0 \\ & \ddots & \\ 0 & & \sigma_n^2 \end{array} \right] V = V^T \Sigma^{\frac{1}{2}} \Sigma^{\frac{1}{2}} V,$$

also mit

$$\overline{C} \stackrel{\text{def}}{=} \Sigma^{\frac{1}{2}} V \qquad\qquad (9.152)$$

und

$$\Sigma^{\frac{1}{2}} \stackrel{\text{def}}{=} \left[\begin{array}{ccc} \sigma_1 & & 0 \\ & \ddots & \\ 0 & & \sigma_n \end{array} \right] \qquad\qquad (9.153)$$

die Zerlegung

$$Q = \overline{C}^T \overline{C}. \qquad\qquad (9.154)$$

Für die Berechnung der Rückkopplungsmatrix K gibt es mehrere Möglichkeiten, von denen zwei hier beschrieben werden. Die erste besteht darin, mit einer beliebigen symmetrischen Anfangsmatrix P_0 beginnend, die Matrix-RICCATI-Gleichung (9.140) rückwärts so lange zu lösen, bis sich ein stationärer Wert für die Matrix P einstellt. Die Konvergenzgeschwindigkeit hängt von der Wahl von P_0 und den anderen beteiligten Matrizen ab.

Die zweite Methode liefert die Rückkopplungsmatrix K direkt, d.h. nicht iterativ. Hierzu wird von der $(2n \times 2n)$-HAMILTON-Matrix in (9.124) für zeitinvariante Systeme ausgegangen:

$$H = \left[\begin{array}{c|c} A_d^{-1} & A_d^{-1} B_d R^{-1} B_d^T \\ \hline Q A_d^{-1} & A_d^T + Q A_d^{-1} B_d R^{-1} B_d^T \end{array} \right]. \qquad\qquad (9.155)$$

Führt man mittels der Transformationsmatrix

$$T \stackrel{\text{def}}{=} \begin{bmatrix} O & I \\ I & O \end{bmatrix}$$

eine Ähnlichkeitstransformation der transponierten HAMILTON-Matrix H^T durch, erhält man

$$TH^TT^{-1} = \left[\begin{array}{c|c} A_d + B_dR^{-1}B_d^TA_d^{-T}Q & -B_dR^{-1}B_d^TA_d^{-T} \\ \hline -A_d^{-T}Q & A_d^{-T} \end{array} \right].$$

Multipliziert man diese Matrix mit der transponierten HAMILTON-Matrix H^T, erhält man die Einheitsmatrix, d.h., es ist

$$TH^TT^{-1} = H^{-1}. \tag{9.156}$$

Da die Eigenwerte einer Matrix durch Transponieren der Matrix und eine Ähnlichkeitstransformation nicht verändert werden, müssen H und $H^{-1} \stackrel{\text{def}}{=} H^*$ *die gleichen Eigenwerte* haben. Damit kann man aber die Eigenwerte der Matrix H^* in zwei Mengen Λ' und Λ'' so unterteilen, daß für jeden Eigenwert $\lambda' \in \Lambda'$ ein Eigenwert $\lambda'' \in \Lambda''$ so existiert, daß $\lambda' \cdot \lambda'' = 1$ ist, d.h., es müssen n Eigenwerte im Innern oder auf dem Rand des Einheitskreises und n außerhalb oder auf dem Rand des Einheitskreises liegen.

Faßt man die n Eigen- bzw. Hauptvektoren von H^*, die zu den n stabilen Eigenwerten innerhalb des Einheitskreises oder auf ihm gehören, zu der $(2n \times n)$-Matrix V zusammen und unterteilt diese Matrix in zwei $(n \times n)$-Matrizen

$$V = \begin{bmatrix} V_1 \\ V_2 \end{bmatrix}, \tag{9.157}$$

dann ist

$$H^* \begin{bmatrix} V_1 \\ V_2 \end{bmatrix} = \begin{bmatrix} V_1 \\ V_2 \end{bmatrix} \Lambda, \tag{9.158}$$

wobei Λ eine Diagonalmatrix der Eigenwerte oder allgemein eine JORDAN-Matrix ist, wenn mehrfache Eigenwerte vorhanden sind. Durch Ausmultiplizieren kann man zeigen, daß man die nach der Matrix O aufgelöste algebraische Matrix-RICCATI-Gleichung erhält, wenn man die HAMILTON-Matrix so multipliziert

$$\begin{bmatrix} -P & I \end{bmatrix} H^* \begin{bmatrix} I \\ P \end{bmatrix} A_d = O, \tag{9.159}$$

woraus wegen der vorausgesetzten Regularität von A_d folgt

$$\begin{bmatrix} -P & I \end{bmatrix} H^* \begin{bmatrix} I \\ P \end{bmatrix} = O. \tag{9.160}$$

Multiplikation der Gleichung (9.158) mit V_1^{-1} von rechts, ergibt

$$H^* \begin{bmatrix} I \\ V_2V_1^{-1} \end{bmatrix} = \begin{bmatrix} V_1\Lambda V_1^{-1} \\ V_2\Lambda V_1^{-1} \end{bmatrix} \tag{9.161}$$

und von links mit $[-V_2 V_1^{-1} | I]$ ergibt die Nullmatrix, d.h. gemäß (9.160) muß

$$P = V_2 V_1^{-1} \tag{9.162}$$

die Lösung der algebraischen Matrix-RICCATI-Gleichung sein.

Die erste Zeile von (9.161) liefert mit (9.162)

$$A_d - B_d R^{-1} B_d^T A_d^{-T}(P - Q) = V_1 \Lambda V_1^{-1} \tag{9.163}$$

und es ist

$$K = R^{-1} B_d^T A_d^{-T}(P - Q), \tag{9.164}$$

denn setzt man für $P - Q$

$$P - Q = A_d^T P A_d - A_d^T P B_d K$$

ein und multipliziert dann von links mit R, erhält man

$$B_d^T A_d^T P A_d - B_d^T A_d^T P B_d K = RK \tag{9.165}$$

und nach K aufgelöst schließlich (9.150). Aus (9.163) wird also

$$A_d - B_d K = V_1 \Lambda V_1^{-1}. \tag{9.166}$$

Auf der linken Seite dieser Gleichung steht die Matrix des rückgekoppelten Systems, d.h., Λ ist die Diagonal- oder JORDAN-Matrix und V_1 besteht aus den zugehörigen Eigen- bzw. Hauptvektoren. Enthält also die Matrix Λ nur stabile Eigenwerte, dann ist das rückgekoppelte System stabil.

9.16 Beispiel: Für das System aus Beispiel 9.13 erhält man für $r = 1$ die modifizierte HAMILTON-Matrix

$$H^* = \left[\begin{array}{cc|cc} A_d + b_d \cdot 1 \cdot b_d^T A_d^{-T} Q & & -b_d \cdot 1 \cdot b_d^T A_d^{-T} \\ \hline -A_d^{-T} Q & & A_d^{-T} \end{array} \right]$$

$$= \left[\begin{array}{cc|cc} 1,5634 & -0,5634 & -1 & -0,8591 \\ 0,1781 & 0,1898 & -0,3161 & -0,2715 \\ \hline -4 & 4 & 1 & 0 \\ 10,8781 & 10,8731 & 0 & 2,7183 \end{array} \right],$$

die die vier Eigenwerte

$$\lambda_1 = 2,5057 + j2,1474$$
$$\lambda_2 = 2,5057 - j2,1474$$
$$\lambda_3 = 0,2301 + j0,1972$$
$$\lambda_4 = 0,2301 - j0,1972$$

hat. Zu den beiden stabilen Eigenwerten λ_3 und λ_4 gehören die beiden Eigenvektoren

$$v_{3,4} = \begin{bmatrix} -0,0471 \mp j0,1963 \\ 0,0963 \mp j0,1874 \\ -0,6882 \mp j0,2221 \\ 0,6198 \pm j0,0877 \end{bmatrix},$$

d.h., es ist

$$V_1 = \begin{bmatrix} -0,0471 - j0,1963 & -0,0471 + j0,1963 \\ 0,0963 - j0,1874 & 0,0963 + j0,1874 \end{bmatrix}$$

und

$$V_2 = \begin{bmatrix} -0,6882 - j0,2221 & -0,6882 + j0,2221 \\ 0,6198 + j0,0877 & 0,6198 - j0,0877 \end{bmatrix}.$$

Daraus erhält man

$$P = V_2 V_1^{-1} = \begin{bmatrix} 5,4233 & -4,4936 \\ -4,4936 & 4,2373 \end{bmatrix}$$

und den konstanten Rückkopplungsvektor gemäß (9.150)

$$\begin{aligned} k^T &= (b_d^T P b_d + R)^{-1} b_d^T P A_d \\ &= \begin{bmatrix} 0,9992 & -0,2897 \end{bmatrix}. \end{aligned}$$

Das sind genau die Werte, gegen die die Matrix P_k und der Vektor k_k^T für $k \to 0$ in Bild 9.12 und Bild 9.14 konvergieren. Für $r = 0,1$ wird

$$P = \begin{bmatrix} 4,2131 & -4,0886 \\ -4,0886 & 4,0468 \end{bmatrix}$$

und

$$k^T = \begin{bmatrix} 1,3695 & -0,4846 \end{bmatrix}$$

und für $r = 10$

$$\begin{aligned} P &= \begin{bmatrix} 9,9166 & -5,2485 \\ -5,2485 & 4,4915 \end{bmatrix}, \\ k^T &= \begin{bmatrix} 0,4844 & -0,0826 \end{bmatrix}. \end{aligned}$$

Für den Anfangszustand $x_0 = \begin{bmatrix} 2 & 1 \end{bmatrix}^T$ sind in Bild 9.15 die Übergangsvorgänge für die drei verschiedenen Rückkopplungsvektoren dargestellt. Mit wachsendem r werden die Stellgrößenbeträge kleiner, allerdings bleiben die Ausgangsgrößenabweichungen länger ungleich null. $\square$

9.2.6 Quadratisch optimale Folgeregelung

Bisher wurde das Problem behandelt, einen Zustand optimal im Sinne eines quadratischen Gütekriteriums in der Umgebung des Nullzustands zu halten. Jetzt soll das Problem behandelt werden, daß die Regelgrößen in y_k den in w_k vorgegebenen Führungsgrößen im Sinne des quadratischen Gütekriteriums

$$J = \frac{1}{2}(y_N - w_N)^T S(y_N - w_N) + \frac{1}{2}\sum_{k=0}^{N-1}\left[(y_k - w_k)^T Q(y_k - w_k) + u_k^T R u_k\right], \quad (9.167)$$

wobei S und Q positiv semidefinit sind und R positiv definit ist, optimal folgen, und das System die mathematische Beschreibung

$$x_{k+1} = A_d x_k + B_d u_k, \tag{9.168}$$

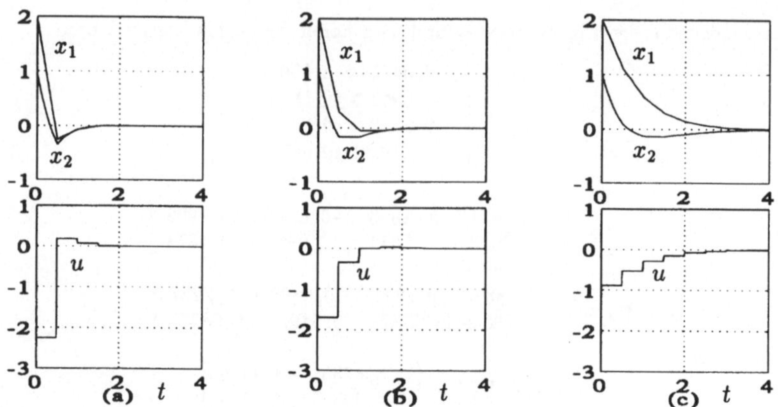

Bild 9.15: Übergangsvorgänge des Systems in Beispiel 9.16 für (a) $r = 0,1$, (b) $r = 1,0$ und (c) $r = 10$.

$$\boldsymbol{y}_k = \boldsymbol{C}_d \boldsymbol{x}_k \tag{9.169}$$

hat. Für dieses Problem erhält man als HAMILTON-Funktion

$$H = (\boldsymbol{C}_d \boldsymbol{x}_k - \boldsymbol{w}_k)^T \boldsymbol{Q}(\boldsymbol{C}_d \boldsymbol{x}_k - \boldsymbol{w}_k) + \boldsymbol{u}_k \boldsymbol{R} \boldsymbol{u}_k + \boldsymbol{\lambda}_{k+1}^T (\boldsymbol{A}_d \boldsymbol{x}_k + \boldsymbol{B}_d \boldsymbol{u}_k) \tag{9.170}$$

und für die adjungierte Gleichung gemäß (9.109)

$$\frac{\partial H}{\partial \boldsymbol{x}_k} = \boldsymbol{\lambda}_k = \boldsymbol{A}_d^T \boldsymbol{\lambda}_{k+1} + \boldsymbol{C}_d^T \boldsymbol{Q} \boldsymbol{C}_d \boldsymbol{x}_k - \boldsymbol{C}_d^T \boldsymbol{Q} \boldsymbol{w}_k \tag{9.171}$$

und gemäß (9.110)

$$\frac{\partial H}{\partial \boldsymbol{u}_k} = \boldsymbol{o} = \boldsymbol{B}_d^T \boldsymbol{\lambda}_{k+1} + \boldsymbol{R} \boldsymbol{u}_k. \tag{9.172}$$

Der Anfangszustand sei fest vorgegeben, so daß man als zusätzliche Randbedingung gemäß (9.112)

$$\frac{\partial S}{\partial \boldsymbol{x}_N} = \boldsymbol{\lambda}_N = \boldsymbol{C}_d^T \boldsymbol{S}(\boldsymbol{C}_d \boldsymbol{x}_N - \boldsymbol{w}_N) = \boldsymbol{S}^* \boldsymbol{x}_N - \boldsymbol{v}_N \tag{9.173}$$

mit

$$\boldsymbol{S}^* \stackrel{\text{def}}{=} \boldsymbol{C}_d^T \boldsymbol{S} \boldsymbol{C}_d \tag{9.174}$$

und

$$\boldsymbol{v}_N \stackrel{\text{def}}{=} \boldsymbol{C}_d^T \boldsymbol{S} \boldsymbol{w}_N \tag{9.175}$$

erhält.

(9.172) nach $\boldsymbol{u}_k$ aufgelöst, ergibt

$$\boldsymbol{u}_k = -\boldsymbol{R}^{-1} \boldsymbol{B}_d^T \boldsymbol{\lambda}_{k+1}. \tag{9.176}$$

Aufgrund der Randbedingung $\boldsymbol{\lambda}_N = \boldsymbol{S}\boldsymbol{x}_N$ wurde in Abschnitt 9.2.3 in (9.126) der Ansatz $\boldsymbol{\lambda}_k = \boldsymbol{P}_k \boldsymbol{x}_k$ für alle k gemacht, der dann zu der Matrix-RICCATI-Gleichung und der Lösung des quadratisch optimalen Problems führte. Entsprechend wird jetzt gemäß (9.173) der Ansatz

$$\boldsymbol{\lambda}_k = \boldsymbol{P}_k \boldsymbol{x}_k - \boldsymbol{v}_k \tag{9.177}$$

für alle k gemacht. Die Frage ist jetzt: Wie erhält man die $(n \times n)$-Matrix $\boldsymbol{P}_k$ und den n-Vektor $\boldsymbol{v}_k$?

Hierzu wird der Ansatz (9.177) in (9.176) eingesetzt,

$$\begin{aligned}
\boldsymbol{u}_k^* &= -\boldsymbol{R}^{-1}\boldsymbol{B}_d^T \boldsymbol{P}_{k+1}\boldsymbol{x}_{k+1} + \boldsymbol{R}^{-1}\boldsymbol{B}_d^T \boldsymbol{v}_{k+1} \\
&= -\boldsymbol{R}^{-1}\boldsymbol{B}_d^T \boldsymbol{P}_{k+1}(\boldsymbol{A}_d\boldsymbol{x}_k + \boldsymbol{B}_d\boldsymbol{u}_k^*) + \boldsymbol{R}^{-1}\boldsymbol{B}_d^T \boldsymbol{v}_{k+1}.
\end{aligned} \tag{9.178}$$

(9.178) nach $\boldsymbol{u}_k^*$ aufgelöst, ergibt

$$\boldsymbol{u}_k^* = -(\boldsymbol{R} + \boldsymbol{B}_d^T \boldsymbol{P}_{k+1}\boldsymbol{B}_d)^{-1}\boldsymbol{B}_d^T \boldsymbol{P}_{k+1}\boldsymbol{A}_d\boldsymbol{x}_k + (\boldsymbol{R} + \boldsymbol{B}_d^T \boldsymbol{P}_{k+1}\boldsymbol{B}_d)^{-1}\boldsymbol{B}_d^T \boldsymbol{v}_{k+1}, \tag{9.179}$$

oder mit der Rückkopplungsmatrix

$$\boldsymbol{K}_k \overset{\text{def}}{=} (\boldsymbol{R} + \boldsymbol{B}_d^T \boldsymbol{P}_{k+1}\boldsymbol{B}_d)^{-1}\boldsymbol{B}_d^T \boldsymbol{P}_{k+1}\boldsymbol{A}_d \tag{9.180}$$

und

$$\boldsymbol{V}_k \overset{\text{def}}{=} (\boldsymbol{R} + \boldsymbol{B}_d^T \boldsymbol{P}_{k+1}\boldsymbol{B}_d)^{-1}\boldsymbol{B}_d^T \tag{9.181}$$

das zeitveränderliche Regelgesetz

$$\boldsymbol{u}_k^* = -\boldsymbol{K}_k\boldsymbol{x}_k + \boldsymbol{V}_k\boldsymbol{v}_{k+1}. \tag{9.182}$$

Setzt man den Ansatz (9.177) in die adjungierte Gleichung (9.171) ein, erhält man mit (9.179)

$$\begin{aligned}
\boldsymbol{P}_k\boldsymbol{x}_k - \boldsymbol{v}_k =\ & \boldsymbol{A}_d^T \boldsymbol{P}_{k+1}\boldsymbol{x}_{k+1} - \boldsymbol{A}_d^T \boldsymbol{v}_{k+1} + \boldsymbol{C}_d^T \boldsymbol{Q}\boldsymbol{C}_d\boldsymbol{x}_k - \boldsymbol{C}_d^T \boldsymbol{Q}\boldsymbol{w}_k \\
=\ & \boldsymbol{A}_d^T \boldsymbol{P}_{k+1}(\boldsymbol{A}_d\boldsymbol{x}_k + \boldsymbol{B}_d\boldsymbol{u}_k) - \boldsymbol{A}_d^T \boldsymbol{v}_{k+1} + \boldsymbol{C}_d^T \boldsymbol{Q}\boldsymbol{C}_d\boldsymbol{x}_k - \boldsymbol{C}_d^T \boldsymbol{Q}\boldsymbol{w}_k \\
=\ & \boldsymbol{A}_d^T \boldsymbol{P}_{k+1}\boldsymbol{A}_d\boldsymbol{x}_k - \boldsymbol{A}_d^T \boldsymbol{P}_{k+1}\boldsymbol{B}_d(\boldsymbol{R} + \boldsymbol{B}_d^T \boldsymbol{P}_{k+1}\boldsymbol{B}_d)^{-1}\boldsymbol{B}_d^T \boldsymbol{P}_{k+1}\boldsymbol{A}_d\boldsymbol{x}_k \\
& + \boldsymbol{A}_d^T \boldsymbol{P}_{k+1}\boldsymbol{B}_d(\boldsymbol{R} + \boldsymbol{B}_d^T \boldsymbol{P}_{k+1}\boldsymbol{B}_d)^{-1}\boldsymbol{B}_d^T \boldsymbol{v}_{k+1} \\
& - \boldsymbol{A}_d^T \boldsymbol{v}_{k+1} + \boldsymbol{C}_d^T \boldsymbol{Q}\boldsymbol{C}_d\boldsymbol{x}_k - \boldsymbol{C}_d^T \boldsymbol{Q}\boldsymbol{w}_k
\end{aligned} \tag{9.183}$$

oder

$$\boldsymbol{0} = \left[-\boldsymbol{P}_k + \boldsymbol{A}_d^T \boldsymbol{P}_{k+1}\boldsymbol{A}_d - \boldsymbol{A}_d^T \boldsymbol{P}_{k+1}\boldsymbol{B}_d(\boldsymbol{R} + \boldsymbol{B}_d^T \boldsymbol{P}_{k+1}\boldsymbol{B}_d)^{-1}\boldsymbol{B}_d^T \boldsymbol{P}_{k+1}\boldsymbol{A}_d + \boldsymbol{C}_d^T \boldsymbol{Q}\boldsymbol{C}_d\right]\boldsymbol{x}_k$$

$$+ \left[\boldsymbol{v}_k + \boldsymbol{A}_d^T \boldsymbol{P}_{k+1}\boldsymbol{B}_d(\boldsymbol{R} + \boldsymbol{B}_d^T \boldsymbol{P}_{k+1}\boldsymbol{B}_d)^{-1}\boldsymbol{B}_d^T \boldsymbol{v}_{k+1} - \boldsymbol{A}_d^T \boldsymbol{v}_{k+1} - \boldsymbol{C}_d^T \boldsymbol{Q}\boldsymbol{w}_k\right]. \tag{9.184}$$

Diese Gleichung muß für alle möglichen Anfangszustände x_0 und alle x_k-Folgen gelten, d.h., die Ausdrücke in den eckigen Klammern müssen verschwinden. Aus der ersten Klammer folgt wieder eine Matrix-RICCATI-Differenzengleichung

$$P_k = C_d^T Q C_d + A_d^T P_{k+1} A_d - A_d^T P_{k+1} B_d (R + B_d^T P_{k+1} B_d)^{-1} B_d^T P_{k+1} A_d \qquad (9.185)$$

und aus der zweiten Klammer

$$v_k = (A_d^T - A_d^T P_{k+1} B_d (R + B_d^T P_{k+1} B_d)^{-1} B_d^T) v_{k+1} + C_d^T Q w_k. \qquad (9.186)$$

Aus (9.185) bzw. (9.186) können mit den Randwerten

$$P_N = S^* = C_d^T S C_d \qquad (9.187)$$

bzw.

$$v_N = C_d^T S w_N \qquad (9.188)$$

die Folgen P_N, P_{N-1}, P_{N-2},... bzw. v_N, v_{N-1}, v_{N-2},... berechnet werden. Für die numerische Berechnung erhält man durch Einsetzen der Rückkopplungsmatrix K_k gemäß (9.180) die günstigere Form der beiden Gleichungen:

$$P_k = A_d^T P_{k+1}(A_d - B_d K_k) + C_d^T Q C_d, \qquad (9.189)$$

$$v_k = (A_d - B_d K_k)^T v_{k+1} + C_d^T Q w_k. \qquad (9.190)$$

Die Matrix-RICCATI-Differenzengleichung (9.185) und die zugehörige Randbedingung (9.187) sind unabhängig von dem Verlauf der Führungsgröße w_k und können wie in den vorhergehenden Abschnitten berechnet werden. Das optimale Steuergesetz (9.182)

$$u_k^* = -K_k x_k + V_k v_{k+1}$$

bringt klar zum Ausdruck, daß die optimale Stellgröße im Zeitpunkt k von zukünftigen Werten (von v_{k+1}) der Führungsgröße abhängt. Diese Art der Regelung ist also nur anwendbar, wenn der Verlauf der Führungsgröße vorher bekannt ist, wie es z.B. bei der Bahnsteuerung eines Roboters der Fall ist.

Geht man zu $N \to \infty$ über, erhält man unter den gleichen Voraussetzungen bezüglich Stabilisier- und Beobachtbarkeit wie in den Sätzen 9.14 und 9.15 eine zeitinvariante Rückkopplungsmatrix K über die Lösung der algebraischen Matrix-RICCATI-Gleichung

$$P = C_d^T Q C_d + A_d(P - P B_d (R + B_d^T P B_d)^{-1} B_d^T P) A_d$$

und eine asymptotisch stabile Systemmatrix $A_d - B_d K$. Für die optimale Folgeregelung wird die v_k-Folge benötigt. Das kann dadurch umgangen werden, daß zunächst aus

$$v_k = (A_d - B_d K)^T v_{k+1} + C_d^T Q w_k,$$

beginnend mit v_N, v_{N-1}, ..., schließlich v_0 berechnet wird. Ist aber v_0 bekannt, können aus dem, allerdings instabilen (!) System

$$v_{k+1} = (A_d - B_d K)^{-T} v_k - (A_d - B_d K)^{-T} C_d^T Q w_k$$

die benötigten v_k-Werte direkt bei der Regelung aus den w_k-Folgen berechnet werden. Die Struktur des Gesamtsystems zeigt Bild 9.16, wobei

$$V \stackrel{\text{def}}{=} (R + B_d P B_d)^{-1} B_d^T$$

ist.

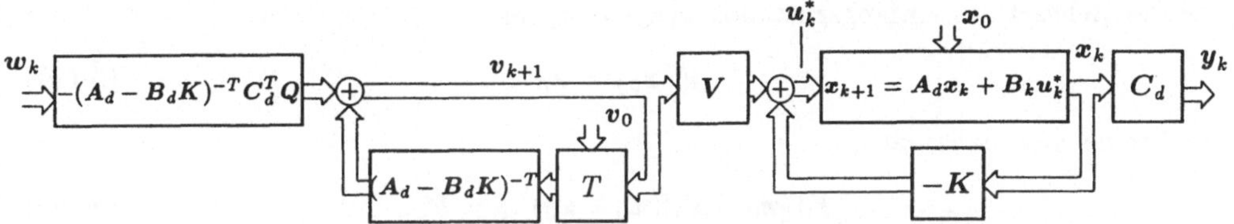

Bild 9.16: Struktur des optimalen Folgereglers.

9.3 KALMAN-Filter

9.3.1 Stochastische Signale in linearen Systemen

In den Kapiteln 7 und 8 wurde für die Rekonstruktion des Zustandsvektors der Zustandsbeobachter eingeführt und so dimensioniert, daß der Rekonstruktionsfehler asymptotisch gegen null konvergiert. Die Daten vorhandener System- und Meßstörungen wurden dabei nicht berücksichtigt. Das soll jetzt geschehen. Ausgegangen wird dabei von der mathematischen Beschreibung

$$x_{k+1} = A_k x_k + B_k u_k + v_k, \tag{9.191}$$

$$y_k = C_k x_k + n_k, \tag{9.192}$$

mit der Systemstörung v_k und der Meßstörung n_k. Die statistischen Eigenschaften der Störungen und die deterministischen Matrizen A_k und C_k sowie die Eingangsterme $B_k u_k$ seien bekannt. Ziel ist, den Zustandsvektor x_k des Systems so zu rekonstruieren, daß der quadratische Mittelwert (die Kovarianz) des Rekonstruktionsfehlers minimal wird.

Es wird angenommen, daß der Anfangsfehler x_0 und die stochastischen Störungen v_k und n_k folgende Bedingungen erfüllen: Die Erwartungswerte seien null,

$$E\{v_k\} = o, \tag{9.193}$$

$$\mathrm{E}\{\boldsymbol{n}_k\} = \boldsymbol{o}. \tag{9.194}$$

Außerdem seien die Zufallsvektoren stochastisch unabhängig, d.h.,

$$\mathrm{E}\{\boldsymbol{v}_k \boldsymbol{n}_j^T\} = \boldsymbol{O} \tag{9.195}$$

und für $k \neq j$

$$\mathrm{E}\{\boldsymbol{v}_k \boldsymbol{v}_j^T\} = \mathrm{E}\{\boldsymbol{v}_k\} \cdot \mathrm{E}\{\boldsymbol{v}_j\}^T \tag{9.196}$$

und für $k = j$ soll für die Varianzen gelten

$$\mathrm{E}\{\boldsymbol{v}_k \boldsymbol{v}_k^T\} = \boldsymbol{Q}_k, \quad \text{(positiv semidefinit)}, \tag{9.197}$$

$$\mathrm{E}\{\boldsymbol{n}_k \boldsymbol{n}_k^T\} = \boldsymbol{R}_k, \quad \text{(positiv definit)}. \tag{9.198}$$

Der Mittelwert des Anfangszustands $\boldsymbol{x}(k_0) = \boldsymbol{x}_0$ sei

$$\mathrm{E}\{\boldsymbol{x}_0\} = \bar{\boldsymbol{x}}_0 \tag{9.199}$$

und seine Kovarianzmatrix

$$\mathrm{E}\{(\boldsymbol{x}_0 - \bar{\boldsymbol{x}}_0)(\boldsymbol{x}_0 - \bar{\boldsymbol{x}}_0)^T\} = \boldsymbol{P}_0. \tag{9.200}$$

Damit erhält man für den Mittelwert des Zustandsvektors im Zeitpunkt $k + 1$ für $\boldsymbol{u}_k \equiv \boldsymbol{o}$

$$\mathrm{E}\{\boldsymbol{x}_{k+1}\} = \mathrm{E}\{\boldsymbol{A}_k \boldsymbol{x}_k + \boldsymbol{v}_k\} = \boldsymbol{A}_k \mathrm{E}\{\boldsymbol{x}_k\} \tag{9.201}$$

oder

$$\bar{\boldsymbol{x}}_{k+1} = \boldsymbol{A}_k \bar{\boldsymbol{x}}_k. \tag{9.202}$$

Bildet man aus der Zustandsgleichung das Produkt

$$\boldsymbol{x}_{k+1}\boldsymbol{x}_{k+1}^T = (\boldsymbol{A}_k \boldsymbol{x}_k + \boldsymbol{v}_k)(\boldsymbol{A}_k \boldsymbol{x}_k + \boldsymbol{v}_k)^T$$

$$= \boldsymbol{A}_k \boldsymbol{x}_k \boldsymbol{x}_k^T \boldsymbol{A}_k^T + \boldsymbol{A}_k \boldsymbol{x}_k \boldsymbol{v}_k^T + \boldsymbol{v}_k \boldsymbol{x}_k^T \boldsymbol{A}_k^T + \boldsymbol{v}_k \boldsymbol{v}_k^T, \tag{9.203}$$

erhält man unter Berücksichtigung der statistischen Unabhängigkeit von $\boldsymbol{x}_{k+1}$ und $\boldsymbol{v}_k$ für die Erwartungswerte

$$\mathrm{E}\{\boldsymbol{x}_{k+1}\boldsymbol{x}_{k+1}^T\} = \boldsymbol{A}_k \mathrm{E}\{\boldsymbol{x}_k \boldsymbol{x}_k^T\} \boldsymbol{A}_k^T + \mathrm{E}\{\boldsymbol{v}_k \boldsymbol{v}_k^T\} \tag{9.204}$$

oder mit

$$\overline{\boldsymbol{P}}_k \stackrel{\text{def}}{=} \mathrm{E}\{\boldsymbol{x}_k \boldsymbol{x}_k^T\} \tag{9.205}$$

$$\boxed{\overline{\boldsymbol{P}}_{k+1} = \boldsymbol{A}_k \overline{\boldsymbol{P}}_k \boldsymbol{A}_k^T + \boldsymbol{Q}_k,} \tag{9.206}$$

wozu die Anfangsbedingung

$$\overline{\boldsymbol{P}}_0 = \mathrm{E}\{\boldsymbol{x}_0 \boldsymbol{x}_0^T\} \tag{9.207}$$

gehört. Die Matrix-Differenzengleichung (9.206) gibt an, wie sich die Varianz des Zustandsvektors eines linearen Systems entwickelt.

9.3.2 Herleitung des Kalman-Filters

Setzt man in Analogie zu (8.260), der Gleichung des zeitdiskreten Beobachters in Abschnitt 8.8.4 für den Kalman-Filter genannten Zustandsbeobachter an

$$\hat{x}_k = (A_{k-1}\hat{x}_{k-1} + B_{k-1}u_{k-1}) + K_k(y_k - C_k(A_{k-1}\hat{x}_{k-1} + B_{k-1}u_{k-1})), \qquad (9.208)$$

kann man mit dem Vorhersagevektor für den Systemzustand

$$\boxed{z_k \stackrel{\text{def}}{=} A_{k-1}\hat{x}_{k-1} + B_{k-1}u_{k-1}} \qquad (9.209)$$

für (9.208) auch schreiben

$$\boxed{\hat{x}_k = z_k + K_k(y_k - C_kz_k).} \qquad (9.210)$$

(9.210) bringt zum Ausdruck, daß der vorhergesagte Wert z_k aufgrund der neuen Messung y_k korrigiert wird. Wird als Anfangswert $z_0 = \bar{x}_0$ gewählt, ist

$$\hat{x}_0 = \bar{x}_0 + K_0(y_0 - C_0\bar{x}_0). \qquad (9.211)$$

Für den **Schätzfehler**

$$\tilde{x}_k \stackrel{\text{def}}{=} x_k - \hat{x}_k \qquad (9.212)$$

erhält man aus (9.208),(9.209)

$$\begin{aligned}
\tilde{x}_k &= x_k - z_k - K_k(y_k - C_kz_k) \\
&= (K_kC_k - I)z_k - K_k(C_kx_k + n_k) + x_k \\
&= (K_kC_k - I)(z_k - x_k) - K_kn_k.
\end{aligned} \qquad (9.213)$$

(9.213) kann mit Hilfe der Zustandsgleichung

$$x_k = A_{k-1}x_{k-1} + B_{k-1}u_{k-1} + v_{k-1}$$

auch so geschrieben werden

$$\tilde{x}_k = (K_kC_k - I)(A_{k-1}\hat{x}_{k-1} + B_{k-1}u_{k-1} - A_{k-1}x_{k-1} - B_{k-1}u_{k-1} - v_{k-1}) - K_kn_k.$$

Mit dem vom Fehlervektor $\tilde{x}$ stochastisch unabhängigen Vektor

$$r_{k-1} \stackrel{\text{def}}{=} (I - K_kC_k)v_{k-1} - K_kn_k \qquad (9.214)$$

kann $\tilde{x}_k$ auch als

$$\tilde{x}_k = (I - K_kC_k)A_{k-1}\tilde{x}_{k-1} + r_{k-1} \qquad (9.215)$$

mit dem Erwartungswert des Schätzfehlers

$$E\{\tilde{x}_k\} = (I - K_k C_k)A_{k-1}E\{\tilde{x}_{k-1}\}$$

(9.216)

dargestellt werden.

Der Anfangswert $\tilde{x}_0$ des Schätzfehlers kann aus (9.213) zu

$$\tilde{x}_0 = (K_0 C_0 - I)(z_0 - x_0) - K_0 n_0$$

(9.217)

bestimmt werden. Sein Mittelwert ist

$$E\{\tilde{x}_0\} = (K_0 C_0 - I)(z_0 - \bar{x}_0).$$

(9.218)

Da $z_0 = \bar{x}_0$ gewählt wurde, ist das Ziel erreicht, nämlich für $k = 0,\ 1,\ 2,\ldots$ verschwindet der Erwartungswert des Schätzfehlers:

$$E\{\tilde{x}_k\} = o.$$

(9.219)

Unbekannt ist noch die Verstärkungsmatrix K_k (KALMAN-Verstärkung). Zunächst wird die Kovarianzmatrix des Schätzfehlers so definiert

$$P_k \stackrel{\text{def}}{=} E\{\tilde{x}_k \tilde{x}_k^T\}.$$

(9.220)

Mit (9.215) erhält man für die Kovarianzmatrix

$$P_k = (I - K_k C_k)A_{k-1}P_{k-1}A_{k-1}^T(I - K_k C_k)^T + E\{r_{k-1}r_{k-1}^T\}.$$

(9.221)

Aus (9.214) folgt mit den Kovarianzmatrizen Q_{k-1} und R_{k-1} gemäß (9.197) und (9.198) für

$$E\{r_{k-1}r_{k-1}^T\} = (I - K_k C_k)Q_{k-1}(I - K_k C_k)^T + K_k R_k K_k^T.$$

(9.222)

Dieses Ergebnis in (9.221) eingesetzt, ergibt

$$P_k = (I - K_k C_k)(A_{k-1}P_{k-1}A_{k-1}^T + Q_{k-1})(I - K_k C_k)^T + K_k R_k K_k^T.$$

(9.223)

Der Anfangswert $P_0 = R_0$ ist bekannt. Wenn die Matrix P_{k-1} positiv semidefinit ist, folgt aus (9.223), daß auch P_k positiv semidefinit ist. Ziel ist es, die Kovarianzmatrix P_k des Schätzfehlers so klein wie möglich zu machen, d.h. die quadratische Form $\gamma^T P_k \gamma$ zu minimieren, wobei γ ein beliebiger Vektor ist. Zunächst erhält man aus (9.223) mit der symmetrischen Matrix

$$M_k \stackrel{\text{def}}{=} A_{k-1}P_{k-1}A_{k-1}^T + Q_{k-1}$$

(9.224)

die quadratische Form

$$\gamma^T P_k \gamma = \gamma^T \left[(I - K_k C_k) M_k (I - K_k C_k)^T + K_k R_k K_k^T \right] \gamma$$

$$= \gamma^T \left[M_k + K_k (R_k + C_k M_k C_k^T) K_k - M_k C_k^T K_k - K_k C_k^T M_k \right] \gamma. \quad (9.225)$$

Fügt man auf der rechten Seite von (9.225)

$$O = M_k C_k^T (R_k + C_k M_k C_k^T)^{-1} C_k M_k - M_k C_k^T (R_k + C_k M_k C_k^T)^{-1} C_k M_k$$

hinzu und setzt

$$M_k C_k^T K_k = M_k C_k^T (R_k + C_k M_k C_k^T)^{-1} (R_k + C_k M_k C_k^T) K_k$$

und

$$K_k C_k M_k = K_k (R_k + C_k M_k C_k^T)(R_k + C_k M_k C_k^T)^{-1} C_k M_k$$

ein, erhält man für die quadratische Form

$$\gamma^T P_k \gamma = \gamma^T \left(M_k + \left[K_k - M_k C_k^T (R_k + C_k M_k C_k^T)^{-1} \right] (R_k + C_k M_k C_k^T) \cdot \right.$$

$$\left. \cdot \left[K_k - M_k C_k^T (R_k + C_k M_k C_k^T)^{-1} \right]^T - M_k C_k^T (R_k + C_k M_k C_k^T)^{-1} C_k M_k \right) \gamma.$$
$$(9.226)$$

Diese quadratische Form soll jetzt mit Hilfe der Wahl der KALMAN-Verstärkung K_k minimiert werden. Man erhält den kleinsten Wert für die quadratische Form, wenn die in den eckigen Klammern stehende Matrix verschwindet, wenn also die Matrix K_k so gewählt wird

$$\boxed{K_k = M_k C_k^T (R_k + C_k M_k C_k^T)^{-1}.} \quad (9.227)$$

Für die Kovarianzmatrix P_k des Schätzfehlers erhält man dann aus (9.226)

$$P_k = (I - K_k C_k) M_k \quad (9.228)$$

oder

$$P_k = M_k - M_k C_k^T (R_k + C_k M_k C_k^T)^{-1} C_k M_k. \quad (9.229)$$

(9.229) in (9.224) eingesetzt, ergibt die **Matrix-RICCATI-Differenzengleichung** für die Matrix M_k:

$$\boxed{M_{k+1} = Q_k + A_k M_k A_k^T - A_k M_k C_k^T (R_k + C_k M_k C_k^T)^{-1} C_k M_k A_k^T.} \quad (9.230)$$

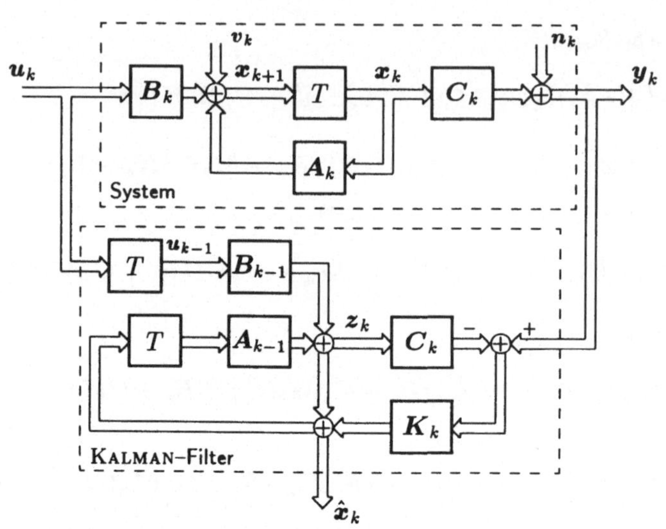

Bild 9.17: System mit KALMAN-Filter.

Die Gleichungen (9.209), (9.210), (9.227) und (9.230) definieren das KALMAN-Filter:

9.17 Satz: *(KALMAN-Filter). Gegeben ist das lineare zeitvariante System mit der mathematischen Beschreibung*

$$x_{k+1} = A_k x_k + B_k u_k + v_k, \tag{9.231}$$

$$y_k = C_k x_k + n_k. \tag{9.232}$$

Die Zustandsrekonstruktion mit dem KALMAN-Filter

$$\hat{x}_k = z_k + K_k(y_k - C_k z_k), \tag{9.233}$$

$$z_k = A_{k-1}\hat{x}_{k-1} + B_{k-1}u_{k-1} \tag{9.234}$$

ist dahingehend optimal, daß die Varianz des Schätzfehlers $\tilde{x}_k \stackrel{\text{def}}{=} x_k - \hat{x}_k$ minimal ist, wenn die Matrix $R_k + C_k M_k C_k^T$ positiv definit ist und die Verstärkungsmatrix gemäß

$$K_k = M_k C_k^T (R_k + C_k M_k C_k^T)^{-1} \tag{9.235}$$

und die Matrix M_k als Lösung der Matrix-RICCATI-Differenzengleichung

$$M_{k+1} = Q_k + A_k M_k A_k^T - A_k M_k C_k^T (R_k + C_k M_k C_k^T)^{-1} C_k M_k A_k^T \tag{9.236}$$

gewählt wird.

Die Anfangswerte für das KALMAN-Filter sind wie folgt zu wählen:

$$
\begin{aligned}
z_0 &= \mathrm{E}\{x_0\} = \bar{x}_0, \\
\hat{x}_0 &= \bar{x}_0 + K_0(y_0 - C_0\bar{x}_0), \\
K_0 &= M_0 C_0^T (R_0 + C_0 M_0 C_0^T)^{-1}, \\
P_0 &= (I - K_0 C_0) M_0, \\
M_0 &= \mathrm{E}\{\tilde{x}_0 \tilde{x}_0^T\};
\end{aligned}
$$

die Struktur zeigt Bild 9.17.

9.3.3 Stationäres KALMAN-Filter für zeitinvariante Systeme

Die mathematische Beschreibung eines gestörten linearen *zeitinvarianten* zeitdiskreten Systems lautet

$$x_{k+1} = A_d x_k + B_d u_k + v_k, \tag{9.237}$$

$$y_k = C x_k + n_k. \tag{9.238}$$

Die Kovarianzmatrizen der Störungen seien ebenfalls zeitinvariant: $R_k = R$ und $Q_k = Q$. Für das zugehörige KALMAN-Filter erhält man aber nach wie vor eine *zeitvariante* KALMAN-Verstärkung K_k, d.h. die mathematische Beschreibung

$$\hat{x}_k = z_k + K_k(y_k - C z_k), \tag{9.239}$$

$$z_k = A\hat{x}_{k-1} + B u_{k-1} \tag{9.240}$$

mit

$$K_k = M_k C^T (R + C M_k C^T)^{-1} \tag{9.241}$$

und M_k als Lösung der Matrix-RICCATI-Differenzengleichung

$$M_{k+1} = Q + A_d M_k A_d^T - A_d M_k C^T (R + C M_k C^T)^{-1} C M_k A_d^T. \tag{9.242}$$

Für die praktische Anwendung ist eine konstante Verstärkungsmatrix K günstiger. Allerdings kann man dann nicht mehr erwarten, daß das KALMAN-Filter noch im oben angegebenen Sinne optimal ist. Es kann gezeigt werden, daß für $k \to \infty$ die Matrix-RICCATI-Differenzengleichung eine positiv semidefinite konstante Matrix M liefert, wenn das System sowohl beobachtbar als auch steuerbar ist [ANDERSON/MOORE]. In diesem Fall erhält man die *konstante* Verstärkungsmatrix

$$\boxed{K = M C^T (R + C M C^T)^{-1},} \tag{9.243}$$

wobei die Matrix M Lösung der algebraischen Matrix-RICCATI-Gleichung

$$\boxed{M = Q + A_d M A_d^T - A_d M C_d^T (R + C_d M C_d^T)^{-1} C_d M A_d^T} \qquad (9.244)$$

ist.

Zum Abschluß zwei Beispiele, bei denen jeweils ein KALMAN-Filtern eingesetzt wird.

9.18 Beispiel: Es soll der Wert x ermittelt werden, wobei die Messungen durch Rauschen verfälscht werden. Der zu ermittelnde Wert x sei durch das System

$$x_{k+1} = x_k + v_k \qquad (9.245)$$

erzeugt und gemessen wird

$$y_k = x_k + n_k. \qquad (9.246)$$

$\{v_k\}$ und $\{n_k\}$ seien Folgen weißen Rauschens mit den Mittelwerten null und den Varianzen $\mathrm{E}\{v_k^2\} = \sigma_v^2 = Q$ und $\mathrm{E}\{n_k^2\} = \sigma_n^2 = R$. Es soll ein KALMAN-Filter für diesen Prozeß entworfen werden. Mit $A = 1$, $B = 0$ und $C = 1$ erhält man als RICCATI-Differenzengleichung gemäß (9.236)

$$M_{k+1} = \sigma_v^2 + M_k - M_k(\sigma_n^2 + M_k)^{-1} M_k = \frac{\sigma_n^2 \sigma_v^2 + (\sigma_n^2 + \sigma_v^2) M_k}{\sigma_n^2 + M_k}. \qquad (9.247)$$

Für die „Verstärkungsmatrix" K_k erhält man gemäß (9.235)

$$K_k = \frac{M_k}{M_k + \sigma_n^2}. \qquad (9.248)$$

Mit den Zahlenwerten

$$\begin{aligned}
\sigma_n^2 &= 10, \\
\sigma_v^2 &= 1, \\
P_0 &= 100 = M_0
\end{aligned}$$

erhält man die in Bild 9.18 dargestellten Werte für

$$M_{k+1} = \frac{10 + 11 M_k}{10 + M_k}$$

und K_k, die sehr schnell gegen die stationären Werte $M_\infty = 3,70$ und $K_\infty = 0,270$ konvergieren. Mit diesem stationären Wert für die KALMAN-Verstärkung K erhält man als KALMAN-Filter

$$\begin{aligned}
\hat{x}_k &= z_k + 0,270(y_k - z_k), \\
z_k &= \hat{x}_{k-1}
\end{aligned}$$

also

$$\underline{\hat{x}_k = 0,730 \hat{x}_{k-1} + 0,270 y_k.}$$

Der alte Schätzwert wird also mit $0,730$ und der neue Meßwert mit $0,270$ gewichtet. $\square$

9.19 Beispiel: Für das zeitdiskrete System aus Beispiel 9.13 mit der mathematischen Beschreibung

$$x_{k+1} = \underbrace{\begin{bmatrix} 1 & 0 \\ 0 & 0,3679 \end{bmatrix}}_{A_d} x_k + \underbrace{\begin{bmatrix} 1 \\ 0,3161 \end{bmatrix}}_{b_d} (u_k + v_k),$$

$$y_k = \underbrace{\begin{bmatrix} 2 & -2 \end{bmatrix}}_{c^T} x_k + n_k$$

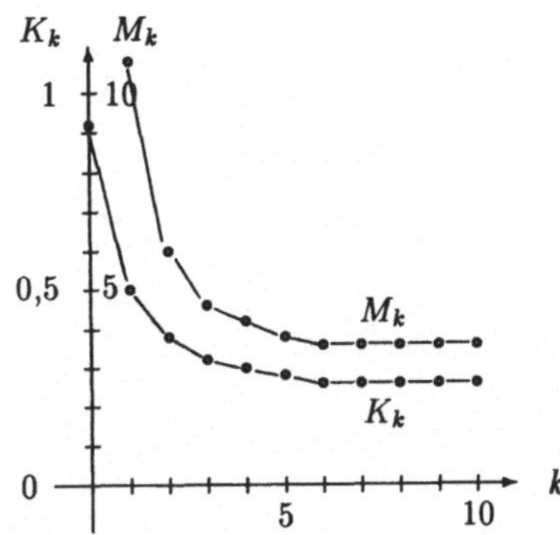

Bild 9.18: M_k und KALMAN-Verstärkung K_k für das System aus Beispiel 9.18.

soll ein KALMAN-Filter entworfen werden. Die Störfolgen $\{v_k\}$ und $\{n_k\}$ seien Folgen weißen Rauschens mit den Mittelwerten Null und den Varianzen $\sigma_v^2 = 1$,

$$Q = b_d b_d^T \sigma_v^2 = \begin{bmatrix} 1 & 0,3161 \\ 0,3161 & 0,0999 \end{bmatrix}$$

und $R = 10$. Aus der Matrix-RICCATI-Differenzengleichung

$$M_{k+1} = I + A_d M_k A_d^T - A_d M_k c(R + c^T M c)^{-1} c^T M_k A_d^T$$

erhält man nach einigen k den stationären Wert

$$M = \begin{bmatrix} 2,4792 & 0,4148 \\ 0,4148 & 0,1122 \end{bmatrix}$$

und damit die Verstärkung k^T des KALMAN-Filters

$$k^T = \begin{bmatrix} 0,2422 & 0,0131 \end{bmatrix}.$$

Für das Eingangssignal $u_k = \sin(k/10)$ zeigt Bild 9.19 die Verläufe der Systemzustände x_k und der Schätzwerte $\hat{x}_k$. $\Box$

9.4 Übungen zu Kapitel 9

Aufgabe 9.1: Für das zeitdiskrete System der Aufgabe 8.2 soll ein zeitoptimaler Regler (K) ohne Beschränkung der Stellgrößen entworfen werden.

Lösung: Siehe Lösung der Aufgabe 8.3.

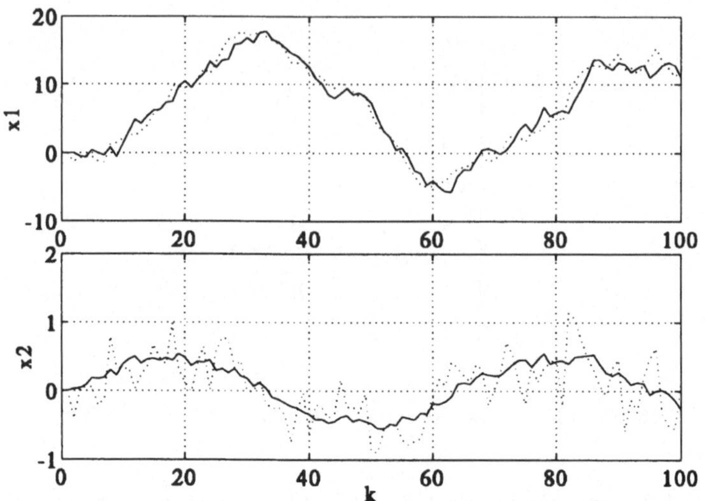

Bild 9.19: Verläufe der Systemzustände x_k $(\cdots)$ und der Schätzwerte $\hat{x}_k$ $(-)$ des Beispiels 9.19.

Aufgabe 9.2: Für das zeitdiskrete System in Aufgabe 8.2 soll ein quadratisch optimaler Regler für ein Gütekriterium mit $N = \infty$ und den Gewichtungsmatrizen

$$Q = \begin{bmatrix} 10 & 0 & 0 & 0 \\ 0 & 1 & 0 & 0 \\ 0 & 0 & 1 & 0 \\ 0 & 0 & 0 & 0 \end{bmatrix} \quad R = \begin{bmatrix} 1 & 0 \\ 0 & 0,01 \end{bmatrix}$$

ermittelt werden. Welche Zustandsrückkopplungsmatrix K und welche Eigenwerte des rückgekoppelten Systems erhält man?

Lösung:

$$K = \begin{bmatrix} 0,6779 & 0,1446 & 0,0376 & 0,2199 \\ -0,4169 & 0,5415 & 0,6235 & 0,7899 \end{bmatrix},$$

$$\lambda_1 = 0,0050; \quad \lambda_2 = 0,0880 \quad \text{und} \quad \lambda_{3,4} = 0,2256 \pm j0,4009.$$

10 Optimale zeitkontinuierliche Regelungssysteme

In diesem Kapitel wird zunächst das Maximumprinzip von PONTRJAGIN *hergeleitet. Daraufhin werden hinsichtlich eines quadratischen Gütekriteriums optimale Regelalgorithmen behandelt. Robuste Regelungen in Form von $\mathcal{H}_\infty$-Reglern und zeitoptimale Regelungssysteme mit beschränkten Stellgrößen bilden den zweiten Teil des Kapitels.*

10.1 Einführung

In Kapitel 9 wurden *zeitdiskrete* optimale Regelungssysteme behandelt, die entweder zeitoptimal oder hinsichtlich eines quadratischen Gütekriteriums optimal ausgelegt wurden. Hierbei trat bei den quadratischen Gütekriterien unter anderem die Summe über die quadratische Form $\boldsymbol{u}_k^T \boldsymbol{R} \boldsymbol{u}_k$ auf. Ist die Gewichtungsmatrix $\boldsymbol{R}$ eine Diagonalmatrix, erhält man

$$\boldsymbol{u}_k^T \boldsymbol{R} \boldsymbol{u}_k = r_{11} u_{1,k}^2 + r_{22} u_{2,k}^2 + \cdots + r_{pp} u_{p,k}^2,$$

wenn p Eingangsgrößen vorhanden sind. Die auftretenden Terme mit $u_{i,k}^2$ kann man als Stellenergie interpretieren. Je „teurer" eine Stellenergie ist, desto stärker wird man sie im Gütekriterium berücksichtigen, d.h., desto größer wird man den zugehörigen Gewichtsfaktor $r_{ii} > 0$ wählen. Bei *zeitkontinuierlichen* Systemen wird man, um die insgesamt zwischen dem fest vorgegebenen *Anfangszeitpunkt* t_0 und dem *Endzeitpunkt* t_f verbrauchte Energie zu bewerten, über die Zeit integrieren und z.B. das *energieoptimale* Gütekriterium

$$J(u) = \int_{t_0}^{t_f} u^2(t)\mathrm{d}t \tag{10.1}$$

für eine Stellgröße und für mehrere Stellgrößen

$$J(\boldsymbol{u}) = \int_{t_0}^{t_f} \boldsymbol{u}^T(t) \boldsymbol{R} \boldsymbol{u}(t)\mathrm{d}t \tag{10.2}$$

ansetzen. Interessiert nicht die verbrauchte Energie, sondern der verbrauchte Treibstoff, wird man ein *treibstoffoptimales* Gütekriterium

$$J(u) = \int\limits_{t_0}^{t_f} |u(t)| \mathrm{d}t \tag{10.3}$$

bzw.

$$J(\boldsymbol{u}) = \int\limits_{t_0}^{t_f} \sum_{i=1}^{p} r_i |u_i(t)| \mathrm{d}t \tag{10.4}$$

wählen. Soll zusätzlich die Regelabweichung mitberücksichtigt werden, wird man bei einem Sollwert null den Term y^2 der Regelgröße y im Gütekriterium vorsehen. Damit sich im integralen Gütekriterium positive und negative Regelabweichungen nicht gegeneinander aufheben, sollte dieser Term quadratisch gewählt werden. Diesen Auslöschungseffekt könnte man auch durch Wahl von $|y(t)|$ im Gütekriterium vermeiden. Ein solcher Term würde aber zu zusätzlichen mathematischen Schwierigkeiten führen, weshalb man solche unstetigen Funktionen in Gütekriterien vermeiden sollte. Man wählt deshalb allgemein für Einfachsysteme

$$J(u) = \int\limits_{t_0}^{t_f} y^2(t) \mathrm{d}t \tag{10.5}$$

und für Mehrfachsysteme

$$J(\boldsymbol{u}) = \int\limits_{t_0}^{t_f} \boldsymbol{y}^T(t) \overline{\boldsymbol{Q}} \boldsymbol{y}(t) \mathrm{d}t. \tag{10.6}$$

Ist $\boldsymbol{y} = \boldsymbol{C}\boldsymbol{x}$, wird aus

$$\boldsymbol{y}^T \overline{\boldsymbol{Q}} \boldsymbol{y} = \boldsymbol{x}^T \boldsymbol{C}^T \overline{\boldsymbol{Q}} \boldsymbol{C} \boldsymbol{x} \stackrel{\text{def}}{=} \boldsymbol{x}^T \boldsymbol{Q} \boldsymbol{x}, \tag{10.7}$$

so daß man beispielsweise das allgemeine quadratische Gütekriterium

$$J(\boldsymbol{u}) = \int\limits_{t_0}^{t_f} [\boldsymbol{x}^T(t) \boldsymbol{Q} \boldsymbol{x}(t) + \boldsymbol{u}^T(t) \boldsymbol{R} \boldsymbol{u}(t)] \mathrm{d}t \tag{10.8}$$

erhält.

Stellen die Zustandsgrößen selbst physikalisch sinnvolle Größen dar, geht man durchaus oft den Weg, daß man direkt die Matrix $\boldsymbol{Q}$ der quadratischen Form $\boldsymbol{x}^T(t)\boldsymbol{Q}\boldsymbol{x}(t)$ definiert. Die Gewichtungsmatrix $\boldsymbol{Q}$ wird stets so gewählt, daß für die quadratische Form nie ein negativer Wert entsteht, d.h., $\boldsymbol{Q}$ wird positiv semidefinit oder positiv definit und außerdem symmetrisch gewählt. Die Wahl von ausschließlich *symmetrischen* Gewichtungsmatrizen in quadratischen Formen wurde in Abschnitt 9.2.1 begründet.

Soll ausschließlich oder zusätzlich der Endzustand $\boldsymbol{x}(t_f)$ als Abweichung vom Nullzustand bewertet werden, ist ein nichtintegraler Term, z.B. der Form $\boldsymbol{x}^T(t_f)\boldsymbol{S}\boldsymbol{x}(t_f)$, in das Gütekriterium aufzunehmen.

Ein *zeitoptimales* Regelungssystem liegt vor, wenn die Übergangszeit $t_f - t_0$ minimal ist. Das kann auch mit Hilfe eines integralen Gütekriteriums ausgedrückt werden:

$$J(\boldsymbol{u}) = \int_{t_0}^{t_f} 1 \cdot \mathrm{d}t \rightarrow \text{Minimum.} \qquad (10.9)$$

Dieses Kriterium liefert aber ohne eine zusätzliche Beschränkung der Stellgrößen $\boldsymbol{u}$ keine sinnvolle Lösung. Betrachtet man nämlich einen zeitoptimalen *zeitdiskreten* Regler für ein System n-ter Ordnung, dann kann dieser jeden Anfangszustand in maximal n Abtastperioden in den Nullzustand überführen. Dies gilt unabhängig davon, wie klein die Abtastperiode T gewählt wird (siehe Beispiel 6.22 in Abschnitt 6.2.5). Allerdings wird das dadurch erkauft, daß die Beträge der Stellgrößen mit abnehmender Abtastperiode immer größer werden. Läßt man die Abtastperiode $T \rightarrow 0$ gehen, werden aus den n Stellgrößenamplituden $u_0, u_1, \ldots, u_{n-1}$ n DIRAC-Funktionen! Das heißt aber, daß man als Lösung für das zeitoptimale *zeitkontinuierliche* Regelungssystem ohne Beschränkung der Stellgröße $u(t)$ eine Folge von nicht realisierbaren DIRAC-Funktionen erhält. Die Aufgabe der zeitoptimalen Regelung eines zeitkontinuierlichen Systems ist also erst dann sinnvoll gestellt, wenn zusätzlich eine Beschränkung der Stellgröße $u(t)$ gefordert wird, z.B.

$$|u(t)| \leq 1 \text{ für alle } t \in [t_0, t_f]. \qquad (10.10)$$

Damit kann jetzt das allgemeine Optimierungsproblem formuliert werden:

10.1 Definition: Optimierungsproblem

Gegeben: 1. Zeitkontinuierliches System mit der Zustandsgleichung

$$\dot{\boldsymbol{x}}(t) = \boldsymbol{f}(\boldsymbol{x}(t), \boldsymbol{u}(t)), \qquad (10.11)$$

2. Anfangszustand

$$\boldsymbol{x}(t_0) = \boldsymbol{x}_0, \qquad (10.12)$$

3. Menge $\mathcal{U}$ der **zulässigen Steuerungen**

$$\boldsymbol{u}_{[t_0, t_f]} \in \mathcal{U} \subset \mathbb{R}^p \qquad (10.13)$$

und
4. **Gütekriterium**

$$J = S(\boldsymbol{x}(t_f)) + \int_{t_0}^{t_f} L(\boldsymbol{x}(t), \boldsymbol{u}(t), t)\mathrm{d}t. \qquad (10.14)$$

Gesucht: Optimale Steuerfunktion $\boldsymbol{u}^*_{[t_0, t_f]}$, die unter Einhaltung von (10.11), (10.12) *und* (10.13) *das Gütekriterium* (10.14) *minimiert.*

Im Endeffekt wird natürlich keine optimale *Steuerung*, sondern eine optimale *Rege-*

lung gesucht, d.h. ein Zusammenhang der Form

$$\boldsymbol{u}^*(t) = \boldsymbol{k}(\boldsymbol{x}(t), t). \tag{10.15}$$

Im vorhergehenden Kapitel wurde das zeitoptimale Problem mit beschränkter Stellgröße für zeitdiskrete Systeme so gelöst, daß in Abhängigkeit von der Abtastperiodenzahl über die erreichbaren Mengen aufgrund von besonderen geometrischen Betrachtungen die Strategie für die optimale Überführung der Systemzustände in einer Abtastperiode hergeleitet wurde. Ein Übergang zu zeitkontinuierlichen Systemen durch Reduzierung der Abtastperiode auf null ist nur sehr eingeschränkt möglich, so daß ein Übergang von der minimalen Zahl von Abtastperioden auf die wirklich minimale Ausregelzeit im allgemeinen nicht möglich ist.

Für zeitdiskrete Systeme wurde außerdem in Kapitel 9 das quadratisch optimale Problem behandelt. Hierbei handelt es sich um ein klassisches Extremalproblem mit Nebenbedingungen, denn es soll das quadratische Gütekriterium $J(\boldsymbol{u})$ mittels der unbeschränkten Stellgrößenfolge $\boldsymbol{u}_0, \ldots, \boldsymbol{u}_{N-1}$ unter Einhaltung der Zustandsgleichung des Systems als „Nebenbedingung" minimiert werden. Wenn $\boldsymbol{u}_k \in \mathbb{R}^p$ ist, ist das Gütekriterium J eine Funktion von $p \cdot N$ unabhängigen Variablen $u_{i,k}$. Dieses klassische Problem der Ermittlung des Extremums einer Funktion unter Nebenbedingungen wurde unter Zuhilfenahme von LAGRANGE-Multiplikatoren λ_i auf ein solches ohne Nebenbedingungen reduziert und gelöst.

Bei *zeitkontinuierlichen* Systemen und Gütekriterien liegt ein gänzlich anderes Problem vor. Es muß nämlich das Minimum einer Funktion gefunden werden, deren unabhängige Variablen selbst wieder Funktionen sind! Eine solche Funktion nennt man *Funktional*: Die Gütekriterien J sind Funktionale und die unabhängigen Variablen sind die Eingangsfunktionen $\boldsymbol{u}_{[t_0, t_f]}$. Die Zustandsdifferentialgleichungen sind jetzt einzuhaltende Nebenbedingungen. Damit liegt ein Problem der *Funktionalanalysis*, insbesondere der *Variationsrechnung* vor. Das im folgenden herzuleitende *Maximumprinzip von* PONTRJAGIN stellt eine Verallgemeinerung der klassischen Lösungsmethoden der Variationsrechnung hinsichtlich unstetiger Lösungsfunktionen, wie sie bei amplitudenbeschränkten Stellgrößen auftreten, dar. Es ist *die* allgemeine Lösungsmethode für die Optimierungsprobleme in diesem Kapitel.

10.2 Modifiziertes Gütekriterium und HAMILTON-Funktion

In der klassischen Variationsrechnung spielt die Zustandsgleichung (10.11) die Rolle einer *Nebenbedingung*. In Abschnitt 9.2.2 wurde begründet, weshalb solche Nebenbedingungen immer in der Form $\boldsymbol{g}(\boldsymbol{x}, \boldsymbol{u}) = \boldsymbol{o}$ angegeben werden. Im Falle der Zustandsgleichung als Nebenbedingung erhält man

$$\boldsymbol{g}(\boldsymbol{x}, \boldsymbol{u}) \stackrel{\text{def}}{=} \dot{\boldsymbol{x}} - \boldsymbol{f}(\boldsymbol{x}, \boldsymbol{u}) = \boldsymbol{o}. \tag{10.16}$$

Mit dieser Nebenbedingung wird das Gütekriterium (10.14) wie folgt modifiziert:

$$\overline{J} \stackrel{\text{def}}{=} J + \int_{t_0}^{t_f} \boldsymbol{\lambda}^T(t)\left[\dot{\boldsymbol{x}}(t) - \boldsymbol{f}(\boldsymbol{x}(t), \boldsymbol{u}(t))\right]\mathrm{d}t. \tag{10.17}$$

Für jede Trajektorie des Systems mit der Zustandsgleichung (10.11) ist die eckige Klammer in dem modifizierten Gütekriterium (10.17) gleich dem Nullvektor. Der n-dimensionale Vektor $\boldsymbol{\lambda}(t)$ (LAGRANGE-Vektor) ist vorläufig beliebig und es ist $\overline{J} = J$ für alle Systemzustände $\boldsymbol{x}$ und Stellgrößen $\boldsymbol{u}$, die die Zustandsgleichung (10.11) erfüllen. Deshalb kann auch das **modifizierte Gütekriterium $\overline{J}$** statt des ursprünglichen Gütekriteriums J minimiert werden:

$$\overline{J} = S(\boldsymbol{x}(t_f)) + \int_{t_0}^{t_f}\left[L(\boldsymbol{x}(t), \boldsymbol{u}(t), t) - \boldsymbol{\lambda}^T(t)\boldsymbol{f}(\boldsymbol{x}(t), \boldsymbol{u}(t)) + \boldsymbol{\lambda}^T(t)\dot{\boldsymbol{x}}(t)\right]\mathrm{d}t. \tag{10.18}$$

Mit der HAMILTON-**Funktion**

$$H(\boldsymbol{\lambda}, \boldsymbol{x}, \boldsymbol{u}) \stackrel{\text{def}}{=} -L(\boldsymbol{x}, \boldsymbol{u}) + \boldsymbol{\lambda}^T\boldsymbol{f}(\boldsymbol{x}, \boldsymbol{u}), \tag{10.19}$$

(die Zeitargumente wurden weggelassen) erhält man das modifizierte Gütekriterium

$$\overline{J} = S(\boldsymbol{x}(t_f)) + \int_{t_0}^{t_f}[-H(\boldsymbol{\lambda}, \boldsymbol{x}, \boldsymbol{u}) + \boldsymbol{\lambda}^T\dot{\boldsymbol{x}}]\mathrm{d}t. \tag{10.20}$$

10.3   Das Maximumprinzip von PONTRJAGIN

Es wird angenommen, daß $\boldsymbol{u}^*_{[t_0,t_f]}$ die gesuchte optimale Steuerfunktion ist, die die Beschränkung (10.13) einhält und das Gütekriterium (10.18) minimiert. Diese optimale Steuerfunktion $\boldsymbol{u}^*$ werde zu einem beliebigen Zeitpunkt $t \in [t_0, t_f]$ unter Ausnutzung der Beschränkung für eine kurze Zeitdauer verändert, so daß eine neue, nicht mehr optimale Steuerfunktion $\boldsymbol{u}_{[t_0,t_f]}$ wie in Bild 10.1 entsteht. Diese Änderung sei so klein, daß für jede Komponente u_i des Steuervektors für beliebig kleines $\epsilon > 0$

$$\int_{t_0}^{t_f} |u_i^*(t) - u_i(t)|\mathrm{d}t < \epsilon \tag{10.21}$$

ist. Dann ist aber auch die Änderung der Zustandstrajektorie $\boldsymbol{x}$ klein, da

$$\boldsymbol{x}(t) = \boldsymbol{x}_0 + \int_{t_0}^{t_f} \boldsymbol{f}(\boldsymbol{x}(t), \boldsymbol{u}(t))\mathrm{d}t \tag{10.22}$$

ist. Die nicht optimale Steuerfunktion $\boldsymbol{u}_{[t_0,t_f]}$ führt zu der veränderten Zustandstrajektorie $\boldsymbol{x}(t) + \delta\boldsymbol{x}(t)$. Die Abweichung $\delta\boldsymbol{x}(t)$ ist für alle t klein, da der Zustand im wesentlichen von dem Integral über die Steuerfunktion abhängt.

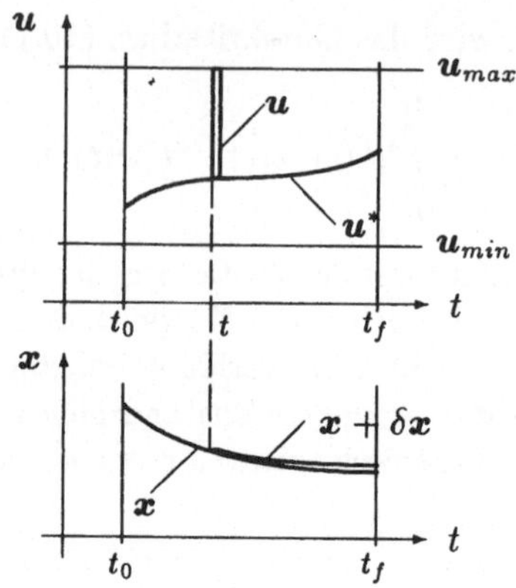

Bild 10.1: Optimale und variierte Steuerfunktion und zugehörige Zustandstrajektorie.

Für die nicht optimale Steuerfunktion $u_{[t_0.t_f]}$ und die dazugehörige Trajektorie $x(t)+\delta x(t)$ ist das modifizierte Gütekriterium nicht mehr minimal, es ist vielmehr

$$\overline{J}(u) = \overline{J}(u^*) + \delta \overline{J} \tag{10.23}$$

oder ausführlich geschrieben

$$\overline{J}(u) = S(x(t_f) + \delta x(t_f)) + \int_{t_0}^{t_f} \left[-H(\lambda, x + \delta x, u) + \lambda^T (\dot{x} + \delta \dot{x}) \right] \mathrm{d}t. \tag{10.24}$$

Für die **Variation** $\delta \overline{J}$ des modifizierten Gütekriteriums erhält man daraus

$$\delta \overline{J} = \overline{J}(u) - \overline{J}(u^*)$$

$$= S(x(t_f) + \delta x(t_f)) - S(x(t_f)) + \int_{t_0}^{t_f} \left[-H(\lambda, x + \delta x, u) + H(\lambda, x, u^*) + \lambda^T \delta \dot{x} \right] \mathrm{d}t. \tag{10.25}$$

Gesucht werden Bedingungen, unter denen die Variation $\delta \overline{J}$ zu null wird, so daß ein minimales modifiziertes Gütekriterium vorliegt.

Zunächst soll die Abhängigkeit der Variation $\delta \overline{J}$ von $\delta \dot{x}$ beseitigt werden. Für den letzten Integralterm in (10.25) erhält man durch partielle Integration

$$\int_{t_0}^{t_f} \lambda^T \delta \dot{x} \mathrm{d}t = \lambda^T(t_f)\delta x(t_f) - \lambda^T(t_0)\delta x(t_0) - \int_{t_0}^{t_f} \dot{\lambda}^T \delta x \mathrm{d}t. \tag{10.26}$$

Setzt man (10.26) in (10.25) ein, ist die Variation $\delta \overline{J}$ nicht mehr von $\delta \dot{x}$ abhängig:

$$\delta \overline{J} = S(x(t_f) + \delta x(t_f)) - S(x(t_f)) + \lambda^T(t_f)\delta x(t_f) - \lambda^T(t_0)\delta x(t_0)$$

 203

$$+ \int\limits_{t_0}^{t_f} \left[H(\boldsymbol{\lambda}, \boldsymbol{x}, \boldsymbol{u}^*) - H(\boldsymbol{\lambda}, \boldsymbol{x} + \delta\boldsymbol{x}, \boldsymbol{u}) - \dot{\boldsymbol{\lambda}}^T \delta\boldsymbol{x} \right] \mathrm{d}t. \tag{10.27}$$

Die HAMILTON-Funktion $H(\boldsymbol{\lambda}, \boldsymbol{x} + \delta\boldsymbol{x}, \boldsymbol{u})$ kann in eine TAYLOR-Reihe entwickelt werden:

$$H(\boldsymbol{\lambda}, \boldsymbol{x} + \delta\boldsymbol{x}, \boldsymbol{u}) = H(\boldsymbol{\lambda}, \boldsymbol{x}, \boldsymbol{u}) + \frac{\partial H}{\partial \boldsymbol{x}}^T (\boldsymbol{\lambda}, \boldsymbol{x}, \boldsymbol{u}) \cdot \delta\boldsymbol{x} + \mathcal{O}(\epsilon^2), \tag{10.28}$$

wobei $\mathcal{O}(\epsilon^2)$ das LANDAUsche Symbol für Größen ist, die klein in der Größenordnung von ϵ^2 sind und $\frac{\partial H}{\partial \boldsymbol{x}}^T (\boldsymbol{\lambda}, \boldsymbol{x}, \boldsymbol{u})$ der Zeilenvektor ist, der entsteht, wenn man die HAMILTON-Funktion H an der Stelle $(\boldsymbol{\lambda}, \boldsymbol{x}, \boldsymbol{u})$ nach $\boldsymbol{x}$ differenziert, also den Gradienten bezüglich $\boldsymbol{x}$ bildet. Für das Integral über die Differenz der beiden HAMILTON-Funktionen in (10.27) erhält man dann mit (10.28)

$$\int\limits_{t_0}^{t_f} [H(\boldsymbol{\lambda}, \boldsymbol{x}, \boldsymbol{u}^*) - H(\boldsymbol{\lambda}, \boldsymbol{x} + \delta\boldsymbol{x}, \boldsymbol{u})] \, \mathrm{d}t =$$

$$\int\limits_{t_0}^{t_f} \left[H(\boldsymbol{\lambda}, \boldsymbol{x}, \boldsymbol{u}^*) - H(\boldsymbol{\lambda}, \boldsymbol{x}, \boldsymbol{u}) - \frac{\partial H}{\partial \boldsymbol{x}}^T (\boldsymbol{\lambda}, \boldsymbol{x}, \boldsymbol{u}) \cdot \delta\boldsymbol{x} - \mathcal{O}(\epsilon^2) \right] \mathrm{d}t$$

$$\approx \int\limits_{t_0}^{t_f} \left[H(\boldsymbol{\lambda}, \boldsymbol{x}, \boldsymbol{u}^*) - H(\boldsymbol{\lambda}, \boldsymbol{x}, \boldsymbol{u}) - \frac{\partial H}{\partial \boldsymbol{x}}^T (\boldsymbol{\lambda}, \boldsymbol{x}, \boldsymbol{u}) \cdot \delta\boldsymbol{x} \right] \mathrm{d}t. \tag{10.29}$$

Mit der Identität

$$\frac{\partial H}{\partial \boldsymbol{x}}^T (\boldsymbol{\lambda}, \boldsymbol{x}, \boldsymbol{u}) \delta\boldsymbol{x} = \frac{\partial H}{\partial \boldsymbol{x}}^T (\boldsymbol{\lambda}, \boldsymbol{x}, \boldsymbol{u}^*) \delta\boldsymbol{x} + \left[\frac{\partial H}{\partial \boldsymbol{x}}^T (\boldsymbol{\lambda}, \boldsymbol{x}, \boldsymbol{u}) - \frac{\partial H}{\partial \boldsymbol{x}}^T (\boldsymbol{\lambda}, \boldsymbol{x}, \boldsymbol{u}^*) \right] \delta\boldsymbol{x}$$

wird aus (10.29)

$$\int\limits_{t_0}^{t_f} \left\{ H(\boldsymbol{\lambda}, \boldsymbol{x}, \boldsymbol{u}^*) - H(\boldsymbol{\lambda}, \boldsymbol{x}, \boldsymbol{u}) - \frac{\partial H}{\partial \boldsymbol{x}}^T (\boldsymbol{\lambda}, \boldsymbol{x}, \boldsymbol{u}^*) \delta\boldsymbol{x} - \left[\frac{\partial H}{\partial \boldsymbol{x}}^T (\boldsymbol{\lambda}, \boldsymbol{x}, \boldsymbol{u}) - \frac{\partial H}{\partial \boldsymbol{x}}^T (\boldsymbol{\lambda}, \boldsymbol{x}, \boldsymbol{u}^*) \right] \delta\boldsymbol{x} \right\} \mathrm{d}t$$

$$\approx \int\limits_{t_0}^{t_f} \left[H(\boldsymbol{\lambda}, \boldsymbol{x}, \boldsymbol{u}^*) - H(\boldsymbol{\lambda}, \boldsymbol{x}, \boldsymbol{u}) - \frac{\partial H}{\partial \boldsymbol{x}}^T (\boldsymbol{\lambda}, \boldsymbol{x}, \boldsymbol{u}^*) \delta\boldsymbol{x} \right] \mathrm{d}t. \tag{10.30}$$

(10.30) in (10.27) eingesetzt, ergibt für die Variation

$$\delta\overline{J} = \left[\frac{\partial S}{\partial \boldsymbol{x}} (\boldsymbol{x}(t_f)) + \boldsymbol{\lambda}(t_f) \right]^T \delta\boldsymbol{x}(t_f) - \boldsymbol{\lambda}^T(t_0) \delta\boldsymbol{x}(t_0) +$$

$$\int\limits_{t_0}^{t_f} \left[-\frac{\partial H}{\partial \boldsymbol{x}} (\boldsymbol{\lambda}, \boldsymbol{x}, \boldsymbol{u}^*) - \dot{\boldsymbol{\lambda}} \right]^T \delta\boldsymbol{x} \mathrm{d}t +$$

$$\int\limits_{t_0}^{t_f} [H(\boldsymbol{\lambda}, \boldsymbol{x}, \boldsymbol{u}^*) - H(\boldsymbol{\lambda}, \boldsymbol{x}, \boldsymbol{u})] \, \mathrm{d}t + \mathcal{O}(\epsilon^2). \tag{10.31}$$

Da die beschränkte Steuerfunktion $\boldsymbol{u}_{[t_0,t_f]}$ den Anfangszustand nicht ändern kann, ist im zweiten Term von (10.31) $\delta\boldsymbol{x}(t_0) = \mathbf{o}$ zu setzen. Der Hilfsvektor $\boldsymbol{\lambda}$ war bisher vollkommen beliebig. Er wird so gewählt, daß der erste und dritte Term in (10.31) verschwindet. Der dritte Term liefert dann die **adjungierte Gleichung**

$$\boxed{\frac{\partial H}{\partial \boldsymbol{x}}(\boldsymbol{\lambda}, \boldsymbol{x}, \boldsymbol{u}^*) = -\dot{\boldsymbol{\lambda}}(t)} \tag{10.32}$$

und der erste Term die Randbedingung, auch **Transversalitätsbedingung** genannt,

$$\boxed{\frac{\partial S}{\partial \boldsymbol{x}}(\boldsymbol{x}(t_f)) = -\boldsymbol{\lambda}(t_f).} \tag{10.33}$$

Von (10.31) bleibt jetzt nur noch übrig

$$\delta\overline{J} = \int\limits_{t_0}^{t_f} [H(\boldsymbol{\lambda}, \boldsymbol{x}, \boldsymbol{u}^*) - H(\boldsymbol{\lambda}, \boldsymbol{x}, \boldsymbol{u})] \, \mathrm{d}t + \mathcal{O}(\epsilon^2). \tag{10.34}$$

10.2 Satz: *Wenn $\boldsymbol{u}^*_{[t_0,t_f]}$ eine optimale Steuerfunktion ist, die $\overline{J}$ minimiert, muß für jedes t und alle zulässigen $\boldsymbol{u} \in \mathcal{U}$ gelten*

$$H(\boldsymbol{\lambda}(t), \boldsymbol{x}(t), \boldsymbol{u}^*(t)) \geq H(\boldsymbol{\lambda}(t), \boldsymbol{x}(t), \boldsymbol{u}(t)); \tag{10.35}$$

die optimale Stellgröße $\boldsymbol{u}^*(t)$ macht also die HAMILTON-*Funktion in jedem Zeitpunkt $t \in [t_0, t_f]$ so groß wie möglich.*

Beweis: Widerspruchsannahme: Es gibt ein t so, daß

$$H(\boldsymbol{\lambda}(t), \boldsymbol{x}(t), \boldsymbol{u}^*(t)) < H(\boldsymbol{\lambda}(t), \boldsymbol{x}(t), \boldsymbol{u}(t))$$

ist. Dann kann $\boldsymbol{u}$ so wie in Bild 10.1 gewählt werden, wobei t in dem Änderungsintervall enthalten ist. In diesem Fall wäre aber der Integrand in (10.34) und auch das Integral negativ, d.h., $\delta\overline{J}$ wäre negativ. Das widerspricht aber der Voraussetzung, daß $\overline{J}$ für $\boldsymbol{u}^*$ minimal ist. $\qquad\square$

10.3 Satz: | Maximumprinzip von PONTRJAGIN:
Sei $u^*_{[t_0,t_f]} \in \mathcal{U}$ die optimale Steuerfunktion und x die zugehörige optimale Zustandstrajektorie für das Optimierungsproblem in Definition 10.1. Dann gibt es eine adjungierte Trajektorie λ so, daß gilt:
1. die **Zustandsgleichung**

$$\dot{x}(t) = f(x(t), u^*(t)) \tag{10.36}$$

2. mit der **Anfangsbedingung**

$$x(t_0) = x_0, \tag{10.37}$$

3. die **adjungierte Gleichung**

$$\frac{\partial H}{\partial x}(\lambda, x, u^*) = -\dot{\lambda}(t) \tag{10.38}$$

4. mit der **Endbedingung** *(Transversalitätsbedingung)*

$$\frac{\partial S}{\partial x}(x(t_f)) = -\lambda(t_f) \tag{10.39}$$

und
5. für alle $t \in [t_0, t_f]$ und alle $u_{[t_0,t_f]} \in \mathcal{U}$ das **Maximumprinzip**

$$H(\lambda(t), x(t), u^*(t)) \geq H(\lambda(t), x(t), u(t)), \tag{10.40}$$

wobei die HAMILTON-*Funktion so definiert ist:*

$$H(\lambda(t), x(t), u(t)) = -L(x(t), u(t)) + \lambda^T f(x(t), u(t)). \tag{10.41}$$

Das Maximumprinzip ist eine Erweiterung der Variationsrechnung durch PONTRJAGIN, um Probleme mit Stellgrößenbeschränkungen lösen zu können. Es hat auch dann Gültigkeit, wenn die Amplituden $u_i(t)$ der Stellgrößen nicht beschränkt sind, wenn also für alle i und alle t z.B.

$$-\infty < u_i(t) < +\infty \tag{10.42}$$

gilt. Im Fall der unbeschränkten Stellgröße ist notwendige Bedingung für das Maximum der HAMILTON-Funktion

$$\frac{\partial H}{\partial u}(x(t), u^*(t)) = o. \tag{10.43}$$

Das allgemeine Vorgehen ist nun derart, daß zunächst aus dem Maximumprinzip die optimale Steuerung als allgemeine Funktion von x, λ und t ermittelt wird,

$$u^*(t) = u(x(t), \lambda(t), t). \tag{10.44}$$

Die optimale Stellgröße gemäß (10.44) wird dann in die beiden Differentialgleichungen n-ter Ordnung (10.36) und (10.38) eingesetzt, wodurch $2n$ gekoppelte Differentialgleichungen für $\boldsymbol{x}$ und $\boldsymbol{\lambda}$ entstehen. Die Lösung dieser $2n$ gekoppelten Differentialgleichungen 1. Ordnung stellen ein besonderes Problem dar, da es sich hierbei nicht um ein Anfangswertproblem, sondern um ein *Randwertproblem* handelt, denn für den Anfangszeitpunkt t_0 sind die n Variablen $\boldsymbol{x}(t_0) = \boldsymbol{x}_0$ in (10.37) und für den Endzeitpunkt t_f sind ebenfalls n Variablen $-\boldsymbol{\lambda}(t_f) = \dfrac{\partial S}{\partial \boldsymbol{x}}(\boldsymbol{x}(t_f))$ gemäß (10.39) vorgegeben.

Das allgemeine Vorgehen bei der Lösung eines Optimierungsproblems mit Hilfe des Maximumprinzips von PONTRJAGIN soll im folgenden Abschnitt anhand des Problems der linearen quadratisch optimalen Regelung ohne Beschränkung der Stellgrößen und im übernächsten Abschnitt bei der Lösung des zeitoptimalen Problems mit beschränkter Stellgröße näher erläutert werden.

10.4   Lineare quadratisch optimale Regelung

10.4.1   Zeitvariante lineare zeitkontinuierliche Systeme

In diesem Abschnitt soll das schon in Kapitel 9 für digitale Regler behandelte Problem der quadratisch optimalen Regelung jetzt für zeitkontinuierliche Regler erörtert werden.

Gegeben sei das lineare zeitvariante zeitkontinuierliche System mit der Zustandsgleichung

$$\dot{\boldsymbol{x}}(t) = \boldsymbol{A}(t)\boldsymbol{x}(t) + \boldsymbol{B}(t)\boldsymbol{u}(t), \quad \boldsymbol{x}(t_0) = \boldsymbol{x}_0 \tag{10.45}$$

mit $\boldsymbol{A}(t) \in \mathbb{R}^{n \times n}$ und $\boldsymbol{B}(t) \in \mathbb{R}^{n \times p}$. Das Gütekriterium

$$J = \frac{1}{2}\boldsymbol{x}^T(t_f)\boldsymbol{S}\boldsymbol{x}(t_f) + \frac{1}{2}\int\limits_{t_0}^{t_f} \left[\boldsymbol{x}^T(t)\boldsymbol{Q}(t)\boldsymbol{x}(t) + \boldsymbol{u}^T(t)\boldsymbol{R}(t)\boldsymbol{u}(t)\right] \mathrm{d}t \tag{10.46}$$

soll für eine fest vorgegebene Endzeit t_f minimiert werden. Die Gewichtungsmatrizen $\boldsymbol{S}$ und $\boldsymbol{Q}$ seien symmetrisch und positiv semidefinit und $\boldsymbol{R}$ sei symmetrisch und positiv definit. Die Stellgrößen seien unbeschränkt,

$$-\infty < u_i(t) < +\infty, \tag{10.47}$$

und der Endzustand $\boldsymbol{x}(t_f)$ frei, allerdings wird die Abweichung vom Nullzustand über die Matrix $\boldsymbol{S}$ gewichtet.

Für dieses Problem erhält man die HAMILTON-Funktion

$$H(\boldsymbol{\lambda}, \boldsymbol{x}, \boldsymbol{u}, t) = -\frac{1}{2}\left[\boldsymbol{x}^T(t)\boldsymbol{Q}(t)\boldsymbol{x}(t) + \boldsymbol{u}^T(t)\boldsymbol{R}(t)\boldsymbol{u}(t)\right] + \boldsymbol{\lambda}^T(t)\boldsymbol{A}(t)\boldsymbol{x}(t) + \boldsymbol{\lambda}^T(t)\boldsymbol{B}(t)\boldsymbol{u}(t) \tag{10.48}$$

und die adjungierte Gleichung

$$\frac{\partial H}{\partial \boldsymbol{x}} = -\dot{\boldsymbol{\lambda}} = -\boldsymbol{Q}(t)\boldsymbol{x}(t) + \boldsymbol{A}^T(t)\boldsymbol{\lambda}(t) \tag{10.49}$$

sowie die Transversalitätsbedingung

$$\frac{\partial S}{\partial \boldsymbol{x}}(\boldsymbol{x}(t_f)) = -\boldsymbol{\lambda}(t_f) = \boldsymbol{S}\boldsymbol{x}(t_f).$$
(10.50)

Das Maximumprinzip für unbeschränktes $\boldsymbol{u}$ liefert

$$\frac{\partial H}{\partial \boldsymbol{u}} = \boldsymbol{o} = -\boldsymbol{R}(t)\boldsymbol{u}^*(t) + \boldsymbol{B}^T(t)\boldsymbol{\lambda}(t),$$
(10.51)

d.h., es ist

$$\boxed{\boldsymbol{u}^*(t) = \boldsymbol{R}^{-1}(t)\boldsymbol{B}^T(t)\boldsymbol{\lambda}(t).}$$
(10.52)

Damit die Inverse der Gewichtungsmatrix $\boldsymbol{R}(t)$ immer existiert, wird sie bereits beim Aufstellen des Gütekriteriums positiv *definit* gewählt, da positiv *semidefinite* Matrizen singulär sind. Einsetzen der optimalen Steuerung in die Zustandsgleichung (10.45) liefert

$$\dot{\boldsymbol{x}}(t) = \boldsymbol{A}(t)\boldsymbol{x}(t) + \boldsymbol{B}(t)\boldsymbol{R}^{-1}(t)\boldsymbol{B}^T(t)\boldsymbol{\lambda}(t)$$
(10.53)

und zusammen mit der adjungierten Gleichung (10.49) die $2n$ gekoppelten linearen zeitvarianten Differentialgleichungen 1. Ordnung

$$\begin{bmatrix} \dot{\boldsymbol{x}}(t) \\ \dot{\boldsymbol{\lambda}}(t) \end{bmatrix} = \underbrace{\left[\begin{array}{c|c} \boldsymbol{A}(t) & \boldsymbol{B}(t)\boldsymbol{R}^{-1}(t)\boldsymbol{B}^T(t) \\ \hline \boldsymbol{Q}(t) & -\boldsymbol{A}^T(t) \end{array} \right]}_{\boldsymbol{H}(t)} \begin{bmatrix} \boldsymbol{x}(t) \\ \boldsymbol{\lambda}(t) \end{bmatrix}$$
(10.54)

mit den Randbedingungen $\boldsymbol{x}(t_0) = \boldsymbol{x}_0$ und $\boldsymbol{\lambda}(t_f) = -\boldsymbol{S}\boldsymbol{x}(t_f)$. Die Systemmatrix $\boldsymbol{H}(t)$ in (10.54) heißt HAMILTON-**Matrix**.

Da das Differentialgleichungssystem (10.54) linear ist, hängen $\boldsymbol{x}(t)$ und $\boldsymbol{\lambda}(t)$ linear vom Anfangszustand $\boldsymbol{x}_0$ ab. Folglich hängt der Vektor $\boldsymbol{\lambda}(t)$ auch linear vom Zustandsvektor $\boldsymbol{x}(t)$ ab, was auch schon in der Randbedingung

$$\boldsymbol{\lambda}(t_f) = -\boldsymbol{S}\boldsymbol{x}(t_f)$$
(10.55)

für den Endzeitpunkt t_f zum Ausdruck kam. Deshalb wird ebenfalls für alle $t \in [t_0, t_f]$ der Ansatz

$$\boldsymbol{\lambda}(t) = -\boldsymbol{P}(t)\boldsymbol{x}(t)$$
(10.56)

gemacht. Dieser Ansatz, in die Zustandsgleichung (10.53) eingesetzt, liefert

$$\dot{\boldsymbol{x}}(t) = \left[\boldsymbol{A}(t) - \boldsymbol{B}(t)\boldsymbol{R}^{-1}(t)\boldsymbol{B}^T(t)\boldsymbol{P}(t) \right] \boldsymbol{x}(t)$$
(10.57)

und in die adjungierte Gleichung (10.49) eingesetzt,

$$\dot{\boldsymbol{\lambda}}(t) = \boldsymbol{P}(t)\dot{\boldsymbol{x}}(t) + \dot{\boldsymbol{P}}(t)\boldsymbol{x}(t) = \left[-\boldsymbol{Q}(t) - \boldsymbol{A}(t)\boldsymbol{P}(t) \right] \boldsymbol{x}(t).$$
(10.58)

Die Gleichung (10.57) von links mit der Matrix $P(t)$ multipliziert und von dem Ergebnis die Gleichung (10.58) abgezogen, ergibt nach Auflösung nach o:

$$\mathbf{o} = \left[\dot{P}(t) + P(t)A(t) + A^T(t)P(t) - P(t)B(t)R^{-1}(t)B(t)^TP(t) + Q(t)\right] x(t).$$
$$(10.59)$$

Diese Gleichung ist für jedes beliebige $x(t)$ gültig, wenn die Matrix $P(t)$ so gewählt wird, daß die in den eckigen Klammern stehende Matrix zur Nullmatrix wird, also folgende Differentialgleichung erfüllt ist:

$$\boxed{-\dot{P}(t) = Q(t) + P(t)A(t) + A^T(t)P(t) - P(t)B(t)R^{-1}(t)B(t)^TP(t).}$$
$$(10.60)$$

In Anlehnung an die klassische nichtlineare RICCATI-Differentialgleichung

$$\dot{y} = h(t) + g(t)y + f(t)y^2$$

heißt die Differentialgleichung (10.60) **Matrix-RICCATI-Differentialgleichung**. Aus der Transversalitätsbedingung (10.55) folgt die *Randbedingung*

$$\boxed{P(t_f) = S}$$
$$(10.61)$$

für die Lösung der Matrix-RICCATI-Differentialgleichung. Sie kann mit diesem Endwert für t_f zeitlich rückwärts für $t < t_f$ gelöst werden.

Mit (10.56) und (10.52) erhält man dann das optimale *Regelungsgesetz*

$$\boxed{u^*(t) = -R^{-1}(t)B^T(t)P(t)x(t) \stackrel{\text{def}}{=} -K(t)x(t)}$$
$$(10.62)$$

mit der *zeitvarianten* Rückkopplungsmatrix $K(t)$.

Für die Berechnung der n^2 Elemente p_{ij} der Matrix P stellt die Matrix-RICCATI-Differentialgleichung n^2 Differentialgleichungen 1. Ordnung zur Verfügung. Es müssen aber nicht n^2 Differentialgleichungen 1. Ordnung gelöst werden, sondern nur $n(n+1)/2$, denn es gilt der

10.4 Satz: *Die Lösungsmatrix $P(t)$ der Matrix-RICCATI-Differentialgleichung für die Endbedingung $P(t_f) = S = S^T$ ist symmetrisch.*

Beweis: Transponiert man die Matrix-RICCATI-Differentialgleichung (10.60), erhält man unter Beachtung von $Q(t) = Q^T(t)$ und $R(t) = R^T(t)$

$$-\dot{P}^T(t) = Q(t) + A^T(t)P^T(t) + P^T(t)A(t) - P^T(t)B(t)R^{-1}(t)B(t)^TP^T(t).$$

Da auch die Matrix S symmetrisch ist, erhält man als Randbedingung

$$P^T(t_f) = S,$$

also genügt auch die transponierte Matrix $P^T(t)$ der Matrix-RICCATI-Differentialgleichung für die gleiche Randbedingung. Da aber die Lösungsmatrix durch die Randbedingung eindeutig festliegt, ist $P^T(t) = P(t)$. $\qquad\square$

10.5 Beispiel: Für das schon in Beispiel 9.13 behandelte lineare System mit der mathematischen Beschreibung

$$\dot{x} = \begin{bmatrix} 0 & 0 \\ 0 & -2 \end{bmatrix} x + \begin{bmatrix} 2 \\ 1 \end{bmatrix} u,$$

$$y = \begin{bmatrix} 2 & -2 \end{bmatrix} x$$

soll ein Zustandsregler so entworfen werden, daß das quadratische Gütekriterium

$$J = \frac{1}{2} \int_0^{10} [x^T(t) Q x(t) + R u^2(t)] dt$$

mit

$$Q = cc^T = \begin{bmatrix} 4 & -4 \\ -4 & 4 \end{bmatrix}$$

minimal ist. Der Endzustand $x(10)$ soll nicht zusätzlich gewichtet werden, d.h., es ist $S = O$. Die Matrix-RICCATI-Differentialgleichung bekommt bei Einfachsystemen eine besonders einfache Form, wenn die mathematische Beschreibung in Regelungsnormalform vorliegt. Mit der Transformationsmatrix

$$T_R = \begin{bmatrix} -0,25 & -0,5 \\ 0 & -1 \end{bmatrix}$$

erhält man

$$A_R = \begin{bmatrix} 0 & 1 \\ 0 & -2 \end{bmatrix}, \; b_R = \begin{bmatrix} 0 \\ 1 \end{bmatrix}, \; c_R = \begin{bmatrix} 8 & 2 \end{bmatrix},$$

so daß als Gewichtungsmatrix

$$Q = c_R c_R^T = \begin{bmatrix} 64 & 16 \\ 16 & 4 \end{bmatrix}$$

zu wählen ist. Die Matrix-RICCATI-Differentialgleichung bekommt jetzt die Form

$$-\dot{P}(t) = Q + P(t) A_R + A_R^T P(t) - \frac{1}{R} P^T(t) b_R b_R^T P(t)$$

$$= Q + \begin{bmatrix} o & | & p_1 - 2p_2 \end{bmatrix} + \begin{bmatrix} o^T \\ p_1^T - 2p_2^T \end{bmatrix} - \frac{1}{R} p_2 p_2^T,$$

wobei p_1 bzw. p_2 die erste bzw. zweite Spalte der Matrix $P(t)$ ist. Daraus erhält man die $n(n+1)/2 = 3$ gewöhnlichen nichtlinearen gekoppelten Differentialgleichungen 1. Ordnung

$$\dot{p}_{11} = \frac{1}{R} p_{12}^2 - q_{11},$$

$$\dot{p}_{12} = \frac{1}{R} p_{12} p_{22} - p_{11} + 2p_{12} - q_{12},$$

$$\dot{p}_{22} = \frac{1}{R} p_{22}^2 - 2(p_{12} - 2p_{22}) - q_{22}$$

mit den Randwerten $p_{11}(10) = p_{12}(10) = p_{22}(10) = 0$. Rückwärtsintegration dieser drei Differentialgleichungen liefert das in Bild 10.2 dargestellte Ergebnis für die drei Gewichtungsfaktoren $R = 1/10$, 1
und 10. Daraus erhält man gemäß (10.62) über

$$k_R^T(t) = \frac{1}{R} b_R^T P(t) = \frac{1}{R} p_2^T(t)$$

die in Bild 10.3 dargestellten zeitabhängigen Rückkopplungskoeffizienten $k_{R1}(t)$ und $k_{R2}(t)$, wieder für
die drei Gewichtungsfaktoren $R = 1/10$, 1 und 10. Wie schon im zeitdiskreten Fall, erreichen auch
hier die Koeffizienten rückwärts gesehen schon nach kurzer Übergangszeit stationäre Werte. $\square$

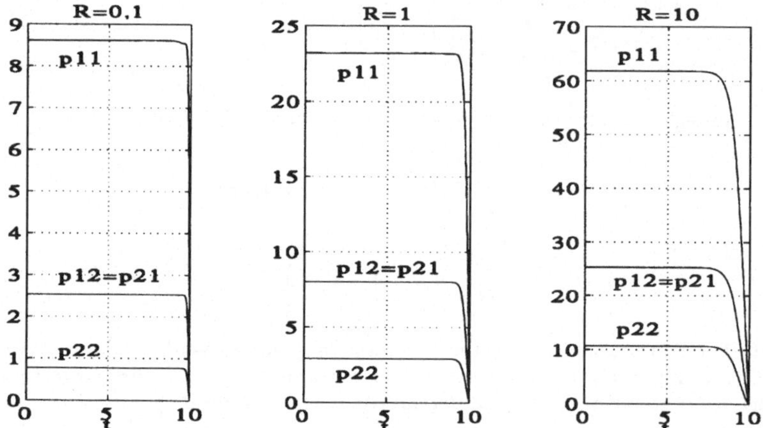

Bild 10.2: Koeffizienten der Matrix $P(t)$ für verschiedene Gewichtungsfaktoren R in Beispiel 10.5.

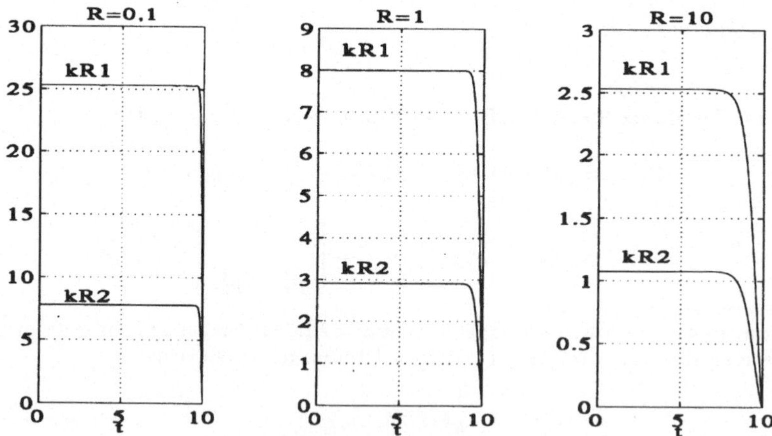

Bild 10.3: Koeffizienten des Rückkopplungsvektors $k_R(t)$ für verschiedene Gewichtungsfaktoren R in
Beispiel 10.5.

10.4.2 Zeitinvariante lineare Systeme

Wie das Beispiel 10.5 zeigt, ist auch bei *zeitinvarianten* Systemen die Rückkopplungs-matrix $K(t)$ *zeitvariant*. Allerdings wird $K(t)$ – zeitlich rückwärts gesehen – sehr schnell konstant.

In dem linearen quadratischen Optimierungsproblem für das lineare System mit der Zustandsgleichung

$$\dot{x}(t) = Ax(t) + Bu(t) \tag{10.63}$$

und dem Gütekriterium

$$J = \int_0^\infty [x^T(t)Qx(t) + u^T(t)Ru(t)]\mathrm{d}t \tag{10.64}$$

mit positiv semidefiniter Gewichtungsmatrix $Q = Q^T$ und positiv definiter Gewich-tungsmatrix $R = R^T$ seien die System- und Gewichtungsmatrizen konstant. Dann ist

$$P = \lim_{t_f \to \infty, t \to 0_+} P(t) \tag{10.65}$$

konstant und Lösung der **algebraischen Matrix-RICCATI-Gleichung**

$$\boxed{Q + PA + A^TP - PBR^{-1}B^TP = O.} \tag{10.66}$$

Das optimale Regelgesetz

$$\boxed{u^*(t) = -R^{-1}B^TPx(t)} \tag{10.67}$$

ist ebenfalls konstant. Diese Tatsachen ergeben sich aus den beiden folgenden Sätzen, die analog zu den Sätzen 9.14 und 9.15 für zeitdiskrete Systeme bewiesen werden können:

10.6 Satz: *Wenn das zeitkontinuierliche System $\{A, B\}$ stabilisierbar ist, dann ist die Matrix P konstant und kann aus der Matrix-RICCATI-Differentialgleichung (10.53) durch Grenzübergang*

$$P = \lim_{t_f \to \infty, t \to 0_+} P(t)$$

ermittelt werden. Außerdem ist P eine positiv semidefinite Lösung der algebraischen Matrix-RICCATI-Gleichung (10.66).

10.7 Satz: *Sei die positiv semidefinite Gewichtungsmatrix Q in das Matrizenprodukt $\overline{C}^T\overline{C}$ zerlegbar, R positiv definit und das „System" $\{A, \overline{C}\}$ beobachtbar. Dann ist das System $\{A, B\}$ genau dann stabilisierbar, wenn*
1. es eine eindeutige positiv definite Lösungsmatrix P der algebraischen Matrix-RICCATI-Gleichung (10.66) gibt und
2. das rückgekoppelte System mit der Systemmatrix $(A - BK)$, mit

$$K = R^{-1}B^T P \tag{10.68}$$

asymptotisch stabil ist.

Numerisch kann die Matrix P auch aus der in (10.54) angegebenen HAMILTON-Matrix

$$H = \left[\begin{array}{c|c} A & BR^{-1}B^T \\ \hline Q & -A^T \end{array}\right] \tag{10.69}$$

ermittelt werden. Zunächst soll gezeigt werden, daß die $(2n \times 2n)$-Matrix H genau n Eigenwerte mit negativem und n Eigenwerte mit positivem Realteil besitzt. Hierzu wird die HAMILTON-Matrix mit Hilfe der Transformationsmatrizen

$$T = \left[\begin{array}{cc} I & O \\ -P & I \end{array}\right], \ T^{-1} = \left[\begin{array}{cc} I & O \\ P & I \end{array}\right] \tag{10.70}$$

auf die ähnliche Matrix

$$T^{-1}HT = \left[\begin{array}{c|c} A - BR^{-1}B^T P & BR^{-1}B^T \\ \hline Q + PA + A^T P - PBR^{-1}B^T P & -(A - BR^{-1}B^T P)^T \end{array}\right] \tag{10.71}$$

transformiert. Mit (10.66) und (10.68) ist

$$T^{-1}HT = \left[\begin{array}{c|c} A - BK & BR^{-1}B^T \\ \hline O & -(A - BK)^T \end{array}\right]. \tag{10.72}$$

Die charakteristische Gleichung für diese Matrix ist

$$\det(\lambda I - (A - BK)) \cdot \det(\lambda I + (A - BK)^T) = 0,$$

d.h., die Eigenwerte der HAMILTON-Matrix H sind gleich den Eigenwerten der Matrizen $(A - BK)$ und $-(A - BK)$. Da das rückgekoppelte System nach Satz 10.7 asymptotisch stabil ist, haben die Eigenwerte von $(A - BK)$ alle negative Realteile und da die Eigenwerte einer mit -1 multiplizierten Matrix gleich den negativ genommenen Eigenwerten der ursprünglichen Matrix sind, haben sämtliche Eigenwerte der Matrix $-(A - BK)$ nur positive Realteile.

Faßt man *die n* Eigen- bzw. Hauptvektoren der HAMILTON-Matrix H, die zu den n Eigenwerten mit negativem Realteil gehören, in der $(2n \times n)$-Matrix V zusammen und unterteilt diese Matrix in zwei $(n \times n)$-Matrizen

$$V = \left[\begin{array}{c} V_1 \\ V_2 \end{array}\right], \tag{10.73}$$

dann ist

$$H \begin{bmatrix} V_1 \\ V_2 \end{bmatrix} = \begin{bmatrix} V_1 \\ V_2 \end{bmatrix} \Lambda, \tag{10.74}$$

wobei Λ eine $(n \times n)$-Diagonalmatrix der Eigenwerte oder eine JORDAN-Matrix ist, wenn mehrfache Eigenwerte auftreten.

Es soll jetzt gezeigt werden, wie man nur mit Hilfe der beiden Matrizen V_1 und V_2 die Matrix P berechnen kann. Multipliziert man die HAMILTON-Matrix H von links mit der Matrix $\begin{bmatrix} P & I \end{bmatrix}$ und von rechts mit der Matrix

$$\begin{bmatrix} I \\ -P \end{bmatrix},$$

erhält man die algebraische Matrix-RICCATI-Gleichung, d.h., das Produkt ist gleich der Nullmatrix:

$$\begin{bmatrix} P & I \end{bmatrix} H \begin{bmatrix} I \\ -P \end{bmatrix} = Q + PA + A^T P - PBR^{-1}B^T P = O. \tag{10.75}$$

Multipliziert man die Gleichung (10.74) von rechts mit V_1^{-1}, erhält man

$$H \begin{bmatrix} I \\ V_2 V_1^{-1} \end{bmatrix} = \begin{bmatrix} V_1 \Lambda V_1^{-1} \\ V_2 \Lambda V_1^{-1} \end{bmatrix}. \tag{10.76}$$

Wird dieses Ergebnis von links mit der Matrix $\begin{bmatrix} -V_2 V_1^{-1} & I \end{bmatrix}$ multipliziert, erhält man schließlich

$$\begin{bmatrix} -V_2 V_1^{-1} & I \end{bmatrix} H \begin{bmatrix} I \\ V_2 V_1^{-1} \end{bmatrix} = O. \tag{10.77}$$

Ein Vergleich von (10.77) mit (10.75) liefert das endgültige Ergebnis

$$\boxed{P = -V_2 V_1^{-1}.} \tag{10.78}$$

Da die Matrix P die Lösung der algebraischen Matrix-RICCATI-Gleichung (10.66) mit Hilfe der HAMILTON-Matrix H ist, schreibt man symbolisch für (10.78):

$$P \stackrel{\text{def}}{=} \text{Ric}(H). \tag{10.79}$$

10.8 Beispiel: Für das System in Beispiel 10.5 mit der Zustandsgleichung in Regelungsnormalform

$$\dot{x}_R = \begin{bmatrix} 0 & 1 \\ 0 & -2 \end{bmatrix} x_R + \begin{bmatrix} 0 \\ 1 \end{bmatrix} u$$

soll eine Zustandsrückführung so gefunden werden, daß das quadratische Gütekriterium

$$J = \int_0^\infty [x_R^T(t) Q x_R(t) + R u^2] dt$$

für

$$Q = \begin{bmatrix} 64 & 16 \\ 16 & 4 \end{bmatrix} \quad \text{und} \quad R = 1$$

minimal wird. Für dieses System zweiter Ordnung erhält man die (4×4)-HAMILTON-Matrix

$$H = \left[\begin{array}{c|c} A_r & b_R b_R^T / R \\ \hline Q & -A_R^T \end{array} \right] = \left[\begin{array}{cc|cc} 0 & 1 & 0 & 0 \\ 0 & -2 & 0 & 1 \\ \hline 64 & 16 & 0 & 0 \\ 16 & 4 & -1 & 2 \end{array} \right],$$

die die beiden Eigenwerte mit negativem Realteil

$$\lambda_{1,2} = -2,4495 \pm j1,4142$$

und die beiden zugehörigen Eigenvektoren

$$[\, v_1 \quad v_2 \,] = \left[\begin{array}{c|c} 0,0769 - j0,0078 & 0,0769 + j0,0078 \\ -0,1772 + j0,1279 & -0,1772 - j0,1279 \\ \hline -0,3649 - j0,8414 & -0,3649 + j0,8414 \\ -0,1012 - j0,3081 & -0,1012 + j0,3081 \end{array} \right] = \left[\begin{array}{c} V_1 \\ V_2 \end{array} \right]$$

hat. Damit erhält man gemäß (10.78)

$$P = -V_2 V_1^{-1} = \begin{bmatrix} 23,1918 & 8 \\ 8 & 2,8990 \end{bmatrix}$$

und für

$$k_R^T = b_R^T P / R = p_2^T / R = [\, 8 \quad 2,8990 \,] \,.$$

Das sind genau die stationären Werte aus Bild 10.2 und Bild 10.3.   □

10.4.3 Besondere quadratische Gütekriterien

Enthält die Ausgangsgleichung einen direkten Durchgriff der Stellgröße auf die Regelgröße,

$$y(t) = Cx(t) + Du(t), \tag{10.80}$$

das kann bei Systemmodellen, die sich auf einen begrenzten Frequenzbereich beschränken, durchaus der Fall sein, und nimmt man die quadratische Abweichung vom Nullsollwert

$$y^T y = x^T C^T C x + 2x^T C^T D u + u^T D^T D u$$

ins Gütekriterium auf, erhält man Gütekriterien der Form

$$J = \frac{1}{2} \int\limits_0^{t_f} [x^T(t) Q x(t) + 2x^T(t) M u(t) + u^T(t) R u(t)] \mathrm{d}t. \tag{10.81}$$

Das Optimierungsproblem mit einem solchen Gütekriterium kann glücklicherweise auf das Problem mit einem Gütekriterium ohne den Term $2x^T M u$ zurückgeführt werden, denn durch Ausmultiplizieren kann man leicht zeigen, daß

$$x^T Q x + 2x^T M u + u^T R u = x^T (Q - M R^{-1} M^T) x + (u + R^{-1} M^T x)^T R (u + R^{-1} M^T x) \tag{10.82}$$

ist. Mit

$$\hat{u} \stackrel{\text{def}}{=} u + R^{-1}M^T x \tag{10.83}$$

erhält man anstelle von $\dot{x} = Ax + Bu$ die neue Zustandsgleichung

$$\dot{x} = (A - R^{-1}M^T)x + B\hat{u} \tag{10.84}$$

und das Gütekriterium (10.81) erhält die Form

$$J = \frac{1}{2}\int_0^{t_f}[x^T(t)(Q - MR^{-1}M^T)x(t) + \hat{u}(t)R\hat{u}(t)]\mathrm{d}t. \tag{10.85}$$

Damit ist das Optimierungsproblem mit dem erweiterten Gütekriterium (10.81) auf die bisher behandelten Optimierungsprobleme zurückgeführt, jetzt mit der neuen Gewichtungsmatrix

$$\hat{Q} \stackrel{\text{def}}{=} Q - MR^{-1}M^T,$$

die auch positiv semidefinit sein muß.

Löst man das Optimierungsproblem für das Gütekriterium (10.85) und das System (10.84) mit der Systemmatrix

$$\hat{A} \stackrel{\text{def}}{=} A - R^{-1}M^T,$$

erhält man

$$\hat{u}^*(t) = -R^{-1}B^T P(t)x(t), \tag{10.86}$$

wobei die Matrix $P(t)$ Lösung der Matrix-RICCATI-Differentialgleichung

$$-\dot{P} = \hat{Q} + P\hat{A} + \hat{A}^T P - PBR^{-1}B^T P \tag{10.87}$$

für den Randwert $P(t_f) = O$ ist. Für das ursprüngliche Optimierungsproblem mit dem Gütekriterium (10.81) und der Zustandsgleichung $\dot{x} = Ax + Bu$ erhält man dann aus (10.83) die optimale Stellgröße

$$\boxed{u^*(t) = -R^{-1}[B^T P(t) + M^T]x(t).} \tag{10.88}$$

10.4.4 Quadratisch optimale Folgeregelung

Bisher wurden Probleme behandelt, bei denen die Abweichungen von einem konstanten Arbeitspunkt betrachtet wurden. Dieser Arbeitspunkt ist als Koordinatenursprung des Zustandsraums gewählt worden. Jetzt sollen die Regelgrößen $y(t)$ vorgegebenen Führungsgrößen $w(t)$ folgen, also z.B. das Gütekriterium

$$J = \int_0^{t_f}\left[(y(t) - w(t))^T Q(y(t) - w(t)) + u^T(t)Ru(t)\right]\mathrm{d}t \tag{10.89}$$

minimiert werden. Das zugehörige System habe die mathematische Beschreibung

$$\dot{\boldsymbol{x}}(t) = \boldsymbol{A}\boldsymbol{x}(t) + \boldsymbol{B}\boldsymbol{u}(t) \tag{10.90}$$

$$\boldsymbol{y}(t) = \boldsymbol{C}\boldsymbol{x}(t). \tag{10.91}$$

Außerdem wird angenommen, daß die Führungsgröße $\boldsymbol{w}(t)$ durch ein dynamisches System

$$\dot{\boldsymbol{\xi}}(t) = \boldsymbol{A}_\sigma \boldsymbol{\xi}(t), \tag{10.92}$$

$$\boldsymbol{w}(t) = \boldsymbol{C}_\sigma \boldsymbol{\xi}(t) \tag{10.93}$$

erzeugt gedacht werden kann.

Setzt man die Ausgangsgleichungen (10.91) und (10.93) in die erste quadratische Form des Gütekriteriums (10.89) ein, erhält man

$$\begin{aligned}
(\boldsymbol{y} - \boldsymbol{w})^T \boldsymbol{Q}(\boldsymbol{y} - \boldsymbol{w}) &= (\boldsymbol{C}\boldsymbol{x} - \boldsymbol{C}_\sigma \boldsymbol{\xi})^T \boldsymbol{Q}(\boldsymbol{C}\boldsymbol{x} - \boldsymbol{C}_\sigma \boldsymbol{\xi}) \\
&= \boldsymbol{x}^T \boldsymbol{C}^T \boldsymbol{Q}\boldsymbol{C}\boldsymbol{x} + \boldsymbol{\xi}^T \boldsymbol{C}_\sigma^T \boldsymbol{Q}\boldsymbol{C}_\sigma \boldsymbol{\xi} - \boldsymbol{\xi}^T \boldsymbol{C}_\sigma^T \boldsymbol{Q}\boldsymbol{C}\boldsymbol{x} - \boldsymbol{x}^T \boldsymbol{C}^T \boldsymbol{Q}\boldsymbol{C}_\sigma \boldsymbol{\xi} \\
&= \begin{bmatrix} \boldsymbol{x}^T & \boldsymbol{\xi}^T \end{bmatrix} \underbrace{\left[\begin{array}{c|c} \boldsymbol{C}^T \boldsymbol{Q}\boldsymbol{C} & -\boldsymbol{C}^T \boldsymbol{Q}\boldsymbol{C}_\sigma \\ \hline -\boldsymbol{C}_\sigma^T \boldsymbol{Q}\boldsymbol{C} & \boldsymbol{C}_\sigma^T \boldsymbol{Q}\boldsymbol{C}_\sigma \end{array} \right]}_{\hat{\boldsymbol{Q}}} \begin{bmatrix} \boldsymbol{x} \\ \boldsymbol{\xi} \end{bmatrix}.
\end{aligned} \tag{10.94}$$

Mit dem erweiterten Zustandsvektor

$$\underline{\boldsymbol{x}} \overset{\text{def}}{=} \begin{bmatrix} \boldsymbol{x} \\ \boldsymbol{\xi} \end{bmatrix} \tag{10.95}$$

können die beiden Zustandsgleichungen (10.90) und (10.92) zu einer Gleichung zusammengefaßt werden,

$$\dot{\underline{\boldsymbol{x}}} = \underbrace{\begin{bmatrix} \boldsymbol{A} & \boldsymbol{O} \\ \boldsymbol{O} & \boldsymbol{A}_\sigma \end{bmatrix}}_{\hat{\boldsymbol{A}}} \underline{\boldsymbol{x}} + \underbrace{\begin{bmatrix} \boldsymbol{B} \\ \boldsymbol{O} \end{bmatrix}}_{\hat{\boldsymbol{B}}} \boldsymbol{u}, \tag{10.96}$$

und auch das Gütekriterium (10.89) kann so geschrieben werden:

$$J = \int\limits_0^{t_f} \left[\underline{\boldsymbol{x}}^T(t)\hat{\boldsymbol{Q}}\underline{\boldsymbol{x}}(t) + \boldsymbol{u}^T(t)\boldsymbol{R}\boldsymbol{u}(t) \right] \mathrm{d}t. \tag{10.97}$$

Damit liegt aber wieder ein „normales" quadratisches Optimierungsproblem vor, dessen optimale Steuerung

$$\boldsymbol{u}^*(t) = -\boldsymbol{R}^{-1}\hat{\boldsymbol{B}}^T \hat{\boldsymbol{P}}\underline{\boldsymbol{x}} \tag{10.98}$$

ist, wobei $\hat{\boldsymbol{P}}(t)$ Lösung der Matrix-RICCATI-Differentialgleichung

$$-\dot{\hat{\boldsymbol{P}}} = \hat{\boldsymbol{Q}} + \hat{\boldsymbol{P}}\hat{\boldsymbol{A}} + \hat{\boldsymbol{A}}^T \hat{\boldsymbol{P}} - \hat{\boldsymbol{P}}\boldsymbol{B}\boldsymbol{R}^{-1}\boldsymbol{B}^T \hat{\boldsymbol{P}} \tag{10.99}$$

mit dem Randwert $\hat{\boldsymbol{P}}(t_f) = \boldsymbol{O}$ ist. Unterteilt man die Matrix $\hat{\boldsymbol{P}}$ in

$$\hat{\boldsymbol{P}} = \begin{bmatrix} \boldsymbol{P} & \boldsymbol{P}_{12} \\ \boldsymbol{P}_{12}^T & \boldsymbol{P}_{22} \end{bmatrix}, \tag{10.100}$$

wobei P eine $(n \times n)$-Matrix ist, wird aus dem optimalen Regelgesetz (10.98)

$$u^*(t) = - \underbrace{R^{-1}B^T P}_{K_x} x(t) - \underbrace{R^{-1}B^T P_{12}}_{K_\xi} \xi(t).$$

(10.101)

Setzt man die Blockmatrizen $\hat{P}$, $\hat{A}$ und $\hat{B}$ in die Matrix-RICCATI-Differentialgleichung (10.99) ein, erhält man für die Ermittlung der im Regelgesetz benötigten Matrizen P und P_{12} die beiden gekoppelten Matrix-Differentialgleichungen

$$- \dot{P} = C^T Q C + P A + A^T P - P B R^{-1} B^T P$$

(10.102)

und

$$- \dot{P}_{12} = -C^T Q C_\sigma + P_{12} A_\sigma + A^T P_{12} - P B R^{-1} B^T P_{12}$$

(10.103)

mit den Randwerten $P(t_f) = O$ und $P_{12}(t_f) = O$. Insgesamt erhält man (theoretisch) die in Bild 10.4 skizzierte Struktur für die optimale Regelung. In praktischen

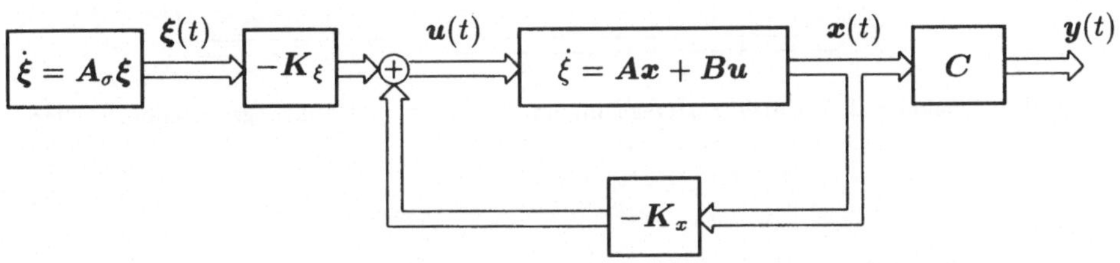

Bild 10.4: Quadratisch optimale Folgeregelung.

Anwendungen wird man einen Schätzwert $\hat{\xi}(t)$ verwenden, der durch einen Führungsgrößenbeobachter ermittelt wird. Außerdem wird man direkt die Führungsgröße $w(t)$ mit der Regelgröße $y(t)$ vergleichen, die Zustandsrückkopplungsmatrix K_x modifizieren und auch statt $x(t)$ einen rekonstruierten Schätzwert $\hat{x}(t)$ zurückführen, so daß die in Bild 10.5 angegebene Struktur entsteht.

In diesem Abschnitt wurde bisher angenommen, daß man nur die Art der Führungsgröße, d.h., die Struktur der Führungsgrößenquelle kennt. Ein anderer Fall ist gegeben, wenn der Verlauf der Führungsgröße $w(t)$ für das gesamte Optimierungsintervall fest vorgegeben, also bekannt ist. Für zeitdiskrete Systeme wurde das Problem bereits in Abschnitt 9.2.6 behandelt und gelöst. Bei zeitkontinuierlichen Systemen geht man entsprechend vor:

Von dem linearen System

$$\dot{x}(t) = Ax(t) + Bx(t), \; y(t) = Cx(t)$$

(10.104)

soll die Regelgröße $y(t)$ der bekannten Führungsgröße $w(t)$ folgen, wobei das Gütekriterium

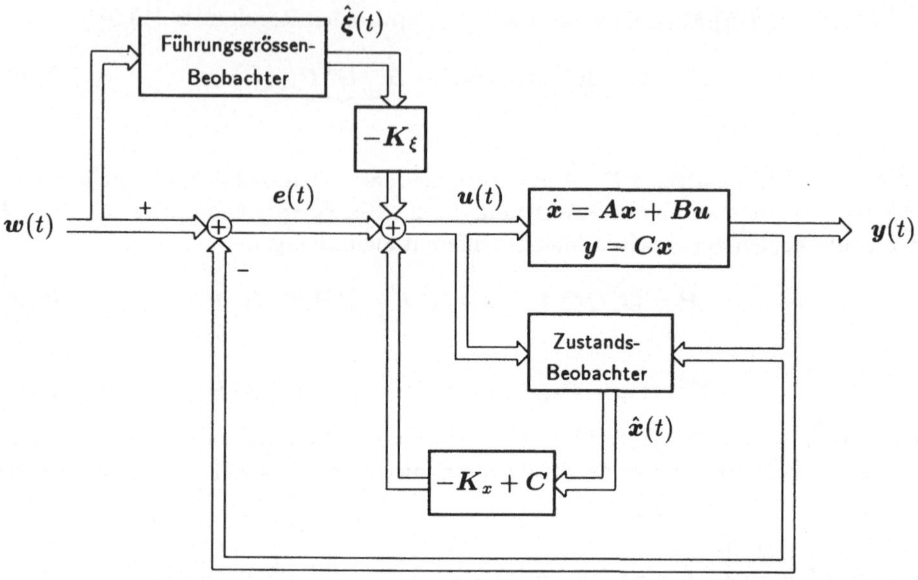

Bild 10.5: Quadratisch optimale Folgeregelung mit Zustands- und Führungsgrößenbeobachter.

$$J = \frac{1}{2}(\boldsymbol{C}\boldsymbol{x}(t_f) - \boldsymbol{w}(t_f))^T \boldsymbol{S}(\boldsymbol{C}\boldsymbol{x}(t_f) - \boldsymbol{w}(t_f))$$

$$+ \frac{1}{2} \int_0^{t_f} \left[(\boldsymbol{C}\boldsymbol{x}(t) - \boldsymbol{w}(t))^T \boldsymbol{Q}(\boldsymbol{C}\boldsymbol{x}(t) - \boldsymbol{w}(t)) + \boldsymbol{u}^T(t)\boldsymbol{R}\boldsymbol{u}(t) \right] \mathrm{d}t \qquad (10.105)$$

minimiert wird und $\boldsymbol{S}$ und $\boldsymbol{Q}$ positiv semidefinit und $\boldsymbol{R}$ positiv definit ist. Für den LAGRANGE-Vektor erhält man die adjungierte Gleichung

$$-\dot{\boldsymbol{\lambda}} = \boldsymbol{A}^T\boldsymbol{\lambda} + \boldsymbol{C}^T\boldsymbol{Q}\boldsymbol{C}\boldsymbol{x} - \boldsymbol{C}^T\boldsymbol{Q}\boldsymbol{w} \qquad (10.106)$$

und die Randbedingung

$$\boldsymbol{\lambda}(t_f) = \boldsymbol{C}^T\boldsymbol{S}[\boldsymbol{C}\boldsymbol{x}(t_f) - \boldsymbol{w}(t_f)]. \qquad (10.107)$$

Die optimale Stellgröße folgt aus

$$\boldsymbol{B}^T\boldsymbol{\lambda} + \boldsymbol{R}\boldsymbol{u}^* = \boldsymbol{o} \qquad (10.108)$$

zu

$$\boldsymbol{u}^*(t) = -\boldsymbol{R}^{-1}\boldsymbol{B}^T\boldsymbol{\lambda}(t). \qquad (10.109)$$

Wie bei den zeitdiskreten Systemen wird jetzt für $\boldsymbol{\lambda}(t)$ aufgrund des Zusammenhangs (10.107) der Ansatz

$$\boldsymbol{\lambda}(t) = \boldsymbol{P}(t)\boldsymbol{x}(t) - \boldsymbol{v}(t) \qquad (10.110)$$

gemacht. Dieser Ansatz in (10.109) eingesetzt, liefert

$$\boldsymbol{u}^*(t) = -\boldsymbol{K}(t)\boldsymbol{x}(t) + \boldsymbol{V}\boldsymbol{v}(t) \qquad (10.111)$$

mit

$$\boldsymbol{K}(t) \stackrel{\text{def}}{=} \boldsymbol{R}^{-1}\boldsymbol{B}^T\boldsymbol{P}(t) \quad \text{und} \quad \boldsymbol{V} \stackrel{\text{def}}{=} \boldsymbol{R}^{-1}\boldsymbol{B}^T. \qquad (10.112)$$

Die Matrix $\boldsymbol{P}(t)$ erhält man aus der Matrix-RICCATI-Differentialgleichung

$$-\dot{\boldsymbol{P}}(t) = \boldsymbol{C}^T\boldsymbol{Q}\boldsymbol{C} + \boldsymbol{P}(t)\boldsymbol{A} + \boldsymbol{A}^T\boldsymbol{P}(t) - \boldsymbol{P}(t)\boldsymbol{B}\boldsymbol{R}^{-1}\boldsymbol{B}^T\boldsymbol{P}(t)$$

mit der Randbedingung

$$\boldsymbol{P}(t_f) = \boldsymbol{C}^T\boldsymbol{S}\boldsymbol{C} \qquad (10.113)$$

und den Vektor $\boldsymbol{v}(t)$ aus der vektoriellen Differentialgleichung 1. Ordnung

$$-\dot{\boldsymbol{v}}(t) = (\boldsymbol{A} - \boldsymbol{B}\boldsymbol{K}(t))^T\boldsymbol{v}(t) + \boldsymbol{C}^T\boldsymbol{Q}\boldsymbol{w}(t) \qquad (10.114)$$

für den Randwert

$$\boldsymbol{v}(t_f) = \boldsymbol{C}^T\boldsymbol{S}\boldsymbol{w}(t_f).$$

Liegt der vollständige Verlauf der Führungsgröße $\boldsymbol{w}(t)$ fest, kann aus (10.114) auch $\boldsymbol{v}(0)$ berechnet werden. Mit Hilfe des Anfangswertes $\boldsymbol{v}(0)$ und der Führungsgröße $\boldsymbol{w}(t)$ kann dann laufend der Vektor $\boldsymbol{v}(t)$ aus

$$\dot{\boldsymbol{v}}(t) = (\boldsymbol{A} \quad \boldsymbol{B}\boldsymbol{K}(t))^T\boldsymbol{v}(t) + \boldsymbol{C}^T\boldsymbol{Q}\boldsymbol{w}(t)$$

und mit $\boldsymbol{P}(t)$ dann die optimale Stellgröße $\boldsymbol{u}^*(t)$ berechnet werden. Bild 10.6 zeigt die Struktur des quadratisch optimalen Folgeregelkreises.

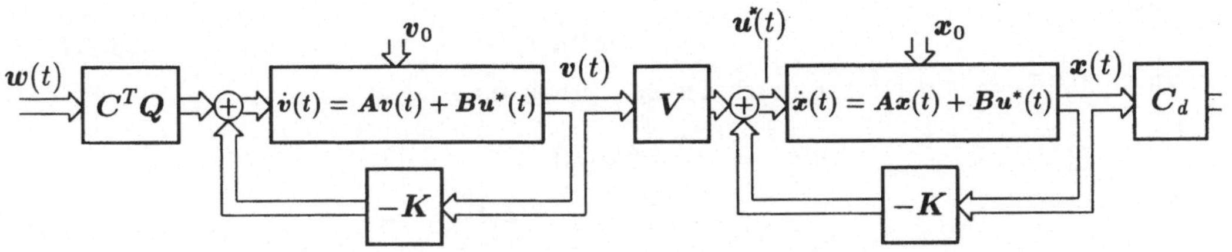

Bild 10.6: Struktur der quadratisch optimalen Folgeregelung.

Für $t_f \to \infty$ erhält man wieder eine konstante Rückkopplungsmatrix $\boldsymbol{K}$ und $\boldsymbol{A} - \boldsymbol{B}\boldsymbol{K}$ ist asymptotisch stabil, wenn das System $\{\boldsymbol{A}, \boldsymbol{B}\}$ steuerbar und das „System" $\{\boldsymbol{A}, \overline{\boldsymbol{C}}\}$ beobachtbar ist ($\boldsymbol{Q} = \overline{\boldsymbol{C}}^T\overline{\boldsymbol{C}}$).

10.4.5 Lineare quadratisch optimale Regelung mit vorgegebener Stabilitätsgüte

Die wichtigste Aussage des Satzes 10.6 ist, daß ein quadratisch optimaler Regler zu einem asymptotisch stabilen rückgekoppelten System führt, wenn das gegebene System sowohl stabilisierbar als auch ermittelbar ist. Weiterhin wurde im vorigen Abschnitt gezeigt, daß die Eigenwerte der HAMILTON-Matrix mit negativem Realteil gerade die Eigenwerte des rückgekoppelten Systems sind. Liegen sämtliche Eigenwerte des rückgekoppelten Systems links von der durch $-\alpha$ gehenden Gerade parallel zur imaginären Achse in der komplexen Zahlenebene (Bild 10.7), dann klingen alle System-

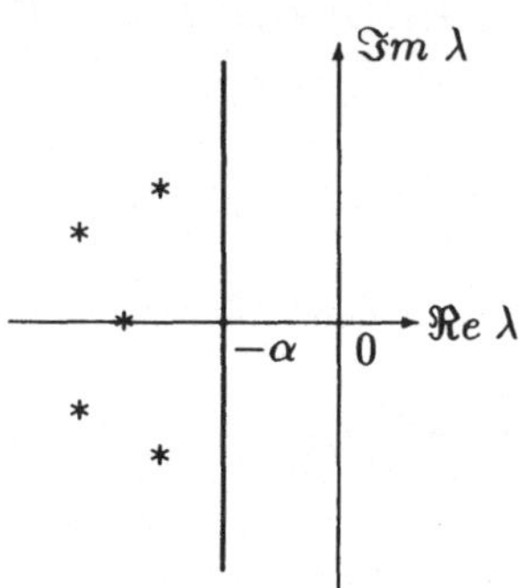

Bild 10.7: Eigenwertgebiet eines quadratisch optimalen Regelungssystems.

bewegungen mindestens so schnell wie $\mathrm{e}^{-\alpha t}$ ab. α wird in diesem Zusammenhang als *Stabilitätsgüte* bezeichnet. Je größer die Stabilitätsgüte, desto schneller kehrt ein ausgelenktes System in die Nähe der Ruhelage zurück.

Führt man für das System mit der Zustandsgleichung

$$\dot{\boldsymbol{x}}(t) = \boldsymbol{A}\boldsymbol{x}(t) + \boldsymbol{B}\boldsymbol{u}(t) \tag{10.115}$$

die beiden neuen Größen

$$\underline{\boldsymbol{x}}(t) \stackrel{\mathrm{def}}{=} \mathrm{e}^{\alpha t}\boldsymbol{x}(t) \tag{10.116}$$

und

$$\underline{\boldsymbol{u}}(t) \stackrel{\mathrm{def}}{=} \mathrm{e}^{\alpha t}\boldsymbol{u}(t) \tag{10.117}$$

ein und differenziert (10.116) nach der Zeit, erhält man

$$\begin{aligned}
\dot{\underline{\boldsymbol{x}}}(t) &= \frac{\mathrm{d}}{\mathrm{d}t}\left[\mathrm{e}^{\alpha t}\boldsymbol{x}(t)\right] \\
&= \alpha\mathrm{e}^{\alpha t}\boldsymbol{x}(t) + \mathrm{e}^{\alpha t}\dot{\boldsymbol{x}}(t) \\
&= \alpha\underline{\boldsymbol{x}}(t) + \boldsymbol{A}\underline{\boldsymbol{x}}(t) + \boldsymbol{B}\underline{\boldsymbol{u}}(t) \\
&= (\boldsymbol{A} + \alpha\boldsymbol{I})\underline{\boldsymbol{x}}(t) + \boldsymbol{B}\underline{\boldsymbol{u}}(t).
\end{aligned} \tag{10.118}$$

Gibt man für dieses System das quadratische Gütekriterium

$$J = \int\limits_0^\infty \left[\underline{\boldsymbol{x}}^T(t)\boldsymbol{Q}\underline{\boldsymbol{x}}(t) + \underline{\boldsymbol{u}}^T(t)\boldsymbol{R}\underline{\boldsymbol{u}}(t)\right]\,\mathrm{d}t \tag{10.119}$$

vor, kann dafür mit (10.116) und (10.117) auch geschrieben werden

$$J = \int\limits_0^\infty e^{2\alpha t}\left[\boldsymbol{x}^T(t)\boldsymbol{Q}\boldsymbol{x}(t) + \boldsymbol{u}^T(t)\boldsymbol{R}\boldsymbol{u}(t)\right]\,\mathrm{d}t. \tag{10.120}$$

Die Lösung des Problems mit dem Gütekriterium (10.119) mit der „Nebenbedingung" (10.118) ist also äquivalent zur Lösung des Problems mit dem Gütekriterium (10.120) für das System (10.115).

In die algebraische Matrix-Riccati-Gleichung für das erste Problem muß jetzt als Systemmatrix $(\boldsymbol{A} + \alpha\boldsymbol{I})$ eingesetzt werden. Man erhält dann den optimalen Regler

$$\underline{\boldsymbol{u}}^*(t) = -\boldsymbol{R}^{-1}\boldsymbol{B}^T\boldsymbol{P}\underline{\boldsymbol{x}}(t) \tag{10.121}$$

und das rückgekoppelte System

$$\underline{\dot{\boldsymbol{x}}}(t) = (\boldsymbol{A} + \alpha\boldsymbol{I} - \boldsymbol{B}\boldsymbol{R}^{-1}\boldsymbol{B}^T\boldsymbol{P})\underline{\boldsymbol{x}}(t). \tag{10.122}$$

Für das ursprüngliche Optimierungssystem ist also

$$\boldsymbol{u}^*(t) = -e^{-\alpha t}\boldsymbol{R}^{-1}\boldsymbol{B}^T\boldsymbol{P}e^{\alpha t}\boldsymbol{x}(t) = -\boldsymbol{R}^{-1}\boldsymbol{B}^T\boldsymbol{P}\boldsymbol{x}(t). \tag{10.123}$$

Aus $\underline{\boldsymbol{x}} = e^{\alpha t}\boldsymbol{x}(t)$ folgt $\boldsymbol{x}(t) = e^{-\alpha t}\underline{\boldsymbol{x}}(t)$. Da aber $\underline{\boldsymbol{x}}(t)$ asymptotisch stabil ist, strebt $\boldsymbol{x}(t)$ mindestens mit $e^{-\alpha t}$ gegen den Nullvektor. Voraussetzung ist natürlich, daß auch $\{(\boldsymbol{A}+\alpha\boldsymbol{I}), \boldsymbol{B}\}$ stabilisierbar und $\{(\boldsymbol{A}+\alpha\boldsymbol{I}), \overline{\boldsymbol{C}}\}$ ermittelbar ist. Die Ergebnisse werden zusammengefaßt in dem

10.9 Satz: *Die algebraische Matrix-Riccati-Gleichung mit der Systemmatrix $(\boldsymbol{A}+\alpha\boldsymbol{I})$ liefert als Lösung die Matrix $\boldsymbol{P}$ so, daß das gemäß (10.123) rückgekoppelte System die Stabilitätsgüte α hat.*

10.5 Kalman-Bucy-Filter

Zu einer Matrix-Riccati-Gleichung führt auch das folgende Problem. Das in Kapitel 9 eingeführte Kalman-Filter rekonstruiert die Zustandsgrößen zeitdiskreter Systeme mit minimaler Fehlervarianz. Diese Aufgabe löst für zeitkontinuierliche Systeme das Kalman-Bucy-Filter [Kalman/Bucy]. Es hat die gleiche Struktur wie ein Zustandsbeobachter (Bild 10.8). Die Berechnung der optimalen Filterverstärkung $\boldsymbol{K}$ erfolgt über eine modifizierte Matrix-Riccati-Gleichung.

Das zu betrachtende System hat die mathematische Beschreibung

$$\dot{\boldsymbol{x}}(t) = \boldsymbol{A}\boldsymbol{x}(t) + \boldsymbol{B}\boldsymbol{u}(t) + \boldsymbol{v}(t), \tag{10.124}$$

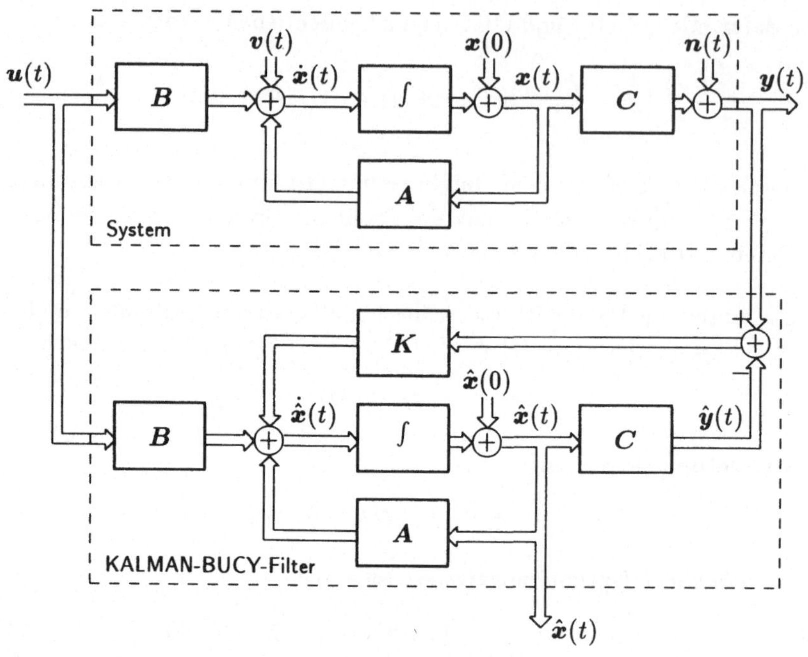

Bild 10.8: KALMAN-BUCY-Filter.

$$y(t) = Cx(t) + n(t) \tag{10.125}$$

mit den Systemstörungen $v(t)$ und den Meßstörungen $n(t)$. Die Störungen werden als weißes Rauschen mit den Erwartungswerten null,

$$\mathrm{E}\{v(t)\} = o, \tag{10.126}$$

$$\mathrm{E}\{n(t)\} = o \tag{10.127}$$

und den Varianzen

$$\mathrm{E}\{v(t)v^T(\tau)\} = Q\delta(t - \tau), \quad (Q \text{ positiv semidefinit}), \tag{10.128}$$

$$\mathrm{E}\{n(t)n^T(\tau)\} = R\delta(t - \tau), \quad (R \text{ positiv definit}) \tag{10.129}$$

angenommen.

Für das KALMAN-BUCY-Filter wird die gleiche Struktur wie für einen Zustandsbeobachter angesetzt:

$$\dot{\hat{x}} = A\hat{x} + Bu + K(y - C\hat{x}). \tag{10.130}$$

Das dynamische Verhalten des Schätzfehlers $\tilde{x} = x - \hat{x}$ wird dann durch die Gleichung

$$\dot{\tilde{x}} = (A - KC)\tilde{x} + v - Kn \tag{10.131}$$

beschrieben. Differenziert man die Kovarianzmatrix

$$P(t) = \mathrm{E}\{\tilde{x}(t)\tilde{x}^T(t)\} \tag{10.132}$$

des Fehlers $\tilde{x}$ nach der Zeit und beachtet die Vertauschbarkeit von Differentiation und Erwartungswertbildung, erhält man

$$\dot{P} = E\{\dot{\tilde{x}}\tilde{x}^T + \tilde{x}\dot{\tilde{x}}^T\}$$
$$= E\{(A - KC)\tilde{x}\tilde{x}^T + (v - Kn)\tilde{x}^T + \tilde{x}\tilde{x}^T(A - KC)^T + \tilde{x}(v^T - n^T K^T)\}.$$

Mit der Lösung von (10.131)

$$\tilde{x}(t) = \int_0^t \tilde{\Phi}(t - \tau)[v(\tau) - Kn(\tau)]\mathrm{d}\tau$$

wird daraus

$$\dot{P} = (A - KC)P + P(A - KC)^T + E\left\{\int_0^t \tilde{\Phi}(t - \tau)[v(\tau) - Kn(\tau)][v^T(t) - n^T(t)K^T]\mathrm{d}\tau\right.$$
$$\left. + \int_0^t [v(t) - Kn(t)][v^T(\tau) - n^T(\tau)K^T]\tilde{\Phi}^T(t - \tau)\mathrm{d}\tau\right\}$$
$$= (A - KC)P + P(A - KC)^T + \int_0^t \tilde{\Phi}(t - \tau)[Q\delta(t - \tau) + KRK^T\delta(t - \tau)]\mathrm{d}\tau$$
$$\int_0^t [Q\delta(t - \tau) + KRK^T\delta(t - \tau)]\tilde{\Phi}^T(t - \tau)\mathrm{d}\tau.$$

Beachtet man, daß die δ-Funktion $\delta(t - \tau)$ für $\tau \neq t$ gleich null ist, $\tilde{\Phi}(t - \tau)$ für $\tau = t$ gleich der Einheitsmatrix ist und das Integral sich nur über die erste Hälfte der δ-Funktion erstreckt, erhält man schließlich

$$\dot{P} = (A - KC)P + P(A - KC)^T + Q + KRK^T. \qquad (10.133)$$

Addiert man auf der rechten Seite

$$O = PC^T R^{-1} CP - PC^T R^{-1} CP,$$

erhält man

$$\dot{P} = (A - KC)P + P(A - KC)^T + Q - PC^T R^{-1} CP + (K - PC^T R^{-1})R(K - PC^T R^{-1})^T. \qquad (10.134)$$

Da die letzte Produktmatrix in (10.134) positiv semidefinit ist, wird P minimal, wenn

$$\boxed{K(t) = P(t)C^T R^{-1}} \qquad (10.135)$$

gewählt wird.

Für (10.134) verbleibt dann die Matrix-RICCATI-Differentialgleichung

$$\dot{P} = AP + PA^T + Q - PC^T R^{-1} CP,$$

(10.136)

die man für den Anfangswert $P(0) = \mathrm{E}\{\tilde{x}(0)\tilde{x}^T(0)\}$ lösen muß.

Günstiger für die praktische Anwendung ist, wenn die KALMAN-Verstärkung K konstant wäre. Dann muß die Matrix P konstant sein, also $\dot{P} = O$, d.h. es entsteht aus (10.136) die algebraische Matrix-RICCATI-Gleichung

$$O = AP + PA^T + Q - PC^T R^{-1} CP,$$

(10.137)

mit deren Lösung man die konstante KALMAN-Verstärkung

$$K = PC^T R^{-1}$$

(10.138)

erhält. Die algebraische Matrix-RICCATI-Gleichung (10.137) kann mit den in Abschnitt 10.4.2 beschriebenen Methoden gelöst werden.

10.6 $\mathcal{H}_\infty$-Regelung, robuste Regelung

10.6.1 Frequenzgangmethoden für Einfachsysteme

Eine überraschende Anwendung finden die Lösungsmethoden für lineare quadratisch optimale Probleme bei modernen Frequenzgangverfahren für den Entwurf von robusten Mehrfachregelungssystemen. Diese gehen von den klassischen Frequenzgangverfahren für den Entwurf von Reglern für Einfachsysteme aus. Deshalb soll zunächst darauf eingegangen werden.

Gegeben sei eine vereinfachte Version des Regelkreises in Bild 4.7, nämlich der Regelkreis in Bild 10.9. Die Regelgröße $y(s)$ erhält man aus der Überlagerung der Wirkungen der drei Eingangsgrößen $w(s)$, $v(s)$ und $n(s)$ in das System zu

$$y(s) = \frac{R(s)G(s)}{1 + R(s)G(s)} w(s) + \frac{1}{1 + R(s)G(s)} v(s) - \frac{R(s)G(s)}{1 + R(s)G(s)} n(s).$$

(10.139)

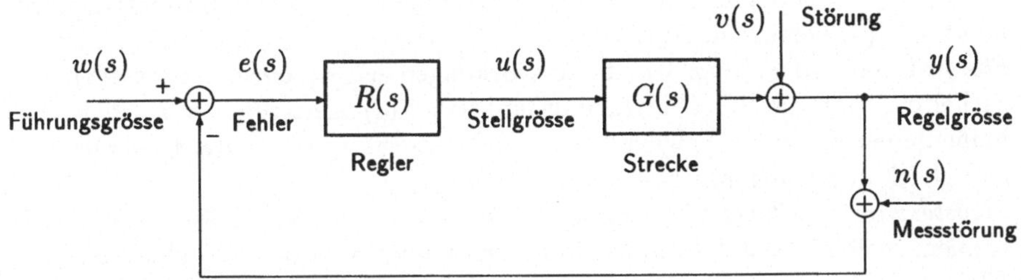

Bild 10.9: Regelkreis.

Ist der Regler gut ausgelegt, wird die Regelgröße $y(s)$ mit einem kleinen Fehler $e(s)$ der Führungsgröße $w(s)$ folgen und die Auswirkungen der Systemstörung $v(s)$ und der Meßstörung $n(s)$ werden nur klein sein. Für den Fehler erhält man

$$e(s) = \frac{1}{1 + R(s)G(s)}w(s) - \frac{1}{1 + R(s)G(s)}v(s) + \frac{R(s)G(s)}{1 + R(s)G(s)}n(s) \qquad (10.140)$$

und für die Stellgröße

$$u(s) = \frac{R(s)}{1 + R(s)G(s)}(w(s) - v(s) - n(s)). \qquad (10.141)$$

Mit der Gesamtübertragungsfunktion

$$F(s) \stackrel{\text{def}}{=} \frac{R(s)G(s)}{1 + R(s)G(s)} \qquad (10.142)$$

und der *Störübertragungsfunktion*

$$S(s) \stackrel{\text{def}}{=} \frac{1}{1 + R(s)G(s)} \qquad (10.143)$$

können die drei Gleichungen (10.139), (10.140) und (10.141) kompakt so geschrieben werden

$$\begin{bmatrix} y(s) \\ e(s) \\ u(s) \end{bmatrix} = \begin{bmatrix} F(s) & S(s) & -F(s) \\ S(s) & -S(s) & F(s) \\ R(s)S(s) & -R(s)S(s) & -R(s)S(s) \end{bmatrix} \begin{bmatrix} w(s) \\ v(s) \\ n(s) \end{bmatrix} \qquad (10.144)$$

oder einzeln

$$y(s) = F(s)[w(s) - n(s)] + S(s)v(s), \qquad (10.145)$$

$$e(s) = S(s)[w(s) - v(s)] + F(s)n(s), \qquad (10.146)$$

$$u(s) = R(s)S(s)[w(s) - v(s) - n(s)]. \qquad (10.147)$$

Für die Summe der beiden Übertragungsfunktionen $F(s)$ und $S(s)$ gilt

$$F(s) + S(s) = \frac{R(s)G(s)}{1 + R(s)G(s)} + \frac{1}{1 + R(s)G(s)} = 1. \qquad (10.148)$$

Wegen dieser Beziehung nennt man $F(s)$ auch *komplementäre Störübertragungsfunktion* [ENGELL].

Allgemein wird bei einem Regelkreis verlangt:

1. *Gutes Folgeverhalten*: Damit der Fehler klein bleibt, muß die Störübertragungsfunktion $S(s)$ klein sein: $S(s) \ll 1$.

2. *Störgrößenunterdrückung*: Um die Auswirkungen der Systemstörungen $v(s)$ klein zu halten, muß die Störübertragungsfunktion $S(s)$ klein sein: $S(s) \ll 1$. Die Maßnahmen für gutes Folgeverhalten und gute Störgrößenunterdrückung sind also gleich und widersprechen einander nicht.

3. *Meßstörungsunterdrückung*: Damit die Auswirkungen der Meßstörungen klein bleiben, muß die komplementäre Störübertragungsfunktion $F(s)$ klein sein: $F(s) \ll 1$. Da $F(s) = 1 - S(s)$ ist, können beide Übertragungsfunktionen nicht gleichzeitig klein gehalten werden, deshalb widerspricht die Forderung bezüglich guter Meßstörungsunterdrückung den beiden zuerst genannten Forderungen!

4. *Beschränkte Stellgröße*: Aus technischen Gründen muß jede Stellgröße $u(s)$, also $|R(s)S(s)|$, beschränkt bleiben. Ist $|R(s)G(s)| \gg 1$, dann ist

$$R(s)S(s) = \frac{R(s)}{1 + R(s)G(s)} \approx \frac{1}{G(s)}. \tag{10.149}$$

Da bei realen Systemen der Zählergrad der Streckenübertragungsfunktion $G(s)$ kleiner als der Nennergrad ist, ist bei hohen Frequenzen $|G(s)|$ klein, also die Stellgröße groß, d.h., bei hohen Frequenzen muß $|R(s)S(s)|$ entsprechend abgesenkt werden.

5. *Parameterunempfindlichkeit:* Da die Parameter der Strecke, also von $G(s)$, nie exakt bekannt und oft auch Veränderungen unterworfen sind, soll eine gute Regelung unempfindlich gegenüber solchen Parameterschwankungen sein. Ein Maß dafür ist die *relative Empfindlichkeit*, die als Grenzwert des Verhältnisses der relativen Änderung $\Delta F/F$ der Gesamtübertragungsfunktion zur relativen Änderung $\Delta G/G$ der Strecke definiert ist:

$$S_G^F \overset{\text{def}}{=} \frac{G}{F} \cdot \frac{\partial F}{\partial G}. \tag{10.150}$$

Ist die relative Empfindlichkeit S_G^F klein, ändert sich $F(s)$ wenig, wenn sich $G(s)$ ändert. Bei dem betrachteten Regelkreis ist

$$\frac{\partial F}{\partial G} = \frac{R(s)}{(1 + R(s)G(s))^2}, \tag{10.151}$$

also

$$S_G^F = \frac{1}{1 + R(s)G(s)} = S(s). \tag{10.152}$$

Wird die 1. und die 2. Forderung erfüllt ($S(s) \ll 1$), ist auch der Regelkreis gegenüber Parameterschwankungen der Regelstrecke unempfindlich, d.h., er ist *robust*.

6. *Stabilität:* Beachtet werden muß natürlich auch die Stabilität des Gesamtsystems, d.h. die Phasenreserve. Ist z.B. die Übertragungsfunktion $R(s)G(s)$ des offenen Regelkreises ein Minimalphasenglied, hat es also keinen Pol und keine Nullstelle mit positivem Realteil, dann besteht in erster Näherung folgender Zusammenhang zwischen dem Amplitudengang $|R(j\omega)G(j\omega)|$ und der Phasendrehung $\text{arc}\{R(j\omega)G(j\omega)\}$ [LANDGRAF/SCHNEIDER]: Fällt der Amplitudengang

$|R(j\omega)G(j\omega)|$ in der Umgebung der Frequenz ω mit $r \cdot 20$ dB/Dekade, dann ist der Phasengang $\mathrm{arc}\{R(j\omega)G(j\omega)\} \approx -r \cdot \pi/2$. Gibt man also den Frequenzgang $|R(j\omega)G(j\omega)|$ mit stets mit 20 dB/Dekade fallender Kennlinie vor, ist das rückgekoppelte System sicher stabil.

Einen Kompromiß zwischen den beiden gegensätzlichen Forderungen $F(s) \ll 1$ und $S(s) \ll 1$ kann dadurch erzielt werden, daß die Forderungen nur in getrennten Frequenzbereichen erfüllt werden. Da Meßstörungen im allgemeinen bei höheren Frequenzen auftreten als die Systemstörungen, wird man dort $|F(j\omega)|$ klein machen. Bei niedrigen Frequenzen kann $|F(j\omega)|$ groß sein, um gutes Folgeverhalten und Systemstörungsunterdrückung aufzuweisen.

Aus den ersten zwei Forderungen folgt, daß man ein gutes Folgeverhalten und eine gute Unterdrückung der Systemstörungen $v(s)$ erhält, wenn die Störübertragungsfunktion $S(s)$ klein ist, was im allgemeinen nur für niedrige Frequenzen verlangt wird. Denn es ist fast immer unmöglich hohen Frequenzen in der Führungsgröße gut zu folgen, da die Systemmodelle nur bis zu einer gewissen Frequenz hinreichend genau und die Bandbreiten der Stellglieder und Meßgeräte beschränkt sind. Deshalb:
a) Wenn $\Omega_{w,v}$ der Frequenzbereich der Führungsgröße w und der Störgröße v ist und gutes Folgeverhalten und gute Störgrößenunterdrückung gefordert werden, soll sein

$$S(j\omega) \approx 0 \;\; \forall \;\; \omega \in \Omega_{w,v},$$

d.h. wegen $F(s) = 1 - S(s)$,

$$F(j\omega) \approx 1 \;\; \forall \;\; \omega \in \Omega_{w,v}, \tag{10.153}$$

also,

$$R(j\omega)G(j\omega) \gg 1 \;\; \forall \;\; \omega \in \Omega_{w,v}. \tag{10.154}$$

Damit andererseits die Meßstörungen keinen großen Einfluß auf den Regelkreis haben, sollte die Gesamtübertragungsfunkrion $F(s)$ möglichst klein sein. Da aber $F(s) + S(s) = 1$ ist, widerspricht die Forderung bezüglich $F(s)$ der oben angegebenen Forderung bezüglich $S(s)$, so daß es sinnvoll ist, die Kleinheit von $F(s)$ nur für hohe Frequenzen zu fordern. Also:
b) Für den Frequenzbereich Ω_n der Meßstörung $n(s)$ soll der Betrag $|F(j\omega)|$ möglichst gleich null sein:

$$|F(j\omega)| \approx 0 \;\; \forall \;\; \omega \in \Omega_n, \tag{10.155}$$

d.h.,

$$|R(j\omega)G(j\omega)| \ll 1 \;\; \text{für} \;\; \omega \in \Omega_n. \tag{10.156}$$

Aus diesen Betrachtungen erhält man beispielsweise die in Bild 10.10 angegebenen günstigen Frequenzgänge.

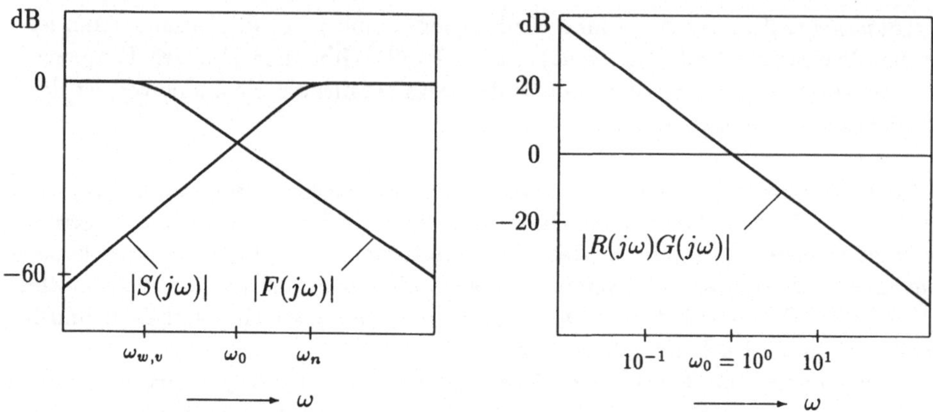

Bild 10.10: Günstige Frequenzgänge eines Regelkreises.

Grundgedanken der $\mathcal{H}_\infty$-Theorie

Die Frequenzabhängigkeit der bisher beschriebenen Anforderungen ist für eine mathematische Behandlung ungünstig. Einer der Grundgedanken der $\mathcal{H}_\infty$-Theorie[1] ist folgender: Der Störübertragungsfunktion $S(s) = (1 + R(s)G(s))^{-1}$ soll mit Hilfe der Reglerübertragungsfunktion $R(s)$ ein vorgegebener Frequenzgang $W_S^{-1}(j\omega)$ aufgezwungen werden. $W_S(j\omega)$ spielt die Rolle einer Gewichtungsfunktion: Sie bringt zum Ausdruck, wo im Frequenzbereich die Einhaltung der Beschränkung wichtig ist. Dann muß für jedes ω

$$\frac{|S(j\omega)|}{|W_S^{-1}(j\omega)|} \overset{!}{=} 1 \tag{10.157}$$

sein. Stellt $|W_S^{-1}(j\omega)|$ eine Obergrenze für den Frequenzgang $|S(j\omega)|$ dar (Bild 10.11(a)), dann wird anstelle von (10.157)

$$\frac{|S(j\omega)|}{|W_S^{-1}(j\omega)|} \leq 1 \ \text{ für alle } \ \omega$$

oder

$$|W_S(j\omega)S(j\omega)| \leq 1 \ \text{ für alle } \ \omega \tag{10.158}$$

gefordert.

So kann man auch bei der komplementären Störübertragungsfunktion $F(s) = (1 + R(s)G(s))^{-1}R(s)G(s)$ vorgehen, indem man mit Hilfe der Funktion $W_F^{-1}(s)$ eine Obergrenze vorschreibt (Bild 10.11(b)) und dann die Bedingung

$$|W_F(j\omega)F(j\omega)| \leq 1 \ \text{ für alle } \ \omega \tag{10.159}$$

---

[1] Im folgenden werden Normen von Funktionen aus sogenannten HARDY-Funktionsräumen benötigt. Der Raum $\mathcal{H}_\infty$ besteht insbesondere aus beschränkten komplexwertigen Funktionen, die analytisch im Inneren des Einheitskreises sind. Die $\mathcal{H}_\infty$-Norm wird weiter unten eingeführt.

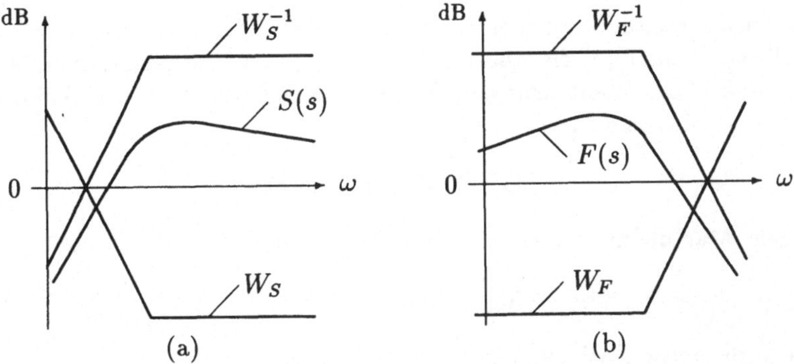

Bild 10.11: Angestrebter Frequenzgang (a) für $S(s)$ und (b) für $F(s)$.

formuliert. Die beiden Beschränkungen (10.158) und (10.159) müssen gleichzeitig erfüllt werden.

Die Frequenzgänge W_S und W_F kann man wie in Bild 10.12 in das Strukturbild des Regelkreises mit den beiden fiktiven Ausgängen z_1 und z_2 einfügen.

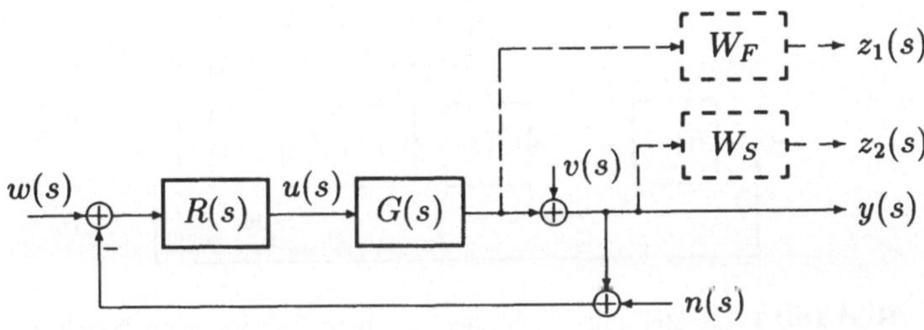

Bild 10.12: Regelkreis mit zusätzlichen Übertragungsfunktionen W_S und W_F und fiktiven Ausgangsgrößen $z_1(s)$ und $z_2(s)$.

Ist $v(s) = w(s) = 0$, erhält man für

$$z_1(s) = W_F(s)\frac{-R(s)G(s)}{1 + R(s)G(s)}n(s) = -W_F(s)F(s)n(s) \tag{10.160}$$

und, wenn $n(s) = w(s) = 0$ ist, für

$$z_2(s) = W_S(s)\frac{1}{1 + R(s)G(s)}v(s) = W_S(s)S(s)v(s). \tag{10.161}$$

Ziel ist jetzt, die Beträge der beiden fiktiven Ausgangsgrößen $|z_1|$ und $|z_2|$ für alle ω mit Hilfe der Übertragungsfunktion $R(s)$ des Reglers gleich eins zu machen.

Die weitere Hauptaufgabe einer Regelung, das Gesamtsystem unempfindlich genüber Parameteränderungen oder Parameterunsicherheiten zu machen, wird in der $\mathcal{H}_\infty$-Theorie wie folgt behandelt:

Parameterunsicherheiten werden entweder als additive oder als multiplikative Unsicherheit modelliert. Wenn $G(s)$ die Übertragungsfunktion des mathematischen Modells und $G^\circ(s)$ die tatsächliche Übertragungsfunktion der Regelstrecke ist, wird bei dem Modell mit additiver Unsicherheit von

$$G^\circ(s) = G(s) + \Delta_a(s) \tag{10.162}$$

ausgegangen. Man definiert also die additive Unsicherheit durch

$$\Delta_a(s) \overset{\text{def}}{=} G^\circ(s) - G(s). \tag{10.163}$$

Geht man vom multiplikativen oder relativen Fehler

$$G^\circ(s) = G(s) + \Delta_m(s)G(s) = (1 + \Delta_m(s))G(s) \tag{10.164}$$

aus, erhält man

$$\Delta_m(s) = \frac{G^\circ(s) - G(s)}{G(s)}. \tag{10.165}$$

Beide Modellunsicherheiten sind in Bild 10.13 dargestellt.

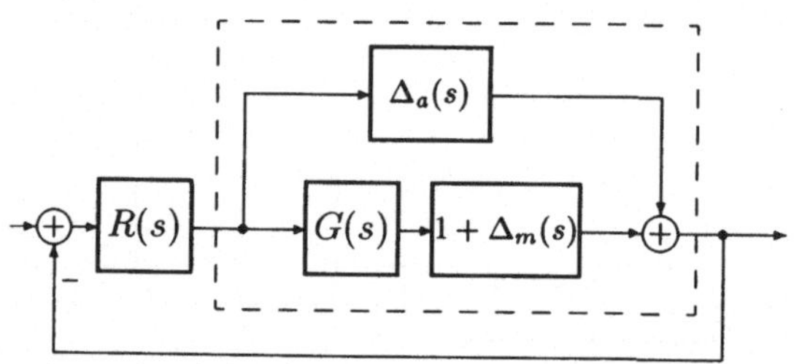

Bild 10.13: Darstellung von Modellunsicherheiten in einem Regelkreis.

10.9a Beispiel: Als Modell eines Systems wird die Übertragungsfunktion

$$G(s) = \frac{1}{s^2}$$

angenommen. Hierbei wurden höhere Eigenfrequenzen des Systems mit der Übertragungsfunktion

$$G^\circ(s) = \frac{1}{s^2(s^2 + 25)}$$

nicht mitmodelliert. Für die Übertragungsfunktion der additiven Unsicherheit gemäß (10.163) erhält man dann

$$\Delta_a(s) = G^\circ(s) - G(s) = \frac{s^2 + 24}{s^2(s^2 + 25)}$$

und für die Übertragungsfunktion der multiplikativen Unsicherheit aus (10.164)

$$\Delta_m(s) = \frac{G^\circ(s) - G(s)}{G(s)} = \frac{s^2 + 24}{s^2 + 25}.$$

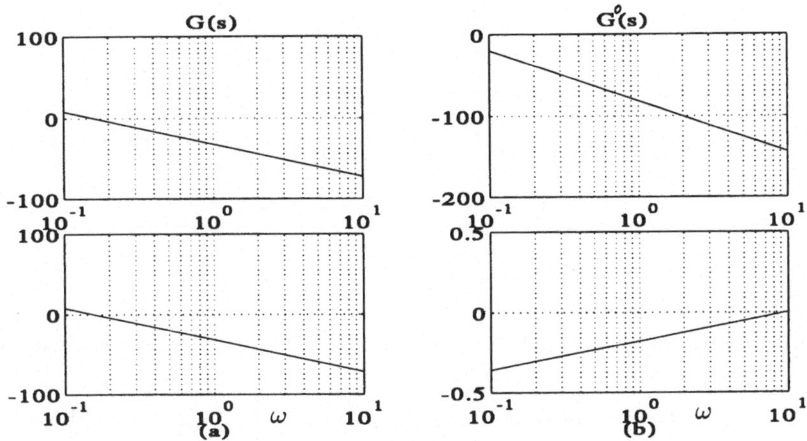

Bild 10.14: Frequenzgänge aus Beispiel 10.9a, (a) $\Delta_a(s)$ und (b) $\Delta_m(s)$.

Die vier Frequenzänge von $G(s)$, $G^\circ(s)$, $\Delta_a(s)$ und $\Delta_m(s)$ sind in Bild 10.14 dargestellt. $\qquad\qquad\square$

Folgende Frage steht jetzt im Vordergrund: Wenn ein Regler anhand des Modells $G(s)$ so ausgelegt wurde, daß das geregelte Gesamtsystem stabil ist, ist dann auch der Regelkreis mit der wahren Übertragungsfunktion $G^\circ(s)$ stabil? Ist das der Fall, spricht man von einem **robusten Regler**.

Der Regelkreis in Bild 10.15 ist stabil, wenn $R(s)$ und $G(s)$ stabil sind und

$$|R(s)G(s)| < 1 \tag{10.166}$$

ist, oder wenn

$$|R(s)| \cdot |G(s)| < 1 \tag{10.167}$$

ist, da

$$|R(s)G(s)| \le |R(s)| \cdot |G(s)|. \tag{10.168}$$

Liegt eine *multiplikative Unsicherheit* $\Delta_m(s)$ vor, kann der Regelkreis aus Bild 10.13

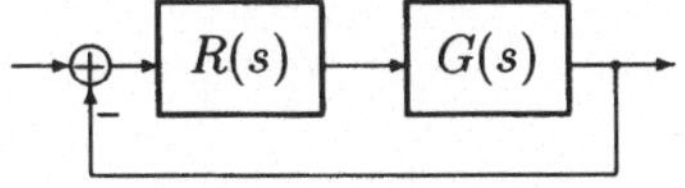

Bild 10.15: Regelkreis.

wie in Bild 10.16 umgeformt werden, wobei

$$H(s) \overset{\text{def}}{=} \frac{-R(s)G(s)}{1 + R(s)G(s)} \tag{10.169}$$

ist. Wenn die beiden Übertragungsfunktionen $\Delta_m(s)$ und $H(s)$ stabil sind, ist nach

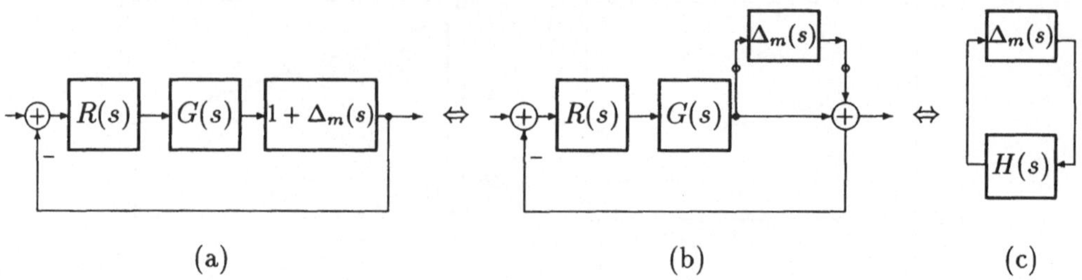

Bild 10.16: Umformung eines Regelkreises mit einem multiplikativen Regelstreckenfehler $\Delta_m(s)$.

(10.167) das Gesamtsystem in Bild 10.16c robust stabil, d.h. stabil sowohl für $G(s)$ als auch für $G^\circ(s)$, wenn

$$|\Delta_m(s)| < \frac{1}{|H(s)|} = \frac{1}{|R(s)G(s)(1+R(s)G(s))^{-1}|} = \frac{1}{|F(s)|}. \tag{10.170}$$

Ist also die multiplikative Unsicherheit $\Delta_m(s)$ wie folgt beschränkt:

$$|\Delta_m(s)| < \gamma, \tag{10.171}$$

dann ist das rückgekoppelte System stabil, wenn

$$|F(s)| < \frac{1}{\gamma} \tag{10.172}$$

oder

$$|\gamma F(s)| < 1 \tag{10.173}$$

ist. Für welchen Wert der Unsicherheit wird das Gesamtsystem instabil? Nach (10.170) muß für die Erhaltung der Stabilität die multiplikative Unsicherheit $|\Delta_m(s)|$ kleiner als das Minimum von $1/|F(s)|$ sein. Um die Grenze γ für $|\Delta_m(s)|$ so groß wie möglich zu machen, muß – über ω gesehen – der größte Wert von $|F(s)|$ so klein wie möglich gemacht werden. Die obere Schranke von $|F(s)|$ über alle Frequenzen ist

$$\sup_\omega |F(j\omega)|. \tag{10.174}$$

Für den Fall der *additiven Unsicherheit* erhält man als Stabilitätsbedingung entsprechend

$$|\Delta_a(s)| < \frac{1}{|R(s)(1+R(s)G(s))^{-1}|} = \frac{1}{|R(s)S(s)|}. \tag{10.175}$$

Ist die stabile additive Unsicherheit beschränkt,

$$|\Delta_a(s)| < \gamma, \tag{10.176}$$

ist das Gesamtsystem stabil, wenn

$$|R(s)G(s)| < \frac{1}{\gamma} \tag{10.177}$$

oder

$$|\gamma R(s)S(s)| < 1. \tag{10.178}$$

Die obere Schranke über alle Frequenzen,

$$\sup_\omega |R(j\omega)S(j\omega)| \tag{10.179}$$

ist wieder maßgebend für die Stabilitätsgrenze und muß so klein wie möglich gemacht werden.

Für eine große Robustheit gegenüber multiplikativen Unsicherheiten ist also eine kleine komplementäre Empfindlichkeit F erforderlich. Das stimmt mit der Forderung nach Unterdrückung von Meßstörungen überein, steht aber im Gegensatz zu gutem Folgeverhalten und guter Systemstörungsunterdrückung. Ist $|F(j\omega)|$ klein für hohe Frequenzen, dann ist dort auch das System robust gegenüber multiplikativen Unsicherheiten. Die Forderung nach Robustheit bei additiven Unsicherheiten stimmt dagegen mit der Forderung nach kleiner Stellgröße überein.

10.6.2 Frequenzgangmethoden für Mehrfachsysteme

Wie können die Ergebnisse im Frequenzbereich für Einfachsysteme auf Mehrfachsysteme übertragen werden? Bei Einfachsystemen besteht zwischen den Beträgen der Ein- und Ausgangsgrößen der Zusammenhang

$$|y| = |G| \cdot |u|. \tag{10.180}$$

Für Mehrfachsysteme gilt

$$\boldsymbol{y}(s) = \boldsymbol{G}(s)\boldsymbol{u}(s), \tag{10.181}$$

wobei $\boldsymbol{y}(s)$ ein q-Vektor, $\boldsymbol{u}(s)$ ein p-Vektor und $\boldsymbol{G}(s)$ eine $(p \times q)$-Matrix ist.

Mißt man die Größe eines Vektors durch seine euklidische Norm

$$\|\boldsymbol{y}(s)\| \stackrel{\text{def}}{=} (|y_1(s)|^2 + \cdots + |y_q(s)|^2)^{\frac{1}{2}}, \tag{10.182}$$

kann man für (10.181) die Abschätzung machen

$$\|\boldsymbol{y}(s)\| = \|\boldsymbol{G}(s)\boldsymbol{u}(s)\| \leq \|\boldsymbol{G}(s)\| \cdot \|\boldsymbol{u}(s)\|. \tag{10.183}$$

Diese Ungleichung gilt für alle Vektoren, wenn die verwendete Matrizennorm mit der Vektornorm *verträglich* ist. Das ist für die euklidische Vektornorm der Fall, wenn als Matrixnorm die positive Wurzel aus dem größten Eigenwert des Matrizenprodukts $\boldsymbol{G}^*\boldsymbol{G}$ gewählt wird:

$$\|\boldsymbol{G}\| = \sqrt{\lambda_{max}(\boldsymbol{G}^*\boldsymbol{G})}. \tag{10.184}$$

Die Wurzeln aus den Eigenwerten des Matrizenprodukts G^*G sind aber gerade die *Singulärwerte* σ_i der Matrix G, d.h., es ist

$$\|G\| = \sigma_{max}(G) \stackrel{\text{def}}{=} \overline{\sigma}(G). \tag{10.185}$$

Damit erhält man die Abschätzung

$$\|y(s)\| \leq \overline{\sigma}(G) \cdot \|u(s)\|. \tag{10.186}$$

Die Singulärwerte σ der Übertragungsmatrix $G(s)$ eines Mehrfachsystems spielen deshalb in der Theorie der Regelung von Mehrfachsystemen eine besondere Rolle. Bezeichnet man den kleinsten Singulärwert der Matrix G mit

$$\underline{\sigma}(G) \stackrel{\text{def}}{=} \sigma_{min}(G), \tag{10.187}$$

so bekommt man z.B. für den Frequenzgang der Übertragungsmatrix $G(j\omega)$ das in Bild 10.17 skizzierte Band.

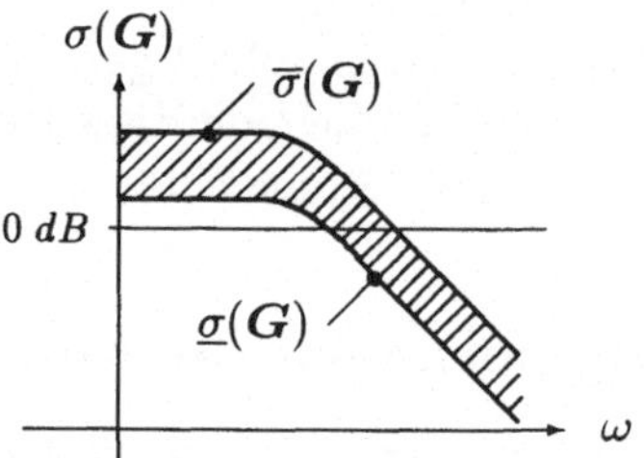

Bild 10.17: Frequenzgang eines Mehrfachsystems.

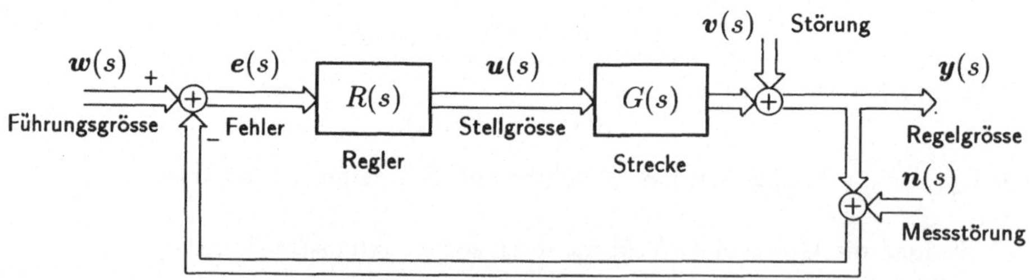

Bild 10.18: Mehrfachregelkreis.

Mit Hilfe der Singulärwerte können die Ergebnisse für ein Einfachsystem aus dem vorhergehenden Abschnitt direkt auf das Mehrfachsystem in Bild 10.18 übertragen werden. Mit der *Störübertragungsmatrix*

$$S(s) \stackrel{\text{def}}{=} [I + G(s)R(s)]^{-1} \tag{10.188}$$

und der *Gesamtübertragungsmatrix* oder *komplementären Störübertragungsmatrix*

$$F(s) \stackrel{\text{def}}{=} G(s)R(s)[I + G(s)R(s)]^{-1} = G(s)R(s)S(s) \tag{10.189}$$

erhält man den Gesamtzusammenhang zwischen den internen und externen Größen

$$\begin{bmatrix} \boldsymbol{y}(s) \\ \boldsymbol{e}(s) \\ \boldsymbol{u}(s) \end{bmatrix} = \begin{bmatrix} \boldsymbol{F}(s) & \boldsymbol{S}(s) & -\boldsymbol{F}(s) \\ \boldsymbol{S}(s) & -\boldsymbol{S}(s) & \boldsymbol{F}(s) \\ \boldsymbol{R}(s)\boldsymbol{S}(s) & -\boldsymbol{R}(s)\boldsymbol{S}(s) & -\boldsymbol{R}(s)\boldsymbol{S}(s) \end{bmatrix} \begin{bmatrix} \boldsymbol{w}(s) \\ \boldsymbol{v}(s) \\ \boldsymbol{n}(s) \end{bmatrix}, \tag{10.190}$$

der im einzelnen auch so dargestellt werden kann

$$\boldsymbol{y}(s) = \boldsymbol{F}(s)[\boldsymbol{w}(s) - \boldsymbol{n}(s)] + \boldsymbol{S}(s)\boldsymbol{v}(s), \tag{10.191}$$

$$\boldsymbol{e}(s) = \boldsymbol{S}(s)[\boldsymbol{w}(s) - \boldsymbol{v}(s)] + \boldsymbol{F}(s)\boldsymbol{n}(s), \tag{10.192}$$

$$\boldsymbol{u}(s) = \boldsymbol{R}(s)\boldsymbol{S}(s)[\boldsymbol{w}(s) - \boldsymbol{v}(s) - \boldsymbol{n}(s)]. \tag{10.193}$$

Ein gutes Folgeverhalten und eine gute Unterdrückung der Systemstörungen $\boldsymbol{v}(s)$ erhält man, wenn die Störübertragungsmatrix $\boldsymbol{S}(s)$ „klein" ist, was i. allg. wieder nur für niedrige Frequenzen verlangt wird. Denn es ist fast immer unmöglich hohen Frequenzen in der Führungsgröße gut zu folgen, da die Systemmodelle nur bis zu einer gewissen Frequenz hinreichend genau und die Bandbreiten der Stellglieder und Meßgeräte beschränkt sind. Schreibt man einen solchen Frequenzgang wie im vorigen Abschnitt durch $W_S^{-1}(j\omega)$ vor, dann wird verlangt

$$\|\boldsymbol{S}(j\omega)\| \le W_S^{-1}(j\omega) \tag{10.194}$$

oder

$$\overline{\sigma}(\boldsymbol{S}(j\omega)) \le W_S^{-1}(j\omega), \tag{10.195}$$

d.h.,

$$W_S(j\omega)\overline{\sigma}(\boldsymbol{S}(j\omega)) \le 1 \ \text{ für alle } \ \omega. \tag{10.196}$$

$W_S(j\omega)$ spielt wieder die Rolle einer Gewichtungsfunktion: sie bringt zum Ausdruck, wo im Frequenzbereich die Einhaltung der Beschränkung wichtig ist. Damit die Meßstö rungen keinen großen Einfluß auf den Regelkreis haben, sollte die Gesamtübertragungs-matrix $\boldsymbol{F}(s)$ möglichst „klein" sein. Da aber

$$\boldsymbol{F}(s) + \boldsymbol{S}(s) = \boldsymbol{G}(s)\boldsymbol{R}(s)\boldsymbol{S}(s) + \boldsymbol{S}(s) = [\boldsymbol{G}(s)\boldsymbol{R}(s) + \boldsymbol{I}]\boldsymbol{S}(s) = \boldsymbol{I} \tag{10.197}$$

ist, widerspricht auch bei Mehrfachsystemen die Forderung bezüglich $\boldsymbol{F}(s)$ der obengenannten Forderung bezüglich $\boldsymbol{S}(s)$, so daß es sinnvoll ist, die Kleinheit von $\boldsymbol{F}(s)$ nur für hohe Frequenzen zu fordern. Schreibt man mit $W_F^{-1}(j\omega)$ eine Obergrenze vor, so wird gefordert

$$\overline{\sigma}(\boldsymbol{F}(j\omega)) \le W_F^{-1}(j\omega) \tag{10.198}$$

oder

$$W_F(j\omega)\overline{\sigma}(\boldsymbol{F}(j\omega)) \le 1 \ \text{ für alle } \ \omega. \tag{10.199}$$

Die Bedingungen (10.196) und (10.199) können auch so formuliert werden

$$\boxed{\sup_\omega[W_S(j\omega)\overline{\sigma}(\boldsymbol{S}(j\omega))] \le 1} \tag{10.200}$$

und

$$\sup_{\omega}[W_F(j\omega)\overline{\sigma}(\boldsymbol{F}(j\omega))] \leq 1.$$

(10.201)

Das führt unmittelbar zu dem Begriff der $\mathcal{H}_\infty$-Norm:

10.10 Definition: *Wenn das zur Übertragungsmatrix $\boldsymbol{G}(s)$ gehörende System asymptotisch stabil und*

$$\lim_{s\to\infty} ||\boldsymbol{G}(s)|| < \infty$$

ist, dann heißt

$$||\boldsymbol{G}(s)||_\infty \stackrel{\text{def}}{=} \sup_{\omega} \overline{\sigma}(\boldsymbol{G}(j\omega))$$

(10.202)

die $\mathcal{H}_\infty$**-Norm der Matrix** $\boldsymbol{G}(s)$.

Die Voraussetzungen in Definition 10.10 sind sinnvoll, denn ohne sie könnte die $\mathcal{H}_\infty$-Norm auch den Wert unendlich annehmen. Mit der $\mathcal{H}_\infty$-Norm können die Forderungen (10.196) und (10.199) so formuliert werden

$$||\boldsymbol{W}_S(s)\boldsymbol{S}(s)||_\infty \leq 1$$

(10.203)

und

$$||\boldsymbol{W}_F(s)\boldsymbol{F}(s)||_\infty \leq 1.$$

(10.204)

Sollen die einzelnen Stör- und (oder) Regelfehler verschieden gewichtet werden, treten an die Stelle der Gewichtungsfunktionen Gewichtungsmatrizen $\boldsymbol{W}_S(s)$ und $\boldsymbol{W}_F(s)$. Die $\mathcal{H}_\infty$-Norm einer Matrix tritt also bei Mehrfachsystemen an die Stelle der oberen Schranke des Betrages einer Übertragungsfunktion bei Einfachsystemen.

Hinsichtlich der *Parameterunsicherheit* wird auch bei Mehrfachsystemen zwischen additiven Unsicherheiten $\boldsymbol{\Delta}_a(s)$ und multiplikativen Unsicherheiten $\boldsymbol{\Delta}_m(s)$ unterschieden. Ist $\boldsymbol{G}(s)$ die Übertragungsmatrix des mathematischen Modells und $\boldsymbol{G}^\circ(s)$ die Übertragungsmatrix des wahren Systems, so ist (siehe Bild 10.19)

$$\boldsymbol{G}^\circ(s) = \boldsymbol{G}(s) + \boldsymbol{\Delta}_a(s),$$

(10.205)

bzw.

$$\boldsymbol{G}^\circ(s) = [\boldsymbol{I} + \boldsymbol{\Delta}_m(s)]\boldsymbol{G}(s).$$

(10.206)

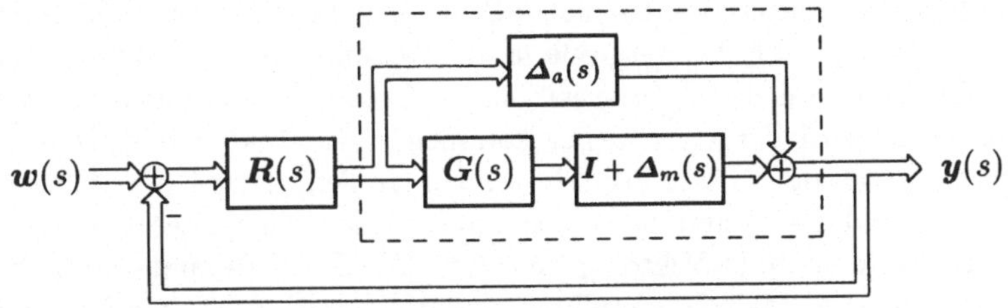

Bild 10.19: Mehrfachregelkreis mit Parameterunsicherheiten.

Es gelten die beiden Sätze [CRUZ u.a., DOYLE/STEIN]:

10.11 Satz: *Der Regelkreis in Bild 10.19 sei ohne $\boldsymbol{\Delta}_a(s)$ und $\boldsymbol{\Delta}_m(s)$ stabil. Der Regelkreis ohne $\boldsymbol{\Delta}_a(s)$ ist dann und nur dann stabil, wenn für alle ω gilt:*

$$\overline{\sigma}(\boldsymbol{\Delta}_m(s)) \leq \frac{1}{\overline{\sigma}(\boldsymbol{F}(j\omega))}. \tag{10.207}$$

10.12 Satz: *Der Regelkreis in Bild 10.19 sei ohne $\boldsymbol{\Delta}_a(s)$ und $\boldsymbol{\Delta}_m(s)$ stabil. Der Regelkreis ohne $\boldsymbol{\Delta}_m(s)$ ist dann und nur dann stabil, wenn für alle ω gilt:*

$$\overline{\sigma}(\boldsymbol{\Delta}_a(s)) \leq \frac{1}{\overline{\sigma}(\boldsymbol{R}(j\omega)\boldsymbol{S}(j\omega))}. \tag{10.208}$$

Die Bedingung (10.207) entspricht der Bedingung (10.170) für Einfachsysteme und die Bedingung (10.208) der Bedingung (10.175).

10.6.3 $\mathcal{H}_\infty$-Regelung

In der $\mathcal{H}_\infty$-Theorie sind besondere Beschreibungsformen für die betrachteten Systeme üblich. Ein zeitinvariantes zeitkontinuierliches Mehrfachsystem mit der mathematischen Zustandsbeschreibung

$$\dot{\boldsymbol{x}}(t) = \boldsymbol{A}\boldsymbol{x}(t) + \boldsymbol{B}\boldsymbol{u}(t), \tag{10.209}$$

$$\boldsymbol{y}(t) = \boldsymbol{C}\boldsymbol{x}(t) + \boldsymbol{D}\boldsymbol{u}(t), \tag{10.210}$$

wobei $\boldsymbol{A} \in \mathbb{R}^{n\times n}$, $\boldsymbol{B} \in \mathbb{R}^{n\times p}$, $\boldsymbol{C} \in \mathbb{R}^{q\times n}$ und $\boldsymbol{D} \in \mathbb{R}^{q\times p}$ ist, hat die Übertragungsmatrix

$$\boldsymbol{G}(s) = \boldsymbol{C}(s\boldsymbol{I} - \boldsymbol{A})^{-1}\boldsymbol{B} + \boldsymbol{D}. \tag{10.211}$$

Dafür kann man auch kompakt schreiben

$$\boldsymbol{G}(s) \stackrel{\text{def}}{=} \left[\begin{array}{c|c} \boldsymbol{A} & \boldsymbol{B} \\ \hline \boldsymbol{C} & \boldsymbol{D} \end{array} \right]. \tag{10.212}$$

Eine weitere Beschreibungsart erhält man z.B. für den Regelkreis in Bild 10.18, indem man in dem Vektor $\boldsymbol{u}_1$ die Führungsgröße $\boldsymbol{w}$, die Systemstörung $\boldsymbol{v}$ und die Meßstörung $\boldsymbol{n}$, also die von außen auf das System wirkenden Größen, zusammenfaßt. Als zweiter Eingangsvektor $\boldsymbol{u}_2$ wird der vom Regler kommende Stellvektor $\boldsymbol{u}$ gewählt. In dem Ausgangsvektor $\boldsymbol{y}_1$ werden alle zu beeinflussenden Größen, wie z.B. der Fehlervektor $\boldsymbol{e}$, die Regelgröße $\boldsymbol{y}$ und die Stellgröße $\boldsymbol{u}$ zusammengefaßt. Als weiterer Ausgangsvektor $\boldsymbol{y}_2$ wird der rückzukoppelnde Vektor $\boldsymbol{y}$ gewählt. Damit erhält man die in Bild 10.20 skizzierte Struktur eines Mehrfachregelkreises und die mathematische Beschreibung

$$\boldsymbol{y}_1(s) = \boldsymbol{P}_{11}(s)\boldsymbol{u}_1(s) + \boldsymbol{P}_{12}(s)\boldsymbol{u}_2(s), \tag{10.213}$$

$$\boldsymbol{y}_2(s) = \boldsymbol{P}_{21}(s)\boldsymbol{u}_1(s) + \boldsymbol{P}_{22}(s)\boldsymbol{u}_2(s), \tag{10.214}$$

$$\boldsymbol{u}_2(s) = \boldsymbol{R}(s)\boldsymbol{y}_2(s). \tag{10.215}$$

Die Übertragungsmatrix $\boldsymbol{P}_{\boldsymbol{y}_1\boldsymbol{u}_1}(s)$ zwischen $\boldsymbol{y}_1(s)$ und $\boldsymbol{u}_1(s)$ erhält man, indem zunächst

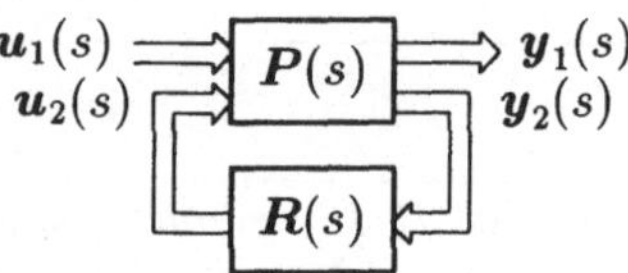

Bild 10.20: Struktur eines Mehrfachregelkreises.

(10.215) in (10.214) einsetzt und die entstandene Gleichung nach

$$\boldsymbol{y}_2(s) = (\boldsymbol{I} - \boldsymbol{P}_{22}(s)\boldsymbol{R}(s))^{-1}\boldsymbol{P}_{21}(s)\boldsymbol{u}_1(s) \tag{10.216}$$

aufgelöst wird. Das in (10.215) und das Ergebnis in (10.213) eingesetzt, liefert das Ergebnis

$$\boldsymbol{y}_1(s) = \underbrace{\left[\boldsymbol{P}_{11}(s) + \boldsymbol{P}_{12}(s)\boldsymbol{R}(s)(\boldsymbol{I} - \boldsymbol{P}_{22}(s)\boldsymbol{R}(s))^{-1}\boldsymbol{P}_{21}(s)\right]}_{\boldsymbol{P}_{\boldsymbol{y}_1\boldsymbol{u}_1}(s)}\boldsymbol{u}_1(s). \tag{10.217}$$

Das System mit der Übertragungsmatrix

$$\boldsymbol{P}(s) \stackrel{\mathrm{def}}{=} \begin{bmatrix} \boldsymbol{P}_{11}(s) & \boldsymbol{P}_{12}(s) \\ \boldsymbol{P}_{21}(s) & \boldsymbol{P}_{22}(s) \end{bmatrix}$$

kann auch durch Zustands- und Ausgangsgleichungen dargestellt werden:

$$\dot{\boldsymbol{x}}(t) = \boldsymbol{A}\boldsymbol{x}(t) + \boldsymbol{B}_1\boldsymbol{u}_1(t) + \boldsymbol{B}_2\boldsymbol{u}_2(t),$$

$$\boldsymbol{y}_1(t) = \boldsymbol{C}_1\boldsymbol{x}(t) + \boldsymbol{D}_{11}\boldsymbol{u}_1(t) + \boldsymbol{D}_{12}\boldsymbol{u}_2(t), \tag{10.218}$$

$$\boldsymbol{y}_2(t) = \boldsymbol{C}_2\boldsymbol{x}(t) + \boldsymbol{D}_{21}\boldsymbol{u}_1(t) + \boldsymbol{D}_{22}\boldsymbol{u}_2(t)$$

oder kürzer durch die Form (10.212)

$$P(s) = \left[\begin{array}{c|cc} A & B_1 & B_2 \\ \hline C_1 & D_{11} & D_{12} \\ C_2 & D_{21} & D_{22} \end{array}\right]. \tag{10.219}$$

Erweitert man den gegebenen Mehrfachregelkreis um die Gewichtungsmatrizen $W_S(s)$ und $W_F(s)$, erhält man den in Bild 10.21 angegebenen fiktiven Ausgang y_1 der *verallgemeinerten Regelstrecke* $P(s)$ mit herausgelöstem Regler $R(s)$. Die Struktur

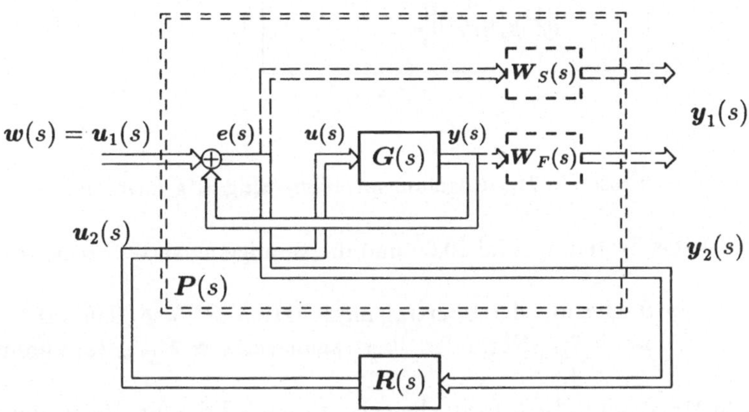

Bild 10.21: Verallgemeinerte Regelstrecke $P(s)$ und Mehrfachregler $R(s)$.

in Bild 10.21 hat als mathematische Beschreibung

$$y_1(s) = \overbrace{\left[\begin{array}{c} W_S(s) \\ O \end{array}\right]}^{P_{11}(s)} u_1(s) + \overbrace{\left[\begin{array}{c} -W_S(s)G(s) \\ W_F(s)G(s) \end{array}\right]}^{P_{12}(s)} u_2(s),$$

$$y_2(s) = \underbrace{I}_{P_{21}(s)}\, u_1(s) \underbrace{-G(s)}_{P_{22}(s)}\, u_2(s), \tag{10.220}$$

$$u_2(s) = R(s)y_2(s),$$

d.h., man erhält als Übertragungsmatrix $P_{y_1u_1}(s)$ zwischen $y_1(s)$ und $u_1(s)$ gemäß (10.217)

$$\begin{aligned} P_{y_1u_1}(s) &= \left[\left[\begin{array}{c} W_S(s) \\ O \end{array}\right] + \left[\begin{array}{c} -W_S(s)G(s)R(s) \\ W_F(s)G(s)R(s) \end{array}\right](I + G(s)R(s))^{-1}\right] \\ &= \left[\begin{array}{c} W_S(s)[I - F(s)] \\ W_F(s)F(s) \end{array}\right] \\ &= \left[\begin{array}{c} W_S(s)S(s) \\ W_F(s)F(s) \end{array}\right]. \end{aligned} \tag{10.221}$$

In der Matrix $\boldsymbol{P_{y_1 u_1}}(s)$ sind die beiden Matrizen der Forderungen (10.203) und (10.204) enthalten. Beachtet man den Zusammenhang

$$\max\{\overline{\sigma}(\boldsymbol{M}_1), \overline{\sigma}(\boldsymbol{M}_2)\} \leq \overline{\sigma}\left[\begin{array}{c} \boldsymbol{M}_1 \\ \boldsymbol{M}_2 \end{array}\right] \leq \sqrt{2}\max\{\overline{\sigma}(\boldsymbol{M}_1), \overline{\sigma}(\boldsymbol{M}_2)\}$$

für die Singulärwerte einer zusammengesetzten Matrix und modifiziert entsprechend die Gewichtungsfunktionen in $\boldsymbol{W}_S(s)$ und $\boldsymbol{W}_F(s)$, dann können die beiden Forderungen (10.203) und (10.204) zu *einer* Forderung zusammengefaßt werden:

$$\boxed{||\boldsymbol{P_{y_1 u_1}}(s)||_\infty \leq 1.} \tag{10.222}$$

Jetzt kann das zu lösende $\mathcal{H}_\infty$-Regelungsproblem endgültig formuliert werden:

Gegeben ist das System in Bild 10.20 und die verallgemeinerte Strecke $\boldsymbol{P}(s)$.

Gesucht ist ein Regler mit der Übertragungsfunktion $\boldsymbol{R}(s)$ so, daß das Gesamtsystem stabil und die $\mathcal{H}_\infty$-Norm der Übertragungsmatrix $\boldsymbol{P_{y_1 u_1}}(s)$ minimal ist.

Den optimalen Wert von $||\boldsymbol{P_{y_1 u_1}}(s)||_\infty$ berechnet man Schritt für Schritt durch Lösen des sogenannten

Standardproblems:

Gegeben ist $\boldsymbol{P}(s)$ und $\gamma > 0$.

Gesucht wird $\boldsymbol{R}(s)$ so, daß das Gesamtsystem stabil und $||\boldsymbol{P_{y_1 u_1}}(s)||_\infty \leq \gamma$ ist.

Hat man einen solchen Regler gefunden, wird γ so lange verkleinert, bis man den kleinsten γ-Wert gefunden hat, zu dem noch ein realisierbarer und stabilisierender Regler $\boldsymbol{R}(s)$ existiert. Das ist dann der gesuchte optimale Regler. Damit eine Lösung existiert, müssen eine Reihe von Bedingungen erfüllt sein [DOYLE u.a., FRANCIS]:

1. In der Zustandsbeschreibung (10.219) von $\boldsymbol{P}$ muß $\{\boldsymbol{A}, \boldsymbol{B}_1\}$ stabilisierbar und $\{\boldsymbol{A}, \boldsymbol{C}_2\}$ ermittelbar sein.

2. Es muß

$$\text{Rang}(\boldsymbol{D}_{12}) = p_2 \quad \text{und} \quad \text{Rang}(\boldsymbol{D}_{21}) = q_2 \tag{10.223}$$

sein.

3. Für alle ω muß

$$\text{Rang}\left(\left[\begin{array}{cc} \boldsymbol{A} - j\omega\boldsymbol{I} & \boldsymbol{B}_2 \\ \boldsymbol{C}_1 & \boldsymbol{D}_{12} \end{array}\right]\right) = n + p_2 \tag{10.224}$$

sein.

4. Ebenso muß für alle ω

$$\text{Rang}\left(\begin{bmatrix} A - j\omega I & B_1 \\ C_2 & D_{21} \end{bmatrix}\right) = n + q_2 \tag{10.225}$$

sein.

5. Die Bedingungen $D_{11} = O$ und $D_{22} = O$ sind nicht notwendig, vereinfachen aber die Synthese.

Der Regler mit der Übertragungsmatrix $R(s)$ besteht dann aus einem Zustandsbeobachter, dessen geschätzter Zustand rückgekoppelt wird. Die Beobachtermatrix H und die Rückkopplungsmatrix K werden als Lösungen zweier algebraischer Matrix-RICCATI-Gleichungen gefunden. Der Zustandsregler

$$\boxed{u_2(t) = -K\hat{x}(t)} \tag{10.226}$$

ist durch

$$K = (D_{12}^T D_{12})^{-1}(B_2^T X_\infty + D_{12}^T C_1) \tag{10.227}$$

gegeben, wobei die Matrix X_∞ Lösung einer algebraischen Matrix-RICCATI-Gleichung ist, in der Nomenklatur von (10.79) mittels HAMILTON-Matrix durch

$$X_\infty = \text{Ric}\left[\begin{array}{c|c} A - B_2 D_{12}^\# C_1 & \gamma^{-2} B_1 B_1^T - B_2(D_{12}^T D_{12})^{-1} B_2^T \\ \hline -C_1^T(I - D_{12}^T D_{12}^\#)^T(I - D_{12}^T D_{12}^\#)C_1 & -(A - B_2 D_{12}^\# C_1)^T \end{array}\right], \tag{10.228}$$

wobei

$$D_{12}^\# \stackrel{\text{def}}{=} (D_{12}^T D_{12})^{-1} D_{12}^T. \tag{10.229}$$

Der Zustandsbeobachter hat die Form

$$\boxed{\dot{\hat{x}}(t) = (A + \gamma^{-2} B_1 B_1^T X_\infty)\hat{x}(t) + B_2 u_2(t) + Z_\infty H(y_2(t) - \hat{y}_2(t)),} \tag{10.230}$$

mit

$$\hat{y}_2(t) = (C_2 + \gamma^{-2} D_{21} B_1^T X_\infty)\hat{x}(t) \tag{10.231}$$

sowie

$$H = (Y_\infty C_2^T + B_1 D_{21}^T)(D_{21} D_{21})^{-1} \tag{10.232}$$

und

$$Z_\infty \stackrel{\text{def}}{=} (I - \gamma^{-2} Y_\infty X_\infty)^{-1}. \tag{10.233}$$

Die Matrix Y_∞ ist ebenfalls Lösung einer algebraischen Matrix-RICCATI-Gleichung, in der Form von (10.79):

$$Y_\infty = \text{Ric}\left[\begin{array}{c|c} (A - B_1 D_{21}^\# C_2)^T & \gamma^{-2} C_1^T C_1 - C_2^T(D_{21} D_{12}^T)^{-1} C_2 \\ \hline -B_1(I - D_{21}^\# D_{21})(I - D_{21}^\# D_{21})^T B_1^T & -(A - B_1 D_{21}^\# C_2) \end{array}\right], \tag{10.234}$$

wobei

$$D_{21}^{\#} \stackrel{\text{def}}{=} D_{21}^{T}(D_{22}D_{21}^{T})^{-1}.$$ (10.235)

In [DOYLE u.a.] ist der folgende Satz bewiesen:

10.14 Satz: *Ein stabilisierender Regler existiert so, daß* $\|P_{y_1 u_1}\|_{\infty} < \gamma$ *ist, dann und nur dann, wenn die drei folgenden Bedingungen erfüllt sind:*
1. X_{∞} *ist positiv semidefinit,*
2. Y_{∞} *ist positiv semidefinit und*
3. *für den Spektralradius gilt*

$$\rho(X_{\infty}Y_{\infty}) < \gamma^2.$$

Damit erhält man insgesamt die Vorgehensweise für die Ermittlung des optimalen $\mathcal{H}_{\infty}$-Reglers $R(s)$:

1. Schritt: Aufstellen der verallgemeinerten Streckenmatrix $P(s)$ aus der Streckenübertragungsmatrix $G(s)$ und den Gewichtungsmatrizen $W_F(s)$ und $W_S(s)$ und Umformung in die Zustandsform (10.219).

2. Schritt: Überprüfen der Rangbedingungen (10.223), (10.224) und (10.225). Sind sie nicht erfüllt, muß das Problem umformuliert werden.

3. Schritt: Setzen $\gamma = 1$.

4. Schritt: Berechnen von X_{∞} und Y_{∞}. Dies setzt voraus, daß kein Eigenwert der HAMILTON-Matrizen in (10.228) und (10.234) rein imaginär ist. Ist der Realteil eines Eigenwerts gleich Null, muß γ vergrößert werden und erneut mit dem 4. Schritt begonnen werden.

5. Schritt: Überprüfen, ob $\rho(X_{\infty}Y_{\infty}) < \gamma$.

6. Schritt: Sind alle Bedingungen erfüllt, wird γ verkleinert, sonst vergrößert. Dann wird der 4. bis 6. Schritt so lange wiederholt, bis γ nur noch unwesentlich verändert werden kann.

Aus dieser Prozedur ist wohl klar ersichtlich, daß die Ermittlung eines $\mathcal{H}_{\infty}$-Reglers nur mit Hilfe eines Computers möglich ist. Fertige Toolboxen stehen z.B. innerhalb der sehr empfehlenswerten MATLAB-Umgebung[2] zur Verfügung. Insgesamt erhält man die in Bild 10.22 angegebene Struktur. Umfangreiche Beispiele sind z.B. in [CHIANG/SAFONOW] zu finden.

Mit dem $\mathcal{H}_{\infty}$-Regler steht für Mehrfachsysteme also ein Regler zur Verfügung, der durch die Vorgabe der Gewichtungsmatrizen gutes Führungs- und Störverhalten aufweist. Darüberhinaus ist er auch noch robust gegenüber Parameterunsicherheiten.

---

[2]BAUSCH-GALL GmbH, München.

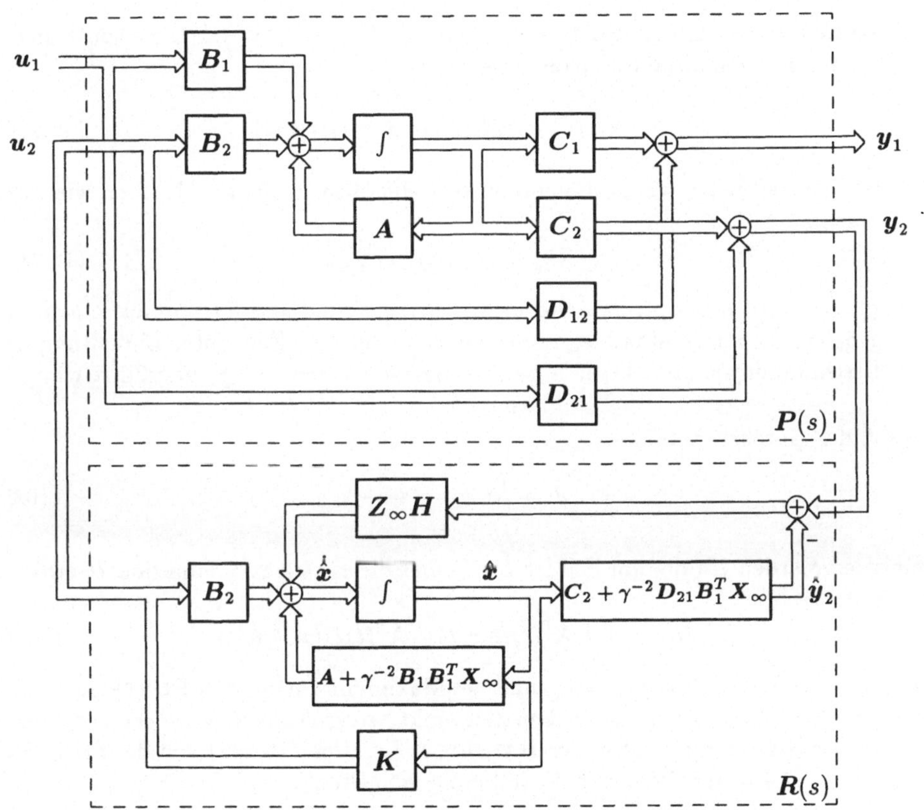

Bild 10.22: Gesamtstruktur eines Systems mit optimalem $\mathcal{H}_\infty$-Regler $R(s)$.

10.7 Zeitoptimale Regelungssysteme

10.7.1 Grundlagen

In der Einführung 10.1 zu diesem Kapitel wurde bereits dargestellt, daß man nur dann
für das Problem der zeitoptimalen Regelung eines zeitkontinuierlichen Systems eine
technisch verifizierbare Lösung erhält, wenn Stellgrößenbeschränkungen berücksichtigt
werden. Deshalb soll jetzt das Problem untersucht werden:

Gegeben sei ein in dem Stellvektor u lineares System, das durch die sonst nichtlineare und zeitvariante Zustandsgleichung

$$\dot{x}(t) = a(x(t), t) + B(x(t), t)u(t) \tag{10.236}$$

beschrieben wird, wobei die einzelnen Stellgrößen u_i für $i = 1, \ldots, p$ wie folgt
beschränkt sind

$$U_{i,min} \leq u_i(t) \leq U_{i,max}. \tag{10.237}$$

Gesucht wird eine optimale Steuerung $u^*_{[t_0,t_f]}$ so, daß das System aus einem gegebenen Anfangszustand x_0 in der kürzestmöglichen Zeit unter Einhaltung der
Beschränkungen (10.237) in einen gegebenen Endzustand x_e überführt wird.

Es soll das Gütekriterium

$$J = \int\limits_{t_0}^{t_f} 1 \cdot \mathrm{d}t = t_f - t_0 \tag{10.238}$$

minimiert werden. In diesem Fall ist $L = 1$ und die HAMILTON-Funktion H erhält die
Form

$$H = -1 + \boldsymbol{\lambda}^T(t)a(x, t) + \boldsymbol{\lambda}^T(t)B(x, t)u(t). \tag{10.239}$$

Die HAMILTON-Funktion muß aufgrund des Maximumprinzips von PONTRJAGIN durch
eine geeignete Wahl von $u(t)$ in jedem Zeitpunkt t so groß wie möglich gemacht werden.
Da nur der letzte Summand in der HAMILTON-Funktion (10.239) von der Stellgröße u
abhängt, muß also für die optimale Stellgröße u^* gelten

$$\boldsymbol{\lambda}^T(t)B(x, t)u^*(t) \geq \boldsymbol{\lambda}^T(t)B(x, t)u(t). \tag{10.240}$$

Der Wert von

$$\boldsymbol{\lambda}^T(t)B(x, t)u(t) = \sum_{i=1}^{p} \boldsymbol{\lambda}^T(t)b_i(x, t)u_i(t) \tag{10.241}$$

wird dann am größten, wenn jeder Summand der Summe auf der rechten Seite mittels
$u_i(t)$ so groß wie möglich gemacht wird. Ist $\boldsymbol{\lambda}^T(t)b_i(x, t)$ negativ, dann muß $u_i(t)$
so klein wie möglich, also gleich $U_{i,min}$ sein. Ist dagegen $\boldsymbol{\lambda}^T(t)b_i(x, t)$ positiv, muß
$u_i(t)$ so groß wie möglich gemacht werden, also gleich $U_{i,max}$. Ist dagegen in einem
endlichen Zeitintervall $\boldsymbol{\lambda}^T(t)b_i(x, t)$ identisch gleich null, kann keine Aussage über die

optimale Stellgröße gemacht werden, es liegt ein sogenanntes *singuläres Problem* vor. Zusammenfassend gilt für die zeitoptimale Stellgröße

$$u_i^*(t) = \begin{cases} U_{i,max}, & \text{wenn} \quad \boldsymbol{\lambda}^T(t)\boldsymbol{b}_i(\boldsymbol{x},t) > 0, \\ U_{i,min}, & \text{wenn} \quad \boldsymbol{\lambda}^T(t)\boldsymbol{b}_i(\boldsymbol{x},t) < 0, \\ \text{unbestimmt}, & \text{wenn} \quad \boldsymbol{\lambda}^T(t)\boldsymbol{b}_i(\boldsymbol{x},t) \equiv 0. \end{cases} \tag{10.242}$$

Unter welchen Bedingungen tritt bei einem zeitinvarianten linearen System mit der Zustandsgleichung

$$\dot{\boldsymbol{x}}(t) = \boldsymbol{A}\boldsymbol{x}(t) + \boldsymbol{B}\boldsymbol{u}(t)$$

kein singuläres Problem auf? Das kann wie folgt untersucht werden:
Ein singuläres Problem würde vorliegen, wenn es ein endliches Zeitintervall $[t_1, t_2]$ so gibt, daß für $t \in [t_1, t_2]$

$$\boldsymbol{\lambda}^T(t)\boldsymbol{b}_i = 0 \tag{10.243}$$

ist. Dafür kommen drei Möglichkeiten in Frage:

1. $\boldsymbol{b}_i = \boldsymbol{o}$,
2. $\boldsymbol{\lambda}(t) \equiv 0$,
3. $\boldsymbol{\lambda}(t)$ ist stets senkrecht zu $\boldsymbol{b}_i$.

Die erste Möglichkeit scheidet sofort aus, da in diesem Fall das System nicht steuerbar wäre. Die zweite Möglichkeit scheidet aus, da für Optimierungsprobleme, bei denen die HAMILTON-Funktion nicht explizit von der Zeit abhängt und die Endzeit t_f nicht festliegt, die HAMILTON-Funktion für alle t gleich null ist [BOLTJANSKI]. Wäre aber $\boldsymbol{\lambda}(t) = \boldsymbol{o}$, dann hätte die HAMILTON Funktion für das zeitoptimale Problem den Wert $H = -1$, was ein Widerspruch zu $H \equiv 0$ ist. Zu untersuchen bleibt noch der 3. Fall

$$\boldsymbol{\lambda}^T(t)\boldsymbol{b}_i = 0 \quad \text{für} \quad t \in [t_1, t_2]. \tag{10.244}$$

Dann müssen auch sämtliche Ableitungen in diesem Intervall gleich Null sein:

$$\frac{\mathrm{d}^j \boldsymbol{\lambda}^T(t)\boldsymbol{b}_i}{\mathrm{d}t^j} = 0 = \frac{\mathrm{d}^j \boldsymbol{\lambda}^T(t)}{\mathrm{d}t^j}\boldsymbol{b}_i. \tag{10.245}$$

Nach der adjungierten Gleichung (10.32) genügt $\boldsymbol{\lambda}(t)$ der linearen Differentialgleichung

$$\dot{\boldsymbol{\lambda}}(t) = -\boldsymbol{A}^T\boldsymbol{\lambda}(t), \tag{10.246}$$

d.h., es ist

$$\boldsymbol{\lambda}(t) = \mathrm{e}^{-\boldsymbol{A}^T t}\boldsymbol{\lambda}(0). \tag{10.247}$$

Diese Lösung in (10.246) eingesetzt und weiter nach t differenziert, liefert

$$\frac{\mathrm{d}^j \boldsymbol{\lambda}(t)}{\mathrm{d}t^j} = (-\boldsymbol{A}^T)^j \mathrm{e}^{-\boldsymbol{A}^T t}\boldsymbol{\lambda}(0). \tag{10.248}$$

Damit erhält man für (10.245)

$$\left(\mathrm{e}^{-\boldsymbol{A}^T t}\boldsymbol{\lambda}(0)\right)^T \boldsymbol{b}_i = 0,$$

$$\left(\mathrm{e}^{-\boldsymbol{A}^T t}\boldsymbol{\lambda}(0)\right)^T \boldsymbol{A}\boldsymbol{b}_i = 0,$$

$$\left(\mathrm{e}^{-\boldsymbol{A}^T t}\boldsymbol{\lambda}(0)\right)^T \boldsymbol{A}^2\boldsymbol{b}_i = 0,$$

$$\vdots$$

$$\left(\mathrm{e}^{-\boldsymbol{A}^T t}\boldsymbol{\lambda}(0)\right)^T \boldsymbol{A}^{n-1}\boldsymbol{b}_i = 0$$

oder

$$\left(\mathrm{e}^{-\boldsymbol{A}^T t}\boldsymbol{\lambda}(0)\right)^T \left[\begin{array}{cccc} \boldsymbol{b}_i & \boldsymbol{A}\boldsymbol{b}_i & \boldsymbol{A}^2\boldsymbol{b}_i & \cdots & \boldsymbol{A}^{n-1}\boldsymbol{b}_i \end{array}\right] = \boldsymbol{o}^T \qquad (10.249)$$

bzw. mit (10.247)

$$\boldsymbol{\lambda}^T(t)\left[\begin{array}{cccc} \boldsymbol{b}_i & \boldsymbol{A}\boldsymbol{b}_i & \boldsymbol{A}^2\boldsymbol{b}_i & \cdots & \boldsymbol{A}^{n-1}\boldsymbol{b}_i \end{array}\right] = \boldsymbol{o}^T. \qquad (10.250)$$

Da aber $\boldsymbol{\lambda}^T(t) = \boldsymbol{o}^T$ als zweite Möglichkeit ausscheidet, muß die Matrix in (10.250) singulär sein. Das ist bei einem Einfachsystem genau dann nicht der Fall, wenn es vollständig steuerbar ist. Bei einem Mehrfachsystem reicht die vollständige Steuerbarkeit des Systems als Bedingung für Regularität dieser Matrix nicht aus. Das System muß vielmehr mittels jeder Stellgröße u_i allein vollständig steuerbar sein, damit die Matrix in (10.250) nicht singulär wird. Es gibt durchaus Mehrfachsysteme, die zwar vollständig steuerbar sind, aber nicht durch eine einzelne Stellgröße, z.B. das System mit der Zustandsgleichung

$$\dot{\boldsymbol{x}}(t) = \left[\begin{array}{cc} 1 & 0 \\ 0 & 2 \end{array}\right] \boldsymbol{x}(t) + \left[\begin{array}{cc} 1 & 0 \\ 0 & 1 \end{array}\right] \boldsymbol{u}(t).$$

Das Ergebnis dieser Betrachtung ist in dem folgenden Satz zusammengefaßt:

10.15 Satz: Kein *singuläres Zeitintervall tritt beim zeitoptimalen Regelungsproblem auf, wenn*
1. ein vollständig steuerbares lineares zeitinvariantes Einfachsystem vorliegt, bzw.
2. ein lineares zeitinvariantes Mehrfachsystem vorliegt, das mittels jeder einzelnen Stellgröße u_i $(i = 1, \ldots, p)$ vollständig steuerbar ist.

Für Systeme, die die Bedingungen des Satzes 10.15 erfüllen, haben z.B. $\boldsymbol{\lambda}^T(t)\boldsymbol{b}_i$ und die daraus folgende zeitoptimale Stellgröße $u_i^*(t)$ die in Bild 10.23 dargestellten Verläufe. Auf englisch nennt man einen solchen Verlauf der Stellgröße anschaulich *bang-bang-control*, da nur die Extremwerte der zulässigen Steuerungen angenommen werden.

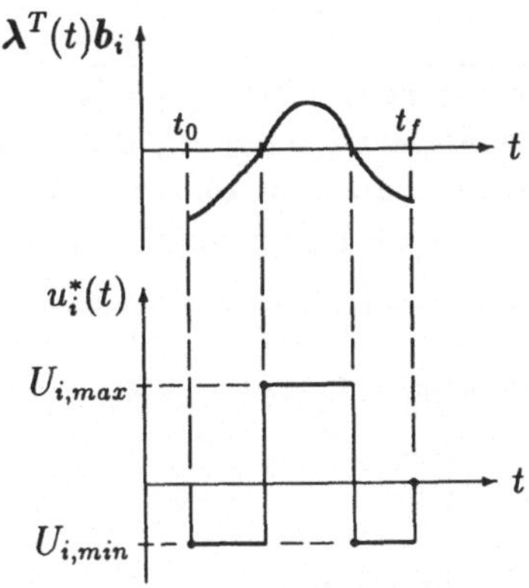

Bild 10.23: Zeitoptimaler Stellgrößenverlauf.

10.7.2   Zeitoptimale lineare zeitinvariante Systeme

10.6.2.1 Allgemeine Eigenschaften der zeitoptimalen Stellgröße

Im folgenden soll ausschließlich die zeitoptimale Regelung von linearen zeitinvarianten Systemen behandelt werden und zwar das

Problem: Für das lineare zeitinvariante System mit der Zustandsgleichung

$$\dot{x}(t) = Ax(t) + Bu(t) \tag{10.251}$$

und der Stellgrößenbeschränkung

$$|u_i(t)| \le 1, \quad i = 1,\dots,p \tag{10.252}$$

für jede Stellgröße wird die zeitoptimale Steuerung für das Überführen jedes beliebigen Anfangszustands $x(0) = x_0$ in den Endzustand $x(t_f) = o$ gesucht.

Aus dem vorhergehenden Abschnitt ist bekannt, daß unter den in Satz 10.15 angegebenen Steuerbarkeitsbedingungen die Stellgrößen nur die Extremwerte, jetzt also nur die Werte $+1$ oder -1, annehmen. Unbekannt sind nur noch die Umschaltzeitpunkte der Stellgrößen. Es gilt der folgende Existenz- und Eindeutigkeitssatz [BOLTJANSKI]:

10.16 Satz: *Wenn sämtliche Eigenwerte der Systemmatrix A keine positiven Realteile haben ($\Re e(\lambda_i) \le 0$), dann existiert für jeden Anfangszustand $x_0 \in \mathbb{R}^n$ eine eindeutige zeitoptimale Steuerung.*

Über die Zahl der Umschaltungen der Stellgrößen von einem Extremwert in den anderen hat FELDBAUM bereits 1953 den folgenden Satz bewiesen [BOLTJANSKI]:

10.17 Satz: *Wenn sämtliche Eigenwerte der $(n \times n)$-Systemmatrix $\boldsymbol{A}$ reell sind und eine zeitoptimale Steuerung existiert, ist jede Stellgröße $u_i(t)$ einer zeitoptimalen Steuerung stückweise konstant, sie nimmt nur die Extremwerte an und hat höchstens $n-1$ Umschaltungen von einem Extremwert in den anderen.*

Mit Hilfe dieser Aussagen sollen jetzt Systeme zweiter Ordnung mit einer Stellgröße näher betrachtet werden.

10.6.2.2 System mit zwei Integratoren

Ein idealisiertes Fahrzeug mit der Masse $M = 1$ und der beschränkten Antriebskraft $|u| \leq 1$ kann durch die Zustandsgleichung

$$\dot{\boldsymbol{x}}(t) = \begin{bmatrix} 0 & 1 \\ 0 & 0 \end{bmatrix} \boldsymbol{x}(t) + \begin{bmatrix} 0 \\ 1 \end{bmatrix} u(t) \tag{10.253}$$

beschrieben und zeitoptimal von jedem Anfangszustand $\boldsymbol{x}_0$ in den Nullzustand überführt werden. Das System hat offensichtlich die beiden Eigenwerte $\lambda_1 = \lambda_2 = 0$. Nach Satz 10.16 existiert dann für jeden Anfangszustand eine zeitoptimale Steuerung. Da beide Eigenwerte reell sind, findet nach Satz 10.17 nur $n-1 = 2-1 = 1$ Stellgrößenumschaltung statt. Für das gegebene System ist

$$\boldsymbol{\lambda}^T(t)\boldsymbol{b} = \lambda_2(t),$$

also nach (10.242) die zeitoptimale Steuerung

$$u^*(t) = \begin{cases} +1, & \text{wenn} \quad \lambda_2(t) > 0, \\ -1, & \text{wenn} \quad \lambda_2(t) < 0, \end{cases} \tag{10.254}$$

zusammengefaßt zu

$$u^*(t) = \text{sgn}(\lambda_2(t)). \tag{10.255}$$

In diesem Fall lautet die HAMILTON-Funktion

$$H = -1 + \boldsymbol{\lambda}^T(\boldsymbol{A}\boldsymbol{x} + \boldsymbol{b}u) = -1 + \lambda_1 x_2 + \lambda_2 u,$$

d.h., die adjungierten Gleichungen haben die Form

$$\frac{\partial H}{\partial x_1} = -\dot{\lambda}_1 = 0, \tag{10.256}$$

$$\frac{\partial H}{\partial x_2} = -\dot{\lambda}_2 = \lambda_1. \tag{10.257}$$

Aus (10.256) folgt

$$\lambda_1(t) = \text{const} = c_1$$

und damit aus (10.257)

$$\lambda_2(t) = c_2 - c_1 t.$$

Es ist also

$$u^*(t) = \mathrm{sgn}(c_2 - c_1 t).$$

Daraus folgt, daß es in der Tat nur maximal eine Umschaltung wegen der linearen λ_2-Funktion gibt.

Auf welchen Trajektorien in der Zustandsebene bewegt sich der Systemzustand, wenn entweder $u^*(t) = +1$ oder $u^*(t) = -1$ auf das System gegeben wird? Für $u = $ const folgt aus (10.253)

$$x_2(t) = ut + c_3 \tag{10.258}$$

und

$$x_1(t) = c_4 + \int\limits_0^t x_2(\tau)\mathrm{d}\tau = c_4 + c_3 t + u\frac{t^2}{2}. \tag{10.259}$$

Um die Zeit t zu eliminieren, wird zunächst die Gleichung (10.258) quadriert und durch zwei dividiert:

$$\frac{1}{2}x_2^2 = \frac{1}{2}u^2 t^2 + c_3 ut + \frac{1}{2}c_3^2. \tag{10.260}$$

(10.260) in (10.259) eingesetzt, liefert schließlich

$$x_1(t) = \frac{1}{2u}x_2^2(t) - \frac{1}{2u}c_3^2 + c_4,$$

d.h. für $u = +1$:

$$x_1(t) = \frac{1}{2}x_2^2(t) + c_5 \tag{10.261}$$

und für $u = -1$

$$x_1(t) = -\frac{1}{2}x_2^2(t) + c_6. \tag{10.262}$$

Das sind in der Zustandsebene Parabeln als Trajektorien wie in Bild 10.24, die sich entsprechend $\dot{x}_2(t) = u$ für $u = +1$ in Richtung der positiven x_2-Achse und für $u = -1$ in Richtung der negativen x_2-Achse bewegen. Ist die zeitoptimale Steuerung zunächst gleich $+1$ und dann gleich -1, besteht die optimale Trajektorie aus zwei Parabelstücken, wobei das zweite Parabelstück durch den Ursprung $\boldsymbol{x} = \mathbf{o}$ wie in Bild 10.25a laufen muß. Ist dagegen die zeitoptimale Steuerung zunächst gleich -1 und dann gleich $+1$, muß der in Bild 10.25b skizzierte Verlauf der zeitoptimalen Trajektorie vorliegen. Nimmt u^* ausschließlich den Wert -1 an, muß der Anfangszustand $\boldsymbol{x}_0$ auf dem Parabelast a in Bild 10.25a liegen. Ist dagegen die optimale Stellgröße u^* ausschließlich gleich $+1$, muß der Anfangszustand $\boldsymbol{x}_0$ auf dem Parabelast b in Bild 10.25b liegen. Die vier betrachteten Fälle ergeben zusammen das zeitoptimale Regelgesetz (Bild 10.26):

Liegt der Anfangszustand $\boldsymbol{x}_0$ *oberhalb* von $a - \mathbf{o} - b$, ist zunächst die Stellgröße $u^* = -1$ und sie schaltet beim Erreichen des Parabelastes $b - \mathbf{o}$ auf $u^* = +1$ um.

Liegt dagegen der Anfangszustand $\boldsymbol{x}_0$ *unterhalb* von $a - \mathbf{o} - b$, wird zunächst $u^* = +1$ und beim Erreichen des Parabelastes $a - \mathbf{o}$ wird $u^* = -1$ auf das System gegeben. $a - \mathbf{o} - b$ heißt deshalb **Schaltkurve**.

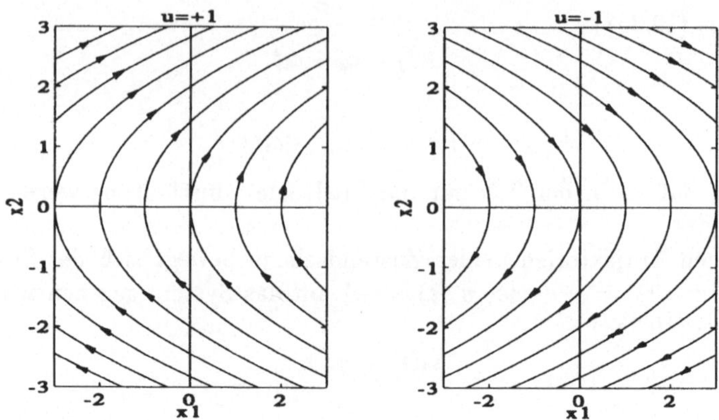

Bild 10.24: Trajektorien eines Systems mit zwei Integratoren für $u = +1$ bzw. $u = -1$.

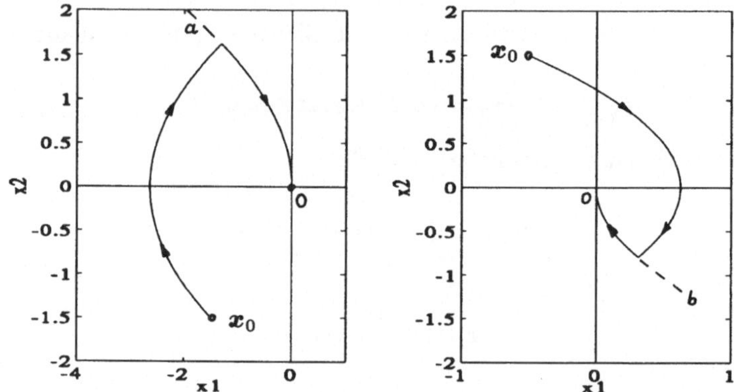

Bild 10.25: Zeitoptimale Trajektorien.

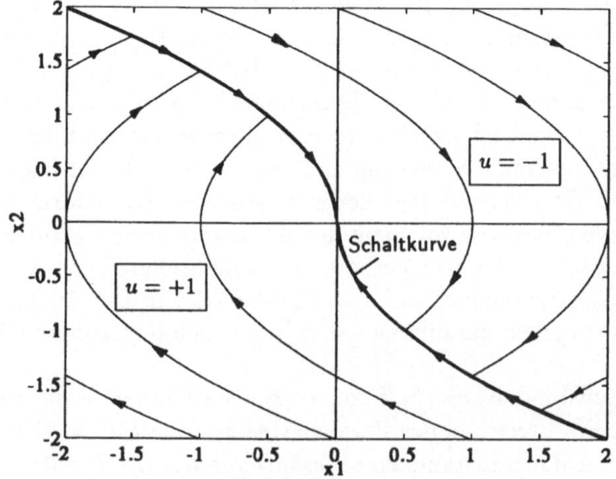

Bild 10.26: Zeitoptimale Trajektorien mit Schaltkurve.

Setzt man in (10.261) $c_5 = 0$ und in (10.262) $c_6 = 0$, erhält man als Gleichung für die Schaltkurve

$$x_1(t) + \frac{1}{2}x_2(t)|x_2(t)| = 0 \tag{10.263}$$

und damit das optimale **Regelgesetz**

$$\boxed{u^*(t) = -\operatorname{sgn}\left(x_1(t) + \frac{1}{2}x_2(t)|x_2(t)|\right).} \tag{10.264}$$

Insgesamt ergibt sich die in Bild 10.27 angegebene Struktur des (nichtlinearen) zeitoptimalen Regelkreises.

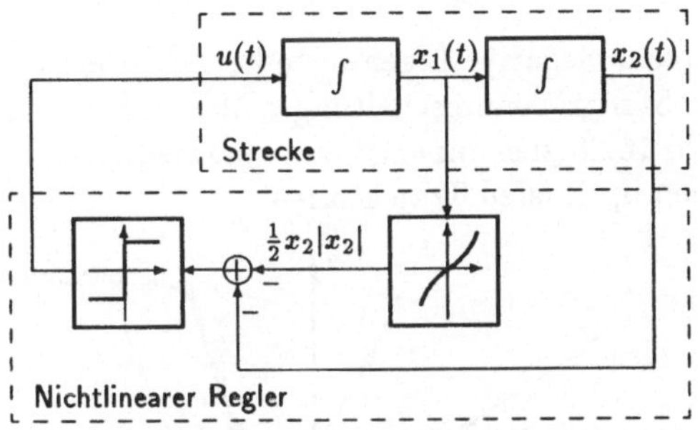

Bild 10.27: Zeitoptimaler Regelkreis.

10.6.2.3 Systeme mit zwei negativen reellen Eigenwerten

Das System zweiter Ordnung mit der Zustandsgleichung

$$\dot{x}(t) = \begin{bmatrix} \lambda_1 & 0 \\ 0 & \lambda_2 \end{bmatrix} x(t) + \begin{bmatrix} 1 \\ 1 \end{bmatrix} u, \ |u| \le 1, \tag{10.265}$$

mit $\lambda_2 < \lambda_1 < 0$, hat für konstantes u die Lösungsgleichungen

$$x_1(t) = [x_1(0) + \frac{u}{\lambda_1}]e^{\lambda_1 t} - \frac{u}{\lambda_1} \tag{10.266}$$

und

$$x_2(t) = [x_2(0) + \frac{u}{\lambda_2}]e^{\lambda_2 t} - \frac{u}{\lambda_2}, \tag{10.267}$$

wozu die in Bild 10.28 angegebenen Trajektorien gehören. Wird aus (10.266) und (10.267) die Zeit t eliminiert, erhält man die Trajektoriengleichung

$$x_2(t) = \left[x_2(0) + \frac{u}{\lambda_2}\right]\left[\frac{x_1(t) + u/\lambda_1}{x_1(0) + u/\lambda_1}\right]^{\frac{\lambda_2}{\lambda_1}} - \frac{u}{\lambda_2}.$$

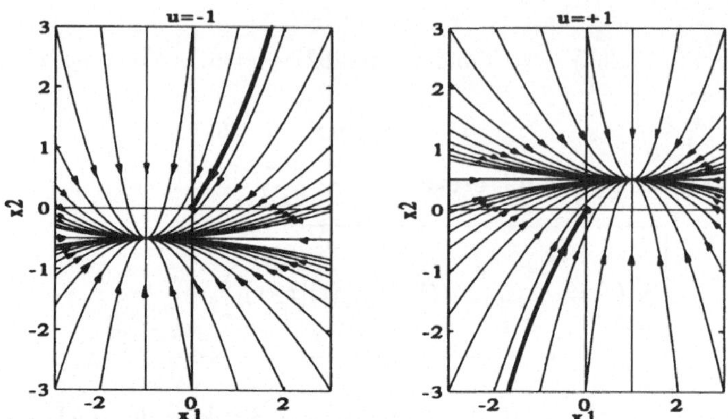

Bild 10.28: Trajektorien eines Systems mit zwei negativen reellen Eigenwerten für $u = -1$ bzw. $u = +1$.

Da das System zwei reelle negative Eigenwerte hat, existiert nach dem Satz 10.17 von FELDBAUM nur *eine* Stellgrößenumschaltung. Man erhält die aus den Trajektorien $a - \mathrm{o}$ und $b - \mathrm{o}$ in Bild 10.28 zusammengesetzte parabelförmige Schaltkurve und die in Bild 10.29 angegebenen optimalen Trajektorien.

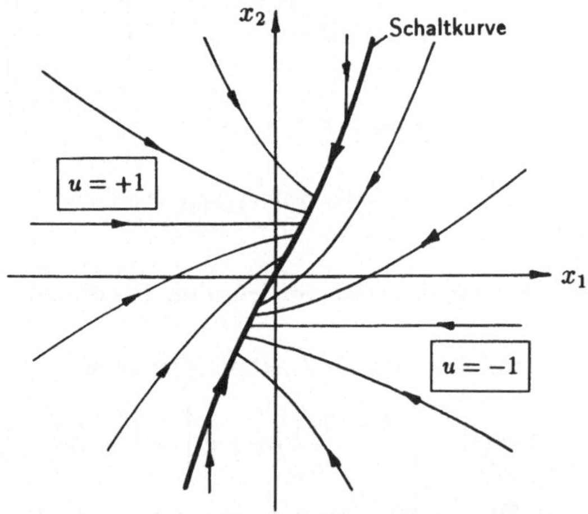

Bild 10.29: Zeitoptimale Trajektorien für ein System mit zwei reellen negativen Eigenwerten.

10.6.2.4 Systeme mit einem negativen Eigenwert und einem Eigenwert null

Das System mit der Zustandsgleichung

$$\dot{x}(t) = \begin{bmatrix} \lambda_1 & 0 \\ 0 & 0 \end{bmatrix} x(t) + \begin{bmatrix} 1 \\ 1 \end{bmatrix} u, \ |u| \leq 1, \tag{10.268}$$

mit dem stabilen Eigenwert $\lambda_1 < 0$ hat die Lösungsgleichungen

$$x_1(t) = \left[x_1(0) + \frac{u}{\lambda_1}\right] e^{\lambda_1 t} - \frac{u}{\lambda_1} \tag{10.269}$$

und

$$x_2(t) = x_2(0) + ut. \tag{10.270}$$

Für $u = +1$ und $u = -1$ erhält man die in Bild 10.30 skizzierten Trajektorien und die zeitoptimalen Trajektorien mit der Schaltkurve in Bild 10.31.

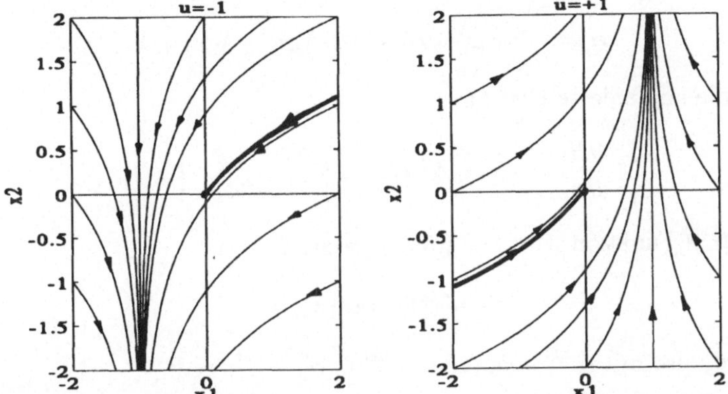

Bild 10.30: Trajektorien eines Systems mit einem negativen Eigenwert und einem Eigenwert null für $u = -1$ bzw. $u = +1$.

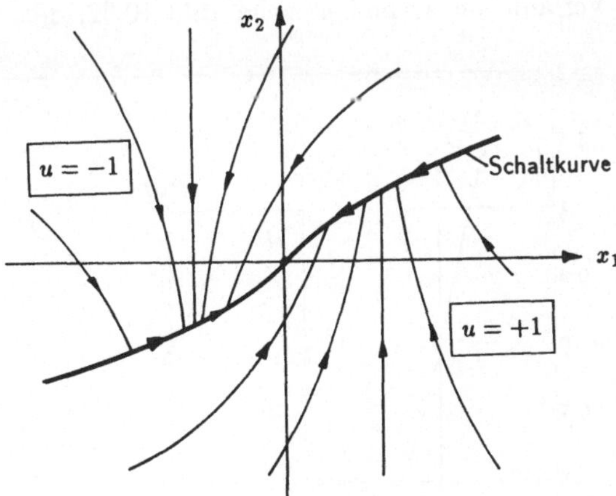

Bild 10.31: Zeitoptimale Trajektorien für ein System mit einem negativen Eigenwert und einem Eigenwert null.

10.6.2.5 System mit zwei komplexen Eigenwerten

Das System mit der Zustandsgleichung

$$\dot{x}(t) = \begin{bmatrix} 0 & 1 \\ -\omega_0^2 & -2d\omega_0 \end{bmatrix} x(t) + \begin{bmatrix} 0 \\ 1 \end{bmatrix} u, \ |u| \leq 1 \tag{10.271}$$

hat ein konjugiert komplexes Eigenwertpaar $\lambda_{1,2} = -d\omega_0 \pm j\sqrt{1-d^2}$, so daß der Satz 10.17 von FELDBAUM hier *nicht* gilt! Deshalb können mehr als $n-1=1$ Umschaltung der Stellgröße stattfinden. Die HAMILTON-Funktion für dieses Problem lautet

$$H = -1 - \omega_0^2\lambda_2 x_1 - 2d\omega_0\lambda_2 x_2 + \lambda_1 x_2 + \lambda_2 u \tag{10.272}$$

und damit die adjungierte Gleichung

$$\frac{\partial H}{\partial x} = -\dot{\lambda} = A^T\lambda(t) = \begin{bmatrix} 0 & -\omega_0^2 \\ 1 & -2d\omega_0 \end{bmatrix} \lambda(t). \tag{10.273}$$

Die HAMILTON-Funktion wird am größten, wenn

$$u^*(t) = \text{sgn}(\lambda_2(t)) \tag{10.274}$$

gewählt wird, also mit $\alpha \overset{\text{def}}{=} -d\omega_0$ und $\omega \overset{\text{def}}{=} \omega_0\sqrt{1-d^2}$, wenn

$$u^*(t) = \text{sgn}\left(e^{\alpha t}[c_1\cos(\omega t) + c_2\sin(t)]\right) = \text{sgn}\left(e^{\alpha t}A\sin(\omega t + \varphi)\right). \tag{10.275}$$

Einen typischen Verlauf von λ_2 und u^* zeigt Bild 10.32, dem auch zu   entnehmen

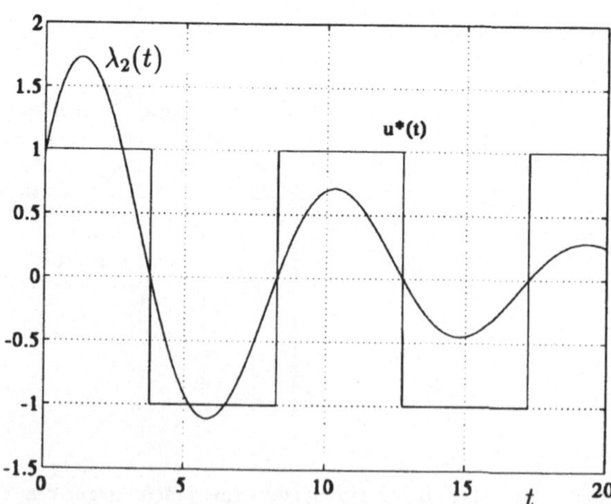

Bild 10.32: Verlauf der zeitoptimalen Stellgröße u^* eines Systems mit einem konjugiert komplexen Eigenwertpaar.

ist, daß die zeitoptimale Stellgröße maximal für eine halbe Periodendauer der Funktion $\lambda_2(t)$ konstant bleibt, also für die Zeit π/ω. Die Zahl der Umschaltungen der Stellgröße von einem Extremwert in den anderen ist nicht mehr begrenzt, sie hängt offensichtlich vom Anfangszustand ab.

Auf welchen Trajektorien bewegt sich der Systemzustand, wenn auf das System die Stellgröße $u(t) = \text{const} = +1$ oder -1 wirkt? Für $t \to \infty$ wird die Ruhelage $\boldsymbol{x}_\infty$ erreicht, die man aus

$$\dot{\boldsymbol{x}}_\infty = \boldsymbol{o} = \boldsymbol{A}\boldsymbol{x}_\infty + \boldsymbol{b}u$$

zu

$$\boldsymbol{x}_\infty = -\boldsymbol{A}^{-1}\boldsymbol{b}u = \left[\begin{array}{c} 1/\omega_0^2 \\ 0 \end{array} \right] u$$

erhält. Beispielsweise erhält man die beiden Trajektorien in Bild 10.33.

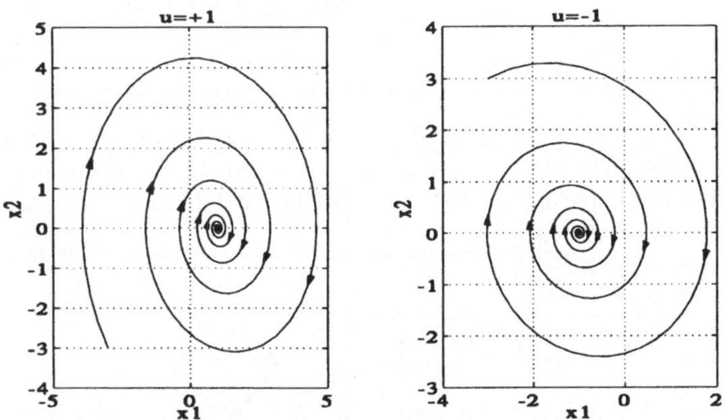

Bild 10.33: Zwei Trajektorien des Systems mit einem stabilen konjugiert komplexen Eigenwertpaar.

Findet *keine* Umschaltung der zeitoptimalen Stellgöße für einen Anfangszustand statt, muß die minimale Ausregelzeit kleiner als π/ω sein und der Anfangszustand muß auf einer der beiden Spiralen liegen, die durch den Koordinatenursprung gehen. Diese beiden Spiraläste sind in Bild 10.34 dargestellt. Findet *eine* Umschaltung der Stellgröße

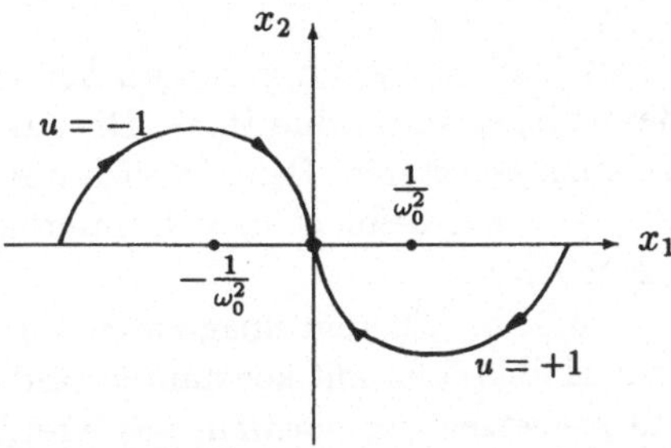

Bild 10.34: Zustandstrajektorien, die in einer minimalen Überführungszeit von weniger als π/ω in den Nullzustand überführt werden können.

statt, z.B. von $u = +1$ nach $u = -1$, bewegt sich zunächst der Zustand auf einer Spirale um den Punkt $\begin{bmatrix} 1/\omega_0^2 \\ 0 \end{bmatrix}$ und dann auf der schon in Bild 10.34 angegebenen Spirale um $\begin{bmatrix} -1/\omega_0^2 \\ 0 \end{bmatrix}$ nach **o** (Bild 10.35).

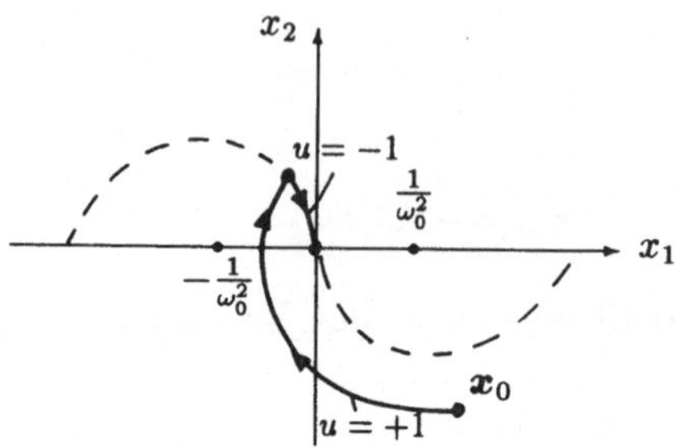

Bild 10.35: Zeitoptimale Trajektorie mit einer Stellgrößenumschaltung.

Finden *zwei* Umschaltungen der Stellgröße statt, z.B. zunächst von $u^* = -1$ nach $u^* = +1$ und dann nach $u^* = -1$, dann muß $u^* = +1$ für die Dauer von π/ω auf das System gegeben werden, d.h., der Systemzustand muß sich während dieser Zeit um 180° um den Punkt $\begin{bmatrix} 1/\omega_0^2 \\ 0 \end{bmatrix}$ gedreht haben. Es findet z.B. eine Bewegung wie in Bild 10.36 statt.

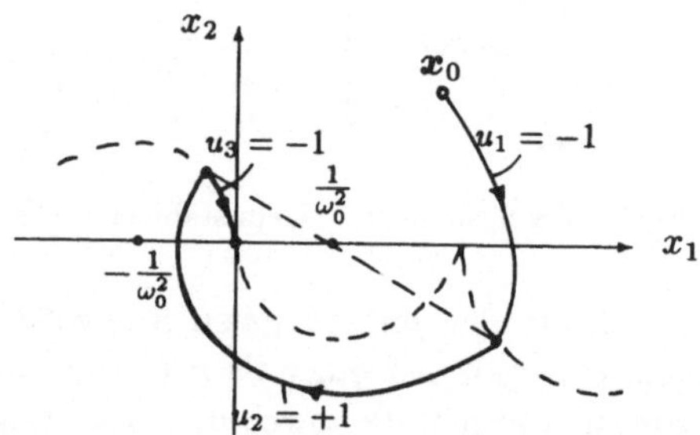

Bild 10.36: Zeitoptimale Bewegung mit zwei Stellgrößenumschaltungen.

Fährt man so fort, erhält man eine aus Spiralenstücken zusammengesetzte Schaltkurve und zeitoptimale Bewegungen wie in Bild 10.37. Die Zahl der Stellgrößenumschaltungen ist abhängig vom Anfangszustand. Befindet sich der Systemzustand oberhalb der Schaltkurve, wird $u^* = -1$ und befindet er sich unterhalb der Schaltkurve, wird $u^* = +1$ auf das System gegeben.

Für den Sonderfall $d = 0$, d.h. ein rein imaginären Eigenwertpaar $\lambda_{1,2} = \pm j\omega_0$, besteht die Schaltkurve aus Halbkreisen mit konstanten Radien wie in Bild 10.38 und die zeitoptimalen Trajektorien setzen sich ebenfalls aus Kreisbögen zusammen.

Liegt ein *instabiles* System mit einem konjugiert komplexen Eigenwertpaar und der Zustandsgleichung ($d > 0$, $\omega_0 > 0$)

$$\dot{\boldsymbol{x}}(t) = \begin{bmatrix} 0 & 1 \\ -\omega_0^2 & +2d\omega_0 \end{bmatrix} \boldsymbol{x}(t) + \begin{bmatrix} 0 \\ 1 \end{bmatrix} u, \ |u| \le 1$$

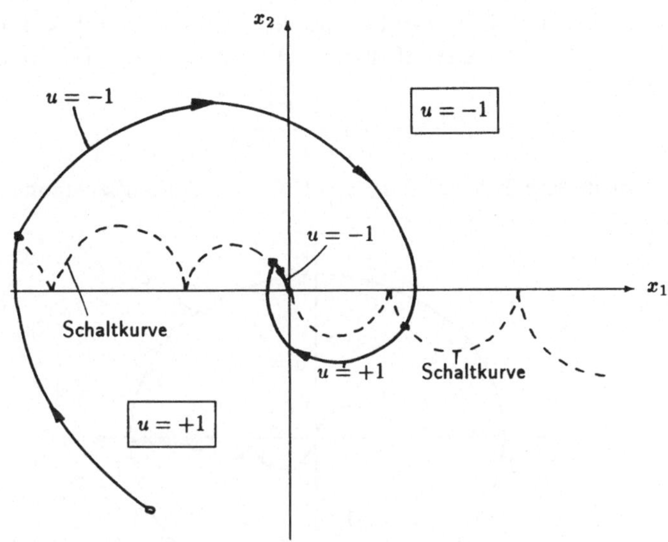

Bild 10.37: Schaltkurve und zeitoptimale Trajektorien für ein System mit einem stabilen Eigenwertpaar.

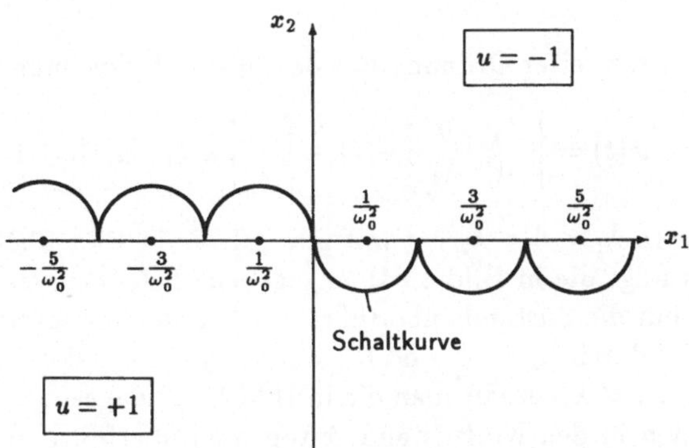

Bild 10.38: Schaltkurve für ein System mit einem rein komplexen Eigenwertpaar.

vor, erhält man Schaltkurven, die auch wieder aus Spiralenstücken zusammengesetzt sind, deren Durchmesser aber mit zunehmender Zeit abnehmen. Es entsteht die in Bild 10.39 skizzierte Schaltkurve und nur innerhalb der Randkurve $\mathcal{C}$ liegende Anfangszustände können mit Hilfe der beschränkten Stellgröße $|u| \leq 1$ in den Nullzustand überführt werden. In [LEE/MARKUS] ist bewiesen, daß die Grenzpunkte $\pm c$ in Bild 10.39 durch

$$c = \frac{1 + e^{d\pi/\omega}}{\omega_0^2(1 - e^{d\pi/\omega})}$$

gegeben sind. In diesem Fall existiert *nicht* für alle Anfangszustände $\boldsymbol{x}_0 \in \mathrm{I\!R}^2$ eine

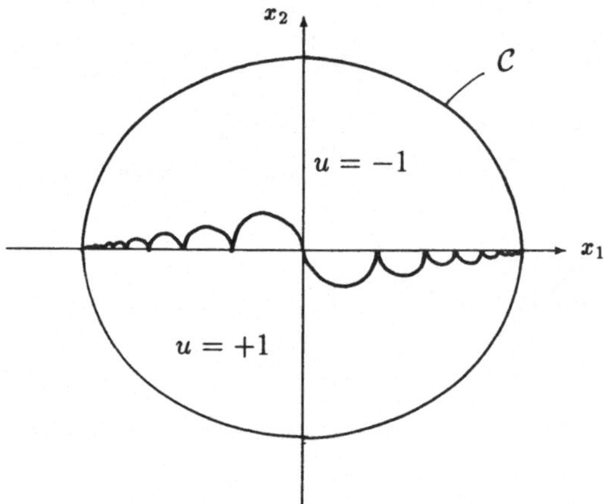

Bild 10.39: Schaltkurve für ein System mit einem instabilen konjugiert komplexen Eigenwertpaar.

zeitoptimale Trajektorie, siehe auch Satz 10.16.

10.6.2.6 Instabile Systeme mit zwei reellen Eigenwerten.

Ein instabiles System zweiter Ordnung mit der Zustandsgleichung

$$\dot{\boldsymbol{x}}(t) = \begin{bmatrix} \lambda_1 & 0 \\ 0 & \lambda_2 \end{bmatrix} \boldsymbol{x}(t) + \begin{bmatrix} 1 \\ 1 \end{bmatrix} u(t), \ |u(t)| \leq 1$$

und den Eigenwerten $\lambda_1 < 0 < \lambda_2$ hat mit $u = \pm 1$ die in Bild 10.40 angegebenen Trajektorien. Daraus folgt die in Bild 10.41 angegebene Schaltkurve. Zeitoptimal in den Ursprung können nur die Zustände überführt werden, die in dem Streifen zwischen den beiden Geraden $\mathcal{C}^+$ durch $x_2 = \frac{1}{\lambda_2}$ und $\mathcal{C}^-$ durch $x_2 = -\frac{1}{\lambda_2}$ liegen. Sind beide Eigenwerte instabil, $0 < \lambda_1 < \lambda_2$, erhält man die in Bild 10.42 angegebenen Trajektorien, die Schaltkurve und den in den Nullzustand zeitoptimal überführbaren Bereich zwischen den beiden Kurven $\mathcal{C}^+$ und $\mathcal{C}^-$.

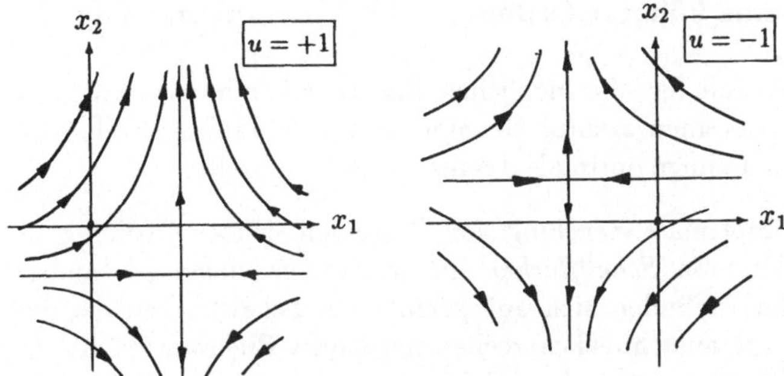

Bild 10.40: Trajektorien eines Systems mit einem negativen und einem positiven Eigenwert.

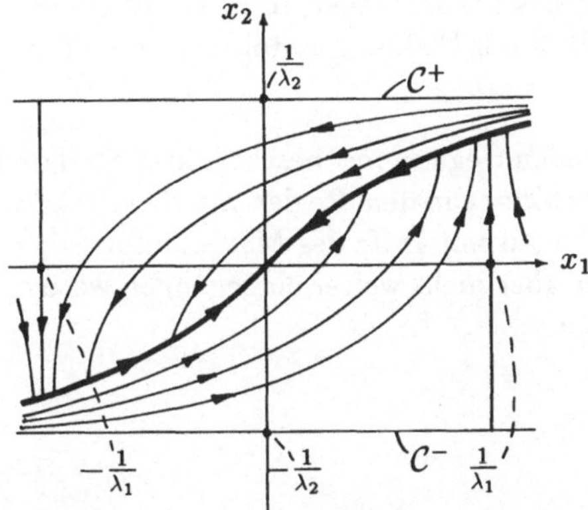

Bild 10.41: Schaltkurve und zeitoptimale Trajektorien für ein System mit einem stabilen und einem instabilen Eigenwert.

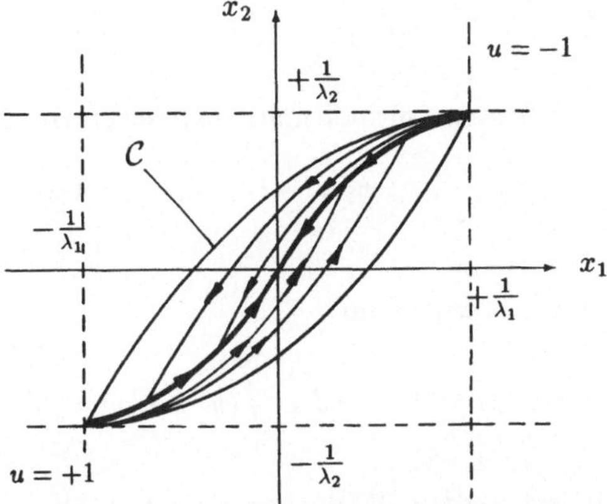

Bild 10.42: Zeitoptimal in den Ursprung überführbares Gebiet, Schaltkurve und zeitoptimale Trajektorien für ein System mit zwei reellen instabilen Eigenwerten.

10.6.2.7 Systeme höherer Ordnung und Zusammenfassung

In Tabelle 10.1 sind für alle möglichen Eigenwertkombinationen für die zeitoptimale Regelung von Systemen zweiter Ordnung mit beschränkter Stellgröße $|u(t)| \leq 1$ die Schaltkurven und einige optimale Trajektorien dargestellt.

Für die zeitoptimale Regelung von Systemen dritter Ordnung mit beschränkter Stellgröße erhält man *Schaltflächen* im dreidimensionalen Zustandsraum. Auf diesen Schaltflächen befinden sich außerdem noch Schaltkurven, so daß beispielsweise bei Systemen mit ausschließlich reellen negativen Eigenwerten höchstens zwei Stellgrößenumschaltungen stattfinden. Bei Systemen vierter und höherer Ordnung würden *Schalthyperflächen* benötigt werden. Diese analytisch zu bestimmen, ist jedoch entweder sehr schwierig oder sogar unmöglich. Deshalb geht man bei Systemen höherer Ordnung zu suboptimalen Verfahren über, indem man entweder die Schaltflächen oder (und) das Systemmodell durch Ordnungsreduktion vereinfacht.

Neben den zeitoptimalen Reglern mit beschränkter Stellgröße spielen u.a. auch noch die energie- bzw. treibstoffoptimalen Regler mit beschränkter Stellgröße eine Rolle. Auch diese Probleme können mit Hilfe des Maximumprinzips von PONTRJAGIN gelöst werden. Auf sie soll hier aber nicht weiter eingegangen werden, sondern es wird auf die Spezialliteratur verwiesen.

10.8 Übungen zu Kapitel 10

Aufgabe 10.1: Für das System mit der mathematischen Beschreibung

$$\dot{x}_1 = -x_2 + u_1, \quad \dot{x}_2 = u_2,$$
$$y = 2x_1 + x_2$$

soll das Gütekriterium

$$J = \int\limits_0^\infty (y^2 + u_1^2 + u_2^2)\mathrm{d}t$$

minimiert werden. Wie lautet das optimale Regelgesetz?

Lösung: $u_1^* = -2x_1, \quad u_2^* = -x_2.$

Tabelle 10.1: Zeitoptimale Regelung von Systemen zweiter Ordnung mit beschränkter Stellgröße

Zustandsgleichung	Eigenwerte	Schaltkurven u. Trajektorien
$\dot{x} = \begin{bmatrix} \lambda_1 & 0 \\ 0 & \lambda_2 \end{bmatrix} x + \begin{bmatrix} 1 \\ 1 \end{bmatrix} u$		
$\dot{x} = \begin{bmatrix} 0 & 1 \\ 0 & 0 \end{bmatrix} x + \begin{bmatrix} 0 \\ 1 \end{bmatrix} u$		
$\dot{x} = \begin{bmatrix} 0 & 1 \\ -\omega_0^2 & -2d\omega_2 \end{bmatrix} x + \begin{bmatrix} 0 \\ 1 \end{bmatrix} u$		

Aufgabe 10.2: Für das zeitkontinuierliche System in Aufgabe 8.4 soll ein quadratisch optimaler Regler für ein Gütekriterium mit $t_f = \infty$ und den Gewichtungsmatrizen

$$Q = \begin{bmatrix} 1 & 0 & 0 \\ 0 & 1 & 0 \\ 0 & 0 & 0 \end{bmatrix} \quad R = \begin{bmatrix} 10 & 0 \\ 0 & 1 \end{bmatrix}$$

ermittelt werden. Welche Zustandsrückkopplungsmatrix K und welche Eigenwerte des rückgekoppelten Systems erhält man?

Lösung:

$$K = \begin{bmatrix} -0,1860 & 0,0007 & 0,5083 \\ 0,2326 & 0,7194 & 0,0071 \end{bmatrix},$$

$$\lambda_1 = -5,1197 \quad \text{und} \quad \lambda_{2,3} = -1,5094 \pm j1,3725.$$

11 Regelung nichtlinearer Systeme

In diesem letzten Kapitel wird zunächst die Transformierbarkeit der Zustandsglei-chung eines nichtlinearen Systems auf eine Normalform untersucht, um dann mit Hilfe dieser Normalform Zustandsrückführungen entwerfen zu können. Entsprechend wird das Beobachtungsproblem behandelt. Abschließend wird in die Regelung von nichtlinearen Systemen mit Hilfe von künstlichen Neuronalen Netzen eingeführt.

11.1 Einführung

In den vorhergehenden Kapiteln wurden Regler für nichtlineare Systeme so entworfen, daß zunächst die mathematische Beschreibung in einem Arbeitspunkt oder entlang einer gewünschten Bewegung linearisiert und dann anhand des linearen Modells der Regler entworfen wurde. Hierbei hängt der Gültigkeitsbereich der linearen Näherung von der Art der Nichtlinearität ab. Nur wenn in der Zustandsgleichung

$$\dot{\boldsymbol{x}}(t) = \boldsymbol{f}(\boldsymbol{x}(t), \boldsymbol{u}(t)) \tag{11.1}$$

und der Ausgangsgleichung

$$\boldsymbol{y} = \boldsymbol{h}(\boldsymbol{x}(t)) \tag{11.2}$$

die vektoriellen Funktionen $\boldsymbol{f}$ und $\boldsymbol{h}$ nach den Komponenten x_i des Zustandsvektors $\boldsymbol{x}$ bzw. nach den Komponenten u_i des Steuervektors $\boldsymbol{u}$ ableitbar waren, konnten z.B. die Gleichungen (11.1) und (11.2) in der Umgebung des Arbeitspunktes $(\bar{\boldsymbol{x}}, \bar{\boldsymbol{u}})$ durch

$$\dot{\boldsymbol{\xi}}(t) = \boldsymbol{A}\boldsymbol{\xi}(t) + \boldsymbol{B}\boldsymbol{\nu}(t), \tag{11.3}$$

$$\boldsymbol{\eta}(t) = \boldsymbol{C}\boldsymbol{\xi}(t) \tag{11.4}$$

angenähert werden, wobei

$$\boldsymbol{A} \overset{\text{def}}{=} \left.\frac{\partial \boldsymbol{f}}{\partial \boldsymbol{x}}\right|_{\bar{\boldsymbol{x}},\bar{\boldsymbol{u}}} \in \mathbb{R}^{n \times n}, \quad \boldsymbol{B} \overset{\text{def}}{=} \left.\frac{\partial \boldsymbol{f}}{\partial \boldsymbol{u}}\right|_{\bar{\boldsymbol{x}},\bar{\boldsymbol{u}}} \in \mathbb{R}^{n \times p} \quad \text{und} \quad \boldsymbol{C} \overset{\text{def}}{=} \left.\frac{\partial \boldsymbol{h}}{\partial \boldsymbol{x}}\right|_{\bar{\boldsymbol{x}}} \in \mathbb{R}^{q \times n} \tag{11.5}$$

und

$$\boldsymbol{\xi} \overset{\text{def}}{=} \boldsymbol{x} - \bar{\boldsymbol{x}}, \quad \boldsymbol{\nu} \overset{\text{def}}{=} \boldsymbol{u} - \bar{\boldsymbol{u}} \quad \text{und} \quad \boldsymbol{\eta} \overset{\text{def}}{=} \boldsymbol{y} - \bar{\boldsymbol{y}} \tag{11.6}$$

ist sowie die Zusammenhänge

$$f(\bar{x}, \bar{u}) = \mathbf{o} \quad \text{und} \quad \bar{y} \stackrel{\text{def}}{=} h(\bar{x}) \tag{11.7}$$

bestehen.

Einer der großen Vorteile der linearen Modelle besteht u.a. darin, daß mit Hilfe der Regelungsnormalform

$$\dot{x}_R(t) = \begin{bmatrix} 0 & 1 & 0 & \cdots & 0 \\ \vdots & \ddots & \ddots & \ddots & \vdots \\ \vdots & & \ddots & \ddots & 0 \\ 0 & \cdots & \cdots & 0 & 1 \\ & & -a^T & & \end{bmatrix} x_R(t) + \begin{bmatrix} 0 \\ \vdots \\ 0 \\ 1 \end{bmatrix} u(t) \tag{11.8}$$

für Einfachsysteme sehr leicht die Zustandsrückführung

$$u(t) = -k_R^T x_R(t) = -(\alpha - a)^T x_R(t) \tag{11.9}$$

entworfen werden kann, wobei der Parametervektor α aus den Koeffizienten des gewünschten charakteristischen Polynoms besteht, siehe Kapitel 6. Die Transformation einer beliebigen Systembeschreibung $\{A, b, c^T\}$ auf Regelungsnormalform $\{A_R, b_R, c_R^T\}$ wird dabei mit Hilfe der Zustandstransformation

$$x_R = Tx, \quad x = T^{-1} x_R \tag{11.10}$$

vorgenommen, so daß

$$A_R = TAT^{-1}, \quad b_R = Tb \quad \text{und} \quad c_R^T = c^T T^{-1} \tag{11.11}$$

und die Transformationsmatrix T so zusammengesetzt ist:

$$T = \begin{bmatrix} t_1^T \\ t_1^T A \\ \cdots \\ t_1^T A^{n-1} \end{bmatrix} \tag{11.12}$$

mit

$$t_1^T = \begin{bmatrix} 0 & \cdots & 0 & 1 \end{bmatrix} \begin{bmatrix} b & Ab & \cdots & A^{n-1}b \end{bmatrix}^{-1}. \tag{11.13}$$

Aber auch *zeitvariante* lineare Systemmodelle können unter bestimmten Voraussetzungen auf Regelungsnormalform transformiert werden. Hierbei muß die Transformationsmatrix laufend den veränderten Systemdaten angepaßt werden, selbst also auch zeitvariant sein, so daß dieser Zusammenhang besteht:

$$x_R = T(t)x \quad \text{und} \quad x = T^{-1}(t)x_R. \tag{11.14}$$

Differenziert man die erste Gleichung nach der Zeit und setzt anschließend die Zustandsgleichung der mathematischen Beschreibung

$$\dot{\boldsymbol{x}}(t) = \boldsymbol{A}(t)\boldsymbol{x}(t) + \boldsymbol{b}(t)u(t), \tag{11.15}$$

$$y(t) = \boldsymbol{c}^T(t)\boldsymbol{x}(t) \tag{11.16}$$

ein, erhält man die neue Zustandsgleichung

$$\dot{\boldsymbol{x}}_R(t) = \dot{\boldsymbol{T}}(t)\boldsymbol{x}(t) + \boldsymbol{T}(t)\dot{\boldsymbol{x}}(t) = [\dot{\boldsymbol{T}}(t) + \boldsymbol{T}(t)\boldsymbol{A}(t)]\boldsymbol{T}^{-1}(t)\boldsymbol{x}_R(t) + \boldsymbol{T}(t)\boldsymbol{b}(t)u(t) \tag{11.17}$$

sowie die neue Ausgangsgleichung

$$y(t) = \boldsymbol{c}^T(t)\boldsymbol{T}^{-1}(t)\boldsymbol{x}_R(t). \tag{11.18}$$

Mit

$$\boldsymbol{A}_R(t) \overset{\text{def}}{=} [\dot{\boldsymbol{T}}(t) + \boldsymbol{T}(t)\boldsymbol{A}(t)]\boldsymbol{T}^{-1}(t) \tag{11.19}$$

sowie

$$\boldsymbol{b}_R(t) \overset{\text{def}}{=} \boldsymbol{T}(t)\boldsymbol{b}(t) \quad \text{und} \quad \boldsymbol{c}_R^T(t) \overset{\text{def}}{=} \boldsymbol{c}^T(t)\boldsymbol{T}^{-1}(t) \tag{11.20}$$

erhält man die äquivalente mathematische Beschreibung

$$\dot{\boldsymbol{x}}_R(t) = \boldsymbol{A}_R(t)\boldsymbol{x}_R(t) + \boldsymbol{b}_R(t)u(t) \tag{11.21}$$

$$y(t) = \boldsymbol{c}_R^T(t)\boldsymbol{x}_R(t). \tag{11.22}$$

Kann die Transformationsmatrix so gewählt werden, daß $\boldsymbol{A}_R(t)$ und $\boldsymbol{b}_R(t)$ die Formen

$$\boldsymbol{A}_R(t) = \begin{bmatrix} 0 & 1 & 0 & \cdots & 0 \\ \vdots & \ddots & \ddots & & \vdots \\ \vdots & & \ddots & \ddots & 0 \\ 0 & \cdots & \cdots & 0 & 1 \\ & & -\boldsymbol{a}^T(t) & & \end{bmatrix} \quad \text{und} \quad \boldsymbol{b}_R = \begin{bmatrix} 0 \\ \vdots \\ 0 \\ 1 \end{bmatrix} \tag{11.23}$$

haben? Aus (11.19) folgt

$$\boldsymbol{A}_R(t)\boldsymbol{T}(t) = \dot{\boldsymbol{T}}(t) + \boldsymbol{T}(t)\boldsymbol{A}(t) \tag{11.24}$$

und daraus für die $n-1$ ersten Zeilenvektoren dieser Matrixgleichung

$$\begin{aligned} \boldsymbol{t}_2^T(t) &= \dot{\boldsymbol{t}}_1^T(t) + \boldsymbol{t}_1^T(t)\boldsymbol{A} \\ \boldsymbol{t}_3^T(t) &= \dot{\boldsymbol{t}}_2^T(t) + \boldsymbol{t}_2^T(t)\boldsymbol{A} \\ &\vdots \\ \boldsymbol{t}_n^T(t) &= \dot{\boldsymbol{t}}_{n-1}^T(t) + \boldsymbol{t}_{n-1}^T(t)\boldsymbol{A}. \end{aligned} \tag{11.25}$$

Führt man den Operator $\mathcal{A}$ so ein

$$\boldsymbol{t}^T(t)\mathcal{A} \stackrel{\text{def}}{=} \dot{\boldsymbol{t}}^T(t) + \boldsymbol{t}^T(t)\boldsymbol{A}(t), \tag{11.26}$$

können die Gleichungen (11.25) kompakter geschrieben werden,

$$\begin{aligned}
\boldsymbol{t}_2^T(t) &= \boldsymbol{t}_1^T(t)\mathcal{A}, \\
\boldsymbol{t}_3^T(t) &= \boldsymbol{t}_2^T(t)\mathcal{A} = (\boldsymbol{t}_1^T(t)\mathcal{A})\mathcal{A} \stackrel{\text{def}}{=} \boldsymbol{t}_1^T(t)\mathcal{A}^2, \\
&\ \ \ldots \\
\boldsymbol{t}_n^T(t) &= \boldsymbol{t}_{n-1}^T(t)\mathcal{A} = \boldsymbol{t}_1^T(t)\mathcal{A}^{n-1},
\end{aligned}$$

d.h., die gesuchte Transformationsmatrix hat die Form

$$\boldsymbol{T}(t) = \begin{bmatrix} \boldsymbol{t}_1^T(t) \\ \boldsymbol{t}_1^T(t)\mathcal{A} \\ \boldsymbol{t}_1^T(t)\mathcal{A}^2 \\ \vdots \\ \boldsymbol{t}_1^T(t)\mathcal{A}^{n-1} \end{bmatrix}, \tag{11.27}$$

worin nur noch der erste Zeilenvektor $\boldsymbol{t}_1^T(t)$ unbekannt ist. Für die Bestimmung dieses Vektors steht noch die Bedingung (11.20) zur Verfügung

$$\boldsymbol{T}(t)\boldsymbol{b}(t) = \begin{bmatrix} 0 \\ \vdots \\ 0 \\ 1 \end{bmatrix}, \tag{11.28}$$

d.h. im einzelnen für $i = 1, 2, \ldots, n-1$

$$\boldsymbol{t}_i^T(t)\boldsymbol{b}(t) = 0 \tag{11.29}$$

und für $i = n$

$$\boldsymbol{t}_n^T(t)\boldsymbol{b}(t) = 1. \tag{11.30}$$

Daraus wird mit (11.25) für $i = 2, 3, \ldots, n-1$

$$[\dot{\boldsymbol{t}}_{i-1}^T(t) + \boldsymbol{t}_{i-1}^T(t)\boldsymbol{A}(t)]\boldsymbol{b}(t) = 0 \tag{11.31}$$

und außerdem

$$[\dot{\boldsymbol{t}}_{n-1}^T(t) + \boldsymbol{t}_{n-1}^T(t)\boldsymbol{A}(t)]\boldsymbol{b}(t) = 1. \tag{11.32}$$

(11.29) und (11.30) nach der Zeit differenziert, liefert für $i = 1, 2, \ldots, n$

$$\dot{\boldsymbol{t}}_i^T(t)\boldsymbol{b}(t) + \boldsymbol{t}_i^T(t)\dot{\boldsymbol{b}}(t) = 0 \tag{11.33}$$

oder

$$\dot{t}_i^T(t)b(t) = -t_i^T(t)\dot{b}(t).$$ (11.34)

Damit erhält man aus (11.31) und (11.32) für $i = 2, \ldots, n-1$

$$t_{i-1}^T(t)[-\dot{b}(t) + A(t)b(t)] = t_{i-1}^T(t)\mathcal{A}^*b(t) = 0$$ (11.35)

und

$$t_{n-1}^T(t)[-\dot{b}(t) + A(t)b(t)] = t_{n-1}^T(t)\mathcal{A}^*b(t) = 1,$$ (11.36)

mit dem Operator

$$\mathcal{A}^*b(t) \stackrel{\text{def}}{=} -\dot{b}(t) + A(t)b(t).$$ (11.37)

(11.25) in (11.35) und (11.36) eingesetzt, ergibt

$$t_{i+1}^T(t)\mathcal{A}^*b(t) = \dot{t}_i^T(t)\mathcal{A}^*b(t) + t_i^T(t)A(t)\mathcal{A}^*b(t) = 0.$$ (11.38)

(11.35) und (11.36) nach der Zeit differenziert und umgestellt, liefert

$$\dot{t}_i^T(t)\mathcal{A}^*b(t) = -t_i^T(t)\frac{\mathrm{d}}{\mathrm{d}t}[\mathcal{A}^*b(t)].$$ (11.39)

(11.39) in (11.38) ergibt schließlich

$$t_{i+1}^T(t)\mathcal{A}^*b(t) = t_i^T\left[-\frac{\mathrm{d}}{\mathrm{d}t}(\mathcal{A}^*b(t)) + A(t)\mathcal{A}^*b(t)\right] = t_i^T(t)\mathcal{A}^{*2}b(t) = 0$$

für $i = 2, \ldots, n-1$ und

$$t_{n-1}^T(t)\mathcal{A}^*b(t) = t_{n-2}^T(t)\mathcal{A}^{*2}b(t) = 1$$ (11.40)

für $i = n$. So fortfahrend, erhält man schließlich insgesamt

$$\begin{aligned}
t_1^T(t)b(t) &= 0, \\
t_1^T(t)\mathcal{A}^*b(t) &= 0, \\
&\vdots \\
t_1^T(t)\mathcal{A}^{*n-2}b(t) &= 0, \\
t_1^T(t)\mathcal{A}^{*n-1}b(t) &= 1.
\end{aligned}$$ (11.41)

Die skalaren Gleichungen (11.41) zu einer Zeilenvektorgleichung zusammengefaßt und auf der linken Seite den Vektor $t_1^T(t)$ herausgezogen, ergibt

$$t_1^T(t)\left[\, b(t) \quad \mathcal{A}^*b(t) \quad \cdots \quad \mathcal{A}^{*n-1}b(t) \,\right] = \left[\, 0 \quad 0 \quad \cdots \quad 0 \quad 1 \,\right].$$ (11.42)

Ist die **Steuerbarkeitsmatrix**

$$S(t) \stackrel{\text{def}}{=} \left[\, b(t) \quad \mathcal{A}^*b(t) \quad \cdots \quad \mathcal{A}^{*n-1}b(t) \,\right]$$ (11.43)

regulär, erhält man den gesuchten Zeilenvektor

$$t_1^T(t) = \begin{bmatrix} 0 & \cdots & 0 & 1 \end{bmatrix} S^{-1}(t),$$

(11.44)

d.h., $t_1^T(t)$ ist die letzte Zeile der invertierten Steuerbarkeitsmatrix für das zeitvariante System mit der mathematischen Beschreibung (11.15). In [LUDYK,1977] ist gezeigt, daß das zeitvariante System (11.15) dann und nur dann vollständig steuerbar ist, wenn die Steuerbarkeitsmatrix $S(t)$ regulär ist, also kann jedes lineare zeitvariante zeitkontinuierliche System genau dann auf Regelungsnormalform transformiert werden, wenn es vollständig steuerbar ist.

Für solche Systeme ist es jetzt leicht, einen zeitvarianten Rückkopplungsvektor $k_R(t)^T$ so zu bestimmen, daß das mit

$$u(t) = w(t) - k_R^T(t)x_R(t)$$

(11.45)

rückgekoppelte System ein zeitunabhängiges vorgeschriebenes dynamisches Verhalten hat. Soll das rückgekoppelte System das charakteristische Polynom

$$\alpha^T s + s^n$$

(11.46)

haben, ist

$$k_R^T(t) = \alpha^T - a^T(t)$$

(11.47)

zu wählen.

Haben die Komponenten des Zustandsvektors x eine physikalisch-technische Bedeutung, d.h., sind sie z.B. direkt meßbar, und will man die *zeitvariante* Zustandstransformation mit der Transformationsmatrix $T(t)$ vermeiden, kann man das erreichen, indem (11.10) in (11.45) eingesetzt wird,

$$u(t) = w(t) - k_R^T(t)T(t)x(t) = w(t) - k^T(t)x(t).$$

(11.48)

Für den Rückkopplungsvektor gilt

$$k^T(t) = k_R^T(t)T(t) = [\alpha^T - a^T(t)]T(t),$$

(11.49)

bzw. mit der letzten Zeile von (11.24)

$$-a^T(t)T(t) = \dot{t}_n^T(t) + t_n^T(t)A(t)$$

(11.50)

auch

$$k^T(t) = \alpha^T T(t) + \dot{t}_n^T + t_n^T A(t)$$
$$= \alpha^T T(t) + t_1^T \mathcal{A}^n$$
$$= \alpha_0 t_1^T + \alpha_1 t_1^T \mathcal{A} + \cdots + \alpha_{n-1} t_1^T \mathcal{A}^{n-1} + t_1^T \mathcal{A}^n.$$

Das kann mit

$$P_\alpha(s) \overset{\text{def}}{=} \alpha^T + s^n \tag{11.51}$$

auch kürzer so geschrieben werden:

$$k^T(t) = t_1^T(t) P_\alpha(\mathcal{A}). \tag{11.52}$$

Das ist eine Verallgemeinerung der ACKERMANN–Formel auf zeitvariante lineare zeitkontinuierliche Systeme. Für *zeitinvariante* Systeme geht die Formel (11.52) direkt in die ACKERMANN-Formel $k^T = t_1^T P_\alpha(A)$ über.

Grundsätzlich wird bei zeitvarianten linearen Systemen so vorgegangen:
Liegt die Zustandsgleichung in Regelungsnormalform vor, wird zunächst durch die zeitveränderliche Zustandsrückführung

$$u(t) = u'(t) + a^T(t) x_R(t)$$

in einer inneren Schleife ein System mit einer *zeitinvarianten* Zustandsgleichung

$$\dot{x}_R(t) = \dot{x}_R(t) = \begin{bmatrix} 0 & 1 & 0 & \cdots & 0 \\ \vdots & \ddots & \ddots & \ddots & \vdots \\ \vdots & & \ddots & \ddots & 0 \\ 0 & \cdots & \cdots & 0 & 1 \\ & & o^T & & \end{bmatrix} x_R(t) + \begin{bmatrix} 0 \\ \vdots \\ 0 \\ 1 \end{bmatrix} u'(t) \tag{11.53}$$

hergestellt, die ein System beschreibt, das aus der Reihenschaltung von n Integratoren besteht. Fügt man jetzt noch in einer äußeren Schleife die Rückführung

$$u'(t) = w(t) - \alpha^T x_R(t)$$

hinzu, erhält man ein System wie in Bild 11.1 mit vorgegebenem dynamischen Verhalten und dem charakteristischen Polynom $\alpha^T s + s^n$.

11.2 Regelungsnormalform für nichtlineare Systeme

Die in Bild 11.1 beschriebene Vorgehensweise bei zeitvarianten linearen Systemen kann auch auf eine gewisse Klasse von nichtlinearen Systemen angewendet werden, wie das

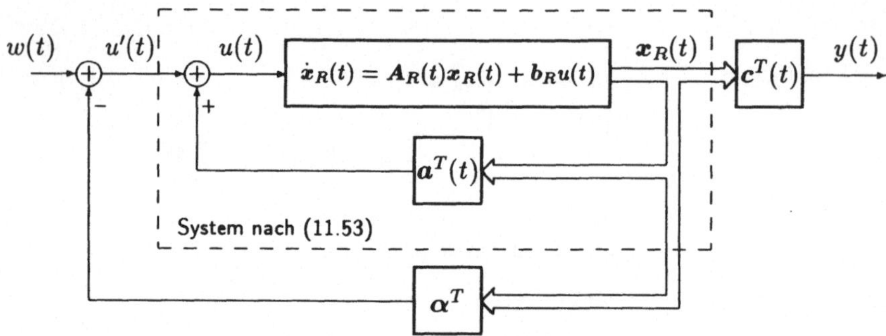

Bild 11.1: Grundsätzliche Vorgehensweise bei der Zustandsrückführung für ein zeitvariantes System.

folgende Beispiel zeigt.

11.1 Beispiel: Gegeben sei das nichtlineare System mit den Zustandsgleichungen

$$\dot{x}_1 = a \cdot \sin(x_2), \tag{11.54}$$

$$\dot{x}_2 = -x_1^2 + u. \tag{11.55}$$

Wählt man als Stellgröße $u = w + x_1^2$, wird zwar die zweite Zustandsgleichung zur linearen Gleichung $\dot{x}_2 = w$, aber die erste Zustandsgleichung bleibt nichtlinear. Führt man dagegen die nur für $|x_2| < \frac{\pi}{2}$ eindeutige Transformation

$$x_{R1} = x_1, \tag{11.56}$$

$$x_{R2} = \dot{x}_1 = a \cdot \sin(x_2) \tag{11.57}$$

durch, wird aus (11.54) und (11.55)

$$\dot{x}_{R1} = x_{R2}, \tag{11.58}$$

$$\dot{x}_{R2} = a \cdot \cos(x_2)\dot{x}_2 = a \cdot \cos(x_2)(-x_1^2 + u). \tag{11.59}$$

Wählt man zunächst

$$u' = a \cdot \cos(x_2)(-x_1^2 + u), \tag{11.60}$$

also für eine innere Schleife (Bild 11.2)

$$u = \frac{1}{a \cdot \cos(x_2)}u' + x_1^2, \tag{11.61}$$

erhält man anstelle der nichtlinearen Zustandsgleichungen die beiden linearen Zustandsgleichungen

$$\dot{x}_{R1} = x_{R2}, \tag{11.62}$$

$$\dot{x}_{R2} = u', \tag{11.63}$$

die ein System aus zwei hintereinandergeschalteten Integratoren darstellen. Überlagert man diesem durch eine nichtlineare Rückführung linearisierten System noch eine äußere Schleife mit einer Zustandsrückführung der Form

$$u' = w - (k_{R1}x_{R1} + k_{R2}x_{R2}), \tag{11.64}$$

erhält man für das rückgekoppelte System

$$\dot{x}_R = \begin{bmatrix} 0 & 1 \\ -k_1 & -k_2 \end{bmatrix} x_R + \begin{bmatrix} 0 \\ 1 \end{bmatrix} w,$$

also ein lineares System mit dem beliebig vorgebbaren charakteristischen Polynom $\lambda^2 + k_{R2}\lambda + k_{R1}$.□

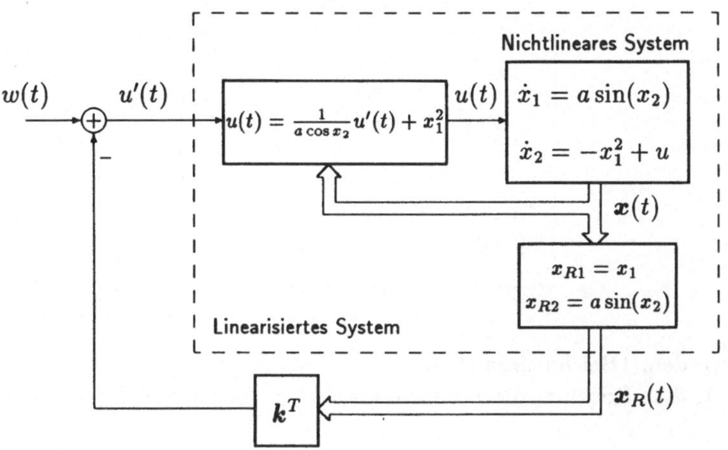

Bild 11.2: Zustandsrückführung für das nichtlineare System in Beispiel 11.1.

Die nichtlineare Rückführung (11.61) weist eine typische Eigenschaft solcher nicht-linearer Rückkopplungen auf, nämlich die, daß die nichtlineare Rückführung auf ein gewisses Gebiet des Zustandsraums beschränkt ist, wegen der notwendigen Eindeutig-keit der Transformation muß x_2 auf den Bereich $-\frac{\pi}{2} < x_2 < +\frac{\pi}{2}$ beschränkt bleiben.

Viele *nichtlineare* Systeme können durch eine in u lineare Zustandsgleichung ($x \in \mathbb{R}^n$)

$$\dot{x}(t) = f(x(t)) + g(x(t))u(t) \tag{11.65}$$

und die Ausgangsgleichung

$$y(t) = h(x(t)) \tag{11.66}$$

beschrieben werden, wobei die Vektorfunktionen f und g nach x differenzierbar sind. Solche Systeme nennt man *affin* oder *eingangslinear*. Die Funktionen f und g heißen *glatt*, wenn jede Komponente stetige Ableitungen beliebiger Ordnung nach jeder x_i-Komponente hat. Solche f und g heißen auch *Vektorfelder*. Es werden solche „glatten" Systeme betrachtet.

Liegt die Systembeschreibung in Form einer Differentialgleichung n-ter Ordnung vor,

$$\overset{(n)}{y}(t) = a(\overset{(n-1)}{y}, \ldots, \dot{y}, y) + b(\overset{(n-1)}{y}, \ldots, \dot{y}, y) \cdot u(t), \tag{11.67}$$

dann kann mit den einzuführenden Zustandsvariablen

$$
\begin{aligned}
x_{R1} &\overset{\text{def}}{=} y, \\
x_{R2} &\overset{\text{def}}{=} \dot{y}, \\
&\;\;\vdots \\
x_{Rn} &\overset{\text{def}}{=} \overset{(n-1)}{y}
\end{aligned}
\tag{11.68}
$$

anstelle von (11.67) auch

$$
\boxed{
\begin{aligned}
\dot{x}_{R1} &= x_{R2}, \\
\dot{x}_{R2} &= x_{R3}, \\
&\;\;\vdots \\
\dot{x}_{R(n-1)} &= x_{Rn}, \\
\dot{x}_{Rn} &= a(\boldsymbol{x}_R) + b(\boldsymbol{x}_R)u(t)
\end{aligned}
}
\tag{11.69}
$$

geschrieben werden. (Bei *linearen* steuerbaren Einfachsystemen kann $a(\boldsymbol{x}_R) = -\boldsymbol{a}^T\boldsymbol{x}_R$ und $b(\boldsymbol{x}_R) = 1$, d.h. Regelungsnormalform erreicht werden.) Mit der Rückkopplung

$$
u = -\frac{1}{b(\boldsymbol{x}_R)}a(\boldsymbol{x}_R) + u'
$$

erhält man eine (11.53) entsprechende Zustandsgleichung. Die zusätzliche Zustands-rückführung

$$
u'(t) = w(t) - \boldsymbol{\alpha}^T\boldsymbol{x}_R(t)
$$

ergibt wieder ein Gesamtsystem mit dem charakteristischen Polynom $\boldsymbol{\alpha}^T\boldsymbol{s} + s^n$.

Folgende Frage ist jetzt zu beantworten: Unter welchen Bedingungen existiert eine Zustandstransformation so, daß die mathematische Beschreibung (11.65) eines nichtlinearen Systems auf die *nichtlineare Regelungsnormalform* (11.69) transformiert wird? Übrigens fallen unter die mittels (11.65) beschreibbaren Systeme auch solche, bei denen $\boldsymbol{f}$, $\boldsymbol{g}$ und (oder) h explizit von der Zeit abhängen, denn führt man als zusätzlichen Zustand

$$
x_{n+1} \stackrel{\text{def}}{=} t
\tag{11.70}
$$

ein, erhält man die weitere Differentialgleichung 1.Ordnung

$$
\dot{x}_{n+1} = 1
\tag{11.71}
$$

und mit

$$
\underline{\boldsymbol{x}} \stackrel{\text{def}}{=}
\begin{bmatrix}
x_1 \\
\vdots \\
x_{n+1}
\end{bmatrix}
\in \mathbb{R}^{n+1}
$$

anstelle von (11.65),(11.67) die mathematische Beschreibung

$$
\dot{\underline{\boldsymbol{x}}} = \underline{\boldsymbol{f}}(\underline{\boldsymbol{x}}) + \underline{\boldsymbol{g}}(\underline{\boldsymbol{x}})u
\tag{11.72}
$$

$$
y = h(\underline{\boldsymbol{x}}).
\tag{11.73}
$$

Gesucht wird jetzt eine im allgemeinen nichtlineare Zustandstransformation

$$
\boldsymbol{x}_R = \boldsymbol{\varphi}(\boldsymbol{x})
\tag{11.74}
$$

und eine Stellgröße

$$u(t) = k(\boldsymbol{x}, u'), \tag{11.75}$$

wobei die Funktion k linear in u' ist und eine eindeutige Beziehung zwischen u und u' für alle zulässigen $\boldsymbol{x}$ darstellt, so daß (11.65) in die Form

$$\dot{\boldsymbol{x}}_R = \underbrace{\begin{bmatrix} 0 & 1 & 0 & \cdots & 0 \\ \vdots & \ddots & \ddots & \ddots & \vdots \\ \vdots & & \ddots & \ddots & 0 \\ \vdots & & & \ddots & 1 \\ 0 & \cdots & \cdots & \cdots & 0 \end{bmatrix}}_{\boldsymbol{A}_{R,0}} \boldsymbol{x}_R + \underbrace{\begin{bmatrix} 0 \\ \vdots \\ 0 \\ 1 \end{bmatrix}}_{\boldsymbol{b}_R} u' \tag{11.76}$$

überführt wird. Die Transformationsgleichung (11.74) nach der Zeit differenziert, liefert

$$\dot{\boldsymbol{x}}_R(t) = \frac{\partial \boldsymbol{\varphi}(\boldsymbol{x})}{\partial \boldsymbol{x}} \dot{\boldsymbol{x}}(t) \tag{11.77}$$

und mit (11.65)

$$\dot{\boldsymbol{x}}_R(t) = \frac{\partial \boldsymbol{\varphi}(\boldsymbol{x})}{\partial \boldsymbol{x}} \left[\boldsymbol{f}(\boldsymbol{x}) + \boldsymbol{g}(\boldsymbol{x}) u(t) \right]. \tag{11.78}$$

Vergleicht man diese Gleichung mit der gewünschten Form (11.76), so soll

$$\frac{\partial \boldsymbol{\varphi}(\boldsymbol{x})}{\partial \boldsymbol{x}} \left[\boldsymbol{f}(\boldsymbol{x}) + \boldsymbol{g}(\boldsymbol{x}) u(t) \right] \stackrel{!}{=} \boldsymbol{A}_{R,0} \boldsymbol{x}_R + \boldsymbol{b}_R u' \tag{11.79}$$

sein. Die erste Zeile hiervon liefert

$$\left[\frac{\partial \varphi_1}{\partial \boldsymbol{x}} \right]^T \boldsymbol{f}(\boldsymbol{x}) = x_{R2} = \varphi_2(\boldsymbol{x}) \tag{11.80}$$

und

$$\left[\frac{\partial \varphi_1}{\partial \boldsymbol{x}} \right]^T \boldsymbol{g}(\boldsymbol{x}) = 0. \tag{11.81}$$

Für die ersten $n - 1$ Zeilen erhält man allgemein

$$\left[\frac{\partial \varphi_i}{\partial \boldsymbol{x}} \right]^T \boldsymbol{f}(\boldsymbol{x}) = x_{Ri+1} = \varphi_{i+1}(\boldsymbol{x}) \tag{11.82}$$

und

$$\left[\frac{\partial \varphi_i}{\partial \boldsymbol{x}} \right]^T \boldsymbol{g}(\boldsymbol{x}) = 0. \tag{11.83}$$

Die letzte Zeile liefert

$$\left[\frac{\partial \varphi_n}{\partial \boldsymbol{x}} \right]^T \boldsymbol{f}(\boldsymbol{x}) + \left[\frac{\partial \varphi_n}{\partial \boldsymbol{x}} \right]^T \boldsymbol{g}(\boldsymbol{x}) u = u', \tag{11.84}$$

also

$$u(t) = \frac{1}{\left[\dfrac{\partial \varphi_n}{\partial x}\right]^T g(x)} \left(u'(t) - \left[\frac{\partial \varphi_n}{\partial x}\right]^T f(x)\right).$$

(11.85)

In der *Differentialgeometrie* heißt der auf der linken Seite von (11.82) stehende Ausdruck die LIE-**Ableitung** von φ_i bezüglich f, er wird mit

$$L_f \varphi_i(x) \stackrel{\text{def}}{=} \left[\frac{\partial \varphi_i}{\partial x}\right]^T f(x)$$

(11.86)

abgekürzt[ARNOLD, ISIDORI, NIJMEIJER/VAN DER SCHAFT].

(Im Fall eines linearen Systems ist $f(x) = Ax$ und $g(x) = b$, sowie $\varphi_i(x) = t_i^T x$, also $\left[\dfrac{\partial \varphi_i}{\partial x}\right]^T f(x) = t_i^T Ax$.)

Damit kann (11.82) für $i = 1, 2, \ldots, n-1$ auch so geschrieben werden

$$L_f \varphi_i(x) = \varphi_{i+1}(x).$$

(11.87)

(Im linearen Fall entspricht das der Gleichung $t_i^T Ax = t_{i+1}^T x$.)

Kürzt man die Mehrfachanwendung der LIE-Ableitung mit

$$L_f^i \varphi_i(x) \stackrel{\text{def}}{=} L_f \left(L_f^{i-1} \varphi_i(x)\right)$$

(11.88)

ab, wobei $L_f^0 \varphi_i = \varphi_i$ ist, erhält man für die gesuchte nichtlineare Zustandstransformation

$$x_R = \varphi(x) = \begin{bmatrix} \varphi_1(x) \\ L_f \varphi_1(x) \\ L_f^2 \varphi_1(x) \\ \vdots \\ L_f^{n-1} \varphi_1(x) \end{bmatrix}.$$

(11.89)

(Im linearen Fall entspricht das der Transformation

$$x_R = \begin{bmatrix} t_1^T x \\ t_1^T Ax \\ \vdots \\ t_1 A^{n-1} x \end{bmatrix} = Tx.)$$

Damit liegt die Struktur der nichtlinearen Zustandstransformation vor, es fehlt nur noch die Funktion $\varphi_1(x)$. Zur Bestimmung dieser Funktion wird die zusätzliche Forderung (11.83) herangezogen. Aus ihr folgt

$$\left[\frac{\partial \varphi_i(x)}{\partial x}\right]^T g(x) = L_g \varphi_i(x) = \begin{cases} 0 & \text{für} \quad i = 1, 2, \ldots, n-1, \\ g^*(x) & \text{für} \quad i = n. \end{cases} \tag{11.90}$$

(Bei linearen Systemen entspricht dem $t_i^T b = 0$.)
(11.87) in (11.90) eingesetzt, liefert

$$\left[\frac{\partial}{\partial x}(L_f \varphi_{i-1}(x))\right]^T g(x) = L_g L_f \varphi_{i-1}(x) = \begin{cases} 0 & \text{für} \quad i = 2, \ldots, n-1, \\ g^*(x) & \text{für} \quad i = n. \end{cases} \tag{11.91}$$

Aus (11.87) folgt außerdem

$$\varphi_{i-1}(x) = L_f \varphi_{i-2}(x). \tag{11.92}$$

Das in (11.91) eingesetzt, ergibt

$$L_g L_f(L_f \varphi_{i-2}(x)) = L_g L_f^2 \varphi_{i-2}(x) = \begin{cases} 0 & \text{für} \quad i = 3, \ldots, n-1, \\ g^*(x) & \text{für} \quad i = n. \end{cases} \tag{11.93}$$

Fährt man so fort, erhält man allgemein

$$L_g L_f^j \varphi_{i-j}(x)) = \begin{cases} 0 & \text{für} \quad i = j+1, \ldots, n-1, \\ g^*(x) & \text{für} \quad j = n-1, \ i = n, \end{cases} \tag{11.94}$$

wobei der Operator L_f^j wie in (11.88) und $L_f^0 \varphi = \varphi$ ist. (Für ein lineares System ist $\varphi_i(x) = t_i^T x$, $f(x) = Ax$ und $g(x) = b$, d.h.

$$L_g L_f^j \varphi_{i-j}(x)) = t_{i-j}^T A^j b.)$$

Aus (11.90), (11.91), (11.93) und (11.94) folgen insbesondere

$$\begin{aligned} L_g \varphi_1(x)) &= 0, \\ L_g L_f \varphi_1(x)) &= 0, \\ L_g L_f^2 \varphi_1(x)) &= 0, \\ &\vdots \\ L_g L_f^{n-2} \varphi_1(x)) &= 0, \\ L_g L_f^{n-1} \varphi_1(x)) &= g^*(x) \end{aligned} \tag{11.95}$$

oder in einem Zeilenvektor zusammengefaßt:

$$\boxed{\left[\, L_g \varphi_1(x)) \mid L_g L_f \varphi_1(x)) \mid \cdots \mid L_g L_f^{n-1} \varphi_1(x)) \,\right] = \left[\, 0 \quad \cdots \quad 0 \quad g^*(x) \,\right].} \tag{11.96}$$

(Für lineare Systeme ist

$$\left[\; L_g\varphi_1(\boldsymbol{x})) \mid L_g L_f\varphi_1(\boldsymbol{x})) \mid \cdots \mid L_g L_f^{n-1}\varphi_1(\boldsymbol{x})) \; \right] = \left[\; \boldsymbol{t}_1^T\boldsymbol{b} \mid \boldsymbol{t}_1^T\boldsymbol{A}\boldsymbol{b} \mid \cdots \mid \boldsymbol{t}_1^T\boldsymbol{A}^{n-1}\boldsymbol{b} \; \right] \tag{11.97}$$

und man kann den Zeilenvektor $\boldsymbol{t}_1^T$ ausklammern. Es verbleibt die Steuerbarkeitsmatrix $\boldsymbol{S}$ und mit $g^*(\boldsymbol{x}) = 1$ erhält man den aus Kapitel 6 bekannten Zusammenhang

$$\boldsymbol{t}_1^T = \left[\; 0 \;\; \cdots \;\; 0 \;\; 1 \; \right] \boldsymbol{S}^{-1}.)$$

Eine solche Ausklammerung wird jetzt auch für die Gleichung (11.96) angestrebt.

Die erste Komponente in (11.96) ausführlich geschrieben, liefert

$$L_g\varphi_1(\boldsymbol{x})) = \left[\frac{\partial\varphi_1(\boldsymbol{x})}{\partial\boldsymbol{x}} \right]^T \boldsymbol{g}(\boldsymbol{x}) = 0. \tag{11.98}$$

Ziel ist es, auch die anderen Komponenten so umzuformen, daß am Beginn jeweils der Faktor $[\partial\varphi_1(\boldsymbol{x})/\partial\boldsymbol{x}]^T$ auftritt, im linearen Fall entspricht dem $\boldsymbol{t}_1^T$. Führt man auf der linken Seite der Gleichung (11.91) die Differentiation aus, erhält man

$$\boldsymbol{f}^T(\boldsymbol{x})\frac{\partial^2\varphi_{i-1}}{\partial\boldsymbol{x}^2}\boldsymbol{g}(\boldsymbol{x}) + \left[\frac{\partial\varphi_{i-1}}{\partial\boldsymbol{x}}\right]^T \frac{\partial\boldsymbol{f}(\boldsymbol{x})}{\partial\boldsymbol{x}}\boldsymbol{g}(\boldsymbol{x}) = \begin{cases} 0 & \text{für} \;\; i < n, \\ g^* & \text{für} \;\; i = n. \end{cases} \tag{11.99}$$

Andererseits erhält man aus (11.90) durch Differentiation nach $\boldsymbol{x}$

$$\frac{\partial^2\varphi_i}{\partial\boldsymbol{x}^2}\boldsymbol{g}(\boldsymbol{x}) + \frac{\partial\boldsymbol{g}(\boldsymbol{x})}{\partial\boldsymbol{x}}\frac{\partial\varphi_i}{\partial\boldsymbol{x}} = 0, \tag{11.100}$$

also

$$\frac{\partial^2\varphi_i}{\partial\boldsymbol{x}^2}\boldsymbol{g}(\boldsymbol{x}) = -\frac{\partial\boldsymbol{g}(\boldsymbol{x})}{\partial\boldsymbol{x}}\frac{\partial\varphi_i}{\partial\boldsymbol{x}}. \tag{11.101}$$

Damit erhält man aus (11.99)

$$\boldsymbol{f}^T(\boldsymbol{x})\frac{\partial\boldsymbol{g}(\boldsymbol{x})}{\partial\boldsymbol{x}}\frac{\partial\varphi_{i-1}}{\partial\boldsymbol{x}} - \left[\frac{\partial\varphi_{i-1}}{\partial\boldsymbol{x}}\right]^T \frac{\partial\boldsymbol{f}(\boldsymbol{x})}{\partial\boldsymbol{x}}\boldsymbol{g}(\boldsymbol{x}) = \left[\frac{\partial\varphi_{i-1}}{\partial\boldsymbol{x}}\right]^T \left[\frac{\partial\boldsymbol{g}(\boldsymbol{x})}{\partial\boldsymbol{x}}\boldsymbol{f}(\boldsymbol{x}) - \frac{\partial\boldsymbol{f}(\boldsymbol{x})}{\partial\boldsymbol{x}}\boldsymbol{g}(\boldsymbol{x})\right]$$

$$= \left[\frac{\partial\varphi_{i-1}}{\partial\boldsymbol{x}}\right]^T [\boldsymbol{f}(\boldsymbol{x}), \boldsymbol{g}(\boldsymbol{x})] = \begin{cases} 0 & \text{für} \;\; 2 \leq i < n, \\ -g^*(\boldsymbol{x}) & \text{für} \;\; i = n. \end{cases} \tag{11.102}$$

In (11.102) ist die LIE-**Klammer** von $\boldsymbol{f}$ und $\boldsymbol{g}$, auch LIE-Produkt genannt, wie folgt definiert

$$[\boldsymbol{f}(\boldsymbol{x}), \boldsymbol{g}(\boldsymbol{x})] \stackrel{\text{def}}{=} \frac{\partial\boldsymbol{g}(\boldsymbol{x})}{\partial\boldsymbol{x}}\boldsymbol{f}(\boldsymbol{x}) - \frac{\partial\boldsymbol{f}(\boldsymbol{x})}{\partial\boldsymbol{x}}\boldsymbol{g}(\boldsymbol{x}). \tag{11.103}$$

(Im linearen Fall ist $[\boldsymbol{f}, \boldsymbol{g}] = -\boldsymbol{A}\boldsymbol{b}$, also entspricht in (11.102)

$$\left[\frac{\partial\varphi_{i-1}}{\partial\boldsymbol{x}}\right]^T [\boldsymbol{f}, \boldsymbol{g}] = -\boldsymbol{t}_{i-1}^T\boldsymbol{A}\boldsymbol{b}.)$$

Ausgeschrieben stellt die LIE-Klammer (11.103) den n-Vektor

$$[\boldsymbol{f},\boldsymbol{g}] = \begin{bmatrix} \dfrac{\partial g_1}{\partial x_1} & \cdots & \dfrac{\partial g_1}{\partial x_n} \\ \vdots & & \vdots \\ \dfrac{\partial g_n}{\partial x_1} & \cdots & \dfrac{\partial g_n}{\partial x_n} \end{bmatrix} \begin{bmatrix} f_1 \\ \vdots \\ f_n \end{bmatrix} - \begin{bmatrix} \dfrac{\partial f_1}{\partial x_1} & \cdots & \dfrac{\partial f_1}{\partial x_n} \\ \vdots & & \vdots \\ \dfrac{\partial f_n}{\partial x_1} & \cdots & \dfrac{\partial f_n}{\partial x_n} \end{bmatrix} \begin{bmatrix} g_1 \\ \vdots \\ g_n \end{bmatrix} \qquad (11.104)$$

dar.

Setzt man (11.87) auf der linken Seite der Gleichung (11.102) ein, erhält man

$$\left[\frac{\partial}{\partial \boldsymbol{x}}\left\{\left[\frac{\partial \varphi_{i-2}}{\partial \boldsymbol{x}}\right]^T \boldsymbol{f}(\boldsymbol{x})\right\}\right]^T [\boldsymbol{f},\boldsymbol{g}] = \left\{\boldsymbol{f}^T\frac{\partial^2 \varphi_{i-2}}{\partial \boldsymbol{x}^2} + \left[\frac{\partial \varphi_{i-2}}{\partial \boldsymbol{x}}\right]^T \frac{\partial \boldsymbol{f}}{\partial \boldsymbol{x}}\right\} [\boldsymbol{f},\boldsymbol{g}]. \qquad (11.105)$$

(11.102) für $i < n$ nach $\boldsymbol{x}$ differenziert, liefert

$$\frac{\partial^2 \varphi_{i-1}}{\partial \boldsymbol{x}^2}[\boldsymbol{f},\boldsymbol{g}] + \frac{\partial [\boldsymbol{f},\boldsymbol{g}]}{\partial \boldsymbol{x}} \cdot \frac{\partial \varphi_{i-1}}{\partial \boldsymbol{x}} = \boldsymbol{0},$$

d.h.

$$\frac{\partial^2 \varphi_{i-1}}{\partial \boldsymbol{x}^2}[\boldsymbol{f},\boldsymbol{g}] = -\frac{\partial [\boldsymbol{f},\boldsymbol{g}]}{\partial \boldsymbol{x}} \cdot \frac{\partial \varphi_{i-1}}{\partial \boldsymbol{x}}. \qquad (11.106)$$

Einsetzen von (11.106) in (11.105) ergibt für (11.102)

$$\left[\frac{\partial \varphi_{i-2}}{\partial \boldsymbol{x}}\right]^T \left\{\frac{\partial [\boldsymbol{f},\boldsymbol{g}]}{\partial \boldsymbol{x}}\boldsymbol{f} - \frac{\partial \boldsymbol{f}}{\partial \boldsymbol{x}}[\boldsymbol{f},\boldsymbol{g}]\right\} =$$

$$\left[\frac{\partial \varphi_{i-2}}{\partial \boldsymbol{x}}\right]^T [\boldsymbol{f},[\boldsymbol{f},\boldsymbol{g}]] = \begin{cases} 0 & \text{für } 3 \leq i < n, \\ (-1)^2 g^*(\boldsymbol{x}) & \text{für } i = n. \end{cases} \qquad (11.107)$$

(Für lineare Systeme ist

$$\left[\frac{\partial \varphi_{i-2}}{\partial \boldsymbol{x}}\right]^T [\boldsymbol{f},[\boldsymbol{f},\boldsymbol{g}]] = \boldsymbol{t}_{i-2}^T \boldsymbol{A}^2 \boldsymbol{b}.)$$

Auf die gleiche Weise erhält man allgemein

$$\left[\frac{\partial \varphi_{i-2}}{\partial \boldsymbol{x}}\right]^T \operatorname{ad}_{\boldsymbol{f}}^j \boldsymbol{g}(\boldsymbol{x}) = \begin{cases} 0 & \text{für } 3 \leq i = j+1,\ldots,n-1 \\ (-1)^j g^*(\boldsymbol{x}) & \text{für } j = n-1, i = n, \end{cases} \qquad (11.108)$$

wobei die mehrfache LIE-Klammer durch den folgenden, rekursiv definierten Operator ersetzt wurde:

$$\operatorname{ad}_{\boldsymbol{f}}^j \boldsymbol{g}(\boldsymbol{x}) \stackrel{\text{def}}{=} [\boldsymbol{f}, \operatorname{ad}_{\boldsymbol{f}}^{j-1}\boldsymbol{g}(\boldsymbol{x})] \qquad (11.109)$$

für $j \geq 1$ und $\operatorname{ad}_{\boldsymbol{f}}^0 \boldsymbol{g}(\boldsymbol{x}) = \boldsymbol{g}(\boldsymbol{x})$. (Im linearen Fall ist

$$\left[\frac{\partial \varphi_{i-2}}{\partial \boldsymbol{x}}\right]^T \operatorname{ad}_{\boldsymbol{f}}^j \boldsymbol{g}(\boldsymbol{x}) = \boldsymbol{t}_{i-j}^T \boldsymbol{A}^j \boldsymbol{b}.)$$

Aus (11.90), (11.102), (11.107) und (11.108) folgt insbesondere

$$\left[\frac{\partial \varphi_1}{\partial x}\right]^T g(x) = 0,$$

$$\left[\frac{\partial \varphi_1}{\partial x}\right]^T \mathrm{ad}_f g(x) = 0,$$

$$\vdots \qquad\qquad (11.110)$$

$$\left[\frac{\partial \varphi_1}{\partial x}\right]^T \mathrm{ad}_f^{n-2} g(x) = 0,$$

$$\left[\frac{\partial \varphi_1}{\partial x}\right]^T \mathrm{ad}_f^{n-1} g(x) = (-1)^{n-1} g^*(x),$$

oder zu einer Zeilenvektorgleichung zusammengefaßt

$$\left[\frac{\partial \varphi_1}{\partial x}\right]^T \left[\, g(x) \mid \mathrm{ad}_f g(x) \mid \cdots \mid \mathrm{ad}_f^{n-1} g(x) \,\right] = \left[\, 0 \;\; \cdots \;\; 0 \;\; (-1)^{n-1} g^*(x) \,\right]. \qquad (11.111)$$

(Dem entspricht bei linearen Systemen die Gleichung

$$t_1^T \left[\, b \quad Ab \quad \cdots \quad A^{n-1} b \,\right] = \left[\, 0 \;\; \cdots \;\; 0 \;\; 1 \,\right].)$$

(11.111) ist eine *partielle Differentialgleichung* für die gesuchte Zustandstransformation $\varphi_1(x)$. Der in (11.111) auftretenden Matrix

$$S(x) \stackrel{\text{def}}{=} \left[\, g(x) \mid \mathrm{ad}_f g(x) \mid \cdots \mid \mathrm{ad}_f^{n-1} g(x) \,\right] =$$

$$\left[\, g \mid [f,g] \mid [f,[f,g]] \mid \cdots \mid [f,[f,\cdots,[f,g]\cdots]] \,\right] \qquad (11.112)$$

entspricht bei linearen Systemen die Steuerbarkeitsmatrix S. Im nächsten Abschnitt soll deshalb untersucht werden, welcher Zusammenhang zwischen der Matrix $S(x)$ gemäß (11.112) und der Steuerbarkeit bzw. Erreichbarkeit eines nichtlinearen Systems besteht, d.h., wann die partielle Differentialgleichung (11.111) lösbar ist.

11.3 Erreichbarkeit nichtlinearer Systeme

Es soll die Erreichbarkeit nichtlinearer Systeme n-ter Ordnung, die durch die Zustandsgleichung

$$\{f,g\}: \quad \dot{x}(t) = f(x(t)) + g(x(t))u(t) \qquad (11.113)$$

beschrieben werden können, untersucht werden. Bei linearen zeitinvarianten Systemen ist Erreichbarkeit eine *globale* Eigenschaft des Systems, d.h., sie gilt für jeden Zustand: Wenn ein System von einem Anfangszustand x_0 aus erreichbar ist, heißt das, daß *jeder* Zustand, wie weit er auch vom Anfangszustand x_0 entfernt ist, erreichbar ist. Bei nichtlinearen Systemen geht man dagegen von einer auf eine Umgebung $\mathcal{U}$ des Anfangszustands x_0 eingeengte Definition der Erreichbarkeit aus:

11.2 Definition: *Das nichtlineare System $\{f, g\}$ heißt* **lokal erreichbar um** x_0, *wenn eine Umgebung $\mathcal{U}$ von x_0 so existiert, daß es für jeden Zustand $x \in \mathcal{U}$ eine endliche Zeit T und eine Eingangsfunktion $u_{[0,T]}$ so gibt, daß $x = x(0, T, x_0, u_{[0,T]})$ ist.*

Da bei nichtlinearen Systemen das Superpositionsgesetz im allgemeinen nicht gilt, ist es schwierig, von der lokalen auf die globale Erreichbarkeit zu schließen. Aus diesem Grund soll hier auch nur die lokale Theorie betrachtet werden.

Die Untersuchung der lokalen Erreichbarkeit wird damit begonnen, daß eine Unterteilung der Umgebung $\mathcal{U}$ in einen erreichbaren und einen unerreichbaren Unterraum angestrebt wird. Bei linearen Systemen kommt dies darin zum Ausdruck, daß der Zustandsvektor und damit die Zustandsgleichung in einen erreichbaren und einen nicht erreichbaren Teil zerlegt werden kann:

$$\dot{x}_1 = A_{11}x_1 + A_{12}x_2 + b_1 u$$
$$\dot{x}_2 = A_{22}x_2.$$

Der erreichbare Unterraum $\mathcal{R}$ hat dabei die Eigenschaft, daß er invariant gegenüber A ist, d.h., es gilt nach Abschnitt 5.2.5

$$A\mathcal{R} \subseteq \mathcal{R}. \tag{11.114}$$

Ist $\mathcal{R}$ der kleinste (A, b)-invariante Unterraum, der b enthält, dann ist notwendig und hinreichend für die vollständige Erreichbarkeit eines linearen Systems $\{A, b\}$, daß $\mathcal{R} = \mathbb{R}^n$ ist (siehe Abschnitt 8.11).

Diese Aussagen sollen jetzt auf nichtlineare Systeme $\{f, g\}$ übertragen werden. Hierzu muß zunächst das für lineare Systeme so wichtige Konzept des *Vektorraums* erweitert werden. Hat man beispielsweise drei linear unabhängige *Vektoren* v_1, v_2 und v_3, mit $v_1, v_2, v_3 \in \mathbb{R}^n$, dann wird durch sie ein dreidimensionaler Unterraum $\mathcal{V} \subset \mathbb{R}^n$ definiert, der aus allen möglichen Linearkombinationen $c_1 v_1 + c_2 v_2 + c_3 v_3$ dieser drei Vektoren besteht und mit

$$\mathcal{V} = \mathrm{span}\{v_1, v_2, v_3\} \tag{11.115}$$

oder

$$\mathcal{V} = \mathrm{Bild}\begin{bmatrix} v_1 & v_2 & v_3 \end{bmatrix}$$

bezeichnet wird, wobei $\begin{bmatrix} v_1 & v_2 & v_3 \end{bmatrix}$ eine $(n \times 3)$-Matrix ist.

Hat man drei *Vektorfelder* $f_1(x)$, $f_2(x)$ und $f_3(x)$, dann sind dadurch für einen bestimmten Vektor x' die drei Vektoren $f_1(x')$, $f_2(x')$ und $f_3(x')$ definiert, die, wenn sie linear unabhängig sind, wieder einen dreidimensionalen Unterraum

$$\mathrm{span}\{f_1(x'), f_2(x'), f_3(x')\}$$

aufspannen. Für einen anderen Vektor $\boldsymbol{x}''$ erhält man gegebenenfalls drei andere Vektoren $\boldsymbol{f}_1(\boldsymbol{x}''), \boldsymbol{f}_2(\boldsymbol{x}'')$ und $\boldsymbol{f}_3(\boldsymbol{x}'')$, die einen anderen Unterraum

$$\operatorname{span}\{\boldsymbol{f}_1(\boldsymbol{x}''), \boldsymbol{f}_2(\boldsymbol{x}''), \boldsymbol{f}_3(\boldsymbol{x}'')\}$$

aufspannen. Allgemein wird deshalb definiert:

11.3 Definition: *Sei $\mathcal{U} \subset \mathbb{R}^n$ eine Menge, auf der k glatte Funktionen $\boldsymbol{f}_1(\boldsymbol{x}), \boldsymbol{f}_2(\boldsymbol{x}), \ldots, \boldsymbol{f}_k(\boldsymbol{x})$ definiert sind, die $\mathcal{U}$ nach $\mathbb{R}^n$ abbilden. In jedem Punkt $\boldsymbol{x} \in \mathcal{U}$ spannen die Vektoren $\boldsymbol{f}_1(\boldsymbol{x}), \boldsymbol{f}_2(\boldsymbol{x}), \ldots, \boldsymbol{f}_k(\boldsymbol{x})$ einen Vektorraum auf, einen Unterraum des $\mathbb{R}^n$. Dieser von $\boldsymbol{x}$ abhängige Vektorraum*

$$\Delta(\boldsymbol{x}) \overset{\text{def}}{=} \operatorname{span}\{\boldsymbol{f}_1(\boldsymbol{x}), \ldots, \boldsymbol{f}_k(\boldsymbol{x})\}, \tag{11.116}$$

womit jedem Vektor $\boldsymbol{x}$ ein Vektorraum zugeordnet wird, heißt **Distribution**. *Eine Distribution $\Delta(\boldsymbol{x})$ heißt* **regulär**, *wenn für alle $\boldsymbol{x} \in \mathcal{U}$ die Dimension k der Distribution konstant ist.*

11.4 Beispiel: Für die beiden Vektorfelder

$$\boldsymbol{f}_1(\boldsymbol{x}) = \begin{bmatrix} x_1 \\ \sin x_1 \\ x_2 \end{bmatrix} \quad \text{und} \quad \boldsymbol{f}_2(\boldsymbol{x}) = \begin{bmatrix} x_2 \\ 0 \\ 0 \end{bmatrix}$$

ist für jeden Vektor $\boldsymbol{x}$ mit $x_2 \neq 0$ die Distribution $\Delta(\boldsymbol{x}) = \operatorname{span}\{\boldsymbol{f}_1(\boldsymbol{x}), \boldsymbol{f}_2(\boldsymbol{x})\}$ zweidimensional. Jeder Vektor $\boldsymbol{x}$ mit $x_2 \neq 0$ ist also regulär. $\qquad\square$

In der Differentialgeometrie, insbesondere bei der Lösung von partiellen Differentialgleichungen ((11.111) sind z.B. n partielle Differentialgleichungen für φ_1), ist die Beantwortung folgender Frage von großem Interesse: Sei $\Delta(\boldsymbol{x})$ eine k-dimensionale, überall reguläre Distribution über $\mathcal{X}$; existiert für jeden Vektor $\boldsymbol{x} \in \mathcal{X}$ eine k-dimensionale Mannigfaltigkeit $\mathcal{M}_{\boldsymbol{x}}$ in $\mathcal{X}$ mit $\boldsymbol{x} \in \mathcal{M}_{\boldsymbol{x}}$ so, daß jeder Vektor $\boldsymbol{f} \in \Delta(\boldsymbol{x})$ eine Tangente an $\mathcal{M}_{\boldsymbol{x}}$ in $\boldsymbol{x}$ ist? Wenn eine solche Mannigfaltigkeit $\mathcal{M}_{\boldsymbol{x}}$ für jedes $\boldsymbol{x} \in \mathcal{X}$ existiert, heißt die Distribution $\Delta(\boldsymbol{x})$ *vollständig integrierbar* oder genauer:

11.5 Definition: *Eine k-dimensionale Distribution $\Delta(\boldsymbol{x})$ heißt* **vollständig integrierbar**, *wenn für jeden Vektor $\boldsymbol{x}$ eine Umgebung und $n-k$ Funktionen $\varphi_{k+1}(\boldsymbol{x}), \ldots, \varphi_n(\boldsymbol{x})$ so existieren, daß*

$$\mathcal{M}_{\boldsymbol{x}} = \operatorname{span}\left\{\frac{\partial \varphi_{k+1}(\boldsymbol{x})}{\partial \boldsymbol{x}}, \ldots, \frac{\partial \varphi_n(\boldsymbol{x})}{\partial \boldsymbol{x}}\right\} \tag{11.117}$$

die Dimension $n - k$ hat und

$$\left[\frac{\partial \varphi_i(\boldsymbol{x})}{\partial \boldsymbol{x}}\right]^T \boldsymbol{f}_j(\boldsymbol{x}) = 0 \tag{11.118}$$

für $1 \leq j \leq k$ und $k + 1 \leq i \leq n$ ist.

Für die Beantwortung der Frage, wann eine Distribution vollständig integrierbar ist, wird noch die weitere Definition benötigt:

11.6 Definition: *Eine Distribution $\Delta(x)$ heißt* **involutiv**, *wenn für je zwei $f_1, f_2 \in \{f_1(x), \ldots, f_k(x)\}$ für ihre* LIE-*Klammer $[f_1, f_2] \in \Delta(x)$ ist.*

Darüber, wann eine Distribution integrierbar ist, sagt z.B. der in [ISIDORI] bewiesene Satz von FROBENIUS etwas aus:

11.7 Satz: *Eine reguläre Distribution ist dann und nur dann vollständig integrierbar, wenn sie involutiv ist.*

Die neu eingeführten Begriffe und Tatsachen sollen an einem Beispiel erläutert werden:

11.8 Beispiel: Gesucht wird die Lösung $\varphi(x)$ der beiden linearen, homogenen, partiellen Differentialgleichungen 1. Ordnung

$$\frac{\partial \varphi}{\partial x_1} x_2 x_3 + \frac{\partial \varphi}{\partial x_2} x_1 x_3 - \frac{\partial \varphi}{\partial x_3} 2 x_1 x_2 = 0, \tag{11.119}$$

$$\frac{\partial \varphi}{\partial x_1} x_2 - \frac{\partial \varphi}{\partial x_2} x_1 = 0, \tag{11.120}$$

in der Umgebung von $x_0 = \begin{bmatrix} 1 & 1 & 1 \end{bmatrix}^T$. Zunächst können die beiden partiellen Differentialgleichungen mit den beiden Vektorfeldern

$$f_1(x) = \begin{bmatrix} x_2 x_3 \\ x_1 x_3 \\ -2 x_1 x_2 \end{bmatrix} \tag{11.121}$$

und

$$f_2(x) = \begin{bmatrix} x_2 \\ -x_1 \\ 0 \end{bmatrix} \tag{11.122}$$

auch so geschrieben werden

$$\left[\frac{\partial \varphi}{\partial x} \right]^T f_1(x) = 0, \tag{11.123}$$

$$\left[\frac{\partial \varphi}{\partial x} \right]^T f_2(x) = 0. \tag{11.124}$$

Die Vektorfelder $f_1(x)$ und $f_2(x)$ definieren die Distribution

$$\Delta(x) = \text{span}\{f_1(x), f_2(x)\} = \text{Bild} \begin{bmatrix} x_2 x_3 & x_2 \\ x_1 x_3 & -x_1 \\ -2 x_1 x_2 & 0 \end{bmatrix}. \tag{11.125}$$

Für $x = x_0$ ist

$$\Delta(x_0) = \text{Bild} \begin{bmatrix} 1 & 1 \\ 1 & -1 \\ -2 & 0 \end{bmatrix}, \tag{11.126}$$

d.h. ein zweidimensionaler Unterraum des dreidimensionalen Zustandsraums $\mathbb{R}^3$. Dagegen hat z.B. der Vektorraum (11.125) für Vektoren mit $x_1 = x_3 = 0$ und $x_2 \neq 0$ die Dimension Eins und für $x_1 = x_2 = 0$

und $x_3 \neq 0$ die Dimension Null. Vektoren der Form $\boldsymbol{x} = \begin{bmatrix} 0 & 1 & 0 \end{bmatrix}^T$ oder $\boldsymbol{x} = \begin{bmatrix} 0 & 0 & 1 \end{bmatrix}^T$ gehören im Sinne der Definition 11.3 nicht nicht zu der Umgebung $\mathcal{U}$, für die die Distribution regulär ist. Für die Prüfung, ob die Distribution (11.125) involutiv ist, muß die LIE-Klammer $[\boldsymbol{f}_1, \boldsymbol{f}_2]$ untersucht werden. Es ist

$$
\begin{aligned}
[\boldsymbol{f}_1(\boldsymbol{x}), \boldsymbol{f}_2(\boldsymbol{x})] &= \frac{\partial \boldsymbol{f}_1}{\partial \boldsymbol{x}} \boldsymbol{f}_2 - \frac{\partial \boldsymbol{f}_2}{\partial \boldsymbol{x}} \boldsymbol{f}_1 \\
&= \begin{bmatrix} 0 & x_3 & x_2 \\ x_3 & 0 & x_1 \\ -2x_2 & -2x_1 & 0 \end{bmatrix} \begin{bmatrix} x_2 \\ -x_1 \\ 0 \end{bmatrix} - \begin{bmatrix} 0 & 1 & 0 \\ -1 & 0 & 0 \\ 0 & 0 & 0 \end{bmatrix} \begin{bmatrix} x_2 x_3 \\ x_1 x_3 \\ -2x_1 x_2 \end{bmatrix} \\
&= \begin{bmatrix} -2x_1 x_3 \\ 2x_2 x_3 \\ -2x_2^2 - 2x_1^2 \end{bmatrix},
\end{aligned}
\tag{11.127}
$$

also

$$
[\boldsymbol{f}_1(\boldsymbol{x}_0), \boldsymbol{f}_2(\boldsymbol{x}_0)] = \begin{bmatrix} -2 \\ 2 \\ -4 \end{bmatrix}.
\tag{11.128}
$$

Da für diese LIE-Klammer

$$
\text{Rang}\,[\;[\boldsymbol{f}_1(\boldsymbol{x}_0), \boldsymbol{f}_2(\boldsymbol{x}_0)] \mid \boldsymbol{f}_1(\boldsymbol{x}_0) \mid \boldsymbol{f}_2(\boldsymbol{x}_0)\;] = \text{Rang}\,[\;\boldsymbol{f}_1(\boldsymbol{x}_0) \mid \boldsymbol{f}_2(\boldsymbol{x}_0)\;] = 2
$$

gilt, ist in der Tat $[\boldsymbol{f}_1(\boldsymbol{x}_0), \boldsymbol{f}_2(\boldsymbol{x}_0)] \in \Delta(\boldsymbol{x}_0)$. Wenn das für eine Umgebung von $\boldsymbol{x}_0$ gilt, ist die Distribution $\Delta(\boldsymbol{x}_0)$ involutiv und nach dem Satz 11.7 von FROBENIUS existiert also eine Lösung $\varphi(\boldsymbol{x})$. Eine Lösung ist z.B.

$$
\varphi(\boldsymbol{x}) = c_1(x_1^2 + x_2^2 + x_3^2) + c_2,
\tag{11.129}
$$

denn für diese Funktion sind die beiden partiellen Differentialgleichungen (11.119) und (11.120) erfüllt. □

Eine Verallgemeinerung des $\boldsymbol{A}$-invarianten Unterraums ist:

11.9 Definition: *Die Distribution $\Delta(\boldsymbol{x})$ heißt $\boldsymbol{f}$-invariant, wenn für alle $\boldsymbol{x}$*

$$
[\boldsymbol{f}, \boldsymbol{g}](\boldsymbol{x}) \in \Delta(\boldsymbol{x})
\tag{11.130}
$$

für alle $\boldsymbol{g} \in \Delta(\boldsymbol{x})$ ist.

Ein der Transformation eines linearen Systems auf die Form

$$
\begin{aligned}
\dot{\boldsymbol{x}}_1 &= \boldsymbol{A}_{11}\boldsymbol{x}_1 + \boldsymbol{A}_{12}\boldsymbol{x}_2 \\
\dot{\boldsymbol{x}}_2 &= \boldsymbol{A}_{22}\boldsymbol{x}_2
\end{aligned}
$$

entsprechendes Zwischenergebnis kann jetzt formuliert werden:

11.10 Satz: *Sei $\Delta(\boldsymbol{x})$ eine involutive k-dimensionale Distribution und $\boldsymbol{f}$-invariant. Dann existiert eine Umgebung $\mathcal{U}_0$ von $\boldsymbol{x}_0$ und eine lokale Zustandstransformation $\boldsymbol{x}^* = \varphi(\boldsymbol{x})$ so, daß in den neuen Koordinaten das Vektorfeld $\boldsymbol{f}^*(\boldsymbol{x}^*)$ die Form hat*

$$
\boldsymbol{f}^*(\boldsymbol{x}^*) = \begin{bmatrix} \boldsymbol{f}_1^*(\boldsymbol{x}_1^*, \boldsymbol{x}_2^*) \\ \boldsymbol{f}_2^*(\boldsymbol{x}_2^*) \end{bmatrix} \text{ für alle } \boldsymbol{x}^* = \begin{bmatrix} \boldsymbol{x}_1^* \\ \boldsymbol{x}_2^* \end{bmatrix} \in \varphi(\mathcal{U}_0), \quad (11.131)
$$

wobei $\boldsymbol{f}_1^*, \boldsymbol{x}_1^* \in \mathbb{R}^k$ und $\boldsymbol{f}_2^*, \boldsymbol{x}_2^* \in \mathbb{R}^{n-k}$ sind.

Beweis: Nach dem Satz von FROBENIUS ist die involutive k-dimensionale Distribution integrierbar. Es müssen also $n - k$ Funktionen $\varphi_{k+1}(x), \ldots, \varphi_n(x)$ so existieren, daß für jeden Vektor $h(x) \in \Delta(x)$ und jede Funktion $\varphi_j(x)$

$$\frac{\partial \varphi_j(x)}{\partial x} h(x) = 0 \tag{11.132}$$

ist und daß die $n - k$ Vektorfelder $\dfrac{\partial \varphi_j}{\partial x}$ eine $(n - k)$-dimensionale Distribution aufspannen. Es muß also auf $\mathcal{U}_0$ eine Koordinatentransformation $t(x)$ so existieren, daß für die transformierte Distribution Δ^* gilt

$$\Delta^* = \{d \in \mathcal{X} : d_i(x^*) = 0,\ k + 1 \le i \le n,\ \forall x^* \in t(\mathcal{U}_0)\}, \tag{11.133}$$

oder, wenn man die letzten $n - k$ Komponenten des Vektors d in dem Vektor $d_2 \in \mathrm{IR}^{n-k}$ zusammenfaßt:

$$\Delta^* = \{d \in \mathcal{X} : d_2(x^*) = o,\ \forall x^* \in t(\mathcal{U}_0)\}. \tag{11.134}$$

Nach Voraussetzung ist Δ eine f-invariante Distribution und es kann gezeigt werden, daß dann auch Δ^* eine f^*-invariante Distribution ist. Für ein beliebiges Vektorfeld $d^* \in \Delta^*$ erhält man für die LIE-Klammer

$$[f, d]^* = [f^*, d^*] = \frac{\partial d^*}{\partial x^*} f^* - \frac{\partial f^*}{\partial x^*} d^*. \tag{11.135}$$

Es muß für die f^*-invariante Distribution Δ^* gelten: $[f^*, d^*] \in \Delta^*$, d.h., die letzten $n - k$ Komponenten der LIE-Klammer $[f^*, d^*]$ müssen gleich Null sein. Es werden deshalb die Vektorfelder so unterteilt

$$f^* = \begin{bmatrix} f_1^* \\ f_2^* \end{bmatrix}, \quad d^* = \begin{bmatrix} d_1^* \\ o \end{bmatrix}, \quad x^* = \begin{bmatrix} x_1^* \\ x_2^* \end{bmatrix}, \tag{11.136}$$

wobei f_1^*, d_1^* und x_1^* jeweils k Komponenten haben. Entsprechend werden unterteilt:

$$\frac{\partial f^*}{\partial x^*} = \begin{bmatrix} \dfrac{\partial f_1^*}{\partial x_1^*} & \dfrac{\partial f_1^*}{\partial x_2^*} \\ \dfrac{\partial f_2^*}{\partial x_1^*} & \dfrac{\partial f_2^*}{\partial x_2^*} \end{bmatrix} \quad \text{und} \quad \frac{\partial d^*}{\partial x^*} = \begin{bmatrix} \dfrac{\partial d_1^*}{\partial x_1^*} & \dfrac{\partial d_1^*}{\partial x_2^*} \\ o & o \end{bmatrix}. \tag{11.137}$$

Da $[f^*, d^*] \in \Delta^*$ ist, müssen die $n - k$ letzten Komponenten von $[f^*, d^*]_2 \equiv o$ sein. Deshalb folgt aus (11.135)

$$\frac{\partial f_2^*}{\partial x_1^*} d_1^* \equiv o \tag{11.138}$$

und, da (11.138) für beliebige d_1^* gilt, muß

$$\frac{\partial f_2^*}{\partial x_1^*} \equiv o \tag{11.139}$$

sein, also ist f_2^* unabhängig von x_1^* und es muß (11.131) gelten. $\qquad\square$

Mit Hilfe der Aussagen von Satz 11.10 kann jetzt die folgende Zerlegung der Zustandsgleichung eines nichtlinearen Systems vorgenommen werden:

11.11 Satz: *Wenn für das nichtlineare System mit der Zustandsgleichung*
$\dot{\boldsymbol{x}}(t) = \boldsymbol{f}(\boldsymbol{x}(t)) + \boldsymbol{g}(\boldsymbol{x}(t))u(t)$ *in einer Umgebung* $\mathcal{U}$ *des Anfangszustands*
$\boldsymbol{x}_0$ *eine k-dimensionale Distribution* Δ *so existiert, daß*

  1. Δ *involutiv und regulär in dieser Umgebung* $\mathcal{U}$ *von* $\boldsymbol{x}_0$ *ist,*
  2. $\boldsymbol{g}(\boldsymbol{x}) \in \Delta$ *für alle* $\boldsymbol{x} \in \mathcal{U}$ *und*
  3. Δ $\boldsymbol{f}$-*invariant ist,*

dann existiert eine Umgebung $\mathcal{U}_0 \subseteq \mathcal{U}$ *von* $\boldsymbol{x}_0$ *und eine Transformation*
$\boldsymbol{t}(\boldsymbol{x}) = \boldsymbol{x}^*$ *auf* $\mathcal{U}_0$ *so, daß*

$$\boldsymbol{f}^*(\boldsymbol{x}^*) = \begin{bmatrix} \boldsymbol{f}_1^*(\boldsymbol{x}_1^*, \boldsymbol{x}_2^*) \\ \boldsymbol{f}_2^*(\boldsymbol{x}_2^*) \end{bmatrix} \text{ und } \boldsymbol{g}^*(\boldsymbol{x}^*) = \begin{bmatrix} \boldsymbol{g}_1^*(\boldsymbol{x}_1^*, \boldsymbol{x}_2^*) \\ \boldsymbol{o} \end{bmatrix} \qquad (11.140)$$

mit

$$\boldsymbol{x}^* = \begin{bmatrix} \boldsymbol{x}_1^* \\ \boldsymbol{x}_2^* \end{bmatrix} = \boldsymbol{t}(\boldsymbol{x}) \qquad (11.141)$$

ist und $\boldsymbol{f}_1^*$, $\boldsymbol{g}_1^*$ *und* $\boldsymbol{x}_1^*$ *k-dimensional sowie* $\boldsymbol{f}_2^*$ *und* $\boldsymbol{x}_2^*$ *(n−k)-dimensional sind.*

Beweis: $\boldsymbol{f}^*$ hat seine Form aufgrund von Satz 11.10 und $\boldsymbol{g}^*$ seine Form, da $\boldsymbol{g} \in \Delta$ ist. $\square$

In Bild 11.3 ist der Inhalt des Satzes 11.11 veranschaulicht. Dem Bild ist zu entneh-

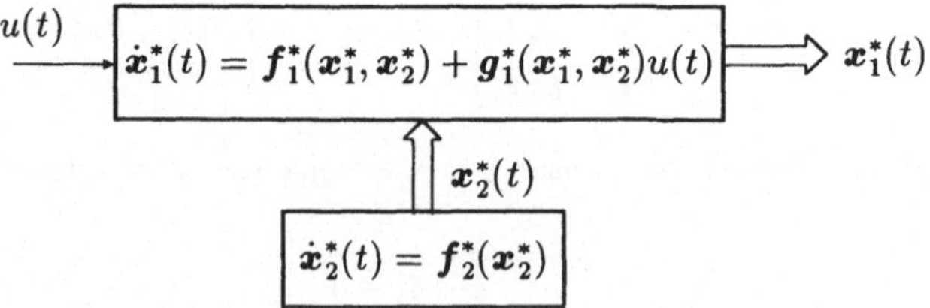

Bild 11.3: Struktur des Systems nach Satz 11.11.

men, daß die Eingangsgröße $u(t)$ überhaupt keinen Einfluß auf den $(n-k)$-dimensionalen
Teilzustandsvektor $\boldsymbol{x}_2^*$ hat. Ist also $k < n$, dann ist das System nicht vollständig erreichbar. In [ISIDORI] ist der folgende Satz bewiesen:

11.12 Satz:

> *Das System mit der Zustandsgleichung $\dot{x}(t) = f(x(t)) + g(x(t))u(t)$ ist dann und nur dann in einer Umgebung von $x \in \mathbb{R}^n$ lokal vollständig erreichbar, wenn in einer Umgebung $\mathcal{U}$ von x_0 die Distribution Δ_c die Dimension n für alle $x \in \mathcal{U}$ hat, wobei Δ_c wie folgt konstruiert wird:*
>
> *1. Schritt :* $\Delta_0 \stackrel{\text{def}}{=} \text{span}\{g\}$.
> $\hspace{10cm}$ (11.142)
>
> *2. Schritt: Sei $\{d_1, \ldots, d_{k_i}\}$ eine Basis für die Distribution Δ_i. Prüfe, ob Δ_i invariant unter f und involutiv unter d_i ist. Ist das der Fall, ist $\Delta_c = \Delta_i$, Ende und Abbruch der Rechnung.*
>
> *3. Schritt: Setze $i := i + 1$, bilde*
>
> $$\Delta_{i+1} = \Delta_i + \sum_{j=1}^{k_i} \left(\text{span}\{[f, d_j]\} + \text{span}\{[g, d_j]\} \right) \tag{11.143}$$
>
> *und gehe zum 2. Schritt zurück.*

Der Inhalt der Sätze 11.11 und 11.12 soll anhand des folgenden Beispiels veranschaulicht werden.

11.13 Beispiel: Das nichtlineare System mit der Zustandsgleichung

$$\dot{x}(t) = \underbrace{\begin{bmatrix} x_1 x_3 + x_2 e^{x_2} \\ x_3 \\ x_4 - x_2 x_3 \\ x_3^2 + x_2 x_4 - x_2^2 x_3 \end{bmatrix}}_{f(x)} + \underbrace{\begin{bmatrix} x_1 \\ 1 \\ 0 \\ x_3 \end{bmatrix}}_{g(x)} u(t) \tag{11.144}$$

soll anhand der Normalform (11.140) auf lokale Erreichbarkeit untersucht werden. Mit Hilfe des in Satz 11.12 angegebenen Algorithmus soll zunächst die Distribution Δ_c berechnet werden. Es ist $\Delta_0 = \text{span}\{g(x)\}$ und $\Delta_1 = \text{span}\{g(x), [f(x), g(x)]\}$ mit

$$[f(x), g(x)] = \underbrace{\begin{bmatrix} 1 & 0 & 0 & 0 \\ 0 & 0 & 0 & 0 \\ 0 & 0 & 0 & 0 \\ 0 & 0 & 1 & 0 \end{bmatrix}}_{\frac{\partial g}{\partial x}} f - \underbrace{\begin{bmatrix} x_3 & e^{x_2} + x_2 e^{x_2} & x_1 & 0 \\ 0 & 0 & 1 & 0 \\ 0 & -x_3 & -x_2 & 1 \\ 0 & x_4 - 2x_2 x_3 & 2x_3 - x_2^2 & x_2 \end{bmatrix}}_{\frac{\partial f}{\partial x}} g = \begin{bmatrix} -e^{x_2} \\ 0 \\ 0 \\ 0 \end{bmatrix}. \tag{11.145}$$

Δ_1 hat also die Form

$$\Delta_1 = \text{span}\left\{ \begin{bmatrix} x_1 \\ 1 \\ 0 \\ x_3 \end{bmatrix}, \begin{bmatrix} -e^{x_2} \\ 0 \\ 0 \\ 0 \end{bmatrix} \right\} = \text{span}\{d_1, d_2\}. \tag{11.146}$$

Da $d_1 = g$ ist, müssen die LIE-Klammern $[f, d_2]$, $[g, d_2]$ und $[d_1, d_2]$ untersucht werden. Es ist

$$[f, d_2] = \underbrace{\begin{bmatrix} 0 & -e^{x_2} & 0 & 0 \\ 0 & 0 & 0 & 0 \\ 0 & 0 & 0 & 0 \\ 0 & 0 & 0 & 0 \end{bmatrix}}_{\dfrac{\partial d_2}{\partial x}} f - \underbrace{\begin{bmatrix} x_3 & e^{x_2} + x_2 e^{x_2} & x_1 & 0 \\ 0 & 0 & 1 & 0 \\ 0 & -x_3 & -x_2 & 1 \\ 0 & x_4 - 2x_2 x_3 & 2x_3 - x_2^2 & x_2 \end{bmatrix}}_{\dfrac{\partial f}{\partial x}} \begin{bmatrix} -e^{x_2} \\ 0 \\ 0 \\ 0 \end{bmatrix} = o, \quad (11.147)$$

$$[g, d_2] = \begin{bmatrix} -e^{x_2} \\ 0 \\ 0 \\ 0 \end{bmatrix} - \begin{bmatrix} -e^{x_2} \\ 0 \\ 0 \\ 0 \end{bmatrix} = o \qquad (11.148)$$

und auch $[d_1, d_2] = o$. Δ_1 ist invariant gegenüber f und g, d.h., es ist $\Delta_1 = \Delta_c$ und $k = \dim\Delta_c = 2$. Nach Definition 11.6 ist die Distribution Δ_1 involutiv, da für $d_1, d_2 \in \Delta_1$ auch $[d_1, d_2] \in \Delta_1$ ist. Also muß nach dem Satz 11.7 von FROBENIUS die Distribution Δ_1 vollständig integrierbar sein. Es müssen nach Definition 11.5 $n - k = 4 - 2 = 2$ Funktionen $\varphi_3(x)$ und $\varphi_4(x)$ so existieren, daß für $i = 3$ und 4

$$\left[\frac{\partial \varphi_i}{\partial x} \right]^T \begin{bmatrix} d_1 & d_2 \end{bmatrix} = o^T \qquad (11.149)$$

ist. Ausgeschrieben bedeutet das

$$\begin{bmatrix} \dfrac{\partial \varphi_i}{\partial x_1} & \dfrac{\partial \varphi_i}{\partial x_2} & \dfrac{\partial \varphi_i}{\partial x_3} & \dfrac{\partial \varphi_i}{\partial x_4} \end{bmatrix} \begin{bmatrix} x_1 & e^{x_2} \\ 1 & 0 \\ 0 & 0 \\ x_3 & 0 \end{bmatrix} = \begin{bmatrix} 0 & 0 \end{bmatrix}, \qquad (11.150)$$

woraus die beiden partiellen Differentialgleichungen

$$\frac{\partial \varphi_i}{\partial x_1} x_1 + \frac{\partial \varphi_i}{\partial x_2} + \frac{\partial \varphi_i}{\partial x_4} x_3 = 0 \qquad (11.151)$$

und

$$\frac{\partial \varphi_i}{\partial x_1} e^{x_2} = 0 \qquad (11.152)$$

folgen. Da für endliches x_2 die Exponentialfunktion $e^{x_2} \neq 0$ ist, muß nach (11.152) $\partial \varphi_i / \partial x_1 = 0$ also φ_i unabhängig von x_1 sein, womit sich (11.151) auf

$$\frac{\partial \varphi_i}{\partial x_2} + \frac{\partial \varphi_i}{\partial x_4} x_3 = 0 \qquad (11.153)$$

reduziert. Hierfür sind zwei unabhängige Lösungen

$$\varphi_3(x) = x_3 \quad \text{und} \qquad (11.154)$$

$$\varphi_4(x) = x_4 - x_2 x_3. \qquad (11.155)$$

Für die Zustandstransformation werden zunächst

$$x_3^* = t_3(x) = \varphi_3(x) = x_3 \qquad (11.156)$$

und

$$x_4^* = t_4(x) = \varphi_4(x) = x_4 - x_2 x_3 \qquad (11.157)$$

gewählt. Vervollständigt wird das mit

$$x_1^* = x_1, \qquad (11.158)$$

$$x_2^* = x_2 \qquad (11.159)$$

zur vollständigen nichtlinearen Zustandstransformation

$$\boldsymbol{x}^* = \boldsymbol{t}(\boldsymbol{x}) = \begin{bmatrix} x_1 \\ x_2 \\ x_3 \\ x_4 - x_2 x_3 \end{bmatrix}. \tag{11.160}$$

Die hierzu inverse Transformation erhält man durch Auflösen der vier nichtlinearen Gleichungen in (11.160) nach x_1 bis x_4 zu

$$\boldsymbol{x} = \boldsymbol{t}^{-1}(\boldsymbol{x}^*) = \begin{bmatrix} x_1^* \\ x_2^* \\ x_3^* \\ x_2^* x_3^* + x_4^* \end{bmatrix}. \tag{11.161}$$

Durch Differenzieren der Transformationsgleichung $\boldsymbol{x}^* = \boldsymbol{t}(\boldsymbol{x})$ nach der Zeit erhält man

$$\begin{aligned} \dot{\boldsymbol{x}}^* &= \frac{\partial \boldsymbol{t}}{\partial \boldsymbol{x}} \dot{\boldsymbol{x}} \\ &= \frac{\partial \boldsymbol{t}}{\partial \boldsymbol{x}} \boldsymbol{f}(\boldsymbol{x}) + \frac{\partial \boldsymbol{t}}{\partial \boldsymbol{x}} \boldsymbol{g}(\boldsymbol{x}) u(t) \\ &= \boldsymbol{f}^*(\boldsymbol{x}^*) + \boldsymbol{g}^*(\boldsymbol{x}^*) u(t) \end{aligned} \tag{11.162}$$

mit

$$\boldsymbol{f}^*(\boldsymbol{x}^*) \stackrel{\text{def}}{=} \frac{\partial \boldsymbol{t}}{\partial \boldsymbol{x}} \boldsymbol{f}(\boldsymbol{x}) \Big|_{\boldsymbol{x} = \boldsymbol{t}^{-1}(\boldsymbol{x}^*)} \tag{11.163}$$

und

$$\boldsymbol{g}^*(\boldsymbol{x}^*) \stackrel{\text{def}}{=} \frac{\partial \boldsymbol{t}}{\partial \boldsymbol{x}} \boldsymbol{g}(\boldsymbol{x}) \Big|_{\boldsymbol{x} = \boldsymbol{t}^{-1}(\boldsymbol{x}^*)}. \tag{11.164}$$

Die Matrix $\partial \boldsymbol{t}/\partial \boldsymbol{x}$ hat hier die Form

$$\frac{\partial \boldsymbol{t}}{\partial \boldsymbol{x}} = \begin{bmatrix} 1 & 0 & 0 & 0 \\ 0 & 1 & 0 & 0 \\ 0 & 0 & 1 & 0 \\ 0 & -x_3 & -x_2 & 1 \end{bmatrix} \tag{11.165}$$

und es ist

$$\boldsymbol{f}(\boldsymbol{x}) = \boldsymbol{f}(\boldsymbol{t}^{-1}(\boldsymbol{x}^*)) = \begin{bmatrix} x_1^* x_3^* + x_2^* e^{x_2^*} \\ x_3^* \\ x_4^* \\ x_3^{*2} + x_2^* x_4^* \end{bmatrix} \tag{11.166}$$

sowie

$$\boldsymbol{g}(\boldsymbol{x}) = \boldsymbol{g}(\boldsymbol{t}^{-1}(\boldsymbol{x}^*)) = \begin{bmatrix} x_1^* \\ 1 \\ 0 \\ x_3^* \end{bmatrix}. \tag{11.167}$$

Damit erhält man schließlich die transformierte Zustandsgleichung

$$\dot{\boldsymbol{x}}^* = \begin{bmatrix} x_1^* x_3^* + x_2^* e^{x_2^*} \\ x_3^* \\ \hline x_4^* \\ 0 \end{bmatrix} + \begin{bmatrix} x_1^* \\ 1 \\ \hline 0 \\ 0 \end{bmatrix} u(t). \tag{11.168}$$

Nach der Nomenklatur von Satz 11.11 ist hier

$$\boldsymbol{x}_1^* = \begin{bmatrix} x_1^* \\ x_2^* \end{bmatrix} \quad \text{und} \quad \boldsymbol{x}_2^* = \begin{bmatrix} x_3^* \\ x_4^* \end{bmatrix}.$$

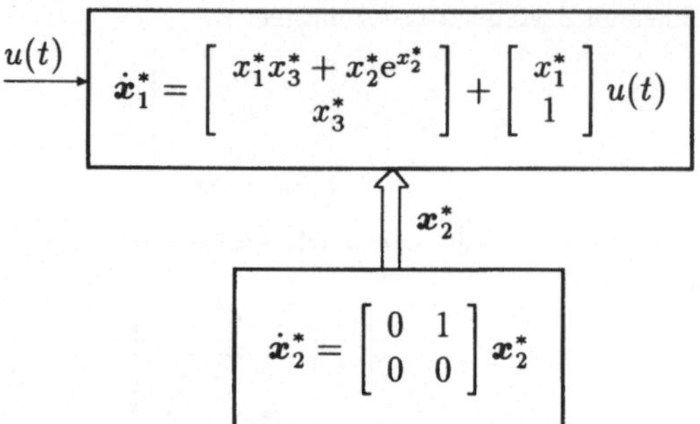

Bild 11.4: Struktur des nichtlinearen Systems aus Beispiel 11.13.

Bild 11.4 zeigt die entstandene Struktur des also nicht vollständig lokal steuerbaren Systems.   □

Da lineare Systeme ein Sonderfall der nichtlinearen Systeme sind, muß die Aussage des Satzes 11.12 für lineare Systeme in eine Aussage über den Rang der Steuerbarkeitsmatrix $S = \begin{bmatrix} b & \cdots & A^{n-1}b \end{bmatrix}$ münden. Das soll im folgenden kurz überprüft werden.

Bei dem linearen System mit der Zustandsgleichung

$$\dot{x} = Ax + bu \tag{11.169}$$

ist

$$f(x) = Ax \quad \text{und} \quad g(x) = b.$$

Gemäß dem Algorithmus von Satz 11.12 ist

$$\Delta_0 = \text{span}\{g(x)\} = \text{span}\{b\}.$$

Die nächste Distribution ist

$$\Delta_1 = \Delta_0 + \text{span}\{[f,g]\} = \Delta_0 + \text{span}\{[Ax,b]\},$$

da $[b,b] = o$ ist. Mit

$$[f,g] = \frac{\partial g}{\partial x}f - \frac{\partial f}{\partial x}g = o - Ab$$

ist

$$\Delta_1 = \text{span}\{b, Ab\}.$$

Weiter gilt

$$\Delta_2 = \Delta_1 + \text{span}\{[Ax, Ab]\},$$

da sowohl $[b,b]$ als auch $[b, Ab]$ gleich dem Nullvektor sind und $\text{span}\{[Ax,b]\}$ bereits in der Distribution Δ_1 enthalten ist. Es ist also

$$\Delta_2 = \Delta_1 + \text{span}\{-A^2b\} = \text{span}\{b, Ab, A^2b\}.$$

So fortfahrend, erhält man

$$\Delta_{n-1} = \text{span}\{b, Ab, \ldots, A^{n-1}b\} = \Delta_c = \text{Bild}(S). \tag{11.170}$$

In der Tat ist das lineare System mit der Zustandsgleichung (11.169) vollständig steuerbar (erreichbar), wenn die Spalten der Steuerbarkeitsmatrix S den gesamten Zustandsraum $\mathcal{X} = \mathbb{R}^n$ aufspannen, also der Rang von S gleich n ist.

In welchem Zusammenhang steht nun die Matrix gemäß (11.112)

$$S(x) = \left[\ g(x)\ |\ \mathrm{ad}_f g(x)\ |\ \cdots\ |\ \mathrm{ad}_f^{n-1} g(x)\ \right]$$

$$= \left[\ g\ |\ [f,g]\ |\ [f,[f,g]]\ |\ \cdots\ |\ [f,[f,\cdots,[f,g]\cdots]\ \right] \tag{11.171}$$

aus dem vorhergehenden Abschnitt zu der Erreichbarkeit eines nichtlinearen Systems? Aus dem Bildungsgesetz (11.143) für die Distribution Δ_c in Satz 11.12 fehlen in $S(x)$ vor allem die Terme $[g, d_i]$ und $[d_i, d_j]$, die durchaus zur Dimension der Distribution Δ_c wesentliche Anteile liefern können, woraus direkt folgt

$$\mathrm{Bild}(S(x)) \subseteq \Delta_c, \tag{11.172}$$

d.h., es ist hinreichend, aber nicht notwendig für die Erreichbarkeit des nichtlinearen Systems $\{f, g\}$, daß $\mathrm{Rang}(\mathrm{Bild}(S(x)) = n$ ist:

11.14 Satz:

> *Wenn die Distribution*
>
> $$\mathrm{Bild}(S(x)) = \mathrm{span}\{g, [f,g], \ldots, \mathrm{ad}_f^{n-1}g\} \tag{11.173}$$
>
> *die Dimension n hat, dann ist das nichtlineare System $\{f, g\}$ in x lokal vollständig erreichbar.*

Aus Satz 11.14 folgt, daß nicht unbedingt $\mathrm{Bild}(S(x))$ die Dimension n haben muß, wenn ein nichtlineares System lokal vollständig erreichbar ist. Deshalb soll im nächsten Abschnitt nochmals das Problem der Zustandsrückführung mit Hilfe der Regelungsnormalform von nichtlinearen Einfachsystemen aufgegriffen werden.

11.4 Zustandsrückführung bei nichtlinearen Systemen

Das Hauptergebnis der Transformierbarkeit der mathematischen Beschreibung eines nichtlinearen Einfachsystems auf Regelungsnormalform stellte die Lösbarkeit der Gleichung (11.111)

$$\left[\frac{\partial \varphi_1}{\partial x}\right]^T \left[\ g(x)\ |\ \mathrm{ad}_f g(x)\ |\ \cdots\ |\ \mathrm{ad}_f^{n-1} g(x)\ \right] = \left[\ 0\ |\ \cdots\ |\ 0\ |\ (-1)^{n-1} g^*(x)\ \right] \tag{11.174}$$

dar. Läßt man die letzte Komponente in dieser Zeilenvektorgleichung weg, erhält man

$$\left[\frac{\partial \varphi_1}{\partial x}\right]^T \left[\ g(x)\ |\ \mathrm{ad}_f g(x)\ |\ \cdots\ |\ \mathrm{ad}_f^{n-2} g(x)\ \right] = o^T. \tag{11.175}$$

Damit die Funktion $\varphi_1(\boldsymbol{x})$ existiert, muß die durch die Vektorfelder $\boldsymbol{g}(\boldsymbol{x})$, $[\boldsymbol{f},\boldsymbol{g}],\ldots,$ $\mathrm{ad}_f^{n-2}\boldsymbol{g}$ definierte Distribution nach Definition 11.5 vollständig integrierbar, d.h., nach dem Satz 11.7 von FROBENIUS involutiv sein. Damit gilt der

11.15 Satz: *Das nichtlineare Einfachsystem*

$$\dot{\boldsymbol{x}} = \boldsymbol{f}(\boldsymbol{x}) + \boldsymbol{g}(\boldsymbol{x})u$$

kann dann und nur dann auf **Regelungsnormalform**

$$\dot{\boldsymbol{x}}_R = \begin{bmatrix} x_{R2} \\ x_{R3} \\ \vdots \\ x_{Rn} \\ f(\boldsymbol{x}_R) \end{bmatrix} + \begin{bmatrix} 0 \\ \vdots \\ 0 \\ b_R(\boldsymbol{x}) \end{bmatrix} u \qquad (11.176)$$

transformiert werden, wenn
  1. $\dim(\mathrm{span}\{\boldsymbol{g},[\boldsymbol{f},\boldsymbol{g}],\ldots,\mathrm{ad}_f^{n-1}\boldsymbol{g}\}) = n$ *und*
  2. die Distribution $\mathrm{span}\{\boldsymbol{g},[\boldsymbol{f},\boldsymbol{g}],\ldots,\mathrm{ad}_f^{n-2}\boldsymbol{g}\}$ *involutiv ist.*

11.16 Beispiel: [SPONG/VIDYASAGAR] Der in Bild 11.5 dargestellte elastische Roboterarm, wobei die Elastizität als Torsionsfeder dargestellt ist, kann durch die beiden nichtlinearen Differentialgleichungen zweiter Ordnung

$$J_1\ddot{\alpha}_1 + mgl\sin(\alpha_1) + c(\alpha_1 - \alpha_2) = 0, \qquad (11.177)$$

$$J_2\ddot{\alpha}_2 - c(\alpha_1 - \alpha_2) = u \qquad (11.178)$$

beschrieben werden, wobei J_1 und J_2 Trägheitsmomente, m die Masse des angekoppelten Arms, g die Erdbeschleunigung, ℓ der Abstand des Schwerpunktes von der Rotationsachse, c die Federkonstante und

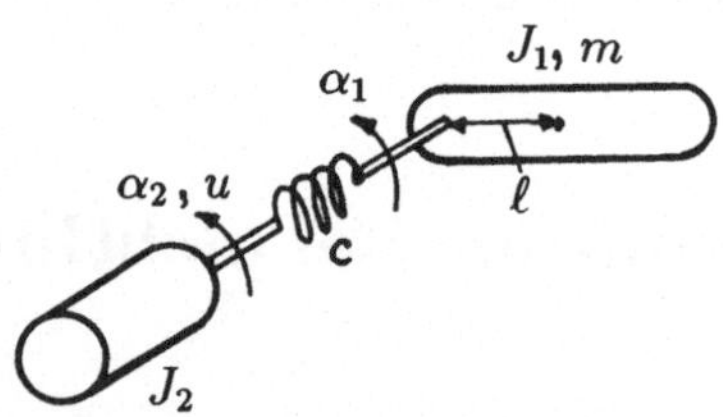

Bild 11.5: Struktur des elastischen Roboterarms aus Beispiel 11.16.

u das vom Motor erzeugte Drehmoment sind. Mit dem Zustandsvektor $\boldsymbol{x} \overset{\mathrm{def}}{=} \begin{bmatrix} \alpha_1 & \dot{\alpha}_1 & \alpha_2 & \dot{\alpha}_2 \end{bmatrix}^T$ erhält man die mathematische Beschreibung in Zustandsform

$$\dot{\boldsymbol{x}} = \underbrace{\begin{bmatrix} x_2 \\ -\dfrac{mgl}{J_1}\sin(x_1) - \dfrac{c}{J_1}(x_1 - x_3) \\ x_4 \\ \dfrac{c}{J_2}(x_1 - x_3) \end{bmatrix}}_{\boldsymbol{f}(\boldsymbol{x})} + \underbrace{\begin{bmatrix} 0 \\ 0 \\ 0 \\ \dfrac{1}{J_2} \end{bmatrix}}_{\boldsymbol{g}} u. \qquad (11.179)$$

In diesem Fall erhält man für die LIE-Klammern

$$[\boldsymbol{f},\boldsymbol{g}] = \mathbf{o} - \left[\begin{array}{c|c} & 0 \\ \ast\ast\ast & 0 \\ & 0 \\ \hline & 1 \\ & 0 \end{array}\right]\left[\begin{array}{c} 0 \\ 0 \\ 0 \\ \frac{1}{J_2} \end{array}\right] = -\left[\begin{array}{c} 0 \\ 0 \\ \frac{1}{J_2} \\ 0 \end{array}\right],$$

$$[\boldsymbol{f},[\boldsymbol{f},\boldsymbol{g}]] = \mathbf{o} + \left[\begin{array}{c|c} & 0 & 0 \\ \ast\ast & \frac{c}{J_1} & 0 \\ \hline & 0 & 1 \\ & -\frac{c}{J_2} & 0 \end{array}\right]\left[\begin{array}{c} 0 \\ 0 \\ \frac{1}{J_2} \\ 0 \end{array}\right] = \left[\begin{array}{c} 0 \\ \frac{c}{J_1 J_2} \\ 0 \\ -\frac{c}{J_2^2} \end{array}\right],$$

$$\mathrm{ad}_f^3 \boldsymbol{g} = [\boldsymbol{f},[\boldsymbol{f},[\boldsymbol{f},\boldsymbol{g}]]] = \mathbf{o} - \left[\begin{array}{c|c|c} & 1 & 0 & 0 \\ \ast & 0 & \frac{c}{J_1} & 0 \\ \hline & 0 & 0 & 1 \\ & 0 & -\frac{c}{J_2} & 0 \end{array}\right]\left[\begin{array}{c} 0 \\ \frac{c}{J_1 J_2} \\ 0 \\ -\frac{c}{J_2^2} \end{array}\right] = -\left[\begin{array}{c} \frac{c}{J_1 J_2} \\ 0 \\ -\frac{c}{J_2^2} \\ 0 \end{array}\right],$$

also ist

$$\left[\ \boldsymbol{g}\ |\ [\boldsymbol{f},\boldsymbol{g}]\ |\ \mathrm{ad}_f^2 \boldsymbol{g}\ |\ \mathrm{ad}_f^3 \boldsymbol{g}\ \right] = \left[\begin{array}{cccc} 0 & 0 & 0 & -\frac{c}{J_1 J_2} \\[2mm] 0 & 0 & \frac{c}{J_1 J_2} & 0 \\[2mm] 0 & -\frac{1}{J_2} & 0 & \frac{c}{J_2^2} \\[2mm] \frac{1}{J_2} & 0 & -\frac{c}{J_2^2} & 0 \end{array}\right]. \tag{11.180}$$

Da die Determinante dieser von $\boldsymbol{x}$ unabhängigen Matrix gleich $c^2/(J_1^2 J_2^4) \neq 0$ ist, ist die erste Bedingung in Satz 11.15 erfüllt. Da aber die LIE-Klammer von zwei konstanten, d.h. von $\boldsymbol{x}$ unabhängigen Vektoren, stets gleich dem Nullvektor ist, ist $\left[\ \boldsymbol{g}\ |\ [\boldsymbol{f},\boldsymbol{g}]\ |\ \mathrm{ad}_f^2 \boldsymbol{g}\ \right]$ auch involutiv, d.h., auch die zweite Bedingung des Satzes 11.15 ist erfüllt und damit die Zustandsgleichung (11.179) auf Regelungsnormalform transformierbar.

Für die nichtlineare Transformation wird zunächst die Funktion $\varphi_1(\boldsymbol{x})$ benötigt. Hierfür gelten gemäß (11.175) die Bedingungen in Form von partiellen Differentialgleichungen:

$$\left[\frac{\partial \varphi_1}{\partial \boldsymbol{x}}\right]^T \boldsymbol{g} = 0 = \frac{\partial \varphi_1}{\partial x_4} \cdot \frac{1}{J_1}, \tag{11.181}$$

$$\left[\frac{\partial \varphi_1}{\partial \boldsymbol{x}}\right]^T [\boldsymbol{f},\boldsymbol{g}] = 0 = -\frac{\partial \varphi_1}{\partial x_3} \cdot \frac{1}{J_1}, \tag{11.182}$$

$$\left[\frac{\partial \varphi_1}{\partial \boldsymbol{x}}\right]^T \mathrm{ad}_f^2 \boldsymbol{g} = 0 = \frac{\partial \varphi_1}{\partial x_2} \cdot \frac{c}{J_1 J_2} - \frac{\partial \varphi_1}{\partial x_4} \cdot \frac{c}{J_2^2}. \tag{11.183}$$

Aus (11.181) folgt

$$\frac{\partial \varphi_1}{\partial x_4} = 0,$$

aus (11.182)

$$\frac{\partial \varphi_1}{\partial x_3} = 0$$

und damit aus (11.183) auch noch

$$\frac{\partial \varphi_1}{\partial x_2} = 0,$$

d.h., die Funktion φ_1 ist unabhängig von x_2, x_3 und x_4. Die letzte Bedingung in (11.174) liefert

$$-\frac{\partial\varphi_1}{\partial x_1}\cdot\frac{c}{J_1 J_2}=(-1)^3\frac{1}{J_2}$$

oder

$$\frac{\partial\varphi_1}{\partial x_1}=\frac{J_1}{c}=konst.$$

Die einfachste Wahl der Funktion φ_1 stellt

$$\varphi_1(\boldsymbol{x})=x_1 \tag{11.184}$$

dar. Damit erhält man gemäß (11.89) die gesuchte nichtlineare Zustandstransformation

$$\boldsymbol{x}_R=\varphi(\boldsymbol{x})=\begin{bmatrix}\varphi_1\\[1mm]L_f\varphi_1\\[1mm]L_f^2\varphi_1\\[1mm]L_f^3\varphi_1\end{bmatrix}=\begin{bmatrix}\varphi_1\\[1mm]\left[\dfrac{\partial\varphi_1}{\partial\boldsymbol{x}}\right]^T\boldsymbol{f}\\[1mm]\left[\dfrac{\partial\varphi_2}{\partial\boldsymbol{x}}\right]^T\boldsymbol{f}\\[1mm]\left[\dfrac{\partial\varphi_3}{\partial\boldsymbol{x}}\right]^T\boldsymbol{f}\end{bmatrix}=\begin{bmatrix}x_1\\[1mm]x_2\\[1mm]-\dfrac{mg\ell}{J_1}\sin(x_1)-\dfrac{c}{J_1}(x_1-x_3)\\[1mm]-\dfrac{mg\ell}{J_1}x_2\cos(x_1)-\dfrac{c}{J_1}(x_2-x_4)\end{bmatrix}. \tag{11.185}$$

Weiterhin erhält man mit $n=4$ für

$$\left[\frac{\partial\varphi_4}{\partial\boldsymbol{x}}\right]^T\boldsymbol{f}(\boldsymbol{x})=\frac{mg\ell}{J_1}\sin(x_1)\left(x_2^2+\frac{mg\ell}{J_1}\cos(x_1)+\frac{c}{J_1}\right)+\frac{c}{J_1}(x_1-x_3)\left(\frac{c}{J_1}+\frac{c}{J_2}+\frac{mg\ell}{J_2}\cos(x_1)\right) \tag{11.186}$$

und für

$$\left[\frac{\partial\varphi_4}{\partial\boldsymbol{x}}\right]^T\boldsymbol{g}(\boldsymbol{x})=\frac{c}{J_1 J_2}. \tag{11.187}$$

Als Stellgröße gemäß (11.85) erhält man dann

$$u(t)=\frac{1}{\left[\dfrac{\partial\varphi_4}{\partial\boldsymbol{x}}\right]^T\boldsymbol{g}(\boldsymbol{x})}\left(u'(t)-\left[\frac{\partial\varphi_4}{\partial\boldsymbol{x}}\right]^T\boldsymbol{f}(\boldsymbol{x})\right)=\frac{J_1 J_2}{c}u'(t)-k(\boldsymbol{x}) \tag{11.188}$$

mit der nichtlinearen Zustandsrückkopplung

$$k(\boldsymbol{x})=\frac{J_2 mg\ell}{c}\sin(x_1)\left(x_2^2+\frac{mg\ell}{J_1}\cos(x_1)+\frac{c}{J_1}\right)+(x_1-x_3)\left(\frac{cJ_2}{J_1}+c+cmg\ell\cos(x_1)\right). \tag{11.189}$$

Mit der Stellgröße gemäß (11.188) erhält man für das rückgekoppelte System die Zustandsgleichung

$$\dot{\boldsymbol{x}}_R=\underbrace{\begin{bmatrix}0&1&0&0\\0&0&1&0\\0&0&0&1\\0&0&0&0\end{bmatrix}}_{\boldsymbol{A}}\boldsymbol{x}_R+\underbrace{\begin{bmatrix}0\\0\\0\\1\end{bmatrix}}_{\boldsymbol{b}}u'. \tag{11.190}$$

In diesem Beispiel ist die nichtlineare Zustandstransformation nicht auf einen lokalen Bereich beschränkt, denn sowohl $\boldsymbol{x}_R=\varphi(\boldsymbol{x})$ gemäß (11.185) als auch die inverse Transformation

$$\boldsymbol{x}=\varphi^{-1}(\boldsymbol{x}_R)=\begin{bmatrix}x_{R1}\\[2mm]x_{R2}\\[2mm]\dfrac{J_1}{c}x_{R3}+x_{R1}+\dfrac{mg\ell}{c}\sin(x_{R1})\\[2mm]\dfrac{J_1}{c}x_{R4}+x_{R2}+\dfrac{mg\ell}{c}x_{R2}\cos(x_{R1})\end{bmatrix} \tag{11.191}$$

sind für alle $\boldsymbol{x}\in\mathbb{R}^4$, also global gültig.

Überlagert man dem linearisierten System jetzt noch die Zustandsrückführung

$$u'(t) = w(t) - \mathbf{k}_R^T \mathbf{x}_R(t), \qquad (11.192)$$

so kann durch Vorgabe des Rückkopplungsvektors $\mathbf{k}_R$ jedes beliebige charakteristische Polynom eingestellt werden. Die neuen, transformierten Zustandsgrößen $x_{R1}, \ldots, x_{R4}$ haben hier durchaus eine physikalische Bedeutung, denn es ist $x_{R1} = x_1 = \alpha_1$ die Winkellage des Roboterarms, $x_{R2} = \dot{x}_1 = \dot{\alpha}_1$ seine Winkelgeschwindigkeit, $x_{R3} = \dot{x}_{R2} = \ddot{\alpha}_1$ seine Winkelbeschleunigung und $x_{R4} = \dot{x}_{R3} = \mathrm{d}^3\alpha_1/\mathrm{d}t$ der Winkelruck. Hiervon sind x_{R1} und x_{R2} leicht, dagegen die Winkelbeschleunigung x_{R3} und der Winkelruck x_{R4} nicht mit hinreichender Genauigkeit zu messen. x_{R3} und x_{R4} müssen entweder über einen Zustandsbeobachter rekonstruiert oder aus den meßbaren Größen Motorachsenlage $\alpha_2 = x_3$ und -geschwindigkeit $\dot{\alpha}_2 = x_4$ gemäß der nichtlinearen Koordinatentransformation (11.185) berechnet werden.

Wird für die Winkellage $\alpha_1 = x_{R1}$ des Roboterarms z.B. wie in Abschnitt 2.5.3 eine kubische Parabel

$$w(t) = a_0 + a_1 t + a_2 t^2 + a_3 t^3 \stackrel{!}{=} \alpha_1(t) = x_{R1}(t)$$

als Führungsgröße vorgeschrieben, erhält man für die restlichen Zustandsgrößen als Sollwerte

$$\begin{aligned}
\dot{w}(t) &= a_1 + 2a_2 t + 3a_3 t^2 \stackrel{!}{=} \dot{\alpha}_1(t) = x_{R2}(t), \\
\ddot{w}(t) &= 2a_2 + 6a_3 t \stackrel{!}{=} \ddot{\alpha}_1(t) = x_{R3}(t), \\
\frac{\mathrm{d}^3 w(t)}{\mathrm{d}t^3} &= 6a_3 \stackrel{!}{=} \frac{\mathrm{d}^3 \alpha_1(t)}{\mathrm{d}t^3} = x_{R4}(t).
\end{aligned}$$

Diese Sollwerte können sinnvollerweise direkt mit den ermittelten Zustandsgrößen x_{Ri} verglichen und dann über den Zustandsregler

$$u'(t) = k_{R1}[w(t) - x_{R1}(t)] + k_{R2}[\dot{w}(t) - x_{R2}(t)] + k_{R3}[\ddot{w}(t) - x_{R3}(t)] + k_{R4}\Big[\frac{\mathrm{d}^3 w(t)}{\mathrm{d}t^3} - x_{R4}(t)\Big]$$

rückgeführt werden. Aus der letzten Zeile der Zustandsgleichung folgt

$$\dot{x}_{R4} = k_{R1}(w - x_{R1}) + k_{R2}(\dot{w} - x_{R2}) + k_{R3}(\ddot{w} - x_{R3}) + k_{R4}\Big(\frac{\mathrm{d}^3 w}{\mathrm{d}t^3} - x_{R4}\Big)$$

oder mit dem Positionsfehler

$$e \stackrel{\mathrm{def}}{=} w - \alpha_1 = w - x_{R1}$$

die Fehlergleichung

$$\frac{\mathrm{d}^4 e}{\mathrm{d}t^4} + k_{R4}\frac{\mathrm{d}^3 e}{\mathrm{d}t^3} + k_{R3}\ddot{e} + k_{R2}\dot{e} + k_{R1}e = 0,$$

d.h., mit dem Rückkopplungsvektor $\mathbf{k}_R$ kann das dynamische Verhalten des Positionsfehlers vorgeschrieben werden. $\qquad\Box$

11.5 Transformation von nichtlinearen Systemen auf lineare Systeme

Das folgende Beispiel zeigt, daß nichtlineare Systemmodelle existieren, die allein mittels einer nichtlinearen Zustandstransformation in ein lineares Systemmodell umgeformt werden können, also eigentlich lineare Systeme sind.

11.17 Beispiel: Ein System habe für $x_1 > 0$ und $x_2 > 0$ die nichtlineare mathematische Beschreibung

$$\dot{x}_1 = x_1 \cdot \ln x_2, \tag{11.193}$$

$$\dot{x}_2 = -x_2 \cdot \ln x_1 + x_2 u. \tag{11.194}$$

Mit der Zustandstransformation

$$x_1^* = \varphi_1(x) = \ln x_1, \tag{11.195}$$

$$x_2^* = \varphi_2(x) = \ln x_2 \tag{11.196}$$

erhält man

$$\dot{x}_1^* = \frac{1}{x_1}\dot{x}_1 = \ln x_2 = x_2^* \tag{11.197}$$

und

$$\dot{x}_2^* = \frac{1}{x_2}\dot{x}_2 = -\ln x_1 + u = -x_1^* + u, \tag{11.198}$$

also die lineare mathematische Beschreibung

$$\dot{x}^* = \begin{bmatrix} 0 & 1 \\ -1 & 0 \end{bmatrix} x^* + \begin{bmatrix} 0 \\ 1 \end{bmatrix} u \tag{11.199}$$

für alle $x^* \in \mathbb{R}^2$. $\qquad\qquad\qquad\qquad\qquad\qquad\qquad\qquad\qquad\qquad\qquad\qquad\square$

Es soll jetzt die Frage beantwortet werden: Wann kann eine *nichtlineare* Zustands-gleichung

$$\dot{x} = f(x) + g(x)u \tag{11.200}$$

mittels einer nichtlinearen Zustandstransformation

$$x^* = \varphi(x) \tag{11.201}$$

in eine *lineare* Zustandsgleichung umgeformt werden?

Differenziert man die Transformationsgleichung (11.201) nach der Zeit, erhält man mit der Zustandsgleichung (11.200)

$$\dot{x}^* = \frac{\partial\varphi}{\partial x}(x)\dot{x} = \frac{\partial\varphi}{\partial x}(x)f(x) + \frac{\partial\varphi}{\partial x}(x)g(x)u. \tag{11.202}$$

Setzt man für x in (11.202) die inverse Transformation $x = \varphi^{-1}(x^*)$ ein, erhält man mit

$$\left(\frac{\partial\varphi}{\partial x}f\right)(x^*) \stackrel{\text{def}}{=} \frac{\partial\varphi}{\partial x}(\varphi^{-1}(x^*))f(\varphi^{-1}(x^*)) \tag{11.203}$$

und

$$\left(\frac{\partial\varphi}{\partial x}g\right)(x^*) \stackrel{\text{def}}{=} \frac{\partial\varphi}{\partial x}(\varphi^{-1}(x^*))g(\varphi^{-1}(x^*)) \tag{11.204}$$

die kompakte Form

$$\dot{x}^* = \left(\frac{\partial\varphi}{\partial x}f\right)(x^*) + \left(\frac{\partial\varphi}{\partial x}g\right)(x^*)u. \tag{11.205}$$

Die oben formulierte Frage heißt jetzt: Unter welchen Bedingungen ist

$$\left(\frac{\partial \varphi}{\partial x} f\right)(x^*) = A x^* \tag{11.206}$$

und

$$\left(\frac{\partial \varphi}{\partial x} g\right)(x^*) = b? \tag{11.207}$$

Die Frage wird durch den folgenden Satz beantwortet:

11.18 Satz: *Betrachtet wird das System mit der nichtlinearen Zustandsgleichung*

$$\dot{x} = f(x) + g(x)u \tag{11.208}$$

in der Umgebung eines Gleichgewichtszustands x_0, also mit $f(x_0) = o$. Es existiert eine Zustandstransformation $x^* = \varphi(x)$ von (11.208) in eine steuerbare lineare Zustandsgleichung

$$\dot{x}^* = A x^* + b u \tag{11.209}$$

dann und nur dann, wenn in einer Umgebung $\mathcal{M}$ von x_0 die folgenden beiden Bedingungen erfüllt sind:

1. $\dim(\operatorname{span}\{g(x), [f, g], \ldots, \operatorname{ad}_f^{n-1} g(x)\}) = n, \ \forall x \in \mathcal{M},$ (11.210)

2. $[g, \operatorname{ad}_f^i g](x) = o; \ i = 1, 3, 5, \ldots, 2n - 1; \ \forall x \in \mathcal{M}.$ (11.211)

Beweis: Es ist

$$\left(\frac{\partial \varphi}{\partial x}[f, g]\right)(x^*) = \left[\frac{\partial \varphi}{\partial x} f, \frac{\partial \varphi}{\partial x} g\right](x^*) = [A x^*, b] = -A b \tag{11.212}$$

und allgemein

$$\begin{aligned}
\left(\frac{\partial \varphi}{\partial x}\operatorname{ad}_f^{i+1} g\right)(x^*) &= \left(\frac{\partial \varphi}{\partial x}[f, \operatorname{ad}_f^i g]\right)(x^*) \\
&= \left[\frac{\partial \varphi}{\partial x} f, \frac{\partial \varphi}{\partial x}\operatorname{ad}_f^i g\right](x^*) \\
&= [A x^*, (-1)^i A^i b] = (-1)^{i+1} A^{i+1} b.
\end{aligned} \tag{11.213}$$

Da das lineare System mit der Zustandsgleichung (11.209) steuerbar ist, muß

$$\dim(\operatorname{span}\{b, A b, \ldots, A^{n-1} b\}) = n \tag{11.214}$$

sein, also muß wegen (11.212) und (11.213) auch

$$\dim(\operatorname{span}\{g(x), [f, g](x), \ldots, \operatorname{ad}_f^{n-1} g(x)\}) = n, \ \forall x \in \mathcal{M} \tag{11.215}$$

sein. Die Bedingung (11.211) muß gelten, da

$$\left(\frac{\partial \varphi}{\partial x}[g, \operatorname{ad}_f^i g]\right)(x^*) = \left[\frac{\partial \varphi}{\partial x} g, \frac{\partial \varphi}{\partial x}\operatorname{ad}_f^i g\right](x^*) = [b, (-1)^i A^i b] = o$$

und $\dfrac{\partial \varphi}{\partial x}(x)$ regulär ist. Damit ist die Notwendigkeit von (11.210) und (11.211) gezeigt. Bezüglich des Beweises der Hinlänglichkeit von (11.210) und (11.211) siehe z.B. [NIJMEIJER/VAN DER SCHAFT]. $\square$

Tritt neben der Zustandsgleichung (11.208) auch noch die nichtlineare Ausgangsgleichung

$$y = h(\boldsymbol{x}) \tag{11.216}$$

auf, liegt die Frage nahe: Unter welchen Bedingungen existiert eine Zustandstransformation $\boldsymbol{x}^* = \varphi(\boldsymbol{x})$ so, daß sowohl die transformierte Zustandsgleichung (11.208) als auch die transformierte Ausgangsgleichung (11.216) linear sind, d.h.,

$$y = h(\varphi^{-1}(\boldsymbol{x}^*)) = \boldsymbol{c}^T \boldsymbol{x}^*? \tag{11.217}$$

In [NIJMEIJER/VAN DER SCHAFT] ist dazu der folgende Satz bewiesen:

11.19 Satz: *Betrachtet wird das System mit der nichtlinearen mathematischen Beschreibung*

$$\dot{\boldsymbol{x}} = \boldsymbol{f}(\boldsymbol{x}) + \boldsymbol{g}(\boldsymbol{x})u, \tag{11.218}$$

$$y = h(\boldsymbol{x}) \tag{11.219}$$

in der Umgebung von $\boldsymbol{x}_0$, wobei $\boldsymbol{f}(\boldsymbol{x}_0) = \boldsymbol{o}$ und $h(\boldsymbol{x}_0) = 0$ ist. Es existiert eine Zustandstransformation von (11.218),(11.219) in eine steuer- und beobachtbare lineare mathematische Beschreibung dann und nur dann, wenn in einer Umgebung $\mathcal{M}$ von $\boldsymbol{x}_0$ zusätzlich zu den Bedingungen (11.210) und (11.211) noch die folgende Bedingung erfüllt ist:

$$L_g L_f^i \frac{\partial h}{\partial \boldsymbol{x}}(\boldsymbol{x}) = 0; \ i = 0, \dots, n-1; \ \forall \boldsymbol{x} \in \mathcal{M}. \tag{11.220}$$

11.6 Weitere Transformationsmöglichkeiten nichtlinearer Systeme

Für die Transformation einer nichtlinearen Zustandsgleichung auf Regelungsnormalform wird die Funktion $\varphi_1(\boldsymbol{x})$ benötigt, die aber nur dann existiert, wenn die Bedingungen des Satzes 11.15 erfüllt sind. Es soll jetzt die Frage untersucht werden, ob die mathematische Beschreibung eines System, wenn die Bedingungen des Satzes 11.15 nicht erfüllt sind, auf eine der Regelungsnormalform ähnliche Form transformiert werden kann und was dann noch für Möglichkeiten der Systembeeinflussung durch eine Zustandsrückführung bestehen.

Als Vorüberlegung werden zunächst lineare Einfachsysteme betrachtet. Für die Transformation eines solchen Systems auf Regelungsnormalform benötigt man gemäß

Kapitel 6 die reguläre Transformationsmatrix

$$T = \begin{bmatrix} t_1^T \\ t_1^T A \\ \vdots \\ t_1^T A^{n-1} \end{bmatrix} \tag{11.221}$$

mit

$$t_1^T = \begin{bmatrix} 0 & \cdots & 0 & 1 \end{bmatrix} \begin{bmatrix} b & Ab & \cdots & A^{n-1}b \end{bmatrix}^{-1}. \tag{11.222}$$

Hierbei ist allerdings bemerkenswert, daß jede reguläre Matrix T mit beliebiger erster Zeile die Systemmatrix A auf Regelungsnormalform

$$A_R = T A T^{-1} = \left[\begin{array}{c|c} \mathbf{o} & I_{n-1} \\ \hline & -a^T \end{array} \right]$$

transformiert. Die spezielle Form von t_1^T gemäß (11.222) wird nur benötigt, damit auch der Eingabevektor b auf die Regelungsnormalform

$$b_R = T b = \begin{bmatrix} 0 \\ \vdots \\ 0 \\ 1 \end{bmatrix}$$

transformiert wird. Vergleicht man die Form der Transformationsmatrix in (11.221) mit der Beobachtbarkeitsmatrix

$$R - \begin{bmatrix} c^T \\ c^T A \\ \vdots \\ c^T A^{n-1} \end{bmatrix} \tag{11.223}$$

eines linearen Systems, dann haben beide Matrizen den gleichen Aufbau. Daraus folgt, daß bei einem beobachtbaren System, bei dem die Matrix R regulär ist, die Systemmatrix A auch mit Hilfe der Beobachtbarkeitsmatrix R auf Regelungsnormalform transformiert wird:

$$R A R^{-1} \Rightarrow A_R. \tag{11.224}$$

Auf welche Form wird dann aber der Eingabevektor b transformiert? Es ist

$$R b = \begin{bmatrix} c^T b \\ c^T A b \\ \vdots \\ c^T A^{n-1} b \end{bmatrix} \tag{11.225}$$

und nur, wenn

$$c^T b = c^T A b = \cdots = c^T A^{n-2} b = 0 \tag{11.226}$$

und

$$c^T A^{n-1} b \neq 0 \tag{11.227}$$

ist, erhält man die Form

$$\boldsymbol{Rb} = \begin{bmatrix} 0 \\ \vdots \\ 0 \\ b_{Rn} \end{bmatrix}. \tag{11.228}$$

Wann gilt bei einem linearen System die Bedingung (11.226)? Zur Beantwortung dieser Frage wird die Übertragungsfunktion betrachtet:

$$G(s) = \boldsymbol{c}^T(s\boldsymbol{I} - \boldsymbol{A})^{-1}\boldsymbol{b} = \frac{b_m s^m + \cdots + b_1 s + b_0}{s^n + a_{n-1}s^{n-1} + \cdots + a_1 s + a_0}. \tag{11.229}$$

Es ist

$$(s\boldsymbol{I} - \boldsymbol{A})^{-1} = \boldsymbol{\Phi}(s) = \mathcal{L}\{\boldsymbol{\Phi}(t)\} = \mathcal{L}\{\mathrm{e}^{\boldsymbol{A}t}\} = \mathcal{L}\left\{\sum_{i=0}^{\infty}\frac{t^i \boldsymbol{A}^i}{i!}\right\} = \sum_{i=0}^{\infty}\frac{\boldsymbol{A}^i}{s^{i+1}}, \tag{11.230}$$

d.h., es ist

$$G(s) = \sum_{i=0}^{\infty}\frac{\boldsymbol{c}^T \boldsymbol{A}^i \boldsymbol{b}}{s^{i+1}}. \tag{11.231}$$

In der Reihendarstellung (11.231) der Übertragungsfunktion tauchen im Zähler die Produkte (11.226) auf. Werden die Gleichung (11.229) mit s^i, sowie Zähler und Nenner der Übertragungsfunktion mit s^{-n} multipliziert und wird dann der Grenzwert für $s \to \infty$ gebildet, erhält man

$$\lim_{s\to\infty} s^i G(s) = \lim_{s\to\infty} \frac{b_m s^{-(n-m-i)} + \cdots + b_1 s^{-(n-1-i)} + b_0 s^{-(n-i)}}{1 + a_{n-1}s^{-1} + \cdots + a_0 s^{-n}} = \begin{cases} 0 & f\ddot{u}r \quad i < n - m. \\ b_m & f\ddot{u}r \quad i = n - m. \\ \infty & f\ddot{u}r \quad i > n - m. \end{cases}$$
$$\tag{11.232}$$

Die Aussage (11.232) muß natürlich auch für die Darstellung (11.231) der Übertragungsfunktion gelten,

$$\lim_{s\to\infty} s^i G(s) = \lim_{s\to\infty} \sum_{j=0}^{\infty} \boldsymbol{c}^T \boldsymbol{A}^j \boldsymbol{b} s^{i-j-1}. \tag{11.233}$$

Damit sich auch in dieser Darstellung für $i = n - m$ ein endlicher Wert ungleich Null beim Grenzübergang ergibt, muß das für $i - j - 1 = 0$, also für $j = i - 1 = n - m - 1$ der Fall sein, d.h., es muß

$$\boldsymbol{c}^T \boldsymbol{A}^{n-m-1}\boldsymbol{b} \neq 0 \tag{11.234}$$

und

$$\boldsymbol{c}^T \boldsymbol{A}^j \boldsymbol{b} = 0 \quad \text{für} \quad j < n - m - 1 \tag{11.235}$$

sein. Vergleicht man dieses Ergebnis mit den Forderungen (11.226) und (11.227), erkennt man, daß mit der Beobachtbarkeitsmatrix $\boldsymbol{R}$ als Transformationsmatrix nur dann auf Regelungsnormalform transformiert werden kann, wenn $m = 0$ ist, d.h., wenn das Zählerpolynom der Übertragungsfunktion die Ordnung Null hat, also nur aus einer

Konstanten b_0 besteht. Ist dagegen $m > 0$, erhält $\boldsymbol{Rb}$ die Form

$$\boldsymbol{Rb} = \begin{bmatrix} 0 \\ \vdots \\ 0 \\ \boldsymbol{c}^T \boldsymbol{A}^{n-m-1} \boldsymbol{b} \\ \boldsymbol{c}^T \boldsymbol{A}^{n-m} \boldsymbol{b} \\ \vdots \\ \boldsymbol{c}^T \boldsymbol{A}^{n-1} \boldsymbol{b} \end{bmatrix}, \tag{11.236}$$

d.h., es ist entscheidend, wie groß m ist oder wie groß der Polüberschuß $n-m$ von $G(s)$ ist. $n - m$ ist die Differenz zwischen dem Grad des Nennerpolynoms und dem Grad des Zählerpolynoms, weshalb $n - m \stackrel{\text{def}}{=} \delta$ auch **Differenzordnung** heißt. Mit Hilfe der Differenzordnung δ kann (11.236) auch so geschrieben werden

$$\boldsymbol{Rb} = \boldsymbol{b}^* = \begin{bmatrix} 0 \\ \vdots \\ 0 \\ b_\delta^* \\ b_{\delta+1}^* \\ \vdots \\ b_n^* \end{bmatrix}, \quad b_\delta^* \neq 0. \tag{11.237}$$

Auf Grund dieser Vorüberlegungen wird für die Transformation der nichtlinearen Zustandsgleichungen als Funktion $\varphi_1(\boldsymbol{x})$ jetzt die Ausgabefunktion $h(\boldsymbol{x})$ gewählt. Es kann allerdings nicht erwartet werden, daß immer die Transformation mit $\varphi_1(\boldsymbol{x}) = h(\boldsymbol{x})$ die nichtlineare Zustandsgleichung

$$\dot{\boldsymbol{x}} = \boldsymbol{f}(\boldsymbol{x}) + \boldsymbol{g}(\boldsymbol{x})u \tag{11.238}$$

auf Regelungsnormalform transformiert. Differenziert man

$$\boldsymbol{x}^* = \boldsymbol{\varphi}_h(\boldsymbol{x}) \tag{11.239}$$

nach der Zeit, erhält man

$$\dot{\boldsymbol{x}}^* = \frac{\partial \boldsymbol{\varphi}_h}{\partial \boldsymbol{x}}(\boldsymbol{x})\dot{\boldsymbol{x}} = \frac{\partial \boldsymbol{\varphi}_h}{\partial \boldsymbol{x}}(\boldsymbol{x})\boldsymbol{f}(\boldsymbol{x}) + \frac{\partial \boldsymbol{\varphi}_h}{\partial \boldsymbol{x}}(\boldsymbol{x})\boldsymbol{g}(\boldsymbol{x})u. \tag{11.240}$$

Ist jetzt

$$\frac{\partial \varphi_{hi}}{\partial \boldsymbol{x}}\boldsymbol{g}(\boldsymbol{x}) = \frac{\partial L_f^{i-1}h}{\partial \boldsymbol{x}}\boldsymbol{g}(\boldsymbol{x}) = L_g L_f^{i-1} h(\boldsymbol{x}) = 0 \ \text{ für } i < \delta \tag{11.241}$$

und

$$L_g L_f^\delta h(\boldsymbol{x}) \neq 0, \tag{11.242}$$

so bezeichnet man auch bei nichtlinearen Systemen δ als *Differenzordnung* und es ist

$$\dot{x}_1^* = \left[\frac{\partial \varphi_{h1}}{\partial \boldsymbol{x}}\right]^T \boldsymbol{f}(\boldsymbol{x}) = L_f h(\boldsymbol{x}) = \varphi_{h2}(\boldsymbol{x}) = x_2^*, \tag{11.243}$$

$$\vdots$$

$$\dot{x}_{\delta-1}^* = \left[\frac{\partial \varphi_{h,\delta-1}}{\partial \boldsymbol{x}}\right]^T \boldsymbol{f}(\boldsymbol{x}) = \left[\frac{\partial L_f^{\delta-2} h}{\partial \boldsymbol{x}}\right]^T \boldsymbol{f}(\boldsymbol{x}) = L_f^{\delta-1} h(\boldsymbol{x}) = \varphi_{h\delta}(\boldsymbol{x}) = x_\delta^*. \tag{11.244}$$

Für $\dot{x}_\delta^*$ erhält man

$$\dot{x}_\delta^* = L_f^\delta h(\boldsymbol{x}) + L_g L_f^{\delta-1} h(\boldsymbol{x}) u(t) \tag{11.245}$$

bzw. mit

$$a(\boldsymbol{x}^*) \overset{\text{def}}{=} L_f^\delta h(\varphi_h^{-1}(\boldsymbol{x}^*)) \tag{11.246}$$

und

$$b(\boldsymbol{x}^*) \overset{\text{def}}{=} L_g L_f^{\delta-1} h(\varphi_h^{-1}(\boldsymbol{x}^*)) \tag{11.247}$$

auch

$$\dot{x}_\delta^* = a(\boldsymbol{x}^*) + b(\boldsymbol{x}^*) u(t). \tag{11.248}$$

Die übrigen $n - \delta$ Gleichungen für $\dot{x}_i^*$ $(i \geq \delta)$ haben keine besondere Struktur. Die restlichen Transformationsfunktionen $\varphi_{h,\delta+1}(\boldsymbol{x}), \ldots, \varphi_{hn}(\boldsymbol{x})$ können beliebig vorgegeben werden, allerdings nur insoweit, daß die Gesamttransformation $\varphi_h(\boldsymbol{x})$ umkehrbar bleibt. Das ist der Fall, wenn die JACOBI-Matrix $\dfrac{\partial \varphi_h}{\partial \boldsymbol{x}}(\boldsymbol{x})$ für alle $\boldsymbol{x} \in \mathcal{U}$ regulär ist. Insgesamt erhält man also die Zustandstransformation

$$\boldsymbol{x}^* = \varphi_h(\boldsymbol{x}) = \begin{bmatrix} h(\boldsymbol{x}) \\ L_f h(\boldsymbol{x}) \\ \vdots \\ L_f^{\delta-1} h(\boldsymbol{x}) \\ \varphi_{h,\delta+1}(\boldsymbol{x}) \\ \vdots \\ \varphi_{hn}(\boldsymbol{x}) \end{bmatrix}. \tag{11.249}$$

Werden die Funktionen $\varphi_{h,\delta+1}, \ldots, \varphi_{hn}$ so ausgesucht, daß

$$L_g \varphi_{h,\delta+1} = \cdots = L_g \varphi_{hn} = 0 \tag{11.250}$$

ist, erhält man mit

$$a_i(\boldsymbol{x}^*) \overset{\text{def}}{=} L_f \varphi_{hi}(\varphi_h^{-1}(\boldsymbol{x}^*)), \quad \delta + 1 \leq i \leq n \tag{11.251}$$

die endgültige Form der transformierten nichtlinearen Zustandsgleichung

$$\dot{x}_1^* = x_2^*,$$
$$\vdots$$
$$\dot{x}_{\delta-1}^* = x_\delta^*,$$
$$\dot{x}_\delta^* = a(\boldsymbol{x}^*) + b(\boldsymbol{x}^*)u,$$
$$\dot{x}_{\delta+1}^* = a_{\delta+1}(\boldsymbol{x}^*),$$
$$\vdots$$
$$\dot{x}_n^* = a_n(\boldsymbol{x}^*). \tag{11.252}$$

Dazu gehört jetzt, wegen $h(\boldsymbol{x}) = \varphi_{h1}(\boldsymbol{x}) = x_1^*$, die sehr einfache Ausgangsgleichung

$$y = x_1^*. \tag{11.253}$$

Mit der nichtlinearen Zustandsrückführung

$$u(t) = \frac{1}{b(\boldsymbol{x}^*)}[-a(\boldsymbol{x}^*) + u'] \tag{11.254}$$

erhält man für $\dot{x}_\delta^*$ in (11.252)

$$\dot{x}_\delta^* = u',$$

also insgesamt die Form

$$
\begin{bmatrix} \dot{x}_1^* \\ \vdots \\ \dot{x}_\delta^* \end{bmatrix}
=
\begin{bmatrix}
0 & 1 & 0 & \cdots & 0 \\
\vdots & \ddots & \ddots & \ddots & \vdots \\
\vdots & & \ddots & \ddots & 0 \\
\vdots & & & \ddots & 1 \\
0 & \cdots & \cdots & \cdots & 0
\end{bmatrix}
\begin{bmatrix} x_1^* \\ \vdots \\ x_\delta^* \end{bmatrix}
+
\begin{bmatrix} 0 \\ \vdots \\ 0 \\ 1 \end{bmatrix} u',
$$
$$
\begin{bmatrix} x_{\delta+1}^* \\ \vdots \\ x_n^* \end{bmatrix}
=
\begin{bmatrix} a_{\delta+1}(\boldsymbol{x}^*) \\ \vdots \\ a_n(\boldsymbol{x}^*) \end{bmatrix}. \tag{11.255}
$$

Die Struktur des rückgekoppelten Systems zeigt Bild 11.6. Aus der Struktur geht klar hervor, daß die Zustände $x_{\delta+1}^*$ bis x_n^* nicht das Eingangs/Ausgangsverhalten des neuen Systems beeinflussen, daß vielmehr

$$y(s) = \frac{1}{s^\delta}u'(s) \tag{11.256}$$

ist. Führt man zusätzlich noch die Zustandsrückführung

$$u'(t) = w(t) - (\alpha_o x_1^* + \cdots + \alpha_{\delta-1} x_\delta^*) \tag{11.257}$$

ein, erhält man für das rückgekoppelte Gesamtsystem die lineare Übertragungsfunktion

$$y(s) = \frac{1}{s^\delta + \alpha_{\delta-1} s^{\delta-1} + \cdots + \alpha_1 s + \alpha_0} w(s). \tag{11.258}$$

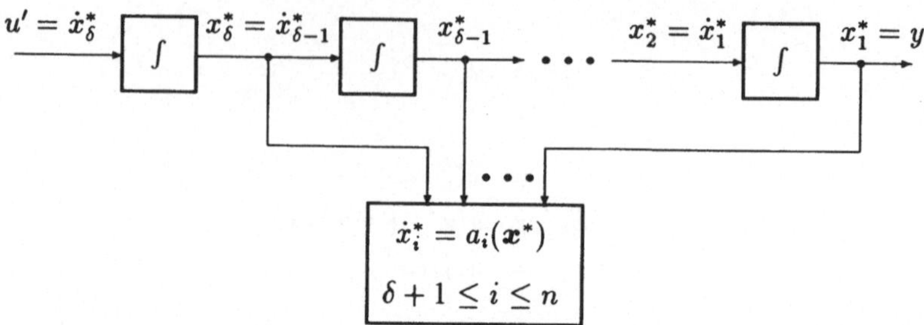

Bild 11.6: Struktur des gemäß (11.254) rückgekoppelten nichtlinearen Systems.

11.20 Beispiel: Gegeben sei das nichtlineare System mit der mathematischen Beschreibung

$$\dot{x} = \begin{bmatrix} x_1 x_2 - x_1^3 \\ x_1 \\ -x_3 \\ x_1^2 + x_2 \end{bmatrix} + \begin{bmatrix} 0 \\ 2 + 2x_3 \\ 1 \\ 0 \end{bmatrix} u, \tag{11.259}$$

$$y = h(x) = x_4. \tag{11.260}$$

Für dieses System ist

$$\frac{\partial h}{\partial x} = \begin{bmatrix} 0 & 0 & 0 & 1 \end{bmatrix},$$

also

$$L_g h(x) = \frac{\partial h}{\partial x} g(x) = 0.$$

Weiterhin ist

$$L_f h(x) = \frac{\partial h}{\partial x} f(x) = x_1^2 + x_2,$$

also

$$\frac{\partial L_f h(x)}{\partial x} = \begin{bmatrix} 2x_1 & 1 & 0 & 0 \end{bmatrix},$$

d.h., es ist

$$L_g L_f h(x) = \frac{\partial L_f h(x)}{\partial x} g(x) = 2 + 2x_3 \neq 0$$

und für $x_3 \neq -1$ ist die Differenzordnung $\delta = 2$. Damit stehen die beiden ersten Transformationsgleichungen fest, nämlich

$$\begin{aligned} x_1^* &= h(x) = x_4, \\ x_2^* &= L_f h(x) = x_1^2 + x_2, \end{aligned}$$

und es ist gemäß (11.247)

$$b(x) = L_g L_f h(x) = 2 + 2x_3$$

sowie nach (11.246)

$$a(x) = L_f^2 h(x) = \frac{\partial L_f h}{\partial x} f = 2x_1^2(x_2 - x_1^2) + x_1.$$

Damit die restlichen Zustandsgleichungen für $\dot{x}_3^*$ und $\dot{x}_4^*$ unabhängig von u werden, muß gemäß (11.250) sowohl

$$L_g \varphi_{h3} = \frac{\partial \varphi_{h3}}{\partial x} g = \frac{\partial \varphi_{h3}}{\partial x_2}(2 + 2x_3) + \frac{\partial \varphi_{h3}}{\partial x_3} = 0$$

als auch

$$L_g \varphi_{h4} = \frac{\partial \varphi_{h4}}{\partial x_2}(2 + 2x_3) + \frac{\partial \varphi_{h4}}{\partial x_3} = 0$$

sein. Diese Bedingungen erfüllen

$$\varphi_{h3} = x_1 \quad \text{und} \quad \varphi_{h4} = x_2 - x_3(2 + 2x_3).$$

Mit der Stellgröße

$$u(t) = \frac{1}{b(\boldsymbol{x})}[-a(\boldsymbol{x}) + u'(t)] = \frac{1}{2 + 2x_3}[2x_1^2(x_1^2 - x_2) - x_1 + u'(t)]$$

erhält man als linearisiertes System zwischen neuer Eingangsgröße $u'(t)$ und der Ausgangsgröße $y(t) = h(\boldsymbol{x}) = x_4 = x_1^*$,

$$\begin{bmatrix} \dot{x}_1^* \\ \dot{x}_2^* \end{bmatrix} = \begin{bmatrix} 0 & 1 \\ 0 & 0 \end{bmatrix} \begin{bmatrix} x_1^* \\ x_2^* \end{bmatrix} + \begin{bmatrix} 0 \\ 1 \end{bmatrix} u'(t),$$

$$y(t) = \begin{bmatrix} 1 & 0 \end{bmatrix} \begin{bmatrix} x_1^* \\ x_2^* \end{bmatrix}.$$

$\square$

11.7 Beobachtbarkeit nichtlinearer Systeme

Bei der Untersuchung der Beobachtbarkeit linearer zeitinvarianter Systeme spielt die Beobachtbarkeitsmatrix die entscheidende Rolle. Diese erhält man für zeitkontinuierliche Systeme, indem man z.B. davon ausgeht, daß Ein- und Ausgangsfunktion bekannt sind und die Ausgangsfunktion hinreichend oft nach der Zeit differenzierbar ist. Denn fortlaufende Differentiation der Ausgangsgleichung liefert

$$\begin{aligned} y(t) &= \boldsymbol{c}^T \boldsymbol{x}, \\ \dot{y}(t) &= \boldsymbol{c}^T \dot{\boldsymbol{x}}(t) = \boldsymbol{c}^T \boldsymbol{A} \boldsymbol{x}(t) + \boldsymbol{c}^T \boldsymbol{b} u(t), \\ \ddot{y}(t) &= \boldsymbol{c}^T \boldsymbol{A}^2 \boldsymbol{x}(t) + \boldsymbol{c}^T \boldsymbol{A} \boldsymbol{b} u(t) + \boldsymbol{c}^T \boldsymbol{b} \dot{u}(t), \\ &\vdots \end{aligned} \tag{11.261}$$

Bringt man die bekannten Größen auf die linken Gleichungsseiten, erhält man

$$\begin{bmatrix} y(t) \\ \dot{y}(t) - \boldsymbol{c}^T \boldsymbol{b} u(t) \\ \ddot{y}(t) - (\boldsymbol{c}^T \boldsymbol{A} \boldsymbol{b} u(t) + \boldsymbol{c}^T \boldsymbol{b} \dot{u}(t)) \\ \vdots \end{bmatrix} = \begin{bmatrix} \boldsymbol{c}^T \\ \boldsymbol{c}^T \boldsymbol{A} \\ \boldsymbol{c}^T \boldsymbol{A}^2 \\ \vdots \end{bmatrix} \boldsymbol{x}(t) \tag{11.262}$$

und mit dem Satz von CAYLEY-HAMILTON die Bedingung, daß der Rang der Beobachtbarkeitsmatrix

$$\boldsymbol{R} = \begin{bmatrix} \boldsymbol{c}^T \\ \boldsymbol{c}^T \boldsymbol{A} \\ \vdots \\ \boldsymbol{c}^T \boldsymbol{A}^{n-1} \end{bmatrix} \tag{11.263}$$

gleich der Ordnung n des Systems sein muß, wenn das System beobachtbar ist.

An die Untersuchung der Beobachtbarkeit nichtlinearer Systeme soll ähnlich herangegangen werden. Die Ausgangsgleichung

$$y(t) = h(\boldsymbol{x}(t)) \tag{11.264}$$

nach der Zeit abgeleitet, ergibt

$$
\begin{aligned}
\dot{y}(t) &= \left[\frac{\partial h}{\partial \boldsymbol{x}}\right]^T \dot{\boldsymbol{x}}(t) \\
&= \left[\frac{\partial h}{\partial \boldsymbol{x}}\right]^T \boldsymbol{f}(\boldsymbol{x}) + \left[\frac{\partial h}{\partial \boldsymbol{x}}\right]^T \boldsymbol{g}(\boldsymbol{x})u(t) \\
&= L_f h(\boldsymbol{x}) + L_g h(\boldsymbol{x})u(t).
\end{aligned}
\tag{11.265}
$$

Nochmalige Differentiation nach der Zeit liefert

$$
\begin{aligned}
\ddot{y}(t) &= \frac{\partial}{\partial \boldsymbol{x}}\left(\left[\frac{\partial h}{\partial \boldsymbol{x}}\right]^T \boldsymbol{f}(\boldsymbol{x})\right)\dot{\boldsymbol{x}}(t) + \frac{\partial}{\partial \boldsymbol{x}}\left(\left[\frac{\partial h}{\partial \boldsymbol{x}}\right]^T \boldsymbol{g}(\boldsymbol{x})\right)\dot{\boldsymbol{x}}(t)u(t) + \left[\frac{\partial h}{\partial \boldsymbol{x}}\right]^T \boldsymbol{g}(\boldsymbol{x})\dot{u}(t) \\
&= \frac{\partial}{\partial \boldsymbol{x}}\left(\left[\frac{\partial h}{\partial \boldsymbol{x}}\right]^T \boldsymbol{f}(\boldsymbol{x})\right)\boldsymbol{f}(\boldsymbol{x}) + \frac{\partial}{\partial \boldsymbol{x}}\left(\left[\frac{\partial h}{\partial \boldsymbol{x}}\right]^T \boldsymbol{f}(\boldsymbol{x})\right)\boldsymbol{g}(\boldsymbol{x})u(t) \\
&\quad + \frac{\partial}{\partial \boldsymbol{x}}\left(\left[\frac{\partial h}{\partial \boldsymbol{x}}\right]^T \boldsymbol{g}(\boldsymbol{x})\right)\boldsymbol{f}(\boldsymbol{x})u(t) + \frac{\partial}{\partial \boldsymbol{x}}\left(\left[\frac{\partial h}{\partial \boldsymbol{x}}\right]^T \boldsymbol{g}(\boldsymbol{x})\right)\boldsymbol{g}(\boldsymbol{x})u^2(t) + \left[\frac{\partial h}{\partial \boldsymbol{x}}\right]^T \boldsymbol{g}(\boldsymbol{x})\dot{u}(t) \\
&= L_f^2 h(\boldsymbol{x}) + L_g L_f h(\boldsymbol{x})u(t) + L_f L_g h(\boldsymbol{x})u(t) + L_g^2 h(\boldsymbol{x})u^2(t) + L_g h(\boldsymbol{x})\dot{u}(t). \tag{11.266}
\end{aligned}
$$

Bei einem linearen System mit einer Ausgangsgröße und der Ausgangsgleichung $y(t) = \boldsymbol{c}^T \boldsymbol{x}(t)$ kann man sich die Zeilen der Beobachtbarkeitsmatrix auch durch partielle Differentiation der Ausgangsgleichung und der nach der Zeit abgeleiteten Ausgangsgleichungen (11.261) entstanden denken, denn es ist

$$
\begin{aligned}
\frac{\partial y}{\partial \boldsymbol{x}} &= \boldsymbol{c}^T, \\
\frac{\partial \dot{y}}{\partial \boldsymbol{x}} &= \boldsymbol{c}^T \boldsymbol{A}, \\
\frac{\partial \ddot{y}}{\partial \boldsymbol{x}} &= \boldsymbol{c}^T \boldsymbol{A}^2, \\
&\;\;\vdots
\end{aligned}
\tag{11.267}
$$

Sind die ersten n Gleichungen linear unabhängig, dann ist das lineare System beobachtbar. Bei *linearen* Systemen sind die auf den rechten Seiten von (11.261) auftretenden Summanden, die die Stellgröße u oder deren zeitliche Ableitungen enthalten, unabhängig vom Zustandsvektor $\boldsymbol{x}$, so daß bei der Bildung der partiellen Ableitungen nach $\boldsymbol{x}$, die Terme mit u, $\dot{u}$ usw. wegfallen. Wie man in (11.265) und (11.266) sieht, ist das bei *nichtlinearen* Systemen nicht mehr der Fall. Hier beeinflußt anscheinend die Eingangsgröße u durchaus die Beobachtbarkeit eines Systems.

11.21 Beispiel: Das bilineare System mit der mathematischen Beschreibung

$$\dot{x} = Ax + uBx, \tag{11.268}$$

$$y = c^T x \tag{11.269}$$

mit

$$A = \begin{bmatrix} 0 & 1 & 0 \\ 0 & 0 & 1 \\ 0 & 0 & 0 \end{bmatrix}, \quad B = \begin{bmatrix} 0 & 0 & 0 \\ 1 & 0 & 0 \\ 0 & 0 & 0 \end{bmatrix} \quad \text{und} \quad c^T = \begin{bmatrix} 0 & 1 & 0 \end{bmatrix}$$

soll in der Umgebung von $x_0 = o$ auf Beobachtbarkeit untersucht werden. Für $u \equiv 0$ ist das dann lineare System $\{A, c^T\}$ nicht beobachtbar, da die Beobachtbarkeitsmatrix nur den

$$\text{Rang}(R_{u\equiv0}) = \text{Rang} \begin{bmatrix} 0 & 1 & 0 \\ 0 & 0 & 1 \\ 0 & 0 & 0 \end{bmatrix} = 2 < n = 3 \tag{11.270}$$

hat. Im besonderen erhält man für $x_1 = \begin{bmatrix} 1 & 0 & 0 \end{bmatrix}^T$

$$x_1 \in \text{kern}(R_{u\equiv0}) = \{x \; : \; x = \alpha \begin{bmatrix} 1 & 0 & 0 \end{bmatrix}^T, \alpha \in \mathbb{R}\} \tag{11.271}$$

das gleiche Ergebnis wie für $x_0 = o$, die beiden Zustände x_1 und x_0 sind mit der Eingangsfunktion $u \equiv 0$ ununterscheidbar und es ist

$$y(t, x_0, u \equiv 0) = y(t, x_1, u \equiv 0). \tag{11.272}$$

Dagegen erhält man für die Eingangsfunktion $u \equiv 1$ die lineare Zustandsgleichung

$$\dot{x} = (A + B)x. \tag{11.273}$$

Wieder ist der

$$\text{Rang}(R_{u\equiv1}) = \text{Rang} \begin{bmatrix} 0 & 1 & 0 \\ 1 & 0 & 1 \\ 0 & 1 & 0 \end{bmatrix} = 2 < n = 3, \tag{11.274}$$

d.h., das lineare System $\{(A + B), c^T\}$ ist nicht beobachtbar, aber es ist jetzt

$$x_1 \notin \text{kern}(R_{u\equiv1}) = \{x \; : \; x = \alpha \begin{bmatrix} 1 & 0 & -1 \end{bmatrix}, \alpha \in \mathbb{R}\}$$

und

$$y(t, x_0, u \equiv 1) \neq y(t, x_1, u \equiv 1), \tag{11.275}$$

also sind x_0 und x_1 mit der Eingangsfunktion $u \equiv 1$ unterscheidbar. Für die konstante Eingangsfunktion $u \equiv \kappa$ wird

$$\dot{x} = (A + \kappa B)x$$

und die Beobachtbarkeitsmatrix

$$R_{u\equiv\kappa} = \begin{bmatrix} 0 & 1 & 0 \\ \kappa & 0 & 1 \\ 0 & \kappa & 0 \end{bmatrix}$$

hat wieder den Rang zwei. Das bedeutet, daß es keine konstante Eingangsfunktion so gibt, daß jeder beliebige Anfangszustand vom Zustand $x_0 = o$ unterscheidbar ist, denn es ist

$$\text{kern}(R_{u\equiv\kappa}) = \{x \; : \; x = \alpha \begin{bmatrix} 1 & 0 & -\kappa \end{bmatrix}^T, \alpha \in \mathbb{R}\} \neq \{o\},$$

also ist jeder Zustand $x_1 = \alpha \begin{bmatrix} 1 & 0 & -\kappa \end{bmatrix}^T$ ununterscheidbar vom Nullzustand. Aber es gibt für jeden Zustand $x_1 \neq o$ ein κ so, daß

$$x_1 \notin \text{kern}(R_{u\equiv\kappa})$$

unterscheidbar vom Nullzustand mittels der konstanten Eingangsfunktion $u \equiv \kappa$ ist. Damit ist aber nach Definition 7.5 das bilineare System beobachtbar. $\square$

Wie schon bei der Definition 11.2 der Erreichbarkeit von nichtlinearen Systemen, beschränkt man sich auch bei der Definition der Beobachtbarkeit auf die Umgebung $\mathcal{U}$ eines gegebenen Zustands $\boldsymbol{x}_0$:

11.22 Definition: *Der Anfangszustand $\boldsymbol{x}(t_0) = \boldsymbol{x}_0$ eines nichtlinearen Systems mit der mathematischen Beschreibung*

$$\dot{\boldsymbol{x}} = \boldsymbol{f}(\boldsymbol{x}) + \boldsymbol{g}(\boldsymbol{x})u \tag{11.276}$$

$$y = h(\boldsymbol{x}) \tag{11.277}$$

heißt **beobachtbar im Zeitintervall** $[t_0, t]$, *wenn für alle zulässigen Eingangsfunktionen $u_{[t_0,t]}$ und alle zugehörigen Ausgangsfunktionen $y_{[t_0,t]}$ die Menge*

$$\mathcal{W}_{\boldsymbol{x}}(t_0, t, u_{[t_0,t]}, y_{[t_0,t]})$$

nur aus einem einzigen Element besteht. Das nichtlineare System mit der mathematischen Beschreibung (11.276),(11.277) heißt **lokal beobachtbar in** $\boldsymbol{x}_0 \in \mathbb{R}^n$, *wenn eine Umgebung $\mathcal{U}$ von $\boldsymbol{x}_0$ so existiert, daß jeder Zustand $\boldsymbol{x} \in \mathcal{U}$ beobachtbar ist.*

Es werden jetzt wieder die Ausgangsgleichung und ihre zeitlichen Ableitungen in (11.265) und (11.266) betrachtet. Diese Funktionen und allgemein die k-te Ableitung nach der Zeit $\overset{(k)}{y}(t)$ setzen sich aus LIE-Ableitungen der Form

$$L_{z_i} L_{z_{i-1}} \cdots L_{z_1} h(\boldsymbol{x}), \quad 1 \leq i \leq k, \quad z_j \in \{\boldsymbol{f}, \boldsymbol{g}\} \tag{11.278}$$

zusammen. Bei der Beobachtbarkeit von linearen Systemen spielt der von den Zeilenvektoren

$$\boldsymbol{c}^T = \frac{\partial y}{\partial \boldsymbol{x}}, \quad \boldsymbol{c}^T \boldsymbol{A} = \frac{\partial \dot{y}}{\partial \boldsymbol{x}}, \quad \boldsymbol{c}^T \boldsymbol{A}^2 = \frac{\partial \ddot{y}}{\partial \boldsymbol{x}} \quad \text{usw.}$$

aufgespannte lineare Raum die entscheidende Rolle: Hat dieser Raum die Dimension n, ist das lineare System vollständig beobachtbar. Eine ähnliche Aussage erhält man für die lokale Beobachtbarkeit von nichtlinearen Systemen, wenn ebenfalls die partiellen Ableitungen nach $\boldsymbol{x}$

$$\frac{\partial y}{\partial \boldsymbol{x}} = \frac{\partial h}{\partial \boldsymbol{x}}, \tag{11.279}$$

$$\frac{\partial \dot{y}}{\partial \boldsymbol{x}} = \frac{\partial}{\partial \boldsymbol{x}}\left[L_f h(\boldsymbol{x})\right] + \frac{\partial}{\partial \boldsymbol{x}}\left[L_g h(\boldsymbol{x})\right] u, \tag{11.280}$$

$$\frac{\partial \ddot{y}}{\partial \boldsymbol{x}} = \frac{\partial}{\partial \boldsymbol{x}} \left[L_f^2 h(\boldsymbol{x}) \right] + \frac{\partial}{\partial \boldsymbol{x}} \left[L_g L_f h(\boldsymbol{x}) \right] u(t) + \frac{\partial}{\partial \boldsymbol{x}} \left[L_f L_g h(\boldsymbol{x}) \right] u(t)$$

$$+ \frac{\partial}{\partial \boldsymbol{x}} \left[L_g^2 h(\boldsymbol{x}) \right] u^2(t) + \frac{\partial}{\partial \boldsymbol{x}} \left[L_g h(\boldsymbol{x}) \right] \dot{u}(t), \tag{11.281}$$

$$\vdots$$

betrachtet werden. Es gilt in der Tat der in [NIJMEIJER/ VAN DER SCHAFT] bewiesene

11.23 Satz: *Gegeben sei der Zustand $\boldsymbol{x}_0 \in \mathbb{R}^n$ des nichtlinearen Systems*

$$\dot{\boldsymbol{x}} = \boldsymbol{f}(\boldsymbol{x}) + \boldsymbol{g}(\boldsymbol{x})u, \tag{11.282}$$

$$y = h(\boldsymbol{x}). \tag{11.283}$$

Wenn in der Menge der Vektorformen $\dfrac{\partial}{\partial \boldsymbol{x}} h(\boldsymbol{x})$ und

$$\frac{\partial}{\partial \boldsymbol{x}} \left(L_{\boldsymbol{z}_i} L_{\boldsymbol{z}_{i-1}} \cdots L_{\boldsymbol{z}_1} h \right)(\boldsymbol{x}), \quad i \geq 1, \quad \boldsymbol{z}_j \in \{\boldsymbol{f}, \boldsymbol{g}\} \tag{11.284}$$

n linear unabhängige Zeilenvektoren enthalten sind, dann ist das nichtlineare System in einer Umgebung $\mathcal{U}$ von $\boldsymbol{x}_0$ lokal beobachtbar.

11.24 Beispiel: Bei dem nichtlinearen System aus Beispiel 11.21 ist $\boldsymbol{f}(\boldsymbol{x}) = \boldsymbol{A}\boldsymbol{x}$ und $\boldsymbol{g}(\boldsymbol{x}) = \boldsymbol{B}\boldsymbol{x}$, also ist

$$\frac{\partial h}{\partial \boldsymbol{x}} = \frac{\partial}{\partial \boldsymbol{x}}(\boldsymbol{c}^T \boldsymbol{x}) = \boldsymbol{c}^T = \begin{bmatrix} 0 & 1 & 0 \end{bmatrix},$$

$$\frac{\partial}{\partial \boldsymbol{x}} \left[L_f h(\boldsymbol{x}) \right] = \frac{\partial}{\partial \boldsymbol{x}}(\boldsymbol{c}^T \boldsymbol{A}\boldsymbol{x}) = \boldsymbol{c}^T \boldsymbol{A} = \begin{bmatrix} 0 & 0 & 1 \end{bmatrix},$$

$$\frac{\partial}{\partial \boldsymbol{x}} \left[L_g h(\boldsymbol{x}) \right] = \frac{\partial}{\partial \boldsymbol{x}}(\boldsymbol{c}^T \boldsymbol{B}\boldsymbol{x}) = \boldsymbol{c}^T \boldsymbol{B} = \begin{bmatrix} 1 & 0 & 0 \end{bmatrix}.$$

Da bereits diese drei Zeilenvektoren linear unabhängig sind, ist das bilineare System aus Beispiel 11.21 beobachtbar. $\qquad\qquad\square$

11.8 Zustandsbeobachter für nichtlineare Systeme

Bei der Synthese von Zustandsbeobachtern für lineare Systeme in Kapitel 7 spielte die Beobachtungsnormalform (ohne Berücksichtigung der Eingangsgröße)

$$\dot{\boldsymbol{x}}_B = \begin{bmatrix} 0 & \cdots & \cdots & 0 & -a_0 \\ 1 & \ddots & & \vdots & -a_1 \\ 0 & \ddots & \ddots & \vdots & \vdots \\ \vdots & \ddots & \ddots & 0 & \vdots \\ 0 & \cdots & 0 & 1 & -a_{n-1} \end{bmatrix} \boldsymbol{x}_B = \begin{bmatrix} 0 \\ x_{B1} \\ \vdots \\ x_{B,n-1} \end{bmatrix} + \begin{bmatrix} -a_0 \\ -a_1 \\ \vdots \\ -a_{n-1} \end{bmatrix} y, \tag{11.285}$$

$$y = \begin{bmatrix} 0 & \cdots & 0 & 1 \end{bmatrix} x_B = x_{Bn} \tag{11.286}$$

der mathematischen Beschreibung eine hilfreiche Rolle. Kann auch die mathematische Beschreibung

$$\dot{x} = f(x), \ \ y = h(x) \tag{11.287}$$

eines nichtlinearen Systems auf die nichtlineare Beobachtungsnormalform

$$\dot{x}_B = \begin{bmatrix} 0 \\ x_{B1} \\ \vdots \\ x_{B,n-1} \end{bmatrix} + a_B(y), \tag{11.288}$$

$$y = \begin{bmatrix} 0 & \cdots & 0 & 1 \end{bmatrix} x_B = x_{Bn} \tag{11.289}$$

mittels einer nichtlinearen Transformation

$$x_B = \varphi(x) \tag{11.290}$$

in einer Umgebung $\mathcal{M}$ eines gegebenen Zustands transformiert werden?

Differenziert man die Transformationsgleichung (11.290) nach der Zeit, erhält man mit (11.287)

$$\dot{x}_B = \frac{\partial \varphi}{\partial x}(x)\dot{x} = \frac{\partial \varphi}{\partial x}(x)f(x). \tag{11.291}$$

Gefordert wird, daß die rechte Seite der Gleichung (11.291) die Form der rechten Seite der Gleichung (11.288) annimmt, also

$$\frac{\partial \varphi}{\partial x}(\varphi^{-1}(x_B))f(\varphi^{-1}(x_B)) \overset{!}{=} \begin{bmatrix} 0 \\ x_{B1} \\ \vdots \\ x_{B,n-1} \end{bmatrix} + a_B(y) \tag{11.292}$$

und weiterhin

$$y = h(\varphi^{-1}(x_B)) = \begin{bmatrix} 0 & \cdots & 0 & 1 \end{bmatrix} x_B = x_{Bn} \tag{11.293}$$

ist. Im einzelnen bedeutet das, daß

$$h(x) = x_{Bn}(x), \tag{11.294}$$

$$\begin{aligned} \left[\frac{\partial \varphi_1}{\partial x}\right]^T f(x) &= \left[\frac{\partial x_{B1}}{\partial x}\right]^T f(x) = a_{B1}(x_{Bn}(x)), \\[2ex] \left[\frac{\partial \varphi_2}{\partial x}\right]^T f(x) &= \left[\frac{\partial x_{B2}}{\partial x}\right]^T f(x) = x_{B1}(x) + a_{B2}(x_{Bn}(x)), \\[1ex] &\quad \vdots \\[1ex] \left[\frac{\partial \varphi_n}{\partial x}\right]^T f(x) &= \left[\frac{\partial x_{Bn}}{\partial x}\right]^T f(x) = x_{B,n-1}(x) + a_{Bn}(x_{Bn}(x)). \end{aligned} \tag{11.295}$$

(11.294) in Gleichung (11.295) eingesetzt, ergibt

$$\left[\frac{\partial h}{\partial x}\right]^T f(x) = L_f h(x) = x_{B,n-1}(x) + a_{Bn}(x_{Bn}(x)). \qquad (11.296)$$

Differenziert man diese Gleichung nach x und multipliziert dann mit $f(x)$, erhält man

$$
\begin{aligned}
\frac{\partial}{\partial x}\left[L_f h(x)\right] f(x) &= L_f^2 h(x) = \left[\frac{\partial x_{B,n-1}}{\partial x}\right]^T f(x) + \frac{\partial a_{Bn}}{\partial y}\left[\frac{\partial x_{Bn}}{\partial x}\right]^T f(x), \\
&= x_{B,n-2}(x) + a_{B,n-1}(x_{Bn}(x)) + \frac{\partial a_{Bn}}{\partial y}\left[\frac{\partial x_{Bn}}{\partial x}\right]^T f(x), \\
&= x_{B,n-2}(x) + a_{B,n-1}(x_{Bn}(x)) + \frac{\partial a_{Bn}}{\partial y} x_{B,n-1}(x) + \frac{\partial a_{Bn}}{\partial y} a_{Bn}(x_{Bn}(x)),
\end{aligned}
$$

oder mit

$$a_{B,n-1}^*(x_{Bn}, x_{B,n-1}) \stackrel{\text{def}}{=} a_{B,n-1}(x_{Bn}) + \frac{\partial a_{Bn}}{\partial x_{Bn}} x_{B,n-1} + \frac{\partial a_{Bn}}{\partial x_{Bn}} a_{Bn}(x_{Bn})$$

schließlich

$$L_f^2 h(x) = x_{B,n-2}(x) + a_{B,n-1}^*(x_{Bn}, x_{B,n-1}). \qquad (11.297)$$

Allgemein erhält man für $1 \le i \le n-1$:

$$L_f^i h(x) = x_{B,n-i}(x) + a_{B,n-i+1}^*(x_{Bn}, \ldots, x_{B,n-i+1}). \qquad (11.298)$$

Differenziert man (11.294) und (11.298) für $i \le n-1$ partiell nach x, erhält man

$$
\begin{bmatrix} \dfrac{\partial h}{\partial x} \\[2mm] \dfrac{\partial L_f h}{\partial x} \\[2mm] \vdots \\[2mm] \dfrac{\partial L_f^{n-1} h}{\partial x} \end{bmatrix}
=
\begin{bmatrix}
0 & \cdots & \cdots & 0 & 1 \\
0 & \cdots & 0 & 1 & \dfrac{\partial a_{Bn}}{\partial x_{Bn}} \\
\vdots & & \cdot & * & \vdots \\
0 & \cdot & \cdot & \vdots & \vdots \\
1 & * & \cdots & * & \dfrac{\partial a_{B2}}{\partial x_{Bn}}
\end{bmatrix}
\frac{\partial x_B}{\partial x}. \qquad (11.299)
$$

Wenn die Zustandstransformation $x_B = \varphi(x)$ umkehrbar ist, muß auch die zugehörige JACOBI-Matrix $\dfrac{\partial x_B}{\partial x}$ regulär sein, d.h., da die erste Matrix auf der rechten Gleichungsseite von (11.299) regulär ist, muß auch die Matrix auf der linken Gleichungsseite regulär sein. Dann existiert aber auch ein Vektorfeld $t(x)$ als Lösung des folgenden Gleichungssystems

$$
\begin{bmatrix} \dfrac{\partial h}{\partial x} \\[2mm] \dfrac{\partial L_f h}{\partial x} \\[2mm] \vdots \\[2mm] \dfrac{\partial L_f^{n-1} h}{\partial x} \end{bmatrix} t(x) = \begin{bmatrix} 0 \\ \vdots \\ 0 \\ 1 \end{bmatrix}. \qquad (11.300)
$$

Diese Gleichung liefert für lineare Systeme die bekannte Gleichung

$$\begin{bmatrix} \boldsymbol{c}^T \\ \boldsymbol{c}^T \boldsymbol{A} \\ \vdots \\ \boldsymbol{c}^T \boldsymbol{A}^{n-1} \end{bmatrix} \boldsymbol{t} = \begin{bmatrix} 0 \\ \vdots \\ 0 \\ 1 \end{bmatrix}$$

für die Bestimmung der ersten Spalte der Transformationsmatrix

$$\boldsymbol{T}_B = \begin{bmatrix} \boldsymbol{t} & \boldsymbol{A}\boldsymbol{t} & \cdots & \boldsymbol{A}^{n-1}\boldsymbol{t} \end{bmatrix}.$$

Ähnliches gilt auch für nichtlineare Systeme, nämlich der in [ISIDORI] bewiesene

11.25 Satz: *Die nichtlineare mathematische Beschreibung $\dot{\boldsymbol{x}} = \boldsymbol{f}(\boldsymbol{x})$, $y = h(\boldsymbol{x})$ ist dann und nur dann auf die nichtlineare Beobachtungsnormalform (11.288),(11.289) transformierbar, wenn*

1. $\dim\left(\text{span}\left\{\dfrac{\partial h}{\partial \boldsymbol{x}}(\boldsymbol{x}_0), \dfrac{\partial L_f h}{\partial \boldsymbol{x}}(\boldsymbol{x}_0), \ldots, \dfrac{\partial L_f^{n-1} h}{\partial \boldsymbol{x}}(\boldsymbol{x}_0)\right\}\right) = n,$ (11.301)

2. eine Abbildung $\boldsymbol{\psi}(\boldsymbol{x}_B) = \boldsymbol{\varphi}^{-1}(\boldsymbol{x}_B)$ in einer Umgebung von $\boldsymbol{x}_0$ so existiert, daß

$$\dfrac{\partial \boldsymbol{\psi}}{\partial \boldsymbol{x}_B} = \begin{bmatrix} \boldsymbol{t}(\boldsymbol{x}) \mid -[\boldsymbol{f},\boldsymbol{t}](\boldsymbol{x}) \mid \cdots \mid (-1)^{n-1}\text{ad}_f^{n-1}\boldsymbol{t}(\boldsymbol{x}) \end{bmatrix}_{\boldsymbol{x}=\boldsymbol{\psi}(\boldsymbol{x}_B)}$$
$$(11.302)$$

und $\boldsymbol{t}(\boldsymbol{x})$ Lösung von (11.300) ist.

Die 2. Bedingung kann auch durch die folgende Bedingung esetzt werden: Für das Vektorfeld $\boldsymbol{t}(\boldsymbol{x})$ als eindeutige Lösung von (11.300) gilt für alle $i = 1, 3, \ldots 2n - 1$

$$[\boldsymbol{t}(\boldsymbol{x}), \text{ad}_f^i \boldsymbol{t}(\boldsymbol{x})] = \boldsymbol{o}.$$ (11.303)

Zusammenfassend muß wie folgt vorgegangen werden, um eine nichtlineare mathematische Beschreibung auf nichtlineare Regelungsnormalform zu transformieren:

1. Ist die erste Bedingung (11.301) erfüllt, wird das Vektorfeld $\boldsymbol{t}(\boldsymbol{x})$ als Lösung der Gleichung (11.300) bestimmt.

2. Ist die zweite Bedingung (11.303) erfüllt, wird die partielle Differentialgleichung (11.302) gelöst. Lösung ist die Funktion $\boldsymbol{\psi}(\boldsymbol{x})$, deren Umkehrung gleich der gesuchten Zustandstransformation $\boldsymbol{\varphi}(\boldsymbol{x}) = \boldsymbol{\psi}^{-1}(\boldsymbol{x})$ ist.

3. Die Abbildung $\boldsymbol{a}_B$ erhält man schließlich aus (11.292) zu

$$\boldsymbol{a}_B(x_{Bn}) = \begin{bmatrix} a_{B1}(x_{Bn}) \\ a_{B2}(x_{Bn}) \\ \vdots \\ a_{Bn}(x_{Bn}) \end{bmatrix} = \dfrac{\partial \boldsymbol{\varphi}}{\partial \boldsymbol{x}}(\boldsymbol{\varphi}^{-1}(\boldsymbol{x}_B)) \cdot \boldsymbol{f}(\boldsymbol{\varphi}^{-1}(\boldsymbol{x}_B)) - \begin{bmatrix} 0 \\ x_{B1} \\ \vdots \\ x_{B,n-1} \end{bmatrix}. \quad (11.304)$$

Mit der nichtlinearen Beobachternormalform kann der Zustandsbeobachter für das nichtlineare System und den Schätzwert $\hat{x}_B$ wie folgt angesetzt werden:

$$\dot{\hat{x}}_B(t) = \left(\begin{bmatrix} 0 & \cdots & \cdots & \cdots & 0 \\ 1 & \ddots & & & \vdots \\ 0 & \ddots & \ddots & & \vdots \\ \vdots & \ddots & \ddots & \ddots & \vdots \\ 0 & \cdots & 0 & 1 & 0 \end{bmatrix} - \alpha \begin{bmatrix} 0 & | & \cdots & | & 0 & | & 1 \end{bmatrix} \right) \hat{x}_B(t) + \alpha y(t) + a_B(y(t))$$

$$= \begin{bmatrix} 0 & \cdots & \cdots & 0 & -\alpha_0 \\ 1 & \ddots & & \vdots & -\alpha_1 \\ 0 & \ddots & \ddots & \vdots & \vdots \\ \vdots & \ddots & \ddots & 0 & \vdots \\ 0 & \cdots & 0 & 1 & -\alpha_{n-1} \end{bmatrix} \hat{x}_B(t) + \alpha y(t) + a_B(y(t)). \qquad (11.305)$$

Für den Fehler $\tilde{x}_B \stackrel{\text{def}}{=} x_B - \hat{x}_B = \varphi(x) - \hat{x}_B$ erhält man die Fehlergleichung

$$\dot{\tilde{x}}_B = \begin{bmatrix} c^T \\ -- & -\alpha \\ I_{n-1} \end{bmatrix} \tilde{x}_B,$$

d.h. ein lineares Verhalten, das durch das frei wählbare charakteristische Polynom $\alpha_0 + \cdots + \alpha\lambda^{n-1} + \lambda^n$ bestimmt wird.

11.9 Regelung nichtlinearer Systeme mittels Neuronaler Netze

11.9.1 Einführung

Wie in den vorhergehenden Abschnitten dargestellt, ist das Regelungsproblem für nichtlineare Systeme schwer zu lösen, auch wenn die Funktionen f, g und h der mathematischen Beschreibung

$$\dot{x} = f(x) + g(x)u, \qquad (11.306)$$

$$y = h(x) \qquad (11.307)$$

oder noch allgemeiner

$$\dot{x} = f(x, u), \qquad (11.308)$$

$$y = h(x), \qquad (11.309)$$

wobei $x \in \mathbb{R}^n$, $u \in \mathbb{R}^p$ und $y \in \mathbb{R}^q$ ist, bekannt sind. Gleiches gilt für die zeitdiskrete Version

$$x_{k+1} = f(x_k, u_k), \qquad (11.310)$$

$$y_k = h(x_k). \qquad (11.311)$$

Damit überhaupt Lösungen für das Regelungsproblem existieren, müssen f und h sehr komplexe Bedingungen erfüllen.

Einen Ausweg aus diesen Schwierigkeiten bietet neuerdings die Regelung mit Hilfe von künstlichen *Neuronalen Netzen*, bei der die Funktionen f und h als unbekannt angenommen werden, aber gewisse Steuerbarkeits- und Beobachtbarkeitsbedingungen der zu regelnden Systeme natürlich vorausgesetzt werden müssen. Unter Verwendung von Neuronalen Netzen werden *adaptive* bzw. *lernende* Regelungssysteme aufgebaut.

11.9.2 Neuronale Netze

Neuronale Netze sind künstliche Nachbildungen des Nervensystems, das aus Nervenzellen, sogenannten *Neuronen*, besteht. Ein solches Neuron kann zwei Zustände annehmen, den Ruhezustand und den Erregungszustand. Es besitzt mehrere Eingänge, die Synapsen, und einen Ausgang, das Axon. Dieser Ausgang des Neurons ist mit den Eingängen anderer Neuronen verbunden. Dadurch entsteht das Neuronale Netz, wobei einige Ein- und Ausgänge der Neuronen mit der Außenwelt verbunden sind. Ein künstliches Neuron besteht im wesentlichen aus zwei Teilen:

1. Einem Summierer und
2. einer statischen nichtlinearen Funktion.

Das Verhalten des in Bild 11.7 dargestellten künstlichen Neurons kann wie folgt be-

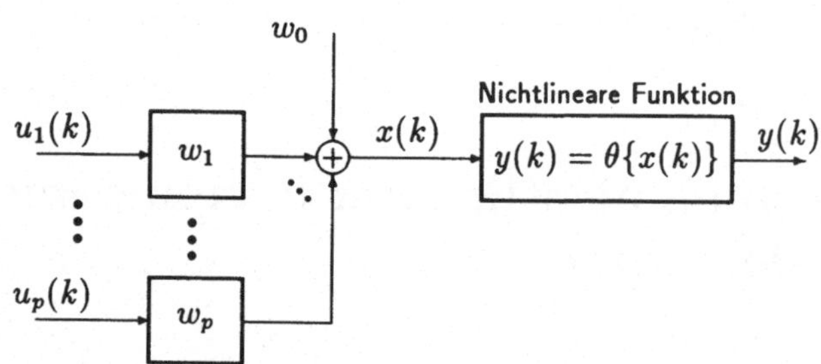

Bild 11.7: Prinzipieller Aufbau eines künstlichen Neurons.

schrieben werden:

$$x(k) = \sum_{i=1}^{p} w_i u_i(k) + w_0 = \boldsymbol{w}^T \boldsymbol{u}(k) + w_0 \qquad (11.312)$$

$$y(k) = \theta\{x(k)\} = \theta\{\boldsymbol{w}^T \boldsymbol{u}(k) + w_0\}, \qquad (11.313)$$

wobei die nichtlineare Funktion θ z.B. die Sprungfunktion

$$\theta\{x(k)\} = \sigma(x(k)) = \begin{cases} 0 & \text{für} \quad x \le 0 \\ 1 & \text{für} \quad x > 0 \end{cases} \qquad (11.314)$$

oder die sogenannte *Sigmoid*-Funktion

$$\theta\{x(k)\} = \frac{1}{1 + e^{-x(k)}} \qquad (11.315)$$

sein kann.

Ein künstliches Neuronales Netz entsteht, wenn mehrere Neuronen zusammenge-
schaltet werden. Ein solches Netz besteht aus verschiedenen *Schichten*, nämlich der
Eingangsschicht, einer oder mehrerer Zwischenschichten und der Ausgangsschicht. Die
Eingangsschicht besteht aus den Eingängen, die mit der Außenwelt verbunden sind und
von ihr Signale empfangen. In den Zwischenschichten, die von außen sozusagen nicht
sichtbar sind, deshalb auch *versteckte* Schichten (hidden-layer) genannt werden, wird
die anliegende Information verarbeitet. Die Ausgangsschicht verbindet das Neuronale
Netz wieder mit der Außenwelt, an die die Ausgangssignale abgegeben werden. Ein
typisches Neuronales Netzwerk mit zwei versteckten Schichten zeigt Bild 11.8. In der

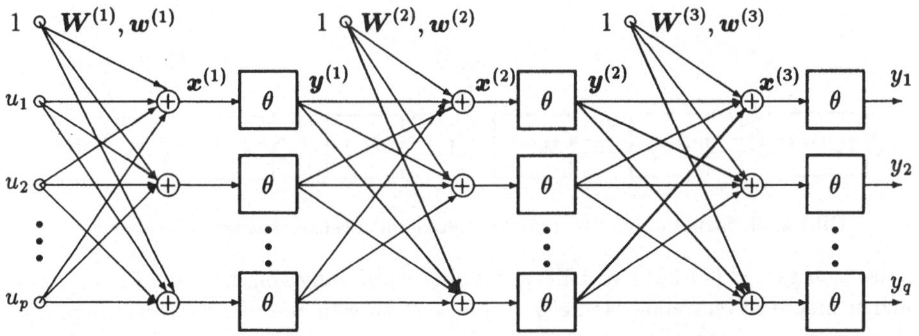

Bild 11.8: Neuronales Netzwerk mit zwei versteckten Schichten.

ersten Schicht werden die p Eingangssignale $u_1, \ldots, u_p$, zusammengefaßt zum Eingangsvektor u, mit den Gewichten $w_{ij}^{(1)}$ multipliziert und dann addiert, so daß gilt

$$x^{(1)} = W^{(1)}u + w^{(1)}, \tag{11.316}$$

wobei die Gewichtsmatrix $W^{(1)}$ der ersten versteckten Schicht eine $(n_1 \times p)$-Matrix ist,
wenn das Neuronale Netzwerk p Eingangsgrößen hat und die erste Zwischenschicht aus
n_1 Neuronen besteht. Hinzu kommt ein Vorspannungsvektor $w^{(1)}$. Daran schließen sich
die nichtlinearen Funktionen θ an, d.h., mit

$$\theta\{x^{(1)}\} \stackrel{\text{def}}{=} \begin{bmatrix} \theta\{x_1^{(1)}\} \\ \theta\{x_2^{(1)}\} \\ \vdots \\ \theta\{x_{n_1}^{(1)}\} \end{bmatrix} \tag{11.317}$$

ist

$$y^{(1)} = \theta\{x^{(1)}\} = \theta\{W^{(1)}u + w^{(1)}\}. \tag{11.318}$$

In der zweiten Schicht entsteht der Zwischenzustand

$$x^{(2)} = W^{(2)}y^{(1)} + w^{(2)} \tag{11.319}$$

und der Ausgangsvektor der zweiten versteckten Schicht

$$\boldsymbol{y}^{(2)} = \boldsymbol{\theta}\{\boldsymbol{x}^{(2)}\} = \boldsymbol{\theta}\{\boldsymbol{W}^{(2)}\boldsymbol{y}^{(1)} + \boldsymbol{w}^{(2)}\}$$

$$= \boldsymbol{\theta}\{\boldsymbol{W}^{(2)}\boldsymbol{\theta}\{\boldsymbol{W}^{(1)}\boldsymbol{u} + \boldsymbol{w}^{(1)}\} + \boldsymbol{w}^{(2)}\}, \tag{11.320}$$

sowie schließlich in der dritten Schicht der Ausgangsvektor des Neuronalen Netzes berechnet wird mit

$$\boldsymbol{y} = \boldsymbol{\theta}\{\boldsymbol{x}^{(3)}\} = \boldsymbol{\theta}\{\boldsymbol{W}^{(3)}\boldsymbol{y}^{(2)} + \boldsymbol{w}^{(3)}\}$$

$$= \boldsymbol{\theta}\{\boldsymbol{W}^{(3)}\boldsymbol{\theta}\{\boldsymbol{W}^{(2)}\{\boldsymbol{W}^{(1)}\boldsymbol{u} + \boldsymbol{w}^{(1)}\} + \boldsymbol{w}^{(2)}\} + \boldsymbol{w}^{(3)}\} \stackrel{\text{def}}{=} \boldsymbol{f}_{\mathcal{NN}}(\boldsymbol{u}). \tag{11.321}$$

Die Struktur ist nochmals in kompakterer Form in Bild 11.9 dargestellt. Ein Neuronales

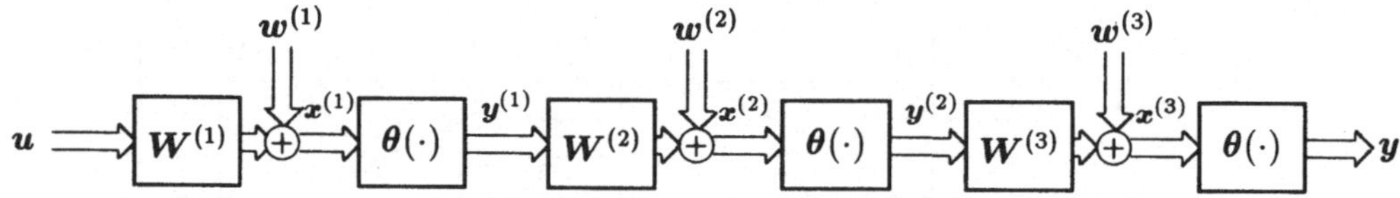

Bild 11.9: Struktur eines Neuronalen Netzes mit zwei versteckten Schichten.

Netz, das sich gemäß (11.321) verhält, stellt eine Abbildung von $\mathbb{R}^p$ nach $\mathbb{R}^q$ dar. Zwei Tatsachen machen Neuronale Netze $\boldsymbol{y} = \boldsymbol{f}_{\mathcal{NN}}(\boldsymbol{u})$ zu sehr nützlichen Werkzeugen, um Funktionen, wie sie in mathematischen Beschreibungen nichtlinearer Systeme auftreten, anzunähern:

1. *Neuronale Netze der Form (11.321) sind universelle Funktionsapproximatoren.* In [CYBENKO] und [HORNIK] wird gezeigt, daß jede stetige Abbildung einer kompakten Grundmenge so genau wie notwendig durch ein Neuronales Netz mit *einer* versteckten Schicht nachgebildet werden kann. Das bedeutet also, daß für ein gegebenes $\epsilon > 0$ ein Neuronales Netz mit hinreichend vielen Neuronen so bestimmt werden kann, daß

$$\|\boldsymbol{f}(\boldsymbol{u}) - \boldsymbol{f}_{\mathcal{NN}}(\boldsymbol{u})\| < \epsilon \tag{11.322}$$

   für alle $\boldsymbol{u} \in \mathcal{U}$ ist, wobei $\boldsymbol{f}(\boldsymbol{u})$ die anzunähernde Funktion und $\mathcal{U}$ der kompakte Definitionsbereich eines endlichdimensionalen Vektorraums ist.

2. *Der Backpropagation-Algorithmus.* Die inneren Neuronen des beschriebenen vorwärtsgekoppelten Neuronalen Netzes sind nicht direkt mit den Ein- oder Ausgangsleitungen verbunden. Der Backpropagation-Algorithmus ist eine Gradientenmethode für den Lernvorgang eines Neuronalen Netzes als Näherung einer stetigen Funktion. Ist $\boldsymbol{u}^\nu \in \mathcal{U}$ ein Eingangsvektor und $\boldsymbol{y}^\nu$ der dazugehörige Ausgangsvektor, dann sei der Fehlervektor

$$\boldsymbol{e}(\boldsymbol{u}^\nu) \stackrel{\text{def}}{=} \boldsymbol{f}(\boldsymbol{u}^\nu) - \boldsymbol{f}_{\mathcal{NN}}(\boldsymbol{u}^\nu) = \boldsymbol{y}^\nu - \boldsymbol{f}_{\mathcal{NN}}(\boldsymbol{u}^\nu). \tag{11.323}$$

Der Lernvorgang des Neuronalen Netzes, um die Funktion $\boldsymbol{f}$ über $\mathcal{U}$ anzunähern, ist gleichbedeutend mit der Minimierung des Gütekriteriums

$$J = \frac{1}{2}\sum_{\nu=1}^{\rho} \boldsymbol{e}^T(\boldsymbol{u}^\nu)\boldsymbol{e}(\boldsymbol{u}^\nu) = \frac{1}{2}\sum_{\nu=1}^{\rho}(\boldsymbol{y}^\nu - \boldsymbol{f}_{\mathcal{NN}}(\boldsymbol{u}^\nu))^T(\boldsymbol{y}^\nu - \boldsymbol{f}_{\mathcal{NN}}(\boldsymbol{u}^\nu)). \tag{11.324}$$

Im einzelnen wird der Lernvorgang für das Neuronale Netz so durchgeführt: Dem Netzwerk wird eine Folge von ρ Trainingsdaten, also Eingangs/Ausgangs-Paare $\{u^\nu, y^\nu\}$, angeboten. Als Maß dafür, wie gut das Neuronale Netz seine Aufgabe erfüllt, wird der quadratische Fehler (11.324) über alle ρ Musterpaare $\{u^\nu, y^\nu\}$ gewählt. Für einen gegebenen Satz von Musterpaaren ist J eine Funktion der Elemente sämtlicher Gewichtsmatrizen $W^{(i)}$, denn gemäß (11.321) ist

$$y^{(\nu)} - f_{\mathcal{NN}}(u^\nu) = y^\nu - \theta\{W^{(3)}\theta\{W^{(2)}\{W^{(1)}u^\nu + w^{(1)}\} + w^{(2)}\} + w^{(3)}\}.$$

Die Elemente dieser Matrizen sind optimal gewählt, wenn J minimal ist. Der Backpropagation-Algorithmus ist ein parallel organisiertes Rechenschema zur näherungsweisen Durchführung eines Gradientenabstiegs von J [RUMELHART].

11.9.3   Der Backpropagation-Algorithmus

Während des Lernvorgangs des Neuronalen Netzes werden alle Elemente w_{ij} der Gewichtsmatrizen schrittweise wiederholt um

$$\Delta w_{ij} = -\mu \frac{\partial J}{\partial w_{ij}} \tag{11.325}$$

in

$$w_{ij,neu} = w_{ij,alt} + \Delta w_{ij}$$

geändert. Für hinreichend kleines $\mu > 0$ bewegt man sich entlang des steilsten Abfalls von J. Bei einem solchen Schritt ändert sich J näherungsweise um

$$\Delta J \approx \sum_{i,j} \frac{\partial J}{\partial w_{ij}} \cdot \Delta w_{ij} = -\mu \sum_{i,j} \left(\frac{\partial J}{\partial w_{ij}}\right)^2 \leq 0. \tag{11.326}$$

Beim Backpropagation-Algorithmus, deshalb auch der Name, beginnt man bei der letzten Gewichtsmatrix mit der Änderung und verwendet dann einen Teil der schon berechneten Daten, um die vorletzte Gewichtsmatrix zu ändern usw. Im einzelnen kann man den Algorithmus wie folgt ableiten.   Die in (11.325) benötigte Ableitung $\dfrac{\partial J}{\partial w_{ij}}$ erhält man durch Anwendung der Kettenregel. Für die Gewichte $w_{ij}^{(3)}$, den Elementen der Gewichtsmatrix $W^{(3)}$ zwischen der letzten versteckten Schicht und der Ausgabeschicht, erhält man für das Musterpaar $\{u^{(\nu)}, y^{(\nu)}\}$ aus (11.321) mit

$$y = f_{\mathcal{NN}}(u^{(\nu)}) = \theta\{x^{(3)}\} = \theta\{W^{(3)}y^{(2)} + w^{(3)}\} \tag{11.327}$$

den Gradienten

$$\frac{\partial J}{\partial w_{ij}^{(3)}} = \frac{dJ}{de_i} \cdot \frac{de_i}{dx_i^{(3)}} \cdot \frac{\partial x_i^{(3)}}{\partial w_{ij}^{(3)}} = \sum_{\nu=1}^{\rho} e_i \cdot \frac{de_i}{dx_i^{(3)}} \cdot \frac{\partial x_i^{(3)}}{\partial w_{ij}^{(3)}}, \tag{11.328}$$

wobei ρ die Zahl der Musterpaare ist. Hierin ist

$$\frac{dJ}{de_i} = \sum_{\nu=1}^{\rho}(y_i^\nu - y_i), \tag{11.329}$$

$$\frac{de_i}{dx_i^{(3)}} = \frac{d(y_i^{\nu} - y_i)}{dx_i^{(3)}} = -\frac{dy_i}{dx_i^{(3)}} = -\frac{d\theta\{x_i^{(3)}\}}{dx_i^{(3)}}, \tag{11.330}$$

$$\frac{\partial x_i^{(3)}}{\partial w_{ij}^{(3)}} = \frac{\partial(\sum_j w_{ij}^{(3)} y_j^{(2)} + w_i^{(3)})^{(3)}}{\partial w_{ij}} = y_j^{(2)}. \tag{11.331}$$

Für die Sigmoid-Funktion ist z.B.

$$\frac{d\theta}{dx} = \frac{d(1 + e^{-x})^{-1}}{dx} = \frac{e^{-x}}{(1 + e^{-x})^2} =$$

$$= \frac{1}{1 + e^{-x}}\left(\frac{e^{-x}}{1 + e^{-x}} + \frac{1}{1 + e^{-x}} - \frac{1}{1 + e^{-x}}\right) = \theta\{x\}[1 - \theta\{x\}]. \tag{11.332}$$

Aus (11.325) und (11.328) bis (11.332) folgt damit für die *Ausgangsschicht*

$$\Delta w_{ij}^{(3)} = \mu \sum_{\nu=1}^{\rho} \epsilon_i^{\nu} y_i (1 - y_i) y_j^{(2)} \tag{11.333}$$

mit dem Ausgabefehler des i-ten Ausgangs beim ν-ten Musterpaar

$$\epsilon_i^{\nu} \stackrel{\text{def}}{=} y_i^{\nu} - y_i = y_i^{\nu} - \theta_i\{x_i^{(3)}\}. \tag{11.334}$$

Führt man außerdem

$$\delta_i^{\nu(3)} \stackrel{\text{def}}{=} -\epsilon_i^{\nu} y_i (1 - y_i)$$

ein, wird

$$\boxed{\Delta w_{ij}^{(3)} = -\mu \sum_{\nu=1}^{\rho} \delta_i^{\nu(3)} y_j^{(2)}.} \tag{11.335}$$

Für die Änderung der Elemente $w_{ij}^{(2)}$ der Gewichtsmatrix $\boldsymbol{W}^{(2)}$ der letzten Zwischenschicht vor der Ausgabeschicht erhält man aus

$$J = \sum_{\nu=1}^{\rho} \sum_i (y_i^{\nu} - y_i)^2,$$

$$y_i = \theta_i\{x_i^{(3)}\},$$

$$x_i^{(3)} = \sum_i w_{ij}^{(3)} y_j^{(2)} + w_i^{(3)},$$

$$y_j^{(2)} = \theta_j\{x_j^{(2)}\},$$

$$x_j^{(2)} = \sum_k w_{jk}^{(2)} y_k^{(1)} + w_i^{(2)}$$

für

$$
\frac{\partial J}{\partial w_{jk}^{(2)}} = \sum_{\nu=1}^{\rho} \sum_i \underbrace{(y_i^{\nu} - y_i)}_{\epsilon_i^{\nu}} \underbrace{\left[-\frac{dy_i}{dx_i^{(3)}} \right]}_{-y_i(1-y_i)} \underbrace{\frac{\partial x_i^{(3)}}{\partial y_j^{(2)}}}_{w_{ij}^{(3)}} \underbrace{\frac{dy_j^{(2)}}{dx_j^{(2)}}}_{y_j^{(2)}(1-y_j^{(2)})} \underbrace{\frac{\partial x_j^{(2)}}{\partial w_{jk}^{(2)}}}_{y_k^{(1)}}
$$

$$
= -\sum_{\nu=1}^{\rho} \sum_i \underbrace{\epsilon_i^{\nu} y_i (1 - y_i)}_{-\delta_i^{\nu(3)}} w_{ij}^{(3)} y_j^{(2)} (1 - y_j^{(2)}) y_k^{(1)}
$$

$$
= \sum_{\nu=1}^{\rho} \underbrace{\sum_i \delta_i^{\nu(3)} w_{ij}^{(3)} y_j^{(2)} (1 - y_j^{(2)})}_{\overset{\text{def}}{=} \delta_i^{\nu(2)}} y_k^{(1)}
$$

und damit schließlich für die Änderung der Elemente von $\boldsymbol{W}^{(2)}$

$$
\Delta w_{jk}^{(2)} = -\mu \sum_{\nu=1}^{\rho} \delta_k^{\nu(2)} y_k^{(1)}. \tag{11.336}
$$

Allgemein erhält man für eine beliebige Zahl von Zwischenschichten mit

$$
\delta_k^{\nu(m)} \overset{\text{def}}{=} - \left(\sum_i \delta_i^{\nu(m+1)} w_{ij}^{(m+1)} \right) y_j^{(m)} (1 - y_j^{(m)})
$$

$$
\frac{\partial J}{\partial w_{jk}^{(m)}} = \sum_{\nu=1}^{\rho} \delta_i^{\nu(m)} y_k^{(m-1)}
$$

für die Änderung der Elemente der Gewichtsmatrix $\boldsymbol{W}^{(m)}$

$$
\Delta w_{jk}^{(m)} = -\mu \sum_{\nu=1}^{\rho} \delta_i^{\nu(m)} y_k^{(m-1)}. \tag{11.337}
$$

Die Elemente der Gewichtsmatrizen $\boldsymbol{W}^{(m)}$ der Zwischenschichten und der Ausgangsschicht werden beim Backpropagation-Algorithmus, also beim Lernvorgang, mit den Eingangsvektoren $\boldsymbol{u}^{\nu}$ und den dazugehörenden Ausgangsvektoren $\boldsymbol{y}^{\nu}$ solange verändert, bis das Neuronale Netz die vorgegebene Funktion genügend genau approximiert. Dabei wird nach dem Durchgang des Eingangsvektors $\boldsymbol{u}^{\nu}$ durch alle Schichten der Fehler

$$
\boldsymbol{y}^{\nu} - \boldsymbol{y} = \boldsymbol{f}(\boldsymbol{u}^{\nu}) - \boldsymbol{f}_{\mathcal{NN}}(\boldsymbol{u}^{\nu})
$$

des Ausgangsvektors $\boldsymbol{y} = \boldsymbol{f}_{\mathcal{NN}}(\boldsymbol{u}^{\nu})$ bezüglich des gewünschten Ausgangsvektors $\boldsymbol{y}^{\nu} = \boldsymbol{f}(\boldsymbol{u}^{\nu})$ durch alle Schichten mittels der $\delta_i^{\nu(m)}$-Werte zurückgeführt (backpropagated) (Bild 11.10).

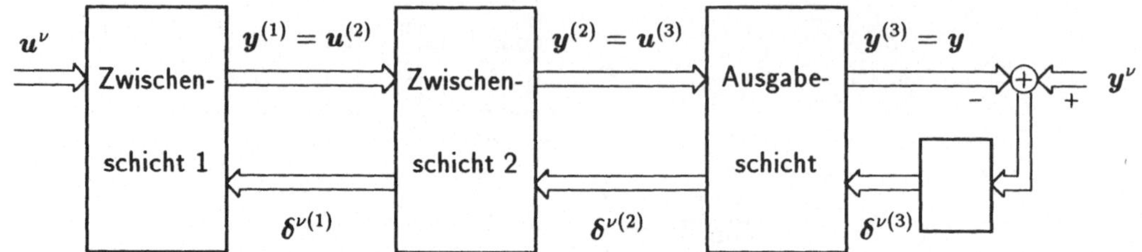

Bild 11.10: Wirkung des Backpropagation-Algorithmus.

11.9.4   Identifikation und Regelung nichtlinearer Systeme mit Hilfe Neuronaler Netze

Zunächst wird das Trainieren Neuronaler Netze behandelt, so daß sie nichtlineare dynamische Einfachsysteme und deren inverses Verhalten modellieren. Hierzu wird von der mathematischen Beschreibung in Form einer nichtlinearen zeitdiskreten Differenzgleichung

$$y_{k+1} = f(y_k, y_{k-1}, \ldots, y_{k-n+1}, u_k, u_{k-1}, \ldots, u_{k-m-1}) \qquad (11.338)$$

ausgegangen. Die Ausgangsgröße y des nichtlinearen Systems im Zeitpunkt $k+1$ hängt von den letzten n Ausgangsgrößen und den letzten m Eingangsgrößen ab. Es liegt also ein nichtlineares Einfachsystem n-ter Ordnung vor. Eine solche mathematische Beschreibung hat die in Bild 11.11 angegebene Struktur. Die Funktion f soll jetzt durch ein Neuronales Netz approximiert werden. Das Neuronale Netz muß $n + m$ Eingänge und einen Ausgang haben, d.h., es kann durch

$$\hat{y}_{k+1} = f_{\mathcal{NN}}(y_k, \ldots, y_{k+n-1}, u_k, \ldots, u_{k-m+1}) \qquad (11.339)$$

beschrieben werden. Trainiert wird das Netz dadurch, daß der Ausgang $\hat{y}_k$ des Neuronalen Netzes mit dem Systemausgang y_k des gegebenen nichtlinearen Systems verglichen wird und die Gewichtsmatrizen $\boldsymbol{W}^{(i)}$ durch einen Backpropagation-Algorithmus eingestellt werden. Dabei muß ein Eingangssignal u so gewählt werden, daß sämtliche Eigenbewegungen des Systems hinreichend stark angeregt werden. Insgesamt erhält man die Identifikationsstruktur in Bild 11.12.

Entsprechend kann vorgegangen werden, wenn die mathematische Beschreibung eines Mehrfachsystems in der Form

$$\boldsymbol{x}_{k+1} = \boldsymbol{f}(\boldsymbol{x}_k, \boldsymbol{u}_k) \qquad (11.340)$$

vorliegt. In diesem Fall hat das zur Identifikation verwendete Neuronale Netz $n + p$ Eingänge, wenn $\boldsymbol{x} \in \mathbb{R}^n$ und $\boldsymbol{u} \in \mathbb{R}^p$, und n Ausgänge für $\hat{x}_{k+1}$. Insgesamt erhält man die Struktur in Bild 11.13.

Nach der Trainingsphase wird angenommen, daß das nichtlineare System hinreichend genau durch das Modell

$$\hat{\boldsymbol{x}}_{k+1} = \boldsymbol{f}_{\mathcal{NN}}(\hat{\boldsymbol{x}}_k, \boldsymbol{u}_k) \qquad (11.341)$$

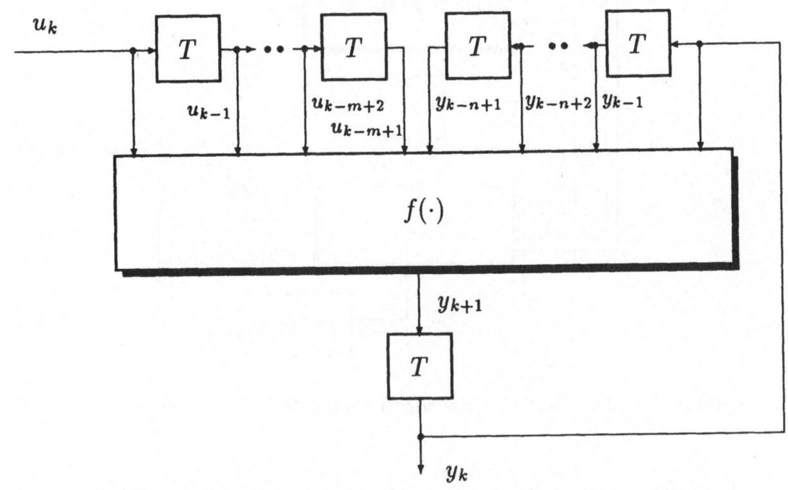

Bild 11.11: Struktur eines nichtlinearen zeitdiskreten Systems.

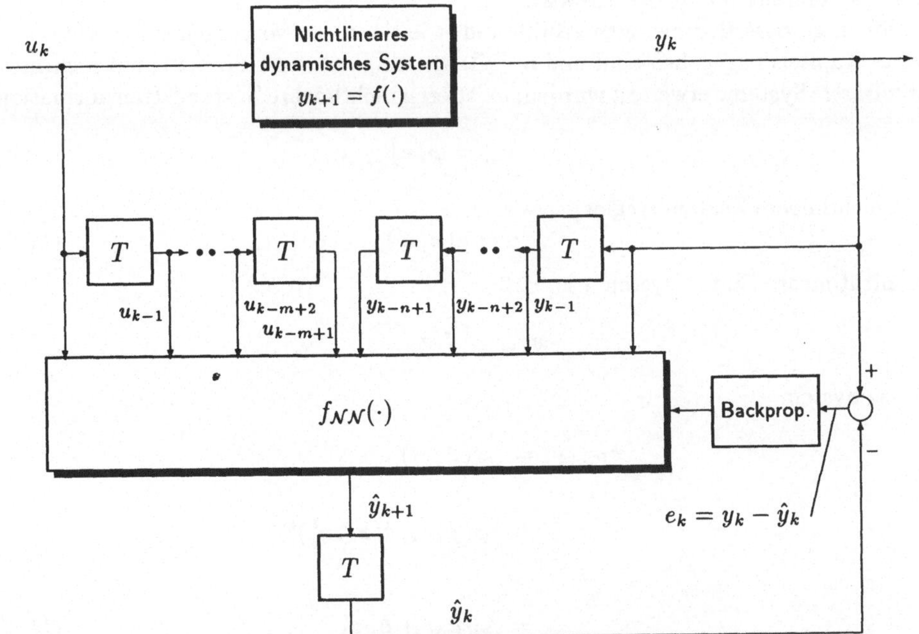

Bild 11.12: Struktur der Identifikation eines nichtlinearen Systems durch ein Neuronales Netz.

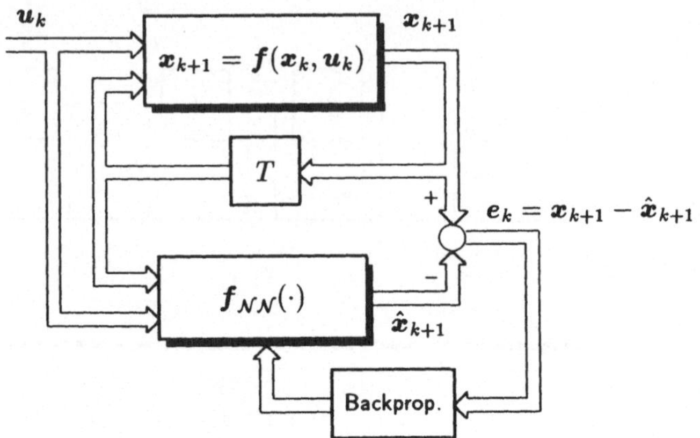

Bild 11.13: Struktur der Identifikation eines nichtlinearen Mehrfachsystems durch ein Neuronales Netz.

angenähert wird. Theoretisch kommt man, wie in Abschnitt 11.9.2 angegeben, mit einem Neuronalen Netz mit einer Zwischenschicht aus. Es hat sich aber in der Praxis gezeigt, daß ein Neuronales Netz mit *zwei* Zwischenschichten erstens mit weniger Neuronen auskommt und zweitens schneller trainiert werden kann. Die Wahl der Eingangsfolge $\{u_k\}$ in der Trainingsphase ist ein bekanntes Problem aus der Identifikationstheorie und dort hinreichend gelöst [ISERMANN].

Wenn gewisse Bedingungen erfüllt sind, wie sie in den vorhergehenden Abschnitten dieses Kapitels angegeben sind und in [NIJMEIJER/VAN DER SCHAFT] auf nichtlineare *zeitdiskrete* Systeme erweitert wurden, existieren nichtlineare Zustandstransformationen

$$x_R = \varphi(x) \tag{11.342}$$

und nichtlineare Zustandsregler

$$u = \kappa(x, u') \tag{11.343}$$

für nichtlineare Einfachsysteme so, daß

$$x_{k+1} = f(x_k, u_k)$$

in das System

$$x_{R,k+1} \;=\; \varphi(x_{k+1})$$

$$=\; \varphi(f[x_k, \kappa(x_k, u'_k)])$$

$$=\; A_R x_{Rk} + b_R u'_k \tag{11.344}$$

überführt wird, wobei A_R und b_R ein vorgegebenes steuerbares lineares System repräsentieren. Angenommen, die Funktion f ist unbekannt und es liegt ein Neuronales Netz für f_{NN} bereits vor. Gesucht wird jetzt ein Neuronales Netz $\kappa_{NN}(x, u')$ als

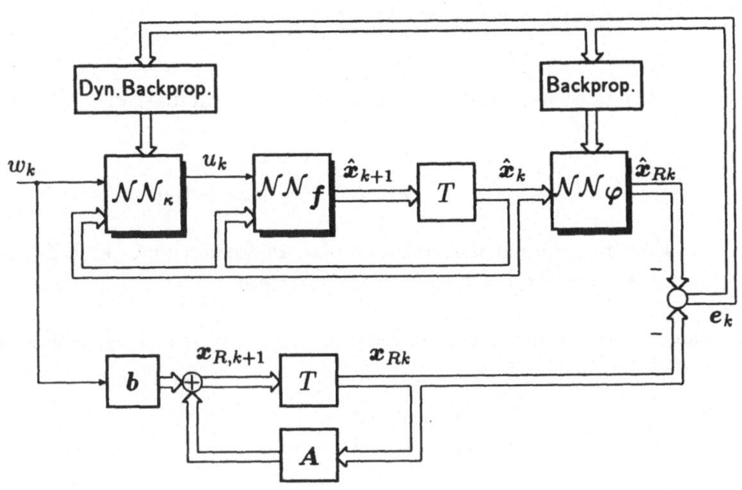

Bild 11.14: Lernstruktur für das Neuronale Netz als Zustandsregler.

Zustandsregler. Hierzu wird die Struktur gemäß Bild 11.14 aus [LEVIN/NARENDRA] mit dem bereits vorhandenen Neuronalen Netz $\mathcal{NN}_f$ für die Systemfunktion und dem zu trainierenden Neuronalen Netz $\mathcal{NN}_\kappa$ für den Zustandsregler aufgebaut. Um das zustandsgeregelte nichtlineare System in der Lernphase mit dem gewünschten Verhalten gemäß (11.344) vergleichen zu können, muß zusätzlich noch ein Neuronales Netz $\mathcal{NN}_\varphi$ für die nichtlineare Zustandstransformation gemäß (11.342) eingeführt und trainiert werden. Da das Neuronale Netz $\mathcal{NN}_\varphi$ für die Zustandstransformation direkt mit dem Ausgang des linearen Systems verbunden ist, können die Gewichte durch einen Backpropagation-Algorithmus eingestellt werden. Dagegen liegt das Neuronale Netz $\mathcal{NN}_\kappa$ für die Zustandsrückführung in einer Rückkopplungsschleife und seine Gewichte müssen deshalb mit einer modifizierten Form des Backpropagation-Algorithmus, dem Dynamischen Backpropagation-Algorithmus nach [NARENDRA/PARTHASARATHY] trainiert werden.

Liegt das trainierte Neuronale Netz $\mathcal{NN}_\kappa$ vor, kann es wie in Bild 11.15 zur Regelung des nichtlinearen Systems in einer Umgebung der Ruhelage verwendet werden.

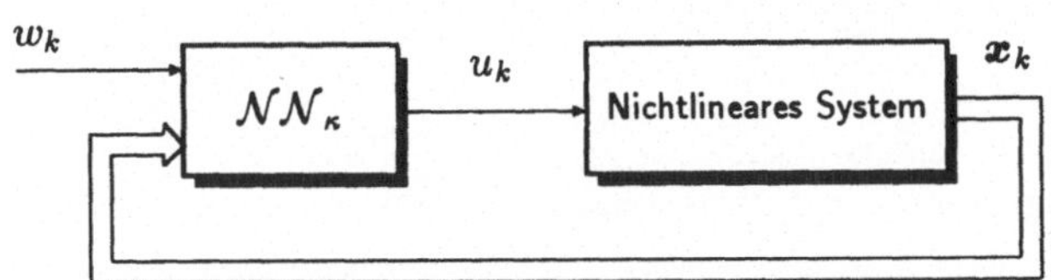

Bild 11.15: Regelkreis mit einem Neuronalen Netz als Zustandsregler.

11.10   Übungen zu Kapitel 11

Aufgabe 11.1: Ist das System mit der nichtlinearen mathematischen Beschreibung

$$\dot{x}_1 = x_1 \ln x_2,$$
$$\dot{x}_2 = -x_2 \ln x_1 + x_2 u$$

durch eine nichtlineare Zustandstransformation in eine lineare mathematische Beschreibung transformierbar?

Lösung: Ja, denn mit der nichtlinearen Transformation $x_{R1} = \ln x_1$ und $x_{R2} = \ln x_2$ erhält man die lineare mathematische Beschreibung

$$\dot{x}_{R1} = x_{R2},$$
$$\dot{x}_{R2} = -x_{R1} + u.$$

Aufgabe 11.2: Ist das System mit der nichtlinearen mathematischen Beschreibung

$$\dot{x}_1 = x_2 - 2x_2 x_3 + x_3^2 + 4x_2 x_3 u,$$
$$\dot{x}_2 = x_3 - 2x_3 u,$$
$$\dot{x}_3 = u$$

durch eine nichtlineare Zustandstransformation in eine lineare mathematische Beschreibung transformierbar?

Lösung: Ja, denn mit der nichtlinearen Transformation $x_{R1} = x_1 + x_2^2$, $x_{R2} = x_2 + x_3^2$ und $x_{R3} = x_3$ erhält man die lineare mathematische Beschreibung

$$\dot{x}_{R1} = x_{R2},$$
$$\dot{x}_{R2} = x_{R3},$$
$$\dot{x}_{R3} = u.$$

Literaturverzeichnis

[ACKERMANN] **Ackermann, J.**: Der Entwurf linearer Regelungssysteme im Zustandsraum. Regelungstechnik, 20 (1972) 297-300

[ANDERSON/MOORE] **Anderson, B.D.O.; Moore, J.B.**: Optimal Filtering. Englewood Cliffs: Prentice-Hall 1979

[ARNOLD] **Arnold, V.I.**: Geometrische Methoden in der Theorie der gewöhnlichen Differentialgleichungen. Berlin: Deutscher Verlag der Wissenschaften 1987

[BASILE/MARRO] **Basile, G.; Marro, G.**: Controlled and Conditioned Invariants in Linear System Theory. Englewood Cliffs: Prentice-Hall 1992

[BOLTJANSKI] **Boltjanski, W.G.**: Mathematische Methoden der optimalen Steuerung. München: Hanser 1972

[BRAMMER/SIFFLING] **Brammer, K.; Siffling, G.**: Kalman-Bucy-Filter. München: Oldenbourg 1975

[CASTI] **Casti, J.L.**: Dynamical Systems and their Applications. New York: Academic Press 1977

[CHEN] **Chen, C.T.**: Introduction to Linear System Theory. New York: Holt Rinehart and Winston 1970

[CHIANG/SAFONOW] **Chiang, R.Y.; Safonow, M.G.**: Robust Control Toolbox Users Guide. Sherborn: The Matworks 1988

[CRUZ] **Cruz, J.B.; Freudenberg, J.S.; Looze, D.P.**: A relationship between sensitivity and stability of multivarible feedback systems. IEEE-Tran. Automatic Control, 26 (1981) 66-74

[CYBENKO] **Cybenko, G.**: Continuous value neural networks with two hidden layers are sufficient. Math. Control Signals and Systems, 2 (1898) 303-314

[DOETSCH] **Doetsch, G.**: Anleitung zum praktischen Gebrauch der Laplace-Transformation und der Z-Transformation. München: Oldenbourg 1967

[DOYLE] **Doyle, J.; Glover, K.; Khargonekar, P.P.; Francis, B.A.**: State space solutions to standard H_2 and H_∞ control problems. IEEE Trans. Automatic Control, 34 (1989) 831-847

[DOYLE/STEIN] **Doyle, J.C.; Stein, G.**: Multivariable feedback design. IEEE Trans. Automatic Control, 26 (1981) 4-16

[DRÜCKE] **Drücke, P.**: Robuste Regelung durch Störungsentkopplung. Dissertation, Bremen 1992

[ENGELL] **Engell, S.**: Optimale lineare Regelung. Berlin: Springer 1988

[FÖLLINGER] **Föllinger, O.**: Regelungstechnik. Heidelberg: Hüthig 1992

[FRANCIS] **Francis, B.A.**: A Course in H_∞ Control Theory. Berlin: Springer 1987

[GANTMACHER] **Gantmacher, F.R.**: Matrizentheorie. Berlin: Deutscher Verlag der Wissenschaften 1986

[HAUTUS] **Hautus, M.L.J.**: Controllability and observability conditions for linear autonomous systems. Nederl. Akad. Wet. Proc. A72 (1969) 443-448

[HORNIK] **Hornik, K.; Stinchcombe, M.; White, H.**: Multi-layer feedforward networks are universal approximators. Neural Networks, 2 (1989) 359-366

[ISERMANN] **Isermann, R.**: Identifikation Dynamischer Systeme. Band 1 und 2. Berlin: Springer 1992

[ISIDORI] **Isidori, A.**: Nonlinear Control Systems. Berlin: Springer 1989

[KALMAN] **Kalman, R.E.**: Mathematical description of linear dynamical systems. SIAM-Journal Control, 1 (1963) 152-192

[KALMAN/BERTRAM] **Kalman, R.E.; Bertram, J.E.**: Control system analysis and design via the second method of Ljapunov. Trans. ASME, J. Basic Engineering, 82 (1960) 371-400

[KALMAN/BUCY] **Kalman, R.E.; Bucy, R.S.**: New results in linear filtering and prediction theory. Trans. ASME, J. Basic Engineering, 83 (1961) 95-100

[KNOBLOCH/KWAKERNAAK] **Knobloch, H.W.; Kwakernaak, H.**: Lineare Kontrolltheorie. Berlin: Springer 1985

[KREBS] **Krebs, V.**: Nichtlineare Filterung. München: Oldenbourg 1980

[LANDGRAF/SCHNEIDER] **Landgraf, Chr.; Schneider, G.**: Elemente der Regelungstechnik. Berlin: Springer 1970

[LEE/MARKUS] **Lee, E.B.; Markus, L.**: Foundations of Optimal Control Theory. New York: John Wiley 1967

[LIÉNARD/CHIPART] **Liénard, A.M.; Chipart, A.H.**: Über die Vorzeichen des Realteils der Wurzeln einer algebraischen Gleichung. J. Math. Pures et Appl. (1914) 291-346

[LEVIN/NARENDRA] **Levin, A.U.; Narendra, K.S.**: Control of nonlinear dynamical systems using neural networks: Controllability and stabilization. IEEE-Trans. Neural Networks, 4 (1993) 192-206

[LUDYK, 1968a] **Ludyk, G.**: Zeitoptimale Abtastsysteme mit Beschränkung der Stellgröße. Regelungstechnik, 16 (1968) 344-352

[LUDYK, 1968b] **Ludyk, G.**: Zeitoptimale Abtastsysteme mit mehreren beschränkten Stellgrößen. IFAC-Symp. Multivariable Control Systems, Düsseldorf 1968

[LUDYK, 1976] **Ludyk, G.**: Steuerbarkeit, Erreichbarkeit, Beobachtbarkeit und Rekonstruierbarkeit zeitvarianter linearer zeitdiskreter Systeme. Regelungstechnik, 24 (1976) 417-426

[LUDYK, 1977] **Ludyk, G.**: Theorie dynamischer Systeme. Berlin: Elitera 1977

[LUDYK, 1981] **Ludyk, G.**: Time-Variant Discrete-Time Systems. Braunschweig: Vieweg 1981

[LUDYK, 1985] **Ludyk, G.**: Stability of Time-Variant Discrete-Time Systems. Braunschweig: Vieweg 1985

[LUDYK, 1990] **Ludyk, G.**: CAE von Dynamischen Systemen: Analyse, Simulation, Entwurf von Regelungssystemen. Berlin: Springer 1990

[LUENBERGER] **Luenberger, D.G.**: Observing the state of a linear system. IEEE Trans. Military Electronics, 8 (1964) 74-80

[LUNZE] **Lunze, J.**: Robust Multivariable Control. New York: Prentice Hall 1989

[MÜLLER] **Müller, P.C.**: Stabilität und Matrizen. Berlin: Springer 1977

[NARENDRA/PHATHASARATHY] **Narendra, K.S.; Parthasarathy, K.**: Identification and control of dynamical systems using neural networks. IEEE Trans. Neural Networks, 1 (1990) 4-27

[NIJMEIJER/VAN DER SCHAFT] **Nijmeijer, H.; van der Schaft, H.**: Nonlinear Dynamical Contol Systems. Berlin: Springer 1990

[O'REILLY] **O'Reilly, J.**: The discrete linear time invariant time-optimal control problem. Automatica, 17 (1981) 363-370

[REINSCHKE] **Reinschke, K.**: Multivariable Control. Berlin: Akademie 1988

[ROPPENECKER] **Roppenecker, G.**: Zeitbereichsentwurf linearer Regelungen. München: Oldenbourg 1990

[RUMELHART] **Rumelhart, D.E.; Hinton, G.E.; McClelland, J.L.**: Parallel Distributed Processing. Cambridge: MIT-Press 1987

[SCHMIDT] **Schmidt, G.**: Grundlagen der Regelungstechnik. Berlin: Springer 1982

[SCHWARZ] **Schwarz, H.**: Nichtlineare Regelungssysteme. München: Oldenbourg 1991

[SPONG/VIDYASAGAR] **Spong, M.W.; Vidyasagar, M.**: Robot Dynamics and Control. New York: John Wiley 1989

[UNBEHAUEN] **Unbehauen, H.; Göhring, B.; Bauer, B.**: Parameterschätzverfahren zur Systemidentifikation. München: Oldenbourg 1974

[VIDYASAGAR] **Vidyasagar, M.**: Nonlinear Systems Analysis. London: Prentice-Hall 1993

[WILKINSON] **Wilkinson, J.H.**: Rundungsfehler. Berlin: Springer 1969

[WONHAM] **Wonham, W.M.**: Linear Multivariable Control: A Geometric Approach. Berlin: Springer 1979

[ZHUANG/ATHERTON] **Zhuang, M.; Atherton, D.P.**: Tuning PID controllers with integral performance criteria. In: Chipperfield, A.; Fleming, P.: MATLAB-Toolboxes and Applications for Control. Exeter: Peter Peregrinus 1993

[ZURMÜHL/FALK] **Zurmühl, R.; Falk, S.**: Matrizen und ihre Anwendungen. Band 1 und 2. Berlin: Springer 1992/1986

Sachverzeichnis